混凝土结构设计疑难问题及案例分析

张友亮　谭光宇　编著

中国建筑工业出版社

图书在版编目（CIP）数据

混凝土结构设计疑难问题及案例分析 / 张友亮，谭光宇编著. — 北京：中国建筑工业出版社，2023.11

ISBN 978-7-112-29156-4

Ⅰ. ①混… Ⅱ. ①张… ②谭… Ⅲ. ①混凝土结构-结构设计 Ⅳ. ①TU370.4

中国国家版本馆 CIP 数据核字（2023）第 174653 号

《混凝土结构通用规范》GB 55008—2021 的颁布导致以前的一般条文有一部分变成了强制性条文，设计人员往往容易忽视。故本书以《混凝土结构通用规范》GB 55008—2021 中的条文为基础，对规范中涉及混凝土结构的一些基本概念、容易忽视的条款等，从力学概念、基本原理等角度进行了整理和提炼，并针对设计中的疑难问题，提出了解决措施。全书分为 4 章，第 1 章混凝土结构基本规定，包括混凝土强度等级以及钢筋与混凝土协同工作等方面的规定；第 2 章混凝土结构主要材料，包括混凝土用砂、外加剂以及钢筋最大力总延伸率等方面的规定；第 3 章结构作用及作用效应，包括风荷载、温度作用以及地震作用等方面的规定；第 4 章结构设计，结合部分工程案例，对材料本构关系、结构锚固和构造以及复杂结构设计等方面进行了总结。

本书可作为高等院校土木工程、交通工程等专业学生的参考书，也可供从事土建类专业研究设计人员和有关技术人员参考使用。

责任编辑：吉万旺
文字编辑：卜　煜
责任校对：姜小莲

混凝土结构设计
疑难问题及案例分析
张友亮　谭光宇　编著

*

中国建筑工业出版社出版、发行（北京海淀三里河路 9 号）
各地新华书店、建筑书店经销
北京鸿文瀚海文化传媒有限公司制版
北京市密东印刷有限公司印刷

*

开本：787 毫米×1092 毫米　1/16　印张：18　字数：446 千字
2023 年 10 月第一版　　2023 年 10 月第一次印刷
定价：**53.00** 元
ISBN 978-7-112-29156-4
（41743）

本书编审人员名单

主　任：易　凡　陈　蕃

编　著：张友亮　谭光宇

编　委：

第 1 章：王　劲　卓　斌　蒋耀华　梅智钧　李　登　唐振兴

第 2 章：刘　武　何庆华　江　昊　江一鸣　余　宇　刘　栋

第 3 章：傅国忠　胡登先　王亚南　水　森　易志强　张　静

第 4 章：张凤良　刘利松　肖　志　李练兵　王海霖　黄国辉

主　审：沈蒲生　张同亿　张建华　王四清　高明宇　谢　丹　方伟明

前 言

《混凝土结构通用规范》GB 55008—2021自2022年4月1日正式实施，该规范废止了《混凝土结构设计规范》GB 50010—2010（2015年版）、《钢筋混凝土筒仓设计标准》GB 50077—2017等36部现行工程建设标准中的相关强制性条文。《混凝土结构通用规范》GB 55008—2021为全文强制性条文，是保障人民生命财产安全、人身健康、工程安全、生态环境安全、公众权益和公众利益，促进能源资源节约利用，满足经济社会管理等方面的控制性底线要求，混凝土结构工程设计、施工、验收、养护、拆除等建设活动全过程都必须严格执行。

本书以《混凝土结构通用规范》GB 55008—2021中的条文为基础，对规范中涉及混凝土结构的一些基本定义、疑难问题等，从力学概念、基本原理等角度做了整理和提炼。且《混凝土结构通用规范》GB 55008—2021的颁布导致以前的一般条文有一部分变成了强制性条文，设计人员往往容易忽视。因此，本书着重强调条文中的基本概念、容易忽视的条款等概念设计，并对设计中的疑难问题提出了解决措施。

全书分为4章。第1章是混凝土结构基本规定，包括混凝土强度等级、钢筋的基本规定、混凝土结构耐久性以及钢筋与混凝土协同工作等方面的规定；第2章是混凝土结构主要材料，包括混凝土用砂、混凝土外加剂、混凝土碱骨料反应以及钢筋最大力总延伸率等方面的规定；第3章是结构作用及作用效应，包括基本风压、风荷载标准值、温度作用以及地震作用等方面的规定；第4章是结构设计，结合部分工程案例，对结构体系、结构模型、材料本构关系、振动舒适度、结构锚固和构造以及复杂结构设计等方面进行了总结。

本书中的问题，是从大量的工程设计实践中发现的一些共性问题的提炼，同时加入了处理现场问题时的一些思考与总结，有些问题还通过了结构同行的广泛讨论。书中的一些设计建议、处理措施代表了编者的思考，可能只适用于某些场景，如低烈度抗震设防区。希望能对读者有所帮助。

编写过程中，湖南大学博士生导师沈蒲生教授对本书的编制进行了悉心指导。中国中元国际工程有限公司总经理兼总工程师张同亿、中机国际工程设计研究院有限责任公司原副总经理张建华、湖南省建筑设计院集团股份有限公司总工程师王四清，中机国际（湖南）工程咨询有限公司原技术负责人高明宇、中机国际工程设计研究院有限责任公司结构总工谢丹、中机国际（湖南）工程咨询有限公司技术负责人方伟明等专家，对本书进行了详细的审查，并提出了非常宝贵的建议，在此深表谢意。湖南湖大工程咨询有限责任公司审图专家孙博以及中机国际工程设计研究院有限责任公司的其他同志对文本进行了细致的校审，在此一并感谢！

鉴于作者能力及精力有限，书中错误和疏漏之处难免，敬请各位专家和业内同行批评指正。

张成亮

2023年10月

目　录

第1章　混凝土结构基本规定 …… 1

1.1　混凝土强度等级 …… 1

1.1.1　什么叫素混凝土结构构件? …… 1

1.1.2　换填素混凝土和换填垫层是相同的地基处理方式吗?大样有何区别? …… 1

1.1.3　垫层混凝土强度等级不应低于C20吗? …… 3

1.1.4　设计工作年限100年的混凝土结构有哪些设计要点? …… 4

1.1.5　混凝土强度值 $f_{cu,k}$、f_{ck} 和 f_c 的换算关系是什么? …… 4

1.1.6　高强混凝土设计应采取哪些措施? …… 5

1.1.7　梁柱节点混凝土实测强度比设计要求低一个等级、两个等级或以上时如何处理? …… 6

1.2　钢筋的基本规定 …… 8

1.2.1　普通钢筋指的是什么?包括哪些种类? …… 9

1.2.2　如何理解钢筋强度保证率不小于95%? …… 9

1.2.3　材料的标准值、设计值与材料分项系数有何关系? …… 10

1.2.4　钢筋极限强度、屈服强度、强度标准值、强度设计值有何关系? …… 11

1.2.5　钢筋牌号中的数字含义是什么?HRB400、PSB1080和CRB600H中的数字代表什么? …… 11

1.3　混凝土结构耐久性 …… 12

1.3.1　如何辨析混凝土结构的环境类别? …… 12

1.3.2　室内干燥环境如何辨别?哪些城市的年平均湿度大于60%? …… 13

1.3.3　室内潮湿环境如何辨别? …… 13

1.3.4　如何辨别环境类别的严寒和寒冷地区?全国主要城市各属哪一类? …… 14

1.3.5　结构耐久性有哪些影响因素? …… 14

1.3.6　混凝土强度不满足耐久性要求时如何处理? …… 15

1.4　钢筋与混凝土协同工作 …… 16

1.4.1　钢筋和混凝土材料协同工作机理是什么? …… 16

1.4.2　哪些措施能够提高钢筋和混凝土材料的协同工作性能? …… 16

1.4.3　哪些构件应采用有粘结预应力筋?哪些构件可采用无粘结预应力筋? …… 17

1.4.4　缓粘结预应力筋结构设计与普通预应力筋有何不同? …… 17

1.5　混凝土保护层 …… 18

1.5.1　混凝土结构保护层的定义是什么?从拉筋外侧还是箍筋外侧算起? …… 18

1.5.2 混凝土结构保护层有哪些作用？ …… 18
1.5.3 保护层为何不应小于普通钢筋的公称直径？有哪些强条陷阱？ …… 19
1.5.4 受力钢筋保护层厚度从纵筋外边缘还是箍筋外边缘计算？ …… 20
1.5.5 从耐久性角度对混凝土保护层有何要求？ …… 21
1.5.6 采取哪些措施可以减小保护层的厚度？ …… 21
1.5.7 民用建筑耐火等级如何分类？混凝土构件的耐火极限有何规定？ …… 22
1.5.8 建筑高度大于250m民用建筑的耐火极限有何规定？ …… 23
1.5.9 混凝土构件尺寸、保护层厚度与耐火极限有何关系？ …… 24
1.5.10 保护层过厚时应采取什么设计措施？ …… 25
1.5.11 保护层厚度大于30mm时，裂缝宽度如何计算？ …… 25
1.5.12 地面以下的墙和柱，因环境类别不同导致保护层加厚时如何设计？ …… 25
1.6 混凝土结构加固和改造 …… 26
1.6.1 既有混凝土结构加固改造时应考虑哪些影响因素？ …… 26
1.6.2 既有混凝土结构的配筋状况有哪些检测方法？ …… 27
1.6.3 既有混凝土与后浇混凝土组合构件协同工作有哪些要求？ …… 27
1.6.4 既有结构构件与新增混凝土构件协同工作有哪些要求？ …… 28
1.6.5 梁正截面粘钢结构有哪些注意事项？ …… 28
1.6.6 梁粘贴钢板加固为何要考虑二次受力的影响？ …… 30
1.6.7 混凝土受弯构件斜截面U形箍板加固计算与构造 …… 31
1.6.8 粘贴钢板或碳纤维对斜截面抗剪加固有何区别？ …… 32
1.6.9 新增梁与既有结构抗剪截面的验算方法 …… 33
1.6.10 柱混凝土强度不满足设计要求时如何采取加固措施？ …… 34
1.6.11 剪力墙混凝土强度不满足设计要求时如何加固？ …… 36

第2章 混凝土结构主要材料 …… 38

2.1 混凝土用砂 …… 38
2.1.1 坚固性指标与压碎值指标的定义有何不同？ …… 38
2.1.2 机制砂有哪些指标要求？ …… 38
2.1.3 石粉含量和含泥量有何区别？ …… 39
2.1.4 什么叫亚甲蓝值？什么叫石粉流动度比？ …… 40
2.1.5 海砂如何分类？海砂应用应遵守哪些规定？ …… 40
2.2 混凝土外加剂 …… 41
2.2.1 混凝土外加剂有哪些类别？ …… 41
2.2.2 氯盐对钢筋混凝土有哪些危害？ …… 42
2.2.3 对混凝土中氯盐有哪些控制措施？ …… 42
2.2.4 减水剂如何分类？其作用机理是什么？ …… 43
2.2.5 混凝土为什么要减水？ …… 44

2.2.6 早强剂有什么作用？有哪些应注意的问题？ …… 44
2.2.7 膨胀剂的作用机理是什么？ …… 45
2.2.8 对混凝土限制膨胀率有何规定？对不同部位构件限制膨胀率有何规定？ …… 46
2.2.9 掺膨胀剂混凝土的养护有哪些要求？ …… 46
2.2.10 胶凝材料包括哪些种类？对最小胶凝材料用量有何规定？ …… 47
2.2.11 矿物掺合料有哪些常用类别？其最大掺量有何规定？ …… 48
2.2.12 水胶比如何计算？外加剂和膨胀剂掺量计入胶凝材料吗？ …… 49
2.2.13 外加剂有哪些禁用条件？ …… 49
2.3 混凝土碱骨料反应 …… 50
2.3.1 什么叫碱骨料反应？碱骨料反应如何分类？ …… 50
2.3.2 碱骨料反应如何检验？ …… 51
2.3.3 抑制碱骨料反应有哪些控制措施？ …… 51
2.3.4 如何验证抑制碱骨料反应的有效性？ …… 53
2.4 钢筋最大力总延伸率 …… 53
2.4.1 什么叫断后伸长率？如何测定断后伸长率？ …… 53
2.4.2 什么叫最大力总延伸率？如何测定最大力总延伸率？ …… 54
2.4.3 冷轧带肋钢筋和高延性冷轧带肋钢筋最大力总延伸率有何区别？ …… 55
2.4.4 预应力筋最大力总延伸率有何规定？ …… 56
2.5 普通钢筋抗震性能 …… 56
2.5.1 什么叫强屈比？抗震设计控制强屈比有何意义？ …… 57
2.5.2 什么叫超屈比？抗震设计控制超屈比有何意义？ …… 57
2.5.3 框架和斜撑包括哪些构件？ …… 58
2.5.4 HRB400 钢筋为何被逐步淘汰？ …… 59
2.6 预应力筋-锚具组装件性能 …… 59
2.6.1 预应力钢绞线如何标注？ …… 59
2.6.2 预应力筋锚具和夹具的定义是什么？预应力筋锚固方式有哪几种类型？ …… 59
2.6.3 预应力筋-锚具组装件的锚具效率系数如何计算？ …… 60
2.6.4 如何测定预应力筋-锚具组装件的总伸长率？ …… 61
2.6.5 什么叫预应力筋的应力松弛？为何应选用低松弛预应力筋？ …… 61
2.7 钢筋连接 …… 62
2.7.1 钢筋机械连接的定义是什么？有哪几种破坏形态？ …… 62
2.7.2 机械连接接头等级如何分类？其极限抗拉强度和变形性能有何规定？ …… 63
2.7.3 哪些构件宜采用机械连接？ …… 63
2.7.4 设计时应如何选用机械连接接头等级？ …… 63
2.7.5 钢筋有哪些常用焊接方法？各有何适用范围？ …… 64
2.7.6 焊条和焊丝如何标注？对其强度和熔敷金属有何要求？ …… 66
2.7.7 哪些情况下不应采用焊接连接方式？ …… 67

2.7.8 钢筋搭接连接有哪些要求？ …… 68
2.7.9 预应力钢绞线可以焊接吗？可采取何种方式连接？ …… 68

第3章 结构作用及作用效应 …… 69

3.1 基本风压 …… 69
3.1.1 如何通过基本风速计算基本风压？ …… 69
3.1.2 空气密度与海拔高度有何关系？ …… 69
3.1.3 基本风速如何确定？ …… 70
3.1.4 风速与离地高度是什么关系？ …… 70
3.1.5 蒲福风力等级与基本风压有何对应关系？ …… 71
3.1.6 什么是风玫瑰图？风玫瑰图如何绘制？ …… 72
3.2 风荷载标准值 …… 73
3.2.1 主要受力结构的风荷载标准值如何计算？与《建筑结构荷载规范》GB 50009—2012 有何区别？ …… 73
3.2.2 围护结构的风荷载标准值如何计算？ …… 73
3.2.3 地面粗糙度的确定条件与分类有何规定？ …… 73
3.2.4 无风剖面实测值时地面粗糙度如何定量区分？ …… 74
3.2.5 什么叫梯度风速？不同地面粗糙度的风压高度变化系数曲线是怎样的？ …… 75
3.2.6 风荷载体型系数的定义是什么？体型系数如何计算？ …… 75
3.2.7 不同体型高层建筑的风荷载体型系数有何规定？ …… 76
3.2.8 围护结构的局部体型系数有何规定？ …… 76
3.2.9 内压体型系数有何规定？ …… 77
3.2.10 屋顶构架体型系数应注意什么问题？ …… 77
3.2.11 如何考虑群集高层建筑的相互干扰效应？ …… 78
3.2.12 地形修正系数如何计算？ …… 78
3.2.13 风向影响系数最大值不小于1.0，对项目设计有何作用？ …… 79
3.2.14 主要受力结构的风荷载放大系数有何规定？如何计算？ …… 80
3.2.15 围护结构的风荷载放大系数有何规定？如何计算？ …… 81
3.2.16 哪些建筑宜考虑横风向风振或扭转风振？ …… 81
3.2.17 基本风压放大系数与风荷载放大系数有何区别？ …… 82
3.2.18 高层建筑的风荷载脉动增大效应和基本风压放大系数需要连乘吗？ …… 84
3.2.19 门式刚架风荷载脉动增大效应和基本风压放大系数需要连乘吗？ …… 85
3.3 温度作用 …… 87
3.3.1 温度作用的定义是什么？ …… 87
3.3.2 哪些结构应考虑温度作用？温度作用对高层建筑为何有影响？ …… 87
3.3.3 基本气温的定义是什么？不同材料的基本气温如何确定？ …… 88
3.3.4 温度作用的应力如何计算？ …… 88

3.3.5 均匀温度作用标准值如何计算？如何确定结构最高和最低平均温度？ …… 89
3.3.6 什么叫结构初始温度？如何合理控制结构的合龙时间？ …… 90
3.3.7 有哪些控制温度作用的设计措施？ …… 91
3.3.8 什么叫混凝土应力松弛系数？如何考虑干缩变形对温度作用的影响？ …… 92
3.4 地震作用 …… 93
3.4.1 地震震级如何定义与分类？ …… 93
3.4.2 地震烈度的定义是什么？定义地震烈度有何作用？ …… 93
3.4.3 场地类别为何对地震烈度有影响？ …… 94
3.4.4 场地覆盖层厚度如何确定？如何划分场地类别？ …… 94
3.4.5 不同场地类别应如何调整抗震措施？ …… 95
3.4.6 特征周期的定义是什么？特征周期与卓越周期有何区别？ …… 96
3.4.7 特征周期如何计算？如何插值确定地震作用计算所用的特征周期？ …… 96

第4章 结构设计 …… 98

4.1 结构体系 …… 98
4.1.1 混凝土构件与砌体构件混合承重，是砖混结构吗？ …… 98
4.1.2 为何不应采用混凝土结构构件与砌体结构构件混合承重的结构体系？ …… 98
4.1.3 底部框架-抗震墙结构是混合承重结构吗？ …… 100
4.1.4 混凝土结构与其他材料组成混合结构违反强制性条文吗？ …… 100
4.1.5 规范对双向抗侧力结构有何规定？为何不应采用单向有墙的结构？ …… 101
4.1.6 单跨框架结构有哪些规定？可采取哪些设计措施？ …… 102
4.1.7 高层建筑中能采用单跨框架吗？ …… 103
4.1.8 下部食堂、上部运动场的框排架结构如何设计？ …… 104
4.1.9 下部混凝土结构、上部钢结构是混合结构吗？应如何设计？ …… 105
4.2 振动舒适度 …… 106
4.2.1 楼盖竖向振动舒适度的定义是什么？梁式楼盖自振频率如何计算？ …… 107
4.2.2 楼盖舒适度计算时混凝土弹性模量和荷载如何取值？ …… 107
4.2.3 有哪些提高楼盖舒适度的措施？ …… 108
4.2.4 高层建筑风荷载作用下的振动舒适度有何规定？ …… 108
4.2.5 顺风向风振加速度如何计算？ …… 109
4.2.6 大跨度结构的振动案例 …… 111
4.2.7 商场扶梯的振动案例 …… 113
4.3 与施工阶段有关的结构设计 …… 114
4.3.1 大跨度井字梁设置后浇带的设计措施 …… 114
4.3.2 后浇带导致局部形成不稳定结构 …… 116
4.3.3 施工悬挑脚手架对主体结构的影响 …… 117
4.3.4 地下室顶板超载的设计措施 …… 118

4.3.5　地下工程施工阶段抗浮失效的原因 …… 118
4.4　设计阶段结构假定与简化模型 …… 119
4.4.1　地下室顶板采用加腋大板时塔楼周边高差处支座条件有误 …… 120
4.4.2　预应力地下室顶板锚固于塔楼剪力墙导致墙身开裂 …… 120
4.4.3　配置预应力筋的地下室顶板在高差处梁上开裂 …… 121
4.4.4　梁高差处负弯矩不能有效传递 …… 122
4.4.5　内跨跨度短或内跨截面小的大跨度悬挑梁挠度问题 …… 122
4.4.6　大范围内悬挑梁 …… 123
4.4.7　多层框架结构单侧挡土 …… 124
4.4.8　地下室挡土墙局部无侧向约束 …… 126
4.4.9　车道地下室外墙计算层高远超标准层高 …… 127
4.4.10　地下室坡道处侧向约束不足 …… 127
4.4.11　地下室挡土墙因楼板开洞导致侧向约束不足 …… 129
4.4.12　无梁楼盖柱帽冲切破坏的原因分析 …… 130
4.4.13　地下室顶板无梁楼盖柱帽区设计建议 …… 131
4.4.14　地下室挡土墙与塔楼剪力墙相连的设计措施 …… 132
4.4.15　高层剪力墙结构塔楼位于地库外 …… 133
4.5　结构计算分析基本规定 …… 135
4.5.1　什么叫本构关系？混凝土、钢筋本构模型如何分类？ …… 135
4.5.2　单调加载有屈服点、无屈服点钢筋及反复加载钢筋本构关系 …… 136
4.5.3　混凝土单轴受拉、单轴受压及重复荷载作用下的本构关系 …… 138
4.5.4　层间雨篷抗倾覆设计 …… 140
4.5.5　边梁挑板时梁抗扭不足 …… 141
4.5.6　大跨度弧形梁抗扭设计案例 …… 141
4.6　弹塑性分析 …… 145
4.6.1　静力弹塑性分析有哪些优点和不足？ …… 145
4.6.2　静力弹塑性分析有哪些基本步骤？其计算理论是怎样的？ …… 146
4.6.3　动力弹塑性分析包括哪些计算过程？ …… 148
4.6.4　动力弹塑性分析有哪几种构件刚度模型？ …… 149
4.6.5　什么是动力弹塑性分析显式积分法？有何优缺点？ …… 149
4.6.6　什么是动力弹塑性分析隐式积分法？有何优缺点？ …… 150
4.7　结构整体稳定性和抗倾覆验算 …… 152
4.7.1　结构整体稳定性的定义 …… 152
4.7.2　规范对结构整体稳定性有哪些规定？ …… 153
4.7.3　荷载呈倒三角形分布时弹性等效侧向刚度如何计算？ …… 155
4.7.4　荷载任意分布时弹性等效侧向刚度如何计算？ …… 156
4.7.5　地震作用按倒三角形分布计算的合理性 …… 157

4.7.6 风荷载按倒三角形分布计算的合理性 …… 158
4.7.7 刚重比计算时哪些类型的项目计算偏差较大？ …… 158
4.7.8 对刚重比影响因素的研究案例 …… 159
4.8 大跨度和长悬臂结构设计 …… 162
4.8.1 大跨度、长悬臂结构构件是如何定义的？ …… 163
4.8.2 《混凝土结构通用规范》GB 55008—2021 和《抗震通规》对大跨度、长悬臂结构的规定矛盾吗？ …… 163
4.8.3 扁长形柱网大跨度结构合理布置 …… 164
4.8.4 正方形柱网大跨度结构合理布置 …… 165
4.8.5 悬挑空腹桁架的弯矩简图 …… 165
4.8.6 大跨度拉杆悬挑结构设计 …… 166
4.8.7 悬吊结构设计 …… 167
4.8.8 大跨度悬挑梁型钢混凝土梁柱节点优化设计 …… 169
4.8.9 为增强刚度大跨度悬挑梁局部加大截面 …… 169
4.9 正截面计算基本假定 …… 171
4.9.1 平截面假定的定义 …… 171
4.9.2 哪些构件不适合平截面假定？ …… 172
4.9.3 混凝土正截面应力-应变关系假定公式与单轴受压本构关系有何区别？ …… 172
4.9.4 纵向受拉钢筋的极限拉应变为何假定为 0.01？ …… 173
4.9.5 轴心受压构件钢筋抗压强度设计值为何不应超过 $400N/mm^2$？ …… 175
4.10 混凝土结构构件的最小截面要求 …… 175
4.10.1 连梁与框架梁有何区别？连梁是否要满足框架梁截面宽度的要求？ …… 176
4.10.2 梯梁是否应按框架梁设计？ …… 176
4.10.3 梯柱是否按框架柱设计？梯柱截面是否应不小于 300mm？ …… 177
4.10.4 异形柱包括一字形截面吗？ …… 178
4.10.5 《建筑与市政工程防水通用规范》GB 55030—2022 实施后，车库顶板厚度应如何设计？ …… 179
4.10.6 几种复杂结构对楼板有何要求？ …… 182
4.10.7 无梁楼盖跨厚比如何计算？ …… 182
4.10.8 预应力钢筋混凝土叠合板的板厚需满足最小厚度 50mm 的规定吗？ …… 183
4.10.9 几种新型楼板材料和工艺 …… 184
4.11 钢筋锚固长度 …… 184
4.11.1 受拉钢筋锚固长度有哪些影响因素？ …… 185
4.11.2 受压钢筋的锚固长度有哪些规定？ …… 185
4.11.3 梁支座负筋支承在剪力墙平面外时满足锚固要求的钢筋直径 …… 185
4.11.4 钢筋锚固长度有哪些修正措施？ …… 186
4.11.5 当结构抗震等级提高时，梁钢筋锚固长度不够时可考虑修正系数吗？ …… 187

4.11.6 《高规》对钢筋锚固于剪力墙平面外有哪些规定？ …… 188
4.11.7 支承在剪力墙平面外的梁支座负筋在楼板内锚固做法 …… 189
4.11.8 屋面悬挑梁在剪力墙内的锚固是否安全？ …… 190
4.11.9 次梁负筋锚固有哪些要求？ …… 192
4.11.10 并筋锚固长度如何计算？ …… 192
4.11.11 预应力筋的锚固措施有何要求？ …… 193
4.11.12 植筋对钢筋、基材混凝土有哪些基本要求？ …… 194
4.11.13 植筋用胶粘剂如何分类？对其性能有哪些要求？ …… 194
4.11.14 植筋有哪几种破坏形态？ …… 195
4.11.15 规范对植筋间距和边距是如何规定的？ …… 196
4.11.16 植筋基本锚固深度如何计算？有哪些影响因素？ …… 197
4.11.17 植筋锚固深度设计值如何计算？有哪些因素需要修正？ …… 198
4.11.18 受压钢筋锚固的构造长度大于受拉钢筋，合理吗？ …… 199
4.11.19 悬挑梁锚固深度计算实例 …… 200
4.11.20 梁支座粘贴钢板的锚固长度如何计算？ …… 201
4.11.21 梁支座粘钢有哪几种锚固构造？ …… 202
4.11.22 《混凝土结构加固设计规范》GB 50367—2013 中梁支座粘钢锚固大样安全吗？ …… 204
4.11.23 普通钢筋抗浮锚杆底板内锚固长度为何经常不满足要求？ …… 204
4.11.24 预应力钢绞线抗浮锚杆在底板内如何锚固？抗冲切如何计算？ …… 206
4.12 纵向受力钢筋的最小配筋率 …… 207
4.12.1 《混凝土结构通用规范》GB 55008—2021 与《混规》对最小配筋率 $\rho_{\min}$ 的要求有何区别？ …… 208
4.12.2 配筋率计算按全截面还是有效截面？ …… 208
4.12.3 不同钢筋与混凝土强度时受弯构件 $\rho_{\min}$ 的限值 …… 210
4.12.4 不同钢筋与混凝土强度时受弯构件 $\rho_{\max}$ 的限值 …… 210
4.12.5 CRB550、CRB600H 的 $\rho_{\min}$ 能否取 0.15%？ …… 210
4.12.6 防水板的 $\rho_{\min}$ 取 0.15%还是 0.20%？ …… 211
4.12.7 次要构件的 $\rho_{\min}$ 可以小于 0.15%吗？ …… 211
4.12.8 扩展基础、筏板基础的最小配筋率 $\rho_{\min}$ 如何计算？ …… 212
4.12.9 受弯构件的配筋率上限值有何规定？ …… 214
4.12.10 规范为何不规定受弯构件的 $\rho_{\max}$？ …… 214
4.12.11 有哪些低于最小配筋率的楼板构造配筋？ …… 215
4.12.12 板中抗温度钢筋配筋率及搭接长度如何设计？ …… 217
4.13 剪力墙设计要求 …… 217
4.13.1 剪力墙的 $\rho_{\min}$ 从 0.15%～0.50%如何取值？ …… 217

4.13.2　剪力墙钢筋排数有何规定？多排配筋时均匀布置吗？ …………………… 218
4.13.3　剪力墙和人防墙拉筋有何区别？需要梅花形布置吗？ ……………………… 218
4.13.4　剪力墙中各类钢筋各发挥什么作用？ …………………………………………… 219
4.13.5　剪力墙稳定性验算公式的含义是什么？ ………………………………………… 220
4.13.6　短肢剪力墙如何判定？ …………………………………………………………… 220
4.13.7　框架-核心筒结构、两墙串联、联肢墙的 l_c 如何设计？ ………………… 222
4.13.8　剪力墙无支长度有何规定？ ……………………………………………………… 223
4.13.9　楼梯间外侧剪力墙约束不足时可采取哪些设计措施？ ………………………… 224
4.13.10　连续点支撑薄板屈曲形态是怎样的？ ………………………………………… 224
4.13.11　剪力墙抗震等级为一级时水平施工缝抗滑移如何验算？ …………………… 225
4.14　框架梁设计要求 ……………………………………………………………………… 227
4.14.1　为何要规定框架梁端截面混凝土受压区高度与有效高度的比值？ ………… 227
4.14.2　为何要规定框架梁端截面底面和顶面纵向钢筋截面面积的比值？ ………… 228
4.14.3　梁箍筋间距和肢距有何规定？梁箍筋间距可取 400mm 吗？ ……………… 229
4.14.4　框架梁箍筋间距为何与梁截面高度、纵向钢筋直径有关？ ………………… 230
4.14.5　梁中拉筋配置那么多，合理吗？ ………………………………………………… 230
4.14.6　悬挑梁箍筋间距取 100mm 是抗震构造要求吗？ …………………………… 231
4.14.7　梁构造腰筋和梁侧面受扭纵筋有何区别？ ……………………………………… 231
4.14.8　深受弯构件抗剪如何计算？为何深梁的水平分布钢筋能抗剪？ …………… 232
4.14.9　梁上开洞有哪几种破坏形态？应采取什么构造措施？ ………………………… 233
4.14.10　梁上开矩形孔的抗剪承载力如何验算？ ……………………………………… 235
4.14.11　基础梁是否要满足框架梁的构造？ …………………………………………… 236
4.14.12　屋面框架梁 WKL 与框架梁 KL 的构造有何区别？ ………………………… 236
4.14.13　与剪力墙相连的梁如何定义？ ………………………………………………… 238
4.15　混凝土柱设计要求 …………………………………………………………………… 238
4.15.1　《混凝土结构通用规范》GB 55008—2021 对柱纵筋配筋率的规定 ……… 239
4.15.2　框架角柱如何定义？有哪些设计要求？ ………………………………………… 240
4.15.3　形成短柱有哪几种情况？ ………………………………………………………… 241
4.15.4　剪跨比如何定义？柱剪跨比简化计算公式如何表达？ ………………………… 242
4.15.5　柱剪跨比简化计算公式什么情况下不适用？ …………………………………… 242
4.15.6　框架柱箍筋肢距有何规定？ ……………………………………………………… 243
4.15.7　异形柱肢端配筋是指最外侧的钢筋吗？异形柱肢端配筋和异形柱肢端暗柱有何区别？ ……………………………………………………………………… 243
4.16　转换结构 ……………………………………………………………………………… 245
4.16.1　带转换层高层建筑结构的定义是什么？ ………………………………………… 245
4.16.2　托墙转换和托柱转换有何区别？ ………………………………………………… 246
4.16.3　什么叫个别转换？个别转换是否需按转换结构设计？ ………………………… 246

4.16.4　转换结构的抗震等级如何确定？ …… 247
4.16.5　转换结构模型计算有哪些要求？ …… 248
4.16.6　转换层楼板计算有何要求？ …… 248
4.16.7　转换结构有哪些抗震措施？ …… 249
4.16.8　转换层位置对设计有何影响？ …… 249
4.16.9　转换梁偏心受拉时应采取哪些设计措施？ …… 250
4.16.10　转换梁受较大扭矩时应采取哪些设计措施？ …… 251
4.16.11　转换层上、下部结构的侧向刚度如何计算？ …… 252
4.17　带加强层高层建筑 …… 253
4.17.1　加强层的定义和受力机理是什么？ …… 254
4.17.2　加强层结构有哪些设计要点？ …… 254
4.17.3　加强层有哪些缺点？ …… 256
4.17.4　确定加强层斜撑的合龙时间需要考虑哪些因素？ …… 256
4.18　错层结构 …… 257
4.18.1　哪些结构应按错层结构设计？ …… 257
4.18.2　错层对结构有哪些不利影响？ …… 257
4.18.3　错层结构有哪些设计要点？ …… 258
4.18.4　地下室顶板剪力墙错层 …… 258
4.18.5　地下室顶板框架柱错层 …… 259
4.18.6　裙楼错层常见案例 …… 260
4.19　连体结构 …… 262
4.19.1　连体结构如何定义和分类？ …… 262
4.19.2　连体结构应进行哪些分析计算？ …… 263
4.19.3　连接体楼板如何定义？楼板承载力如何验算？ …… 263
4.19.4　连体结构滑动连接时可按两栋楼单独设计吗？ …… 265
4.19.5　连体结构设计有哪些构造要求？ …… 265
4.19.6　连接体防坠落计算时，支座滑移量如何计算？ …… 266
4.19.7　连接体防撞击设计有哪些措施？ …… 266

参考文献 …… 268

第 1 章　混凝土结构基本规定

1.1　混凝土强度等级

《混凝土结构通用规范》GB 55008—2021 第 2.0.2 条　结构混凝土强度等级的选用应满足工程结构的承载力、刚度及耐久性需求。对设计工作年限为 50 年的混凝土结构，结构混凝土的强度等级尚应符合下列规定；对设计工作年限大于 50 年的混凝土结构，结构混凝土的最低强度等级应比下列规定提高。

1. 素混凝土结构构件的混凝土强度等级不应低于 C20；钢筋混凝土结构构件的混凝土强度等级不应低于 C25；预应力混凝土楼板结构的混凝土强度等级不应低于 C30，其他预应力混凝土结构构件的混凝土强度等级不应低于 C40；钢-混凝土组合结构构件的混凝土强度等级不应低于 C30。

2. 承受重复荷载作用的钢筋混凝土结构构件，混凝土强度等级不应低于 C30。

3. 抗震等级不低于二级的钢筋混凝土结构构件，混凝土强度等级不应低于 C30。

4. 采用 500MPa 及以上等级钢筋的钢筋混凝土结构构件，混凝土强度等级不应低于 C30。

1.1.1　什么叫素混凝土结构构件?

素混凝土结构构件，是指无筋或不配置受力钢筋的混凝土构件，由水泥、砂（细骨料)、石子（粗骨料)、外加剂等材料按一定比例混合后，加一定比例的水拌制而成。

素混凝土结构抗压性能好，抗拉性能差，呈现明显的脆性性质，在实际工程中应用有限，主要用于以受压为主的基础、柱墩和一些非承重构件。

无筋扩展基础属于素混凝土结构，其混凝土强度等级不应低于 C20。

1.1.2　换填素混凝土和换填垫层是相同的地基处理方式吗？大样有何区别?

1. 换填素混凝土与换填垫层的定义

换填素混凝土是指持力层埋藏较深或局部持力层被扰动，在基础与持力层之间用强度等级较低的素混凝土换填，使基础承受的荷载能够可靠地传递到设计持力层的一种地基处理措施。

换填垫层是一种地基处理措施，是指挖除基础底面下一定范围内的软弱土层或不均匀土层，回填其他性能稳定、无侵蚀性、强度较高的材料，并夯压密实形成的垫层，适用于浅层软弱土层或不均匀土层的地基处理。

2. 换填素混凝土与换填垫层的区别

两者均为地基处理措施，有很多相似之处，也存在一些区别（表 1. 1-1)。

换填素混凝土与换填垫层的区别　　　**表 1.1-1**

对比因素	换填素混凝土	换填垫层
换填材料	素混凝土	砂石、粉质黏土、灰土、粉煤灰、矿渣、其他工业废渣
换填深度	基础与持力层的高差	根据需置换软弱土层的深度或下卧土层的承载力确定
地基承载力	取下部持力层的地基承载力	换填垫层后通过现场静载荷试验确定
变形计算	素混凝土下持力层变形	包括垫层自身变形和下卧层变形
施工措施	混凝土浇筑	分层碾压换填材料
检验验收	天然基础验槽	采用静载荷试验检验垫层承载力

当局部区域存在软弱土、回填土时，可采用砂石等材料换填垫层进行地基处理，其综合造价较低，但对压实系数的要求较高，如对粉质黏土、砂石类换填材料要求压实系数不小于 0.97，实际施工存在一定难度，且需通过静载荷试验确定其地基承载力，施工进度慢。当换填区域不大时，换填素混凝土也被广泛采用。

从两者的区别可知，两种换填方式从换填材料、换填深度、对地基承载力的要求、变形计算、施工难度以及检验验收等各方面差异很大，不能简单地认为是同一种的地基处理方式。

3. 换填素混凝土和换填垫层的设计大样

（1）换填素混凝土

换填素混凝土时，其下部土层通常为设计持力层。当持力层地基承载力特征值小于 C15 混凝土的抗压强度设计值，且换填的素混凝土平面尺寸大于基础尺寸时，承载力计算能够满足要求。为节省换填混凝土用量，宜采用图 1.1-1 所示大样。若采用换填垫层（图 1.1-2）一样的处理措施，混凝土用量太大，经济性较差。

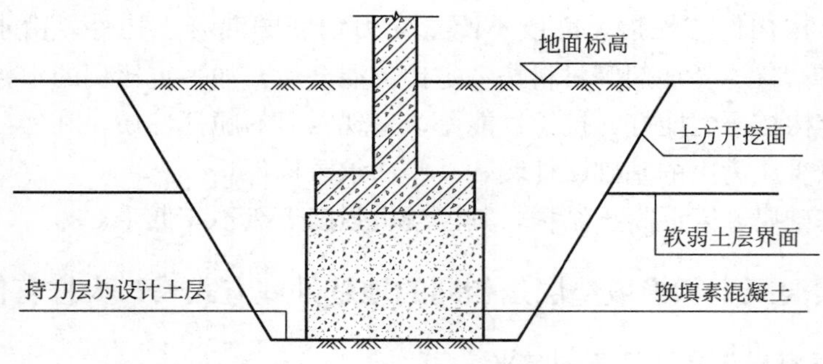

图 1.1-1　换填素混凝土大样图

（2）换填垫层

换填垫层地基处理措施的基础尺寸根据基础底面应力扩散以及垫层底面处的附加压力值综合确定，其尺寸通常较大，且基础底面标高以下的区域需要全部换填（图 1.1-2）。虽然砂石、粉质黏土等换填材料价格低廉，但换填工程量较大，土方开挖量也大，并不一定经济。

4. 换填素混凝土的强度等级

当采用换填素混凝土进行地基处理时，素混凝土强度等级是否应满足《混凝土结构通

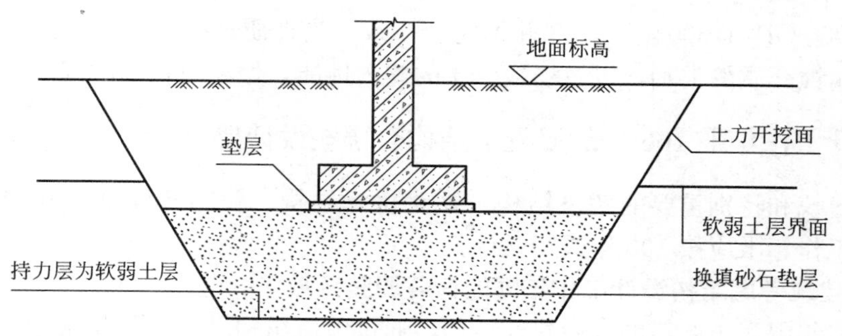

图 1.1-2 换填垫层大样图

用规范》GB 55008—2021 第 2.0.2 条中不低于 C20 的规定呢？

若需要换填的素混凝土结构构件发挥基础的作用，类似于无筋扩展基础，并满足无筋扩展基础的构造要求，则应满足素混凝土结构构件强度等级不应低于 C20 的规定；若换填的素混凝土只是承担压力传递作用，则可参照垫层的要求。

1.1.3 垫层混凝土强度等级不应低于 C20 吗？

1. 垫层不是素混凝土结构

地下室或其他地下结构的素混凝土垫层不作为受力构件，其强度等级可不执行素混凝土结构的规定。

2. 不同规范对垫层混凝土强度的规定

（1）《建筑地基基础设计规范》GB 50007—2011

《建筑地基基础设计规范》GB 50007—2011 第 8.2.1 条规定：垫层的厚度不宜小于 70mm，垫层混凝土强度等级不宜低于 C10。

（2）《地下工程防水技术规范》GB 50108—2008

《地下工程防水技术规范》GB 50108—2008 第 4.1.6 条规定：防水混凝土结构底板的混凝土垫层，强度等级不应小于 C15，厚度不应小于 100mm，在软弱土层中不应小于 150mm。

（3）《工业建筑防腐蚀设计标准》GB/T 50046—2018

《工业建筑防腐蚀设计标准》GB/T 50046—2018 第 4.8.5 条对不同腐蚀性等级的垫层材料做出了规定，如表 1.1-2 所示。对于弱腐蚀性等级，垫层材料应采用 C20 混凝土；在微腐蚀条件下，材料腐蚀极慢，一般不需要额外的防腐蚀保护措施，也就是说，其垫层混凝土强度等级可取 C20 以下。

《工业建筑防腐蚀设计标准》GB/T 50046—2018 对垫层材料的规定　　表 1.1-2

腐蚀性等级	垫层材料
强	耐腐蚀材料
中	耐腐蚀材料
弱	C20 混凝土

需要说明的是，地质勘察单位通常根据《岩土工程勘察规范》GB 50021—2001（2009 年版）按环境类型中的水和土对混凝土结构进行腐蚀性评价，其评价标准与《工业建筑防

腐蚀设计标准》GB/T 50046—2018 并不完全一致。当地质勘察报告中显示场地有腐蚀性时，可根据腐蚀介质的类别，以及场地土层的透水性能，做出更精确的判别。

1.1.4　设计工作年限 100 年的混凝土结构有哪些设计要点?

标志性建筑和特别重要的建筑结构、铁路桥涵结构、公路桥涵结构和港口工程结构等，其设计工作年限应按 100 年进行设计。

1. 房屋建筑考虑结构设计工作年限的荷载调整系数

设计工作年限为 100 年的房屋建筑结构，通过考虑结构设计工作年限的荷载调整系数对可变荷载取值进行调整，荷载调整系数 γ_L 应取为 1.1。

对于设计工作年限为 5 年的房屋建筑结构，其 γ_L 取为 0.9。

2. 荷载取值

（1）基本风压和基本雪压

基本风压和基本雪压按 100 年重现期根据《建筑结构荷载规范》GB 50009—2012 附表 E.5 全国各城市的雪压、风压和基本气温取值。

（2）地震作用

《中国地震动参数区划图》GB 18306—2015 给出了 50 年内超越概率为 10%的抗震设防标准。对于设计工作年限不为 50 年的建筑结构，其地震作用需要进行适当调整，取值经专门研究提出并按规定的权限批准后确定。当缺乏当地的相关资料时，可参考《建筑工程抗震性态设计通则（试用）》CECS 160：2004 附录 A，对设计工作年限为 100 年的建筑结构，其调整系数宜取 1.3～1.4。

设计时应注意，《建筑工程抗震性态设计通则（试用）》CECS 160：2004 附录 A 中的我国主要城市抗震设防烈度、设计基本地震加速度的数值，与《中国地震动参数区划图》GB 18306—2015 以及《建筑抗震设计规范》GB 50011—2010（2016 年版）（以下简称《抗规》）中的数值均有不同。

3. 耐久性的要求

一类环境中，设计工作年限为 100 年的混凝土结构应符合下列规定。

（1）钢筋混凝土结构的最低强度等级为 C30，预应力混凝土结构的最低强度等级为 C40。

（2）混凝土中的最大氯离子含量为 0.06%。

（3）宜使用非碱活性骨料，当使用碱活性骨料时，混凝土中的最大碱含量为 3.0kg/m^3。

（4）最外层钢筋的保护层厚度不应小于设计工作年限为 50 年的混凝土结构保护层数值的 1.4 倍；当采取有效的表面防护措施时，混凝土保护层厚度可适当减小。

二、三类环境中，设计工作年限为 100 年的混凝土结构缺乏研究及工程经验，应采取专门的有效措施。

1.1.5　混凝土强度值 $f_{cu,k}$、f_{ck} 和 f_c 的换算关系是什么?

1. 混凝土强度等级

混凝土强度等级应按立方体抗压强度标准值确定，用符号 $f_{cu,k}$ 表示。

立方体抗压强度标准值是指按标准方法制作、养护的边长为 150mm 的立方体试件，在 28d 或设计规定龄期以标准试验方法测得的具有 95%保证率的抗压强度值。

混凝土强度等级为 C30 表示混凝土立方体抗压强度标准值为 30MPa。

2. 混凝土轴心抗压强度标准值

混凝土轴心抗压强度标准值的标准试件是尺寸为 150mm×150mm×300mm 的棱柱体试件。棱柱体试件轴向单位面积上所能承受的最大压力即为混凝土轴心抗压强度标准值，用符号 f_{ck} 表示。

混凝土轴心抗压强度标准值由立方体抗压强度标准值 $f_{cu,k}$ 按式（1.1-1）计算确定。

$$f_{ck}=0.88\alpha_{c1}\alpha_{c2}f_{cu,k} \tag{1.1-1}$$

式中 α_{c1}——棱柱强度与立方强度的比值，对 C50 及以下普通混凝土取 0.76，对高强混凝土 C80 取 0.82，其间按线性插值；

α_{c2}——混凝土考虑脆性的折减系数，对 C40 取 1.00，对高强混凝土 C80 取 0.87，其间按线性插值；

$f_{cu,k}$——混凝土立方体抗压强度标准值。

式（1.1-1）中的常数 0.88，为考虑结构中混凝土的实体强度与立方体试件混凝土强度之间的差异，根据以往的经验、结合试验数据分析，并参考其他国家的有关规定，对试件混凝土强度的修正系数。

3. 混凝土轴心抗压强度设计值

混凝土的轴心抗压强度设计值由混凝土轴心抗压强度标准值除以混凝土材料分项系数 γ_c 确定，按式（1.1-2）计算。

$$f_c=\frac{f_{ck}}{\gamma_c} \tag{1.1-2}$$

式中 f_{ck}——混凝土轴心抗压强度标准值；

γ_c——混凝土的材料分项系数，取为 1.40。

1.1.6 高强混凝土设计应采取哪些措施？

1. 高强混凝土

高强混凝土指的是强度等级为 C60 及其以上的混凝土，强度等级为 C100 以上的混凝土称为超高强混凝土。高强混凝土具有脆性性质，且其脆性随强度等级提高而增加，因此规范对钢筋混凝土结构中的混凝土强度等级有所限制，在抗震设计时应考虑此因素。

2. 对高强混凝土应用的规定

根据现有的试验研究和工程经验，现阶段混凝土墙体的强度等级不宜超过 C60；其他构件，抗震设防烈度为 9 度时不宜超过 C60，8 度时不宜超过 C70。

配置高强混凝土的粗骨料，含泥量应不大于 0.2%，其岩石抗压强度应比混凝土强度等级标准值高 30%。岩石抗压强度高的粗骨料有利于配制高强混凝土，且混凝土强度等级越高其优势就越明显。

3. 对高强混凝土设计的规定

高强混凝土结构抗震设计，应符合下列规定。

1）结构构件截面剪力设计值的限值中含有混凝土轴心抗压强度设计值 f_c 的项，应乘以混凝土强度影响系数 β_c。混凝土强度等级为 C50 时 β_c 取 1.0，C80 时取 0.8，介于 C50

和 C80 之间时取其内插值。

结构构件受压区高度计算和承载力验算时，公式中含有混凝土轴心抗压强度设计值 f_c 的项也应按国家标准《混凝土结构设计规范》GB 50010—2010（2015 年版）（以下简称《混规》）的有关规定乘以相应的混凝土强度影响系数。

2）梁端纵向受拉钢筋为 HRB400 级钢筋时，其配筋率不宜大于 2.6%。梁端箍筋加密区的箍筋最小直径应比普通混凝土梁箍筋的最小直径大 2mm。

3）柱的轴压比限值宜按下列规定采用：不超过 C60 混凝土的柱可与普通混凝土柱相同，C65～C70 混凝土的柱宜比普通混凝土柱小 0.05，C75～C80 混凝土的柱宜比普通混凝土柱小 0.1。

4）当混凝土强度等级大于 C60 时，柱纵向钢筋的最小总配筋率应比普通混凝土柱大 0.1%。

5）当混凝土强度等级大于 C60 时，箍筋宜采用复合箍、复合螺旋箍或连续复合矩形螺旋箍。柱加密区的最小配箍特征值宜按下列规定采用。

（1）轴压比不大于 0.6 时，宜比普通混凝土柱大 0.02。

（2）轴压比大于 0.6 时，宜比普通混凝土柱大 0.03。

6）当抗震墙的混凝土强度等级大于 C60 时，应经过专门研究，采取加强措施。

1.1.7　梁柱节点混凝土实测强度比设计要求低一个等级、两个等级或以上时如何处理?

高层建筑设计时，竖向构件混凝土设计强度比梁、板混凝土设计强度通常要高几个等级。当柱、墙混凝土设计强度比梁、板混凝土设计强度高两个等级及以上时，应在交界区域采取分隔措施；分隔位置应在低强度等级的构件中，且距高强度等级构件边缘不应小于 500mm。

在处理工程现场问题时，经常会发现施工单位在梁柱节点处施工措施不到位，节点以外的柱混凝土强度满足设计要求，但梁柱节点处混凝土强度等级不能满足设计要求。对于这种情况，可以采取以下措施进行处理。

1. 柱、墙节点混凝土实测强度比设计强度低一个等级

所谓混凝土强度相差一个等级是指相互之间的强度等级差值为 C5，一个等级以上即为 C5 的整数倍。

柱、墙位置梁、板高度范围内的混凝土处于侧向受限状态，在侧向受限条件下的混凝土受压承载力会提高。根据《混凝土结构工程施工规范》GB 50666—2011 规定：柱、墙位置梁、板高度范围内的混凝土实测强度比设计强度低一个等级时，经设计单位确认，可不做处理。

2. 柱、墙节点混凝土实测强度比设计强度低两个等级

（1）节点四周均有框架梁

框架节点核心区在水平荷载作用下内力分布复杂，特别在有抗震设防要求时，要承担很大的剪力，容易产生剪切脆性破坏。

当柱、墙混凝土实测强度比设计强度低两个等级时，若节点四周均设置有框架梁时，节点区受到的剪力部分由周边框架梁承担，使节点区域的抗剪承载能力得到提高。根据国家建筑标准设计图集《G101 系列图集常见问题答疑图解》17G101—11 规定，经设计单位确认，可不采取措施。

对中柱节点区混凝土强度等级，应取梁柱节点核心区混凝土折算强度，可参照式（1.1-3）或式（1.1-4）计算。

式（1.1-3）为加拿大规范 CSA A23.3—04 对中柱节点区混凝土折算强度的计算公式。

$$f'_{ce}=0.25f'_{cc}+1.05f'_{cs}\leqslant f'_{cc} \tag{1.1-3}$$

式中 f'_{ce}——梁柱节点区混凝土折算强度；

f'_{cc}——柱非节点区混凝土强度；

f'_{cs}——梁、板混凝土强度与柱节点区混凝土强度的低值。

式（1.1-4）为考虑楼板板厚、梁截面高度及正方形柱的截面尺寸，根据试验结果拟合得到的中柱节点区混凝土折算强度的计算公式。

$$f'_{ce}=\left(\frac{0.35}{h/c}\right)f'_{cc}+\left(1.4-\frac{0.35}{h/c}\right)f'_{cs}\leqslant f'_{cc} \tag{1.1-4}$$

式中 h——楼板（梁）的厚度；

c——方形柱的边长。

（2）节点四周不全有框架梁

当柱、墙混凝土实测强度比设计强度低两个等级，且节点四周不全有框架梁时，应进行斜截面承载力和抗压承载力验算。

对三向有梁的边柱节点区混凝土强度等级的取值，其梁柱节点核心区混凝土折算强度，可参照式（1.1-5）计算。

$$f'_{ce}=0.05f'_{cc}+1.32f'_{cs}\leqslant f'_{cc} \tag{1.1-5}$$

对于角柱节点区混凝土强度等级，应取梁柱节点核心区混凝土折算强度，可参照式（1.1-6）计算。

$$f'_{ce}=0.38f'_{cc}+0.66f'_{cs}\leqslant f'_{cc} \tag{1.1-6}$$

当边柱、角柱外侧均有悬挑梁时，只要悬挑长度大于或等于柱截面尺寸的 2 倍，可按中柱对待，参照式（1.1-3）或式（1.1-4）计算其 f'_{ce}。

对抗震设防烈度 8 度及以下的框架梁柱节点抗震受剪承载力验算，应符合式（1.1-7）的规定。

$$V_j\leqslant\frac{1}{\gamma_{RE}}\left(1.1\eta_j f_t b_j h_j+0.05\eta_j N\frac{b_j}{b_c}+f_{yv}A_{svj}\frac{h_{b0}-a'_s}{s}\right) \tag{1.1-7}$$

式中 γ_{RE}——承载力抗震调整系数；

η_j——正交梁对节点的约束影响系数；

f_t——混凝土轴心抗拉强度设计值，此处取梁柱节点区混凝土折算强度；

b_j——框架节点核心区的截面有效验算宽度；

h_j——框架节点核心区的截面高度；

N——对应于考虑地震组合剪力设计值的节点上柱底部的轴向力设计值；

b_c——柱截面宽度；

f_{yv}——箍筋的抗拉强度设计值；

A_{svj}——核心区有效验算宽度范围内同一截面验算方向箍筋各肢的全部截面面积；

h_{b0}——框架梁截面有效高度，节点两侧截面高度不等时取平均值；

a_s'——梁纵向受压钢筋合力点至截面近边的距离；

s——沿构件长度方向的箍筋间距。

3. 柱、墙节点混凝土实测强度比设计强度低两个等级以上

当柱、墙节点混凝土实测强度比设计强度低两个等级以上时，应根据实际荷载情况，采取加固措施。常用的加固方法有以下三种。

（1）增大截面加固法

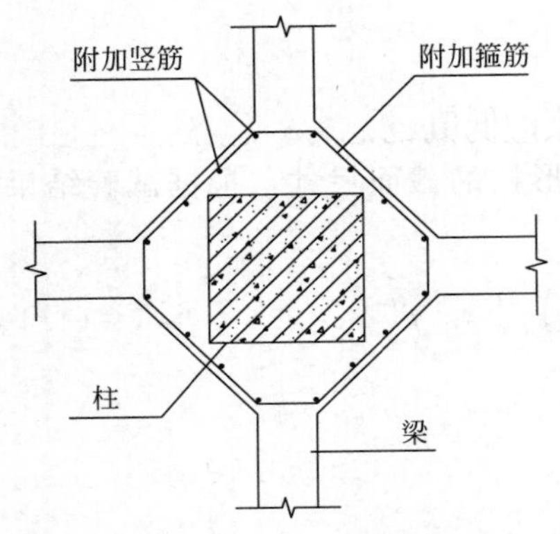

图 1.1-3　中柱框架梁水平加腋示意图

梁柱节点区增大截面加固，可在框架梁与框架柱的结合部位增设框架梁水平腋，并配置附加钢筋，加大节点核心区的面积，加强对节点核心区的约束（图 1.1-3）；也可在节点核心区柱的两个对边或四周设置厚度不小于 60mm 的新增混凝土层。在梁柱节点增大截面后，“强梁弱柱”可能会加剧，对节点区抗震性能产生影响。

采用增大截面加固法时，新增截面部分可用自密实混凝土或用掺有细石混凝土的水泥基灌浆料灌注而成。

（2）置换混凝土加固法

置换混凝土加固法，适用于承重构件受压区混凝土强度偏低或有严重缺陷时的局部加固。当采用本方法加固柱、墙等构件时，应对原结构构件在施工全过程中的承载状态进行验算、观测和控制，置换界面处的混凝土不应出现拉应力；当控制有困难时，应采取支顶等措施进行卸荷。只有在混凝土结构构件置换部分的界面处理及其施工质量符合规范要求时，其结合面才可按整体受力计算。

置换用混凝土的强度等级应比原构件混凝土等级提高一级，且不应低于 C25。对既有结构，原有混凝土表面应涂刷界面剂，以保证新旧混凝土的协同工作。

置换混凝土加固梁柱节点施工难度较大，对施工质量要求较高，并且会导致原有结构破损，同时应采取施工措施以确保新旧混凝土的协同工作性能。

（3）外粘型钢加固法

外粘型钢加固法，其加固后的承载力和截面刚度可按整截面计算。

采用外粘型钢加固钢筋混凝土构件时，型钢表面（包括混凝土表面）应抹厚度不小于 25mm 的防裂钢丝网高强度等级水泥砂浆作为防护层，也可采用其他具有防腐蚀和防火性能的饰面材料加以保护。

1.2　钢筋的基本规定

《混凝土结构通用规范》GB 55008—2021 第 2.0.4 条　混凝土结构用普通钢筋、预应力筋及结构混凝土的强度标准值应具有不小于 95％的保证率；其强度设计值取值应符合下列规定。

1. 结构混凝土强度设计值应按其强度标准值除以材料分项系数确定，且材料分项系数取值不应小于 1.4。

2. 普通钢筋、预应力筋的强度设计值应按其强度标准值分别除以普通钢筋、预应力筋材料分项系数确定，普通钢筋、预应力筋的材料分项系数应根据工程结构的可靠性要求综合考虑钢筋的力学性能、工艺性能、表面形状等因素确定。

3. 普通钢筋材料分项系数取值不应小于 1.1，预应力筋材料分项系数取值不应小于 1.2。

1.2.1 普通钢筋指的是什么？包括哪些种类？

普通钢筋指的是用于混凝土结构构件中的各种非预应力筋的总称，包括热轧光圆钢筋、热轧带肋钢筋、细晶粒热轧钢筋和余热处理钢筋等。

1. 热轧光圆钢筋

热轧光圆钢筋（Hot rolled plain bars）是指经热轧成型，横截面通常为圆形，表面光滑的成品钢筋。牌号由“HPB＋屈服强度特征值”构成，如 HPB300。

基于节能减排的要求，HPB235 级钢筋已经被 HPB300 级取代。《混规》将 HPB300 级钢筋的公称直径限定为 6～14mm。

2. 热轧带肋钢筋

热轧带肋钢筋（Hot rolled ribbed bars）是指按热轧状态交货，横截面通常为圆形，且表面带肋的混凝土结构用钢材，俗称螺纹钢。牌号由“HRB＋屈服强度特征值”构成，如 HRB400。目前使用的钢筋有 HRB400、HRB500 和 HRB600。基于抗震性能的不同，还有热轧带肋抗震钢筋，如 HRB400E。

目前，HRB400 级钢筋也逐步被 HRB400E 替代。《混规》将 HRB335 级钢筋的公称直径也限定为 6～14mm，主要用于中、小跨度楼板配筋以及剪力墙的分布钢筋，还可用于构件的箍筋与构造钢筋。

3. 细晶粒热轧钢筋

细晶粒热轧钢筋（Hot rolled bars of fine grains）是指在热轧过程中，通过控轧和控冷工艺形成的细晶粒钢筋，其晶粒度为 9 级或更细。

牌号由“HRBF＋屈服强度特征值”构成，如 HRBF400、HRBF400E。其主要优点是通过控轧、控冷工艺获得超细组织，从而在不增加合金含量的基础上大幅提高钢材的强度和韧性。

4. 余热处理钢筋

余热处理钢筋（Remained heat treatment ribbed steel bars）是指热轧后利用热处理原理进行表面控制冷却，并利用芯部余热自身完成回火处理所得的成品钢筋，其基圆上形成环状的淬火自回火组织。

牌号由“RRB＋屈服强度特征值”构成，如 RRB400、RRB400W。当余热处理钢筋需要焊接时，应选用 RRB400W 可焊接余热处理钢筋。

1.2.2 如何理解钢筋强度保证率不小于 95%？

根据数理统计的概念，强度保证率指钢筋强度等级大于设计强度等级的概率，亦即钢筋强度等级大于设计强度等级的组数占总组数的百分率。在钢筋强度质量控制中，除了需考虑所生产的钢筋强度质量的稳定性之外，还必须考虑符合设计要求的强度等级的合格率，即强度保证率。

当材料强度按正态分布时，其强度标准值符合式（1.2-1）的要求，即认为材料强度具有不小于 95%的保证率。

$$f_k = \mu_f - 1.645\sigma_f \tag{1.2-1}$$

式中　μ_f——材料强度的平均值；

σ_f——材料强度的标准差。

1.2.3　材料的标准值、设计值与材料分项系数有何关系?

1. 材料分项系数的定义

材料分项系数是指按照承载能力极限状态法进行结构设计时，考虑材料性能不确定性并与结构可靠度相关联的分项系数。

2. 材料标准值与设计值的关系

材料性能的标准值与设计值的关系如式（1.2-2）所示。

$$f_d = \frac{f_k}{\gamma_M} \tag{1.2-2}$$

式中　f_d——材料性能的设计值；

f_k——材料性能的标准值；

γ_M——材料分项系数。

混凝土的材料分项系数不应小于 1.40。

3. 钢筋材料分项系数表

钢筋的材料分项系数最小取值如表 1.2-1 所示。

钢筋材料分项系数最小取值表　　表 1.2-1

钢材种类	光圆钢筋	热轧钢筋		预应力筋	冷轧带肋钢筋
屈服强度特征值(MPa)	300	400	500	—	—
材料分项系数	1.1	1.1	1.15	1.2	1.25

4. 预应力筋强度设计值与极限强度的关系

对无明显屈服点的热处理钢筋、消除应力钢丝及钢绞线，取国家标准规定的极限抗拉强度的 0.85 倍作为条件屈服点。根据条件屈服点除以材料分项系数，得出预应力筋的强度设计值。如极限抗拉强度为 1860N/mm² 的预应力筋，其抗拉强度设计值计算如下。

$$f_{py} = \frac{0.85 \times 1860}{1.2} = 1317.5\text{N/mm}^2$$

5. HRB600 级钢筋的材料分项系数

对于延性较好的 400MPa 级热轧钢筋，γ_s 取 1.10；对于 500MPa 级热轧钢筋，为提高安全储备，γ_s 取为 1.15；对于 HRB600 级钢筋，是否需要更进一步提高安全储备，适当增大材料分项系数，还需要更进一步研究。

湖南省地方标准《热轧带肋 600 级钢筋混凝土结构技术标准》DBJ43/T 389—2022 已经发布实施，为促进 HRB600 级高强钢筋的市场应用，材料分项系数暂取为 1.15。

1.2.4 钢筋极限强度、屈服强度、强度标准值、强度设计值有何关系？

钢筋极限强度标准值是指钢筋能承受的最大强度，如图 1.2-1 中的 f 点，用符号 f_{stk} 表示。HRB400 的强度极限值为 540N/mm^2。

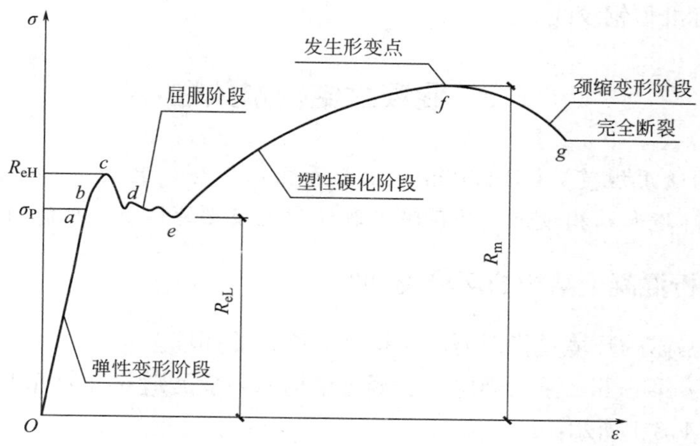

图 1.2-1 普通钢筋的应力-应变曲线

钢筋屈服强度标准值是钢筋屈服的强度临界值，如图 1.2-1 中 $d \sim e$。

钢筋强度标准值取钢筋的屈服强度标准值，用符号 f_{yk} 表示。HRB400 的钢筋强度标准值为 400N/mm^2。

钢筋强度设计值取钢筋强度标准值除以材料分项系数的数值，用符号 f_y 表示。HRB400 的强度设计值为 360N/mm^2。

1.2.5 钢筋牌号中的数字含义是什么？HRB400、PSB1080 和 CRB600H 中的数字代表什么？

不同种类的钢筋，其牌号中的数字有些代表屈服强度标准值，有些代表极限强度标准值，设计时应注意区分。

1. 普通钢筋

普通钢筋牌号中的数值代表屈服强度标准值。如 HPB300 表示其屈服强度标准值是 300N/mm^2，HRB400 代表其屈服强度标准值是 400N/mm^2。

2. 精轧螺纹钢

精轧螺纹钢牌号中的数值代表屈服强度标准值。如预应力螺纹钢筋 PSB1080，钢筋符号为ϕ^T，表示屈服强度标准值为 1080N/mm^2 的钢筋。

要特别注意 PSB930 和 PSB1080 易产生混淆：

PSB930 的极限强度标准值为 1080N/mm^2，其屈服强度标准值是 930N/mm^2。

PSB1080 的极限强度标准值为 1230N/mm^2，其屈服强度标准值是 1080N/mm^2。

3. 冷轧带肋钢筋

冷轧带肋钢筋牌号中的数值代表极限强度标准值。如 CRB600H 表示极限抗拉强度标准值最小值为 600N/mm^2。

4. **预应力钢绞线**

对于预应力钢绞线，其牌号中的数值代表极限强度标准值。如预应力钢绞线牌号为 $1\times7\Phi^{s}15.20\cdot1860$，表示由 7 根极限强度标准值为 1860N/mm^2 的钢丝捻制而成的直径为 15.20mm 的标准型钢绞线。

1.3　混凝土结构耐久性

《混凝土结构通用规范》GB 55008—2021 第 2.0.5 条　混凝土结构应根据结构的用途、结构暴露的环境和结构设计工作年限采取保障混凝土结构耐久性能的措施。

1.3.1　如何辨析混凝土结构的环境类别?

混凝土结构暴露的环境是指混凝土结构表面所处的环境。

根据《混规》第 3.5.2 条的规定，混凝土结构的环境类别共分为五类，各种环境类别的详细表述如表 1.3-1 所示。

混凝土结构的环境类别　　表 1.3-1

环境类别	条件	备注
一	室内干燥环境	指年平均湿度低于 60%的室内环境
	无侵蚀性静水浸没环境	指所有表面均处于水下的构件
二 a	室内潮湿环境	指构件表面经常处于结露或湿润状态的环境
	非严寒和非寒冷地区的露天环境	包括干湿交替和非干湿交替两种环境。非干湿交替的露天环境指不接触或偶尔接触雨水的外部构件所处的环境
	非严寒和非寒冷地区与无侵蚀性的水或土壤直接接触的环境	大致为长江流域及以南地区
	严寒和寒冷地区的冰冻线以下与无侵蚀性的水或土壤直接接触的环境	大致为黄河流域及以北地区
二 b	干湿交替环境	指室内潮湿、室外露天、地下水浸润、水位变动的环境
	水位频繁变动环境	包括水池、地下室外墙等
	严寒和寒冷地区的露天环境	包括干湿交替和非干湿交替两种环境
	严寒和寒冷地区的冰冻线以上与无侵蚀性的水或土壤直接接触的环境	大致为黄河流域及以北地区
三 a	严寒和寒冷地区冬季水位变动区环境	大致为黄河流域及以北地区
	受除冰盐影响环境	指受到除冰盐盐雾影响的环境
	海风环境	考虑主导风向及结构所处迎风、背风部位等因素的影响，由调查研究和工程经验确定

续表

环境类别	条件	备注
三 b	盐渍土环境	参照相关的标准规范执行
	受除冰盐作用环境	指被除冰盐溶液溅射的环境以及使用除冰盐地区的洗车房、停车楼等建筑
	海岸环境	考虑主导风向及结构所处迎风、背风部位等因素的影响，由调查研究和工程经验确定
四	海水环境	参照相关的标准规范执行
五	受人为或自然的侵蚀性物质影响的环境	参照相关的标准规范执行

1.3.2　室内干燥环境如何辨别？哪些城市的年平均湿度大于60%？

1. 室内干燥环境的定义

《混规》对室内干燥环境没有定义，此处参照《混凝土结构耐久性设计标准》GB/T 50476—2019 中的规定：室内干燥环境是指年平均湿度低于60%地区的室内环境。

2. 全国各省会城市的年平均湿度

全国各省会城市的年平均湿度根据每年的统计数据均有变化，表1.3-2统计了各省会城市多年以来的年平均湿度的再平均值，得到多年年平均湿度，可供设计参考。

根据表1.3-2可以看出，全国大部分城市的多年年平均湿度均大于60%，这些城市的混凝土结构的环境类别能按一类环境设计吗？事实上，环境条件指的是混凝土表面的局部环境。对于大部分混凝土构件，其外表面都不是处于完全的裸露状态，可以考虑建筑面层的有利作用，但目前难以定量判定其环境类别。通常意义上，对于长沙的混凝土结构处于干燥环境条件下的构件，允许按一类环境类别设计。

各省会城市的多年年平均相对湿度值（%）　　表1.3-2

城市	年平均湿度	城市	年平均湿度	城市	年平均湿度	城市	年平均湿度
海口	81	长沙	73	哈尔滨	65	太原	54
贵阳	79	南京	71	西安	63	兰州	54
南宁	77	福州	71	长春	62	乌鲁木齐	54
重庆	76	南昌	71	天津	58	北京	52
成都	76	上海	70	石家庄	57	银川	50
合肥	75	杭州	70	郑州	57	呼和浩特	47
武汉	75	昆明	69	西宁	57	拉萨	35
广州	75	沈阳	66	济南	56		

1.3.3　室内潮湿环境如何辨别？

1. 《混规》的规定

根据《混规》表3.5.2注1的规定：室内潮湿环境是指构件表面经常结露或湿润状态

的环境。

结露是指空气中的水汽达到饱和状态时，若环境温度继续下降，开始出现的空气中过饱和的水汽凝结水析出的现象。当空气中的水汽含量不变时，随着环境温度的下降，空气的湿度逐渐升高。当温度下降到一定程度时，空气中的水汽达到饱和状态，即空气湿度为100%。

2.《混凝土结构耐久性设计标准》GB/T 50476—2019 的规定

根据结露的定义，室内潮湿环境对相对湿度的要求值是100%，但这与《混凝土结构耐久性设计标准》GB/T 50476—2019 中的规定不一致。《混凝土结构耐久性设计标准》GB/T 50476—2019 规定：年平均湿度大于60%的中、高湿度环境中的结构内部构件即处于室内潮湿环境。

3. 怎么理解两本规范的区别

上述两本规范对室内潮湿环境的表述差异很大，它们分别从不同的角度对此做出了定义。《混规》是从构件表面的干湿状态进行定义，而《混凝土结构耐久性设计标准》GB/T 50476—2019 是从环境湿度、构件所处的环境湿度两个方面进行定义。《混规》对结构耐久性方面的规定，是以《混凝土结构耐久性设计规范》GB/T 50476—2019 的规定为依据，结合调查研究及我国国情，并考虑房屋建筑混凝土结构的特点加以简化和调整得到的，更易于执行。

1.3.4　如何辨别环境类别的严寒和寒冷地区？全国主要城市各属哪一类？

根据《民用建筑热工设计规范》GB 50176—2016 的规定，建筑热工设计分为五个一级区划，其主要指标如表1.3-3所示。

建筑热工设计一级区划　　　　**表1.3-3**

一级区划名称	区划指标		代表城市
	主要指标	辅助指标	
严寒地区	$t_{min \cdot m} \leqslant -10℃$	$145 \leqslant d_{\leqslant 5}$	沈阳、长春、哈尔滨、呼和浩特、乌鲁木齐、西宁
寒冷地区	$-10℃ < t_{min \cdot m} \leqslant 0℃$	$90 \leqslant d_{\leqslant 5} < 145$	北京、天津、石家庄、郑州、济南、太原、西安、兰州、银川、拉萨
夏热冬冷地区	$0℃ < t_{min \cdot m} \leqslant 10℃$ $25℃ < t_{max \cdot m} \leqslant 30℃$	$0 \leqslant d_{\leqslant 5} < 90$ $40 \leqslant d_{\geqslant 25} < 110$	上海、杭州、南京、合肥、南昌、武汉、长沙、重庆、成都
夏热冬暖地区	$10℃ < t_{min \cdot m}$ $25℃ < t_{max \cdot m} \leqslant 29℃$	$100 \leqslant d_{\geqslant 25} < 200$	广州、深圳、南宁、福州
温和地区	$0℃ < t_{min \cdot m} \leqslant 13℃$ $18℃ < t_{max \cdot m} \leqslant 25℃$	$0 \leqslant d_{\leqslant 5} < 90$	昆明、贵阳

注：1. $t_{min \cdot m}$——最冷月平均温度；$t_{max \cdot m}$——最热月平均温度。
2. $40 \leqslant d_{\geqslant 25} < 110$，表示日平均气温大于或等于25℃的天数大于或等于40d，且少于110d。

1.3.5　结构耐久性有哪些影响因素？

1. 结构耐久性定义

结构耐久性是指在环境作用和正常维护、使用条件下，结构或构件在设计工作年限内保持其适用性和安全性的能力。混凝土结构的耐久性应根据结构的设计工作年限、结构所处的环境类别和环境作用等级等进行设计。

2. 混凝土结构耐久性的影响因素

混凝土结构耐久性主要有以下影响因素。

（1）结构使用年限、环境类别及其作用等级。

（2）有利于减轻环境作用的结构形式和布置。

（3）结构材料的性能与指标。

（4）钢筋的混凝土保护层厚度。

（5）混凝土构件裂缝控制等级与防排水构造要求。

（6）严重环境作用下采取合理的防腐蚀措施或多重防护措施。

（7）保证耐久性的混凝土成型工艺。

3. 混凝土结构耐久性设计方法

混凝土结构的耐久性设计可分为经验方法和定量方法。

（1）经验方法

经验方法将环境作用按其严重程度定性地划分成几个作用等级，在工程经验类比的基础上，对不同环境作用等级下的混凝土结构构件，直接规定混凝土材料的耐久性质量要求（通常用混凝土强度、水胶比、胶凝材料用量等指标表示）和钢筋保护层厚度等构造要求。

（2）定量方法

在结构耐久性设计的定量方法中，环境作用需要定量界定，然后选用适当的劣化模型求出环境作用效应，得出耐久性极限状态下的环境作用效应与耐久性抗力的关系，可针对设计工作年限来计算材料与构造参数，也可针对确定的材料与构造参数来验算工作年限。

1.3.6 混凝土强度不满足耐久性要求时如何处理?

1. 规范对混凝土最低强度的规定

混凝土强度高低影响到碳化速度的快慢，从而影响碳化深度。由于水胶比和水泥用量的影响，混凝土抗碳化性能随着其强度等级的提高而增强。因此，规范基于耐久性的角度对混凝土最低强度等级进行了规定。

《混规》第 4.1.2 条规定：素混凝土结构的混凝土强度等级不应低于 C15；钢筋混凝土结构的混凝土强度等级不应低于 C20；采用强度等级 400MPa 及以上的钢筋时，混凝土强度等级不应低于 C25。

《混规》第 3.5.3 条对混凝土结构的耐久性做出了如下规定：设计工作年限为 50 年的混凝土结构，其混凝土最低强度等级在环境等级为一类时不得低于 C20，二 a 类时不得低于 C25。

《混凝土结构通用规范》GB 55008—2021 对混凝土强度等级从结构受力和耐久性两个方面综合考虑，规定如下：素混凝土结构构件的混凝土强度等级不应低于 C20，钢筋混凝土结构构件的混凝土强度等级不应低于 C25。本条规范属于强制性条文，不同规范之间有差异时，以本条规范为准。

2. 混凝土耐久性的破坏机理

引起混凝土耐久性破坏的因素主要有冻融破坏、化学腐蚀破坏和碳化破坏等，其中最常见的是碳化破坏。混凝土的碳化是指混凝土内的水化产物与其所处环境中的二氧化碳反应，生成了碳酸盐或其他物质的现象。

环境中的二氧化碳由混凝土内的孔隙进入，与氢氧化钙等水化产物发生化学反应，生成碳酸钙等物质。碳化反应消耗了氢氧化钙，使混凝土碱性下降，酸性上升，引起钢筋锈蚀，将削弱混凝土结构的耐久性能。

3. 混凝土强度等级低于耐久性要求的最低强度等级时的措施

当混凝土实测强度等级低于结构耐久性要求的最低强度等级时，混凝土的耐久性不能满足设计工作年限的要求，可采取下列处理措施。

(1) 增大截面改善表层混凝土强度等级和耐久性。采用本方法时，按现场检测结果确定的原构件混凝土强度等级不应低于 C13。

(2) 表面处理提高混凝土抗碳化性能。对处于一般环境的混凝土，可采用表面涂层、硅烷浸渍等防腐蚀附加措施。采用本方法时，结构的承载能力应能满足设计要求。

(3) 置换耐久性不满足设计要求的混凝土构件。

1.4　钢筋与混凝土协同工作

《混凝土结构通用规范》GB 55008—2021 第 2.0.6 条　钢筋混凝土结构构件、预应力混凝土结构构件应采取保证钢筋、预应力筋与混凝土材料在各种工况下协同工作性能的设计和施工措施。

1.4.1　钢筋和混凝土材料协同工作机理是什么?

普通钢筋和混凝土材料有机结合形成钢筋混凝土结构构件，两种材料的协同工作是混凝土结构的基本要求，其协同工作机理如下。

1. 混凝土和钢筋之间有良好的粘结性能，两者能可靠地结合在一起，共同受力，共同变形。

2. 混凝土的温度线膨胀系数为 $(0.82\sim1.2)\times10^{-5}$，钢筋的温度线膨胀系数为 1.2×10^{-5}，两者非常接近，能够避免温度变化时产生较大的温度应力破坏两者之间的粘结力。

3. 混凝土包裹在钢筋的外部，可使钢筋免于腐蚀或高温软化。

4. 混凝土抗压强度高，抗拉强度低；钢筋的抗压和抗拉能力都很强。将钢筋和混凝土两种材料结合在一起共同工作，充分利用了混凝土抗压强度高，钢筋抗拉强度高的特性，使两种材料各尽其能、相得益彰，组成性能良好的结构构件。

1.4.2　哪些措施能够提高钢筋和混凝土材料的协同工作性能?

提高钢筋与混凝土材料协同工作性能主要与钢筋的表面形状、表面处理、变形能力、设计指标取值，以及与混凝土的粘结和锚固性能等有关，具体有以下措施。

(1) 钢筋的表面形状宜采用带肋螺纹钢筋。

(2) 钢筋搭接和锚固长度应满足要求。

(3) 必须满足钢筋最小间距和保护层最小厚度的要求。

(4) 钢筋搭接接头范围内采取加密箍筋。

(5) 钢筋端部设置弯钩或采用机械锚固。

1.4.3 哪些构件应采用有粘结预应力筋？哪些构件可采用无粘结预应力筋？

1. 要求采用有粘结预应力筋的构件

先张预应力混凝土构件宜采用有肋纹的预应力筋，以保证钢筋与混凝土之间有可靠的粘结力。当采用光面钢丝作为预应力筋时，应保证钢丝在混凝土中可靠地锚固，防止钢丝与混凝土粘结力不足而造成钢丝滑动。以下构件要求采用有粘结预应力筋。

(1) 抗震等级为一级的框架、承重结构的受拉杆件及转换梁应采用有粘结预应力筋。

(2) 现浇框架、门架的后张预应力构件宜采用有粘结预应力筋。

(3) 抗震等级为一级的框架柱配置预应力筋时，应采用有粘结预应力筋；抗震等级为二级、三级的框架柱，宜采用有粘结预应力筋。

2. 可采用无粘结预应力筋的构件

对于无粘结预应力混凝土构件，从设计和施工角度，预应力筋的保护及锚固措施对结构或结构构件的协同工作性能非常重要。以下构件可采用无粘结预应力筋。

1) 分散配置预应力筋的板类结构、楼盖次梁等，可采用无粘结预应力筋。

2) 在地震作用效应和重力荷载效应组合下，当符合下列三项之一时，在抗震等级为二级、三级和四级的框架梁中可采用无粘结预应力筋；当符合第 (1) 项或第 (2) 项时，可在悬臂梁中应用。

(1) 框架梁端部截面及悬挑梁根部截面由普通钢筋承担的弯矩设计值，不应少于组合弯矩设计值的 50%。

(2) 预应力筋仅用于满足构件的挠度和裂缝要求。

(3) 设有剪力墙或筒体，且在规定的水平地震作用下，底层框架承担的地震倾覆力矩小于总地震倾覆力矩的 50%。

1.4.4 缓粘结预应力筋结构设计与普通预应力筋有何不同？

1. 缓粘结预应力钢绞线的优势

缓粘结预应力钢绞线是指用缓凝胶粘剂涂敷并由高密度聚乙烯护套包裹的预应力钢绞线。当预应力筋布置在混凝土截面内时应采用带横肋的缓粘结预应力钢绞线，横肋是指与钢绞线轴线方向垂直的肋。护套材料宜采用挤塑聚乙烯树脂，严禁使用聚氯乙烯。

在施工阶段，缓凝胶粘剂是黏稠状态，无粘结预应力；在使用阶段，缓凝胶粘剂是凝固状态，具有较高的强度形成有粘结预应力结构。因此，缓粘结预应力钢绞线同时具有无粘结钢绞线施工便捷和有粘结钢绞线受力可靠的优点，极大地促进了预应力混凝土结构的快速发展。

2. 产品标记

缓粘结预应力钢绞线的标记由分类代号、缓凝胶粘剂标准张拉适用期、缓凝胶粘剂标准固化时间、钢绞线公称直径和抗拉强度标准值和标准号组成。如 RPSR-180-540 15.20-1860 JG/T 369—2012，代表带肋缓粘结预应力钢绞线，标准张拉适用期 180d，标准固化时间 540d，钢绞线公称直径 15.20mm，抗拉强度标准值 1860N/mm^2，标准号为《缓粘结预应力钢绞线》JG/T 369—2012。

3. **标准张拉适用期和标准固化时间**

（1）标准张拉适用期

标准张拉适用期是指缓凝胶粘剂在室温 25℃下的张拉适用期。应注意，张拉适用期是指缓凝胶粘剂从配制到仍适合于预应力钢绞线张拉的时间段；是从缓凝胶粘剂生产的时间开始算起，而不是缓粘结钢绞线购置的时间算起。因此，应关注产品的生产时间，而不是购置时间。

（2）标准固化时间

标准固化时间是指在室温 25℃下的固化时间。

（3）张拉适用期与固化时间的关系

研究表明，热固型缓凝胶粘剂在 25～55℃温度范围内，其实际张拉适用期与实际固化时间的比值为 0.32～0.40。目前，热固型缓凝胶粘剂产品的张拉适用期与固化期之比取 0.33，与下限较为接近。

（4）张拉适用期与温度的关系

标准张拉适用期是指缓凝胶粘剂在室温 25℃下的张拉适用期。但在实际施工过程中，夏季的环境温度高达 40℃，混凝土水化热甚至达到 50～60℃。研究表明，温度每升高 10℃，实际张拉适用期、实际固化期将减少 19%～43%。因此，施工时应考虑温度对实际张拉适用期的影响。

1.5　混凝土保护层

《混凝土结构通用规范》第 2.0.10 条　混凝土结构中的普通钢筋、预应力筋应设置混凝土保护层，混凝土保护层厚度应符合下列规定。

1. 满足普通钢筋、有粘结预应力筋与混凝土共同工作性能要求。
2. 满足混凝土构件的耐久性能及防火性能要求。
3. 不应小于普通钢筋的公称直径，且不应小于 15mm。

1.5.1　混凝土结构保护层的定义是什么？从拉筋外侧还是箍筋外侧算起？

1. **混凝土结构保护层的定义**

混凝土保护层是指结构构件中钢筋外边缘至构件表面范围内用于保护钢筋的混凝土，简称保护层。

从以上定义难以判断保护层厚度是从拉筋外侧还是箍筋外侧起算。

2. **混凝土结构保护层图例**

从混凝土碳化、脱钝和钢筋锈蚀的耐久性角度考虑，不以纵向受力钢筋的外缘，而是以最外层钢筋的外缘计算保护层厚度，包括箍筋、构造筋、分布筋等（图 1.5-1）。图 1.5-1（a）中拉筋勾住箍筋，其保护层从拉筋最外侧起算，过于严格；宜按图 1.5-1（b）采用拉筋勾住腰筋，其保护层从箍筋外侧算起。

1.5.2　混凝土结构保护层有哪些作用？

混凝土结构保护层的作用主要有：

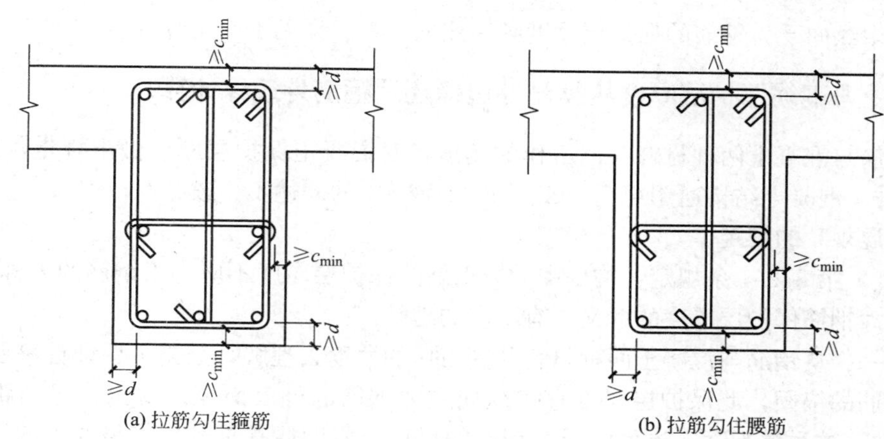

图 1.5-1　梁混凝土保护层厚度示意图

c_{min}——混凝土保护层最小厚度；d——纵向普通钢筋直径

1. 保证钢筋与其周围混凝土共同工作，充分发挥钢筋强度

混凝土结构中，钢筋和混凝土两种材料之间良好的粘结性能是它们共同工作的基础，从钢筋粘结锚固角度对混凝土保护层提出要求是为了保证钢筋与其周围混凝土能共同工作，并使钢筋充分发挥自身强度。

2. 防止钢筋发生锈蚀，保证结构安全性和耐久性

钢筋裸露在大气或者其他介质中，容易受蚀生锈，使得钢筋的有效截面减小，影响结构受力，因此需要根据耐久性要求规定不同使用环境的混凝土保护层最小厚度，以保证构件在设计工作年限内钢筋不发生降低结构可靠度的锈蚀。

3. 延缓高温对钢筋的不利作用

混凝土保护层可有效延缓高温对钢筋的破坏，保证钢筋在规定的耐火极限范围内不会因受到高温影响而导致承载能力急剧丧失，为生命、财产转移提供宝贵时间。

1.5.3　保护层为何不应小于普通钢筋的公称直径？有哪些强条陷阱？

1. 混凝土保护层厚度不小于受力钢筋直径的原因

混凝土保护层厚度不小于受力钢筋直径是为了保证握裹层混凝土对受力钢筋的锚固。当采用并筋时，混凝土保护层厚度不应小于并筋的等效直径。

2. 保护层厚度对纵向受拉钢筋锚固的影响

从钢筋与混凝土协同工作的角度，保护层厚度会影响纵向受拉普通钢筋的锚固。《混规》第 8.3.2 条规定：当锚固钢筋的保护层厚度为 $3d$ 时，纵向受拉普通钢筋的锚固长度修正系数 ζ_a 可取 0.80；保护层厚度不小于 $5d$ 时修正系数可取 0.70；其间按内插取值，此处 d 为锚固钢筋的直径。

3. 板中钢筋保护层厚度可能不满足普通钢筋公称直径

根据《混规》第 8.2.1 条，一类环境类别时板、墙、壳的最小保护层厚度为 15mm，当板跨较大时，采用 ϕ16 以上钢筋不满足通用规范的要求；梁、柱、杆类构件的最小保护层厚度为 20mm，采用 ϕ20 以上钢筋不满足通用规范的要求；按规范文字理解，以上均属于违反强制性条文。

但梁中纵向受力钢筋的保护层厚度到底该怎么算，详见1.5.4节。

1.5.4 受力钢筋保护层厚度从纵筋外边缘还是箍筋外边缘计算?

从钢筋与混凝土两种材料共同工作的角度，对混凝土保护层厚度做出规定，应注意，《混规》与《混凝土结构通用规范》GB 55008—2021的表述不一致。

1.《混规》的规定

《混规》第8.2.1条规定：构件中受力钢筋的保护层厚度不应小于钢筋的公称直径 d。对此处受力钢筋保护层厚度的含义，有不同的理解。

理解一：从钢筋与混凝土两种材料共同工作的角度去理解，是为了保证握裹层混凝土对受力钢筋的锚固，此保护层厚度宜按纵向受力钢筋的外表面至混凝土边缘的距离计算(图1.5-2)。这种情况下，构件中受力钢筋的保护层厚度通常是容易满足要求的。国家建筑标准设计图集《G101系列图集常见问题答疑图解》17G101—11是从这种角度去定义构件中受力钢筋的保护层厚度的。

理解二：构件中受力钢筋的保护层厚度，按照钢筋混凝土保护层的定义，以最外层钢筋（包括箍筋、构造筋、分布筋等）的外边缘至混凝土表面的厚度计算。按此理解，则当采用大直径纵向钢筋时，保护层厚度有可能不满足规范要求。

《混规》对于保护层厚度的规定，是一般条文，不是强制性条文。对于这种细节之处的不同理解，并未引起结构工程师的足够关注。但《混凝土结构通用规范》GB 55008—2021对于保护层厚度的规定是强制性条文，受力钢筋保护层厚度如何计算，是需要明确的。

2.《混凝土结构通用规范》GB 55008—2021的规定

《混凝土结构通用规范》GB 55008—2021第2.0.10条规定：混凝土保护层厚度不应小于普通钢筋的公称直径，且不应小于15mm。

《混凝土结构通用规范》GB 55008—2021删除了“构件中受力钢筋”这几个字，直接提出了“混凝土保护层厚度不应小于普通钢筋的公称直径”。而保护层厚度的定义是明确的，即指最外层钢筋的外边缘至构件表面的距离（图1.5-3）。按此条文，对大直径纵向钢筋，尤其是并筋时（并筋按所并钢筋的等效直径计算），可能导致保护层厚度不满足《混凝土结构通用规范》GB 55008—2021的规定。

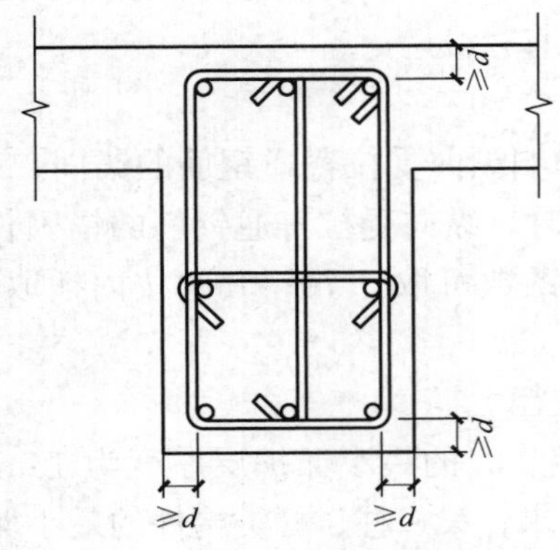

图1.5-2 保护层厚度从纵向受力钢筋外表面起算示意图

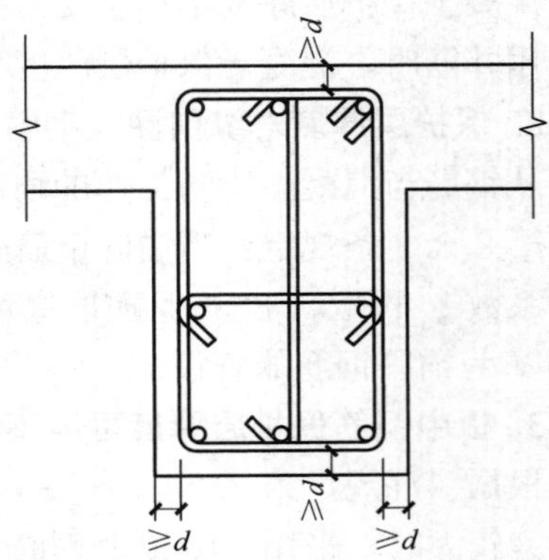

图1.5-3 保护层厚度从最外层钢筋外边缘起算示意图

笔者无从判断规范编制组对保护层厚度文字表述进行变更的意图，对混凝土构件保护层厚度与普通钢筋公称直径的关系，笔者建议如下。

（1）混凝土构件中箍筋的保护层厚度从箍筋的外表面算起，不应小于箍筋的公称直径。

（2）混凝土构件中纵向受力钢筋的保护层厚度从纵筋的外表面算起，不应小于纵筋的公称直径；仍然按国家建筑标准设计图集《G101系列图集常见问题答疑图解》17G101—11的相关规定执行。

1.5.5 从耐久性角度对混凝土保护层有何要求？

1. 结构耐久性的定义

结构耐久性是指在环境作用和正常维护、使用条件下，结构或构件在设计工作年限内保持其适用性和安全性的能力。从混凝土碳化、脱钝和钢筋锈蚀的耐久性角度考虑，不再以纵向受力钢筋的外缘，而以箍筋、构造筋、分布筋等最外层钢筋的外缘计算混凝土保护层厚度。

2. 设计工作年限为50年的混凝土结构的保护层厚度

设计工作年限为50年的混凝土结构，最外层钢筋的保护层厚度应符合表1.5-1的规定。

混凝土保护层最小厚度 c（mm） 表1.5-1

环境类别	板、墙、壳	梁、柱、杆
一	15	20
二a	20	25
二b	25	35
三a	30	40
三b	40	50

3. 保护层厚度在几种特殊情况时的规定

特殊情况时为增强混凝土构件的耐久性，其保护层厚度应满足以下规定。

（1）当混凝土强度等级为C25及以下时，表1.5-1中保护层厚度数值应增加5mm。

（2）设计工作年限为100年的混凝土结构，最外层钢筋的保护层厚度不应小于表1.5-1中数值的1.4倍。

（3）对于耐久性环境类别为四类（海水环境）、五类（受人为或自然的侵蚀性物质影响的环境），《混规》没有明确的规定，其耐久性要求应符合有关标准的规定。海水环境、直接接触除冰盐的环境及其他侵蚀性环境中的混凝土结构耐久性的设计，可参考现行国家标准《混凝土结构耐久性设计标准》GB/T 50476—2019。四类环境可参考现行国家行业标准《港口工程混凝土结构设计规范》JTJ 267—1998，五类环境可参考现行国家标准《工业建筑防腐蚀设计标准》GB/T 50046—2018。

1.5.6 采取哪些措施可以减小保护层的厚度？

当有充分依据并采取下列措施提高构件的耐久性能时，可适当减小混凝土保护层的厚度。

1. 构件表面有可靠的防护层

构件的表面防护是指表面抹灰层以及其他各种有效的保护性涂料层。现在越来越多的项目墙、柱、梁、板采用高精度铝模板免抹灰工艺，构件表面无抹灰层。

2. 采用工厂化生产的预制构件

由工厂生产的预制混凝土构件在保护层厚度的质量控制上较有保证，保护层施工偏差比现浇构件小，经过检验且有较好质量保证时，其普通钢筋和预应力筋的混凝土保护层厚度可比现浇构件小 5mm。

3. 在混凝土中掺加阻锈剂或采用阴极保护处理等防锈措施

使用阻锈剂应经试验检验效果良好，并应在确定有效的工艺参数后应用。对已有混凝土结构喷涂阻锈剂前后，应通过量测其内部钢筋锈蚀电流的变化，对该阻锈剂的阻锈效果进行评估。

采用环氧树脂涂层钢筋、镀锌钢筋或采取阴极保护处理等防锈措施时，保护层厚度可适当放松。环氧树脂涂层钢筋是采用静电喷涂环氧树脂粉末工艺，在钢筋表面形成一定厚度的环氧树脂防腐涂层。这种涂层可将钢筋与其周围混凝土隔开，使侵蚀性介质（如氯离子等）不直接接触钢筋表面，从而避免钢筋受到腐蚀。

4. 地下室外墙采取可靠措施时，保护层厚度可适当减少

当对地下室墙体采取可靠的建筑防水做法或防护措施时，与土层相邻一侧钢筋的保护层厚度可适当减少，但不应小于 25mm。

《地下工程防水技术规范》GB 50108—2008 第 4.1.7 条规定：防水混凝土结构钢筋保护层厚度应根据结构的耐久性和工程环境选用，迎水面钢筋保护层厚度不应小于 50mm。本条中的迎水面指的是混凝土与水或土壤直接接触的环境，不包括采取可靠建筑防水做法或防护措施的地下室墙体，与上段并不矛盾。

有观点认为，对地下室墙体采取可靠的建筑防水做法或防护措施时，所采用措施的耐久性应与结构的设计使用周期一致，无法更换的建筑防水卷材难以保证 50 年的设计工作年限，不属于可靠的建筑防水措施，建议采用防水砂浆或其他可靠的防水措施。

1.5.7　民用建筑耐火等级如何分类？混凝土构件的耐火极限有何规定？

1. 民用建筑耐火等级的分类

《建筑设计防火规范》GB 50016—2014（2018 年版）第 5.1.2 条和第 5.1.3 条规定：民用建筑的耐火等级应根据其建筑高度、使用功能、重要性和火灾扑救难度等，分为一、二、三、四级。

（1）耐火等级为一级的建筑

地下或半地下建筑（室），建筑高度大于 54m 的住宅建筑（包括设置商业服务网点的住宅建筑），建筑高度大于 50m 的公共建筑，建筑高度 24m 以上部分任一楼层建筑面积大于 1000m^2 的商店、展览、电信、邮政、财贸金融建筑和其他多种功能组合的建筑，医疗建筑、重要公共建筑、独立建造的老年人照料设施，省级及以上的广播电视和防灾指挥调度建筑、网局级和省级电力调度建筑，藏书超过 1000 万册的图书馆和书库。

（2）耐火等级为二级的建筑

单、多层重要公共建筑、建筑高度大于 27m 但不大于 54m 的住宅建筑（包括设置商业服务网点的住宅建筑)、除一类高层公共建筑外的其他高层公共建筑。

(3) 耐火等级为三级的建筑

建筑高度不大于 27m 的住宅建筑(包括设置商业服务网点的住宅建筑)、建筑高度大于 24m 的单层公共建筑、建筑高度不大于 24m 的其他公共建筑。

2. 不同耐火等级建筑构件的燃烧性能和耐火极限

除《建筑设计防火规范》GB 50016—2014(2018 年版)中的规定外,不同耐火等级建筑相应构件的燃烧性能和耐火极限不应低于表 1.5-2 的规定。

建筑高度大于 100m 的民用建筑,其楼板的耐火极限不应低于 2.00h。

不同耐火等级建筑相应构件的燃烧性能和耐火极限(h) **表 1.5-2**

构件名称		耐火等级			
		一级	二级	三级	四级
墙	防火墙	不燃性 3.00	不燃性 3.00	不燃性 3.00	不燃性 3.00
	承重墙	不燃性 3.00	不燃性 2.50	不燃性 2.00	难燃性 0.50
	非承重外墙	不燃性 1.00	不燃性 1.00	不燃性 0.50	可燃性
	楼梯间和前室的墙、电梯井的墙、住宅建筑单元之间的墙和分户墙	不燃性 2.00	不燃性 2.00	不燃性 1.50	难燃性 0.50
	疏散走道两侧的隔墙	不燃性 1.00	不燃性 1.00	不燃性 0.50	难燃性 0.25
	房间隔墙	不燃性 0.75	不燃性 0.50	难燃性 0.50	难燃性 0.25
柱		不燃性 3.00	不燃性 2.50	不燃性 2.00	难燃性 0.50
梁		不燃性 2.00	不燃性 1.50	不燃性 1.00	难燃性 0.50
		支承防火墙的梁的耐火极限不应低于所支承墙的耐火极限 甲、乙类厂房和甲、乙、丙类仓库内的防火墙,其耐火极限不应低于 4.00h			
楼板	100m 以下建筑	不燃性 1.50	不燃性 1.00	不燃性 0.50	可燃性
	100m 以上建筑	不燃性 2.00	—	—	—
	住宅建筑与其他使用功能的建筑合建	住宅与非住宅部分之间,应采用耐火极限为 1.50h 的不燃性楼板完全分隔;当为高层建筑时,应采用 2.00h 的不燃性楼板完全分隔			
	设置商业网点的住宅建筑	居住部分与商业服务网点之间应采用耐火极限为 1.50h 的不燃性楼板完全分隔			
屋顶承重构件		不燃性 1.50	不燃性 1.00	可燃性 0.50	可燃性
疏散楼梯		不燃性 1.50	不燃性 1.00	不燃性 0.50	可燃性

1.5.8 建筑高度大于 250m 民用建筑的耐火极限有何规定?

根据公消〔2018〕57 号文《建筑高度大于 250 米民用建筑防火设计加强性技术要求(试行)》,建筑高度大于 250m 民用建筑结构构件的耐火极限应满足下列要求。

(1) 承重柱、斜撑、转换梁、结构加强层桁架的耐火极限不应低于 4.00h。

(2) 梁以及与梁结构功能类似构件的耐火极限不应低于 3.00h。

(3) 楼板和屋顶承重构件的耐火极限不应低于 2.50h。

（4）核心筒外围墙体的耐火极限不应低于 3.00h。

（5）电缆井、管道井等竖井井壁的耐火极限不应低于 2.00h。

（6）房间隔墙的耐火极限不应低于 1.50h，疏散走道两侧侧墙的耐火极限不应低于 2.00h。

（7）建筑中的承重钢结构，当采用防火涂料保护时，应采用厚涂型钢结构防火涂料。

1.5.9　混凝土构件尺寸、保护层厚度与耐火极限有何关系？

混凝土结构构件属于非燃烧体，在空气中遇火或高温作用不起火、不微燃、不炭化。

1. 砌体墙

砌体墙主要分为防火墙、承重墙、非承重墙、隔墙等，其耐火极限与砌体材料的燃烧性能、构件厚度或截面尺寸、饰面材料等有关，其防火性能一般由建筑专业人员确定。

2. 钢筋混凝土柱

（1）根据《抗规》的要求，框架柱最小截面宽度和高度不宜小于 300mm。当柱截面尺寸满足 300mm×300mm 时，其耐火极限为 3.00h，满足耐火等级一级的要求。

（2）楼梯梯柱、屋顶构架柱等截面尺寸小于 300mm 时，其耐火极限可能不满足要求。当柱截面尺寸满足 200mm×400mm 时，其耐火极限为 2.70h，不满足耐火等级一级、二级的要求；当柱截面尺寸满足 200mm×500mm 时，其耐火极限为 3.00h，满足 250m 以下民用建筑耐火极限要求。

另有观点认为：当梯柱所在的砌体墙不是防火墙时，梯柱的耐火极限满足楼梯间围护墙和疏散楼梯混凝土构件防火极限的包络值即可。对耐火等级为一级、二级建筑的楼梯间和前室墙体，采用不燃性材料的耐火极限为 2.00h；耐火等级一级建筑疏散楼梯的耐火极限为 1.50h，二级建筑疏散楼梯的耐火极限为 1.00h。两者包络设计，梯柱的耐火等级取 2.00h，构件截面取 200mm×300mm 即满足设计要求。

（3）构造柱、圈梁等构件的耐火极限与其所在部位的墙体的耐火极限相同。

3. 钢筋混凝土梁

（1）对于一类环境类别的非预应力钢筋混凝土梁，保护层厚度一般为 20mm，其耐火极限为 1.75h，能满足二级耐火极限的要求。对于一级耐火极限的钢筋混凝土梁，保护层厚度要求不小于 25mm。

（2）支承防火墙的梁，其耐火极限不应低于所支承的防火墙的耐火极限。

耐火等级为一～四级的防火墙，其耐火极限均为 3.00h。但甲、乙类厂房和甲、乙、丙类仓库内的防火墙，其耐火极限不应低于 4.00h。

（3）对于配置预应力钢筋的混凝土梁，其预应力钢筋的保护层厚度为 50mm 时，其耐火极限为 2.00h。

（4）对于建筑高度大于 250m 的混凝土梁以及与梁结构功能类似构件，其耐火极限不应低于 3.00h，若不采取其他防火措施，其保护层厚度需达到 45mm 才能满足耐火极限的要求。

4. 钢筋混凝土板

（1）《高层建筑混凝土结构技术规程》JGJ 3—2010（以下简称《高规》）规定的最小楼板厚度为 80mm，在一类环境类别最小保护层厚度为 15mm 时，其耐火极限为 1.45h，能满足耐火等级为二级的钢筋混凝土板耐火极限不小于 1.00h 的要求。当耐火等级为一级时，要求加厚保护层厚度至 20mm 或楼板厚度采用 90mm，才能满足耐火极限 1.50h 的要求。

（2）对建筑高度大于 100m 的高层建筑楼板以及高层建筑中住宅建筑与其他使用功能合建的分隔层楼板，其耐火极限为 2.00h，板厚应取 100mm。

（3）对于建筑高度大于 250m 的混凝土楼板和屋面承重构件，其耐火极限不应低于 2.50h，楼板最小厚度宜取为 120mm。

1.5.10 保护层过厚时应采取什么设计措施?

《混规》第 8.2.3 条规定：当梁、柱、墙中纵向受力钢筋的保护层厚度大于 50mm 时，宜对保护层采取有效的构造措施。当在保护层内配置防裂、防剥落的钢筋网片时，网片钢筋的保护层厚度不应小于 25mm。

当梁的混凝土保护层厚度大于 50mm 且配置表层钢筋网片时，应符合下列规定。

（1）表层钢筋宜采用焊接网片，其直径不宜大于 8mm，间距不应大于 150mm；网片应配置在梁底和梁侧，梁侧的网片钢筋应延伸至梁高的 2/3 处。

（2）表层网片钢筋两个方向的截面积均不应小于相应混凝土保护层面积（图 1.5-4 中阴影部分）的 1%。

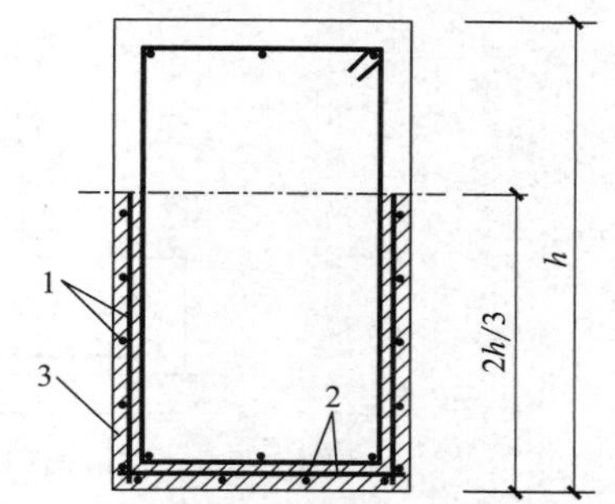

图 1.5-4 配置表层钢筋网片的构造要求
1-梁侧表层钢筋网片；2-梁底表层钢筋网片；3-配置网片的钢筋区域

1.5.11 保护层厚度大于 30mm 时，裂缝宽度如何计算?

在矩形、T 形、倒 T 形和工字形截面的钢筋混凝土受拉、受弯和偏心受压构件及预应力混凝土轴心受拉和受弯构件中，按荷载标准组合或准永久组合并考虑长期作用影响的最大裂缝宽度可按式（1.5-1）计算。

$$\omega_{\max}=\alpha_{\mathrm{cr}}\varphi\frac{\sigma_{\mathrm{s}}}{E_{\mathrm{s}}}\left(1.9c_{\mathrm{s}}+0.08\frac{d_{\mathrm{eq}}}{\rho_{\mathrm{te}}}\right)\tag{1.5-1}$$

式中，c_s 并不是指保护层，而是指最外层纵向钢筋外边缘至受拉区底边的距离。从式（1.5-1）可以看出，保护层越厚，裂缝宽度越难以满足规范要求。当混凝土保护层厚度较大时，虽然裂缝宽度计算值也较大，但较大的混凝土保护层厚度对防止钢筋锈蚀是有利的。因此，对混凝土保护层厚度较大的构件，当外观允许时，可根据实践经验，对规范所规定的裂缝宽度允许值进行适当放大。

对裂缝宽度无特殊外观要求的，当保护层设计厚度超过 30mm 时，可将厚度取为 30mm 计算裂缝的最大宽度。

1.5.12 地面以下的墙和柱，因环境类别不同导致保护层加厚时如何设计?

混凝土结构中竖向构件在地上、地下所处环境类别不同，要求的保护层厚度也不一致。当两者保护层厚度相差较大时，可对地下竖向构件采用外扩附加保护层的方法，使柱主筋在同一位置不变。

某项目环境类别属于海岸环境，上部结构混凝土厚度取30mm，地下结构按海岸环境取50mm。主体结构四层，无抗震要求，柱截面尺寸300mm×300mm。地下柱截面大样如图1.5-5所示。

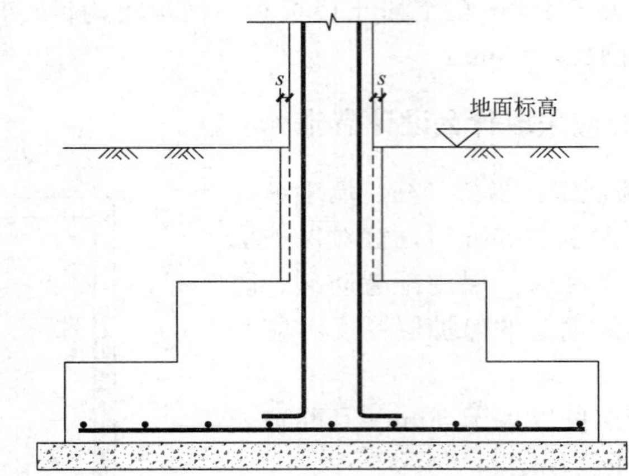

图1.5-5 柱地面以下保护层厚度改变处外扩附加保护层示意图
s——土中柱保护层外扩厚度，根据环境类别和施工要求确定

1.6 混凝土结构加固和改造

《混凝土结构通用规范》GB 55008—2021 第2.0.12条 进行混凝土结构加固、改造时，应考虑既有混凝土结构、结构构件的实际几何尺寸、材料强度、配筋状况、连接构造、既有缺陷、耐久性退化等影响因素进行结构设计，并应考虑既有结构与新设混凝土结构、既有结构构件与新设混凝土结构构件、既有混凝土与后浇混凝土组合构件的协同工作效应。

1.6.1 既有混凝土结构加固改造时应考虑哪些影响因素?

进行混凝土结构加固、改造时，应考虑以下影响因素。

1. 结构构件的实际几何尺寸

结构构件的实际几何尺寸应根据鉴定报告结果综合确定。有检测数据的构件几何尺寸，按实测值取值；没有检测数据的构件，当鉴定报告认为可以沿用原设计值时采用原设计的截面尺寸复核计算，并应计入实际荷载偏心、结构构件变形造成的附加内力。

2. 原结构构件的材料强度

原结构构件的材料强度等级和力学性能标准值应结合原设计文件和现场检测综合取值。原结构构件的混凝土强度等级和受力钢筋抗拉强度标准值应按下列规定取值。

(1) 当原设计文件有效，且不怀疑结构有严重的性能退化时，可采用原设计的标准值。

（2）当结构可靠性鉴定认为应重新进行现场检测时，应采用检测结果推定的标准值。

（3）当原构件混凝土强度等级的检测受实际条件限制而无法取芯时，可采用回弹法检测，但其强度换算值应进行龄期修正，且仅可用于结构的加固设计。

3. 原结构的配筋状况

既有结构构件的配筋状况应根据原设计文件和现场检测综合取值，但目前的技术手段对钢筋直径较难进行无损检测。

4. 连接构造和既有缺陷

连接构造和既有缺陷应根据鉴定报告结果综合确定。

5. 耐久性退化

混凝土结构耐久性退化是指在使用过程中，混凝土结构受到荷载作用、物理作用、化学作用、生物作用等因素的影响，结构的安全性、适用性和外观的完整性发生相应退化的过程。安全性退化主要是指承载能力极限状态中的承载能力下降；使用性退化主要是指正常使用极限状态中的抵抗变形能力下降；外观退化主要指正常使用极限状态中结构表面裂缝、磨损和剥落等。

1.6.2　既有混凝土结构的配筋状况有哪些检测方法？

对混凝土构件中的钢筋直径、间距、保护层厚度等，主要有电磁感应法、雷达法和直接法等几种检测方法。

1. 电磁感应法

通过电磁感应原理，可用于检测混凝土构件中混凝土保护层厚度和钢筋的间距，不能检测钢筋直径。

2. 雷达法

雷达法是指通过发射和接收到的毫微秒级电磁波来检测混凝土中钢筋间距、混凝土保护层厚度的方法，适用于结构或构件中钢筋间距和位置的大面积扫描检测以及多层钢筋的扫描检测；当检测精度符合规定时，也可用于混凝土保护层厚度检测。为达到检测所需的精度要求，应根据检测结构或构件所采用的混凝土的相对介电常数，对雷达仪的检测数据进行校正。

3. 直接法

直接法是指混凝土剔凿后，直接测量钢筋的间距、直径、力学性能、锈蚀情况以及混凝土中钢筋保护层厚度的方法，该方法会导致混凝土构件有破损。

混凝土中钢筋检测宜采用无损检测方法，并结合直接法对检测结果进行验证。

1.6.3　既有混凝土与后浇混凝土组合构件协同工作有哪些要求？

既有混凝土与后浇混凝土组合构件协同工作应采取混凝土表面界面处理和支顶、卸载等措施。

1. 新旧混凝土组合构件界面处理

当采用增大截面加固法或置换混凝土加固法时，应对原构件混凝土结合面进行处理，以保证新旧混凝土共同工作。

一般情况下，对梁、柱构件，将原混凝土表面凿毛处理，再涂刷结构界面胶可满足安全要求；对墙、板构件，还需按构造要求增设剪切销钉。

对某些结构，架设钢筋和模板所需时间很长，大大超出涂布界面胶的可操作时间。在这种情况下，界面胶将失去其粘结能力，可单独设置剪切销钉来处理新旧混凝土界面的剪应力传递。根据工程经验，采用直径为 6mm 的 Γ 形销钉，植入深度 50mm，间距为 200～300mm 时，可满足已凿毛混凝土表面界面传力的需求。

当被加固构件界面处理及其粘结质量符合规范规定时，可按整体截面计算。按整体截面计算，并不代表新增混凝土或钢筋能与既有混凝土构件完全同等受力。如采用增大截面加固法对受弯构件正截面加固计算时，应考虑新增钢筋强度利用系数；对斜截面加固计算时，应考虑新增箍筋强度利用系数和新增混凝土强度利用系数。

2. 采取支顶、卸载措施保障新旧混凝土组合构件的协同工作

采用增大截面加固法对混凝土结构进行加固时，应采取措施卸除或大部分卸除作用在结构上的活荷载。

采用置换混凝土方式加固梁式构件时，应对原构件加以有效的支顶；加固柱、墙等构件时，应对原结构构件在施工全过程中的承载状态进行验算、观测和控制，置换界面处的混凝土不应出现拉应力，当控制有困难时，应采取支顶等措施进行卸荷。对原构件进行支顶或卸荷，既是为了确保置换混凝土施工全过程中原结构构件的安全，使置换工作在完全卸荷的状态下进行，也有助于新旧混凝土协同工作，使加固后的结构更有效地承受荷载。

1.6.4　既有结构构件与新增混凝土构件协同工作有哪些要求?

在对既有结构进行结构分析时，应按改造后的结构布置及作用建立结构计算模型，并进行结构分析。结构计算模型应符合结构的实际受力状况。当结构计算模型与实际受力状况不一致时，需根据具体情况对结构构件的计算内力进行适当调整；应充分考虑既有混凝土结构前期已经发生的结构变形，并评估上述变形对新设混凝土结构构件的影响。

某地下室主跨双向 8.1m，顶板采用有梁大板结构，上部覆土 1.5m。因园林景观施工造成局部区域超过设计荷载，最大覆土厚度 2.6m，梁支座附近出现斜裂缝，板跨中出现受力裂缝。由于顶板防水卷材、覆土及园林景观均已施工完成，对顶板裂缝情况难以检测，对板底出现受力裂缝的板跨，偏安全地认为支座同样存在裂缝。

经过方案对比，拟在跨中增设次梁以减小板跨，但计算模型与实际受力情况很难一致。计算模型中新增梁与既有结构梁、板是共同受力，但在实际受力情况中，如果不卸载或支顶，原有荷载将难以传递给新增次梁。

1.6.5　梁正截面粘钢结构有哪些注意事项?

梁正截面粘钢加固包括梁底正弯矩和梁顶支座负弯矩粘钢加固。支座处加固存在节点锚固的问题，设计时应采取可靠的构造措施。

1. 梁正截面承载力加固的提高幅度

钢筋混凝土结构构件粘钢加固后，其正截面受弯承载力的提高幅度不应超过 40%，并应验算其受剪承载力，避免受弯承载力提高后而导致构件受剪破坏先于受弯破坏。其目的是控制加固后构件的裂缝宽度和变形，也是为了强调“强剪弱弯”设计原则的重要性。

2. 加固时卸载

采用粘贴钢板对钢筋混凝土结构进行加固时，应采取措施卸除或大部分卸除作用在结构上的活荷载。

当原结构混凝土应力、应变值较高时，加固工程中新增构件因应力、应变滞后不能充分发挥效能，加固效果在不同程度上依赖于加固时原构件已有的应力水平。通过对原结构卸载，使应力、应变滞后现象得以缓和，新旧两部分构件更好地协同工作。因此在结构加固时，卸载不仅是保证结构加固安全的需要，也是提高加固性能的需要。

通常采用的卸载方式有很多，根据工程特点可采用设置支撑被动卸载，也可采用千斤顶卸载、吊索卸载、预应力卸载等主动卸载方式。

3. 粘钢加固对钢板的规定

粘钢加固的钢板宽度不宜大于 100mm。采用手工涂胶粘贴的钢板厚度不应大于 5mm；采用压力注胶粘贴的钢板厚度不应大于 10mm，且应按外粘型钢加固法的焊接节点构造进行设计。对受拉区和受压区粘贴钢板的加固量，分别不应超过 3 层和 2 层，且钢板总厚度不应大于 10mm。

对钢板厚度的要求主要是为了防止钢板与混凝土粘结的劈裂破坏。

对于粘钢加固，无论是单层钢板还是多层钢板，厚度上都有 10mm 的最高限制。限制每层粘贴钢板的厚度，主要是因为厚度较大的钢板不宜采用人工施工的方式。规范要求，粘贴钢板厚度大于 5mm 时，应采用压力注胶的形式，需要注胶机才能施工，与外粘型钢加固法较为类似。

4. 防锈蚀处理

粘贴在混凝土构件表面上的钢板，其外表面应进行防锈蚀处理。表面防锈蚀材料对钢板及胶粘剂应无害，其长期使用的环境温度不应高于 60℃。当被加固构件的表面有防火要求时，应按现行国家标准《建筑设计防火规范》GB 50016—2014（2018 年版）规定的耐火等级及耐火极限要求，对胶粘剂和钢板进行防护。

5. 加固设计工作年限

1）结构加固设计工作年限的确定

《工程结构加固材料安全性鉴定技术规范》GB 50728—2011 第 4.1.3 条，对采用结构胶粘剂加固的结构工程的设计工作年限做出了下列规定：（1）当用于既有建筑物加固时，宜为 30 年；（2）当用于新建工程，包括新建工程的加固改造时，应为 50 年。

2）加固设计工作年限对胶粘剂性能的要求

当结构的加固材料中含有合成树脂或其他聚合物成分时，其结构加固后的设计工作年限宜按 30 年考虑；当业主要求结构加固后的设计工作年限为 50 年时，其所使用的胶和聚合物的粘结性能应通过耐长期应力作用能力的检验。

3）耐长期应力作用能力检验方法

以混凝土为基材的耐长期应力作用能力的检验，其检验条件为在温度（23±2)℃、相对湿度（50±5)%的环境中承受 4.0MPa 剪应力持续作用 210d。若在申请安全性鉴定前已经委托有关科研机构完成该品牌结构胶耐长期应力作用能力的验证性试验与合格评定工作，且该评定报告已通过安全性鉴定机构的审查，可免做此项检验，改做楔子快速测定。

1.6.6　梁粘贴钢板加固为何要考虑二次受力的影响？

1. 梁粘贴钢板加固二次受力原理

对梁采用粘钢加固时，结构的自重以及部分活荷载已经存在，原结构梁的钢筋和混凝土均已产生相应的应力和应变（图 1.6-1）。加固粘贴钢板后，该钢板的强度难以充分发挥，不能简单套用钢筋混凝土结构承载力的设计计算公式，应考虑二次受力的影响。

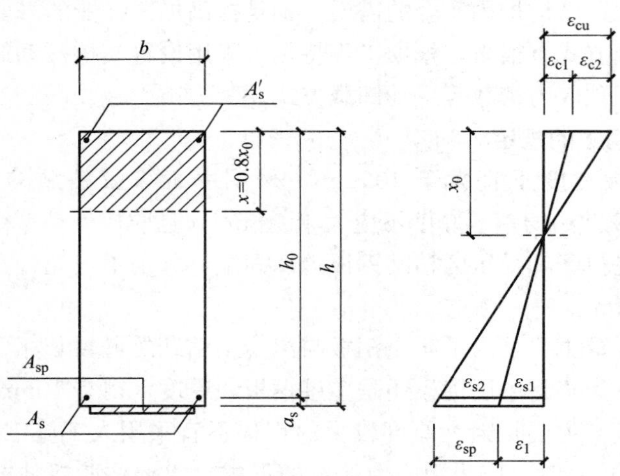

图 1.6-1　二次受力示意图

ε_{c1}、ε_{s1}——原构件部分卸载后受压区混凝土、受拉区钢筋一次受力的应变；

ε_{c2}、ε_{s2}——原构件受压区混凝土、受拉区钢筋二次受力的应变

2. 二次受力时受拉区钢板应变计算

从图 1.6-1 可以得出受拉区钢板应变的计算公式。

$$\varepsilon_{sp}=\varepsilon_{cu}\frac{0.8h-x}{x}-\varepsilon_1 \tag{1.6-1}$$

式中　ε_{sp}——构件达到承载能力极限状态时，加固钢板的拉应变；

ε_{cu}——受压区边缘混凝土极限压应变；

h——构件截面高度；

x——混凝土受压区高度；

ε_1——受拉区混凝土边缘一次受力时的应变。

当考虑二次受力影响时，应按构件加固前的初始受力情况，考虑钢筋的应变不均匀系数、内力臂变化和钢筋排列影响，并依据工程设计经验适当调整，以确定粘贴钢板的滞后应变。加固钢板的滞后应变 $\varepsilon_{sp,0}$ 应按式（1.6-2）计算。

$$\varepsilon_{sp,0}=\frac{\alpha_{sp}M_{0k}}{E_sA_sh_0} \tag{1.6-2}$$

式中　α_{sp}——综合考虑受弯构件裂缝截面内力臂变化、钢筋拉应变不均匀以及钢筋排列影响的计算系数；

M_{0k}——加固前受弯构件验算截面上作用的弯矩标准值；

E_s——钢筋弹性模量；

A_s——受拉区钢筋截面面积；

h_0——构件截面有效高度。

1.6.7 混凝土受弯构件斜截面U形箍板加固计算与构造

1. 对原加固构件的要求

被加固的混凝土结构构件，其现场实测混凝土强度等级不得低于C15，且混凝土表面的正拉粘结强度不得低于1.5MPa，其长期使用的环境温度不应高于60℃。

2. 选择U形箍板构造方式

受弯构件斜截面受剪承载力不足，采用胶粘的U形箍板进行加固时，箍板宜设计成加锚封闭箍、胶锚U形箍或钢板锚U形箍的构造方式；当仅为构造要求或受力很小时，也可采用一般U形箍。加锚封闭箍和胶锚U形箍均需要破损楼板，施工难度大，因此采用钢板锚U形箍的案例很多。钢板的粘贴方式及受力条件对钢箍板的抗剪强度有影响，其折减系数如表1.6-1所示。

与钢板粘贴方式及受力条件有关的抗剪强度折减系数 **表1.6-1**

箍板构造		加锚封闭箍	胶锚或钢板锚U形箍	一般U形箍
受力条件	均布荷载或剪跨比 $\lambda \geqslant 3$	1.00	0.92	0.85
	剪跨比 $\lambda \leqslant 1.5$	0.68	0.63	0.58

注：当 λ 为中间值时，按线性内插法确定抗剪强度折减系数。

规范明确规定：箍板应垂直于构件轴线方向粘贴，不得采用斜向粘贴。根据斜截面应力方向以及试验数据，钢板的粘贴形式（角度）对加固效果有明显的影响。其中以45°倾斜钢板效果最好，但是45°倾斜钢板通常仅在侧面粘贴钢条受剪，试验表明这种粘贴方式受力可靠性较差。

3. 抗剪截面尺寸要求

受弯构件加固后的斜截面应符合下列规定。

当 $h_w/b \leqslant 4$ 时：

$$V \leqslant 0.25\beta_c f_{c0} b h_0 \tag{1.6-3}$$

当 $h_w/b \geqslant 6$ 时：

$$V \leqslant 0.20\beta_c f_{c0} b h_0 \tag{1.6-4}$$

当 $4 < h_w/b < 6$ 时，按线性内插法确定。

式中 V——构件斜截面加固后的剪力设计值；

β_c——混凝土强度影响系数；

f_{c0}——原混凝土构件轴心抗压强度设计值；

b——矩形截面的宽度，T形或工字形截面的腹板宽度；

h_0——截面的有效高度；

h_w——截面的腹板高度，对矩形截面，取有效高度；对T形截面，取有效高度减去翼缘高度；对工字形截面，取腹板净高。

4. 斜截面承载力计算

采用加锚封闭箍或其他U形箍对钢筋混凝土梁进行抗剪加固时，其斜截面承载力应符合式（1.6-5）的规定。

$$V \leqslant V_{b0} + V_{b,sp} \tag{1.6-5}$$

$$V_{b,sp} = \frac{\psi_{vb} f_{sp} A_{b,sp} h_{sp}}{s_{sp}} \tag{1.6-6}$$

式中　V_{b0}——加固前梁的斜截面承载力（kN）；

$V_{b,sp}$——粘贴钢板加固后，对梁斜截面承载力的提高值（kN）；

ψ_{vb}——与钢板粘贴方式及受力条件有关的抗剪强度折减系数；

f_{sp}——新增钢板抗拉强度设计值（N/mm^2）；

$A_{b,sp}$——配置在同一截面处箍板各肢的截面面积之和（mm^2），即 $2b_{sp}t_{sp}$，此处 b_{sp}、t_{sp} 分别为箍板宽度和箍板厚度；

h_{sp}——U 形箍板单肢与梁侧面混凝土粘结的竖向高度（mm）；

s_{sp}——箍板的间距（mm）。

5. 斜截面 U 形箍板构造要求

当采用粘贴钢板箍对钢筋混凝土梁或大偏心受压构件的斜截面承载力进行加固时，其构造应符合下列规定。

（1）宜选用封闭箍或加锚的 U 形箍；若仅按构造需要设箍，也可采用一般 U 形箍。

（2）封闭箍及 U 形箍的净间距 $s_{sp,n}$ 不应大于《混规》规定的最大箍筋间距的 0.70 倍，且不应大于梁高的 0.25 倍。

（3）U 形箍的粘贴高度应为梁的截面高度；梁有翼缘或有现浇楼板时，应伸至其底面。

（4）一般 U 形箍的上端应粘贴纵向钢压条予以锚固，钢压条下面的空隙应加胶粘钢垫板填平。

（5）当梁的截面高度（或腹板高度）$h \geqslant 600mm$ 时，应在梁的腰部增设一道纵向腰间钢压条。

1.6.8　粘贴钢板或碳纤维对斜截面抗剪加固有何区别？

当梁抗剪承载力不满足设计要求时，粘贴钢板或粘贴碳纤维加固都是可行的方案。这两种加固法各有何优缺点，在加固设计时应如何选择呢？表 1.6-2 列举出两种加固方法各自的特点，供设计人员参考。

粘贴钢板加固法和粘贴碳纤维加固法的适用性　　表 1.6-2

适用条件	粘贴钢板加固法	粘贴碳纤维加固法
被加固构件的强度等级	≥C15	≥C15
长期使用的环境温度要求	≤60℃	≤60℃
被加固构件的表面形状	要求整个加固面是平面或规则的折线形平面	可应用于各种曲面和不规则形状
被加固构件的表面平整度	对平整度要求高	对平整度要求低
耐腐蚀性和耐久性	需要做好防腐蚀措施	具有良好的耐腐蚀性和耐久性，不需要定期防锈维护

续表

适用条件	粘贴钢板加固法	粘贴碳纤维加固法
防火要求	要求采用防火措施	要求采用防火措施
与被加固构件的协同工作	被加固混凝土构件与新粘贴钢板作为一个新的整体，与原构件共同协调受力，能充分发挥粘钢的强度，受力均匀	碳纤维抗拉弹性模量较小，与钢筋共同工作时，无法充分利用碳纤维的强度。混凝土与碳纤维之间的环氧树脂粘结层易发生粘结破坏
对承载力提高的幅度	对构件承载力的提高程度较大	碳纤维为各向异性材料，框架梁或悬挑构件抗剪加固时，其抗拉强度设计值调整系数较低，适用于结构加强程度较小的构件
承受动力荷载	加固用的钢板刚度较大，其粘贴质量略差。承受动力荷载时，钢板与粘结胶接触面的粘结性能不断下降，易发生剥离破坏	可承受动力荷载

1.6.9 新增梁与既有结构抗剪截面的验算方法

在既有混凝土结构改造设计时，新增混凝土构件、采用加大截面法加固的混凝土构件会在新旧混凝土结构之间形成一个比整体浇筑混凝土截面更薄弱的连接界面，需要对其进行受剪承载力计算。新旧混凝土的连接界面同时承受弯矩和剪力的共同作用，界面构成比较复杂，需要考虑混凝土强度、纵向钢筋、剪跨比、界面构成等因素的共同影响。

对新旧混凝土结构之间的抗剪验算，《混凝土结构加固设计规范》GB 50367—2013 没有规定，可参照广东省地方标准《既有建筑混凝土结构改造设计规范》DBJ/T 15—182—2020 的相关要求计算。

1. 新旧混凝土连接界面的截面尺寸要求

在抗剪钢筋受拉后使得连接界面受压的条件下，界面两侧混凝土强度与界面面积的乘积 f_cA_c 直接影响界面咬合作用的大小。如果界面混凝土咬合作用发生破坏，以咬合为前提条件的摩擦剪切将减弱直至消失，导致界面发生破坏。

混凝土连接界面处的受剪截面应符合式（1.6-7）的规定。

$$V \leqslant 0.16\beta_c f_c A_c \tag{1.6-7}$$

式中 V——连接界面处的剪力设计值；

β_c——混凝土强度影响系数；

f_c——混凝土轴心抗压强度设计值；

A_c——连接界面处的计算面积。

2. 混凝土连接界面受剪承载力验算

当混凝土连接界面同时承受剪力和弯矩的共同作用时，界面抗剪承载力和受拉区钢筋正相关，基本呈线性关系，与受压区钢筋无明显相关关系。其受剪承载力应按式（1.6-8）计算。

$$V \leqslant \frac{1.3}{\lambda+1}A_{sv}f_y \tag{1.6-8}$$

式中　λ——新增构件在连接界面处的剪跨比；

A_{sv}——界面抗剪钢筋的截面面积，应在图 1.6-2 所示的截面抗剪钢筋分布范围内计算取值，图中 x 为界面处受弯承载力计算时的混凝土受压区高度；

f_y——界面抗剪钢筋的抗拉强度设计值，其数值大于 360N/mm² 时应取 360N/mm²。

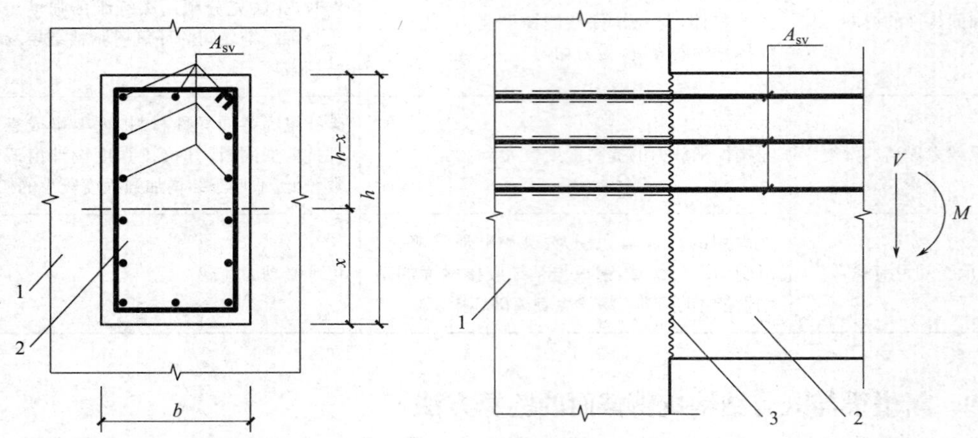

图 1.6-2　新旧混凝土构件连接界面同时受弯矩和剪力作用时的受剪承载力计算图
1-既有构件；2-新增混凝土构件；3-连接界面

3. 可不进行受剪承载力验算的情况

当混凝土连接界面同时受弯矩和剪力作用且连接界面处的剪跨比大于 3.0 时，经试验验证，只要界面受弯承载力满足要求，则界面抗剪承载力也能满足要求，因此混凝土连接界面可不进行受剪承载力验算。

1.6.10　柱混凝土强度不满足设计要求时如何采取加固措施?

当柱混凝土强度不满足设计要求时，不宜采用置换混凝土的方式，通常采用增大截面加固法或外粘型钢加固法。

1. 增大截面加固柱

（1）柱纵向钢筋的锚固

当上部结构某个楼层柱混凝土强度不满足设计要求，采用增大截面加固法时，其纵向钢筋上、下两端应穿过楼板，延伸一个锚固长度，如图 1.6-3 所示。新增钢筋穿原结构梁、板、墙的孔洞时应采用胶粘剂灌注锚固。

（2）上柱截面大于下柱的设计措施

若原有结构上下层柱截面尺寸一致时，采用增大截面加固法将导致上层柱截面大于下层柱截面尺寸，其上、下层刚度也会有所调整。若因局部楼层柱增大截面，而将其延伸至基础并不合理，可根据加固后的柱实际截面验算下层柱的受力，并复核下层柱的抗压、抗弯和抗剪承载力。

（3）界面处理

采用增大截面加固法时，应对原构件混凝土新旧结合面进行处理，并对所采用的界面处理方法和处理质量提出要求。一般情况下，除混凝土表面应予凿毛外，应视情况采取涂刷结构界面胶、种植剪切销钉或增设剪力键等措施，以保证新旧混凝土共同工作。

2. 外粘型钢加固柱

（1）外粘型钢的锚固

外粘型钢在加固楼层范围内应通长设置，其上、下两端应有可靠的连接和锚固。对柱的加固，角钢下端应锚固于基础；中间应穿过各层楼板，上端应伸至加固层的上一层楼板底或屋面板底。外粘型钢的注胶应在型钢构架焊接完成后进行，胶缝厚度宜控制在 3～5mm。

（2）中间楼层外粘型钢锚固

对于上部结构局部楼层柱混凝土强度等级不满足设计要求，若按照上述要求将角钢下端锚固于基础，将导致加固楼层数过多，且对建筑使用功能影响较大。可将角钢上、下延伸各一层，如图 1.6-4 所示，并根据加固后的柱实际截面，验算结构受力，并复核该柱相关楼层的受压、抗弯和抗剪承载力。

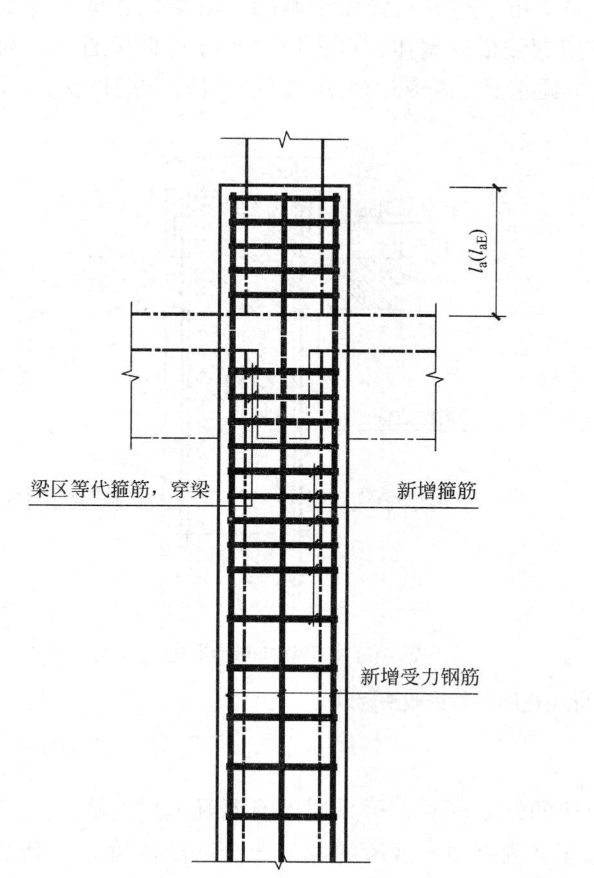

图 1.6-3 增大截面加固柱的纵向钢筋锚固大样图

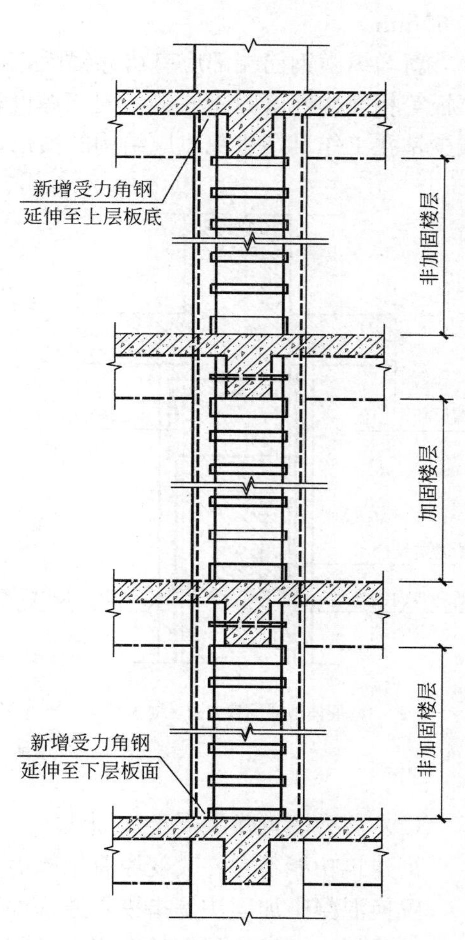

图 1.6-4 中间楼层外粘型钢锚固做法

（3）型钢穿楼板施工措施

在角钢穿楼板时，可采用半重叠钻孔法，将圆孔扩成矩形扁孔；待角钢穿插安装、焊接完毕后，再用结构胶注入孔中予以封闭、锚固。

1.6.11　剪力墙混凝土强度不满足设计要求时如何加固?

剪力墙混凝土强度不满足设计要求，通常存在两种情况：（1）局部楼层剪力墙墙身混凝土不满足强度要求；（2）剪力墙楼板标高处局部混凝土不满足强度要求。

1. 剪力墙墙身混凝土强度不满足设计要求

剪力墙墙身混凝土强度不满足设计要求时，若建筑条件许可，宜采用增大截面加固法；若是剪力墙结构住宅不允许增加剪力墙厚度时，可采用置换混凝土加固法。

（1）剪力墙增大截面加固法

当剪力墙采用增大截面加固法时，可视具体情况采用原墙双面、单面或局部增设钢筋混凝土后浇层的方法进行加固。当建筑条件许可时，也可增加剪力墙长度对其进行加固。新增混凝土强度等级应比原混凝土提高一级，其厚度应根据计算确定，且不宜小于 60mm。

新增纵横钢筋端部应有可靠锚固，可采用植筋的方式锚固于基础、框架柱、剪力墙及楼板等相邻构件（图 1.6-5）。对于厚度较薄的楼板或墙体，可采用钻孔方式直接通过；为减少钻孔工作量，避免对原结构的损伤，间距可适当增大，采用较粗的等代钢筋连接。

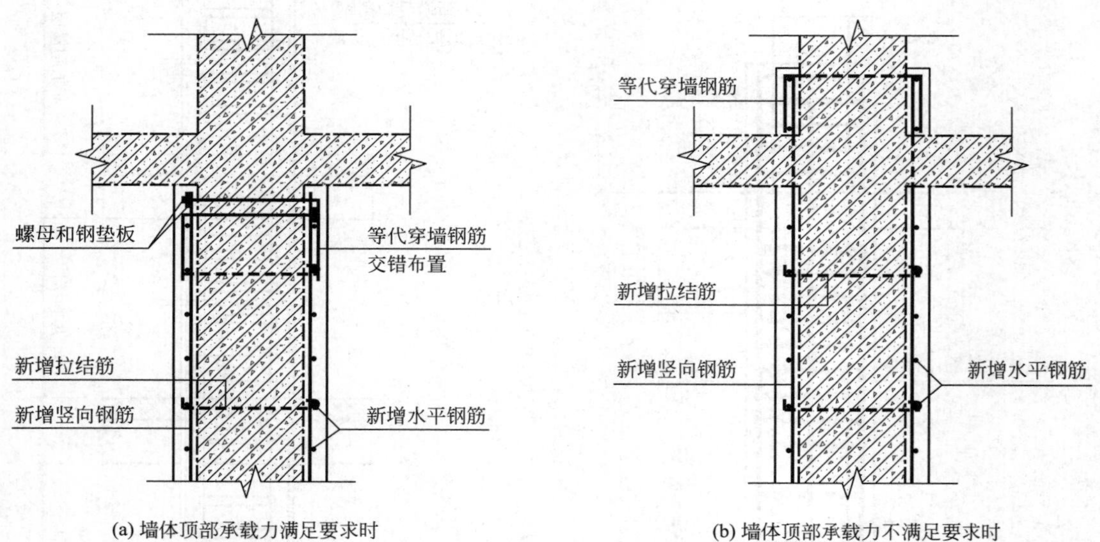

图 1.6-5　剪力墙在现浇楼板处收头做法

（2）剪力墙置换混凝土加固法

当建筑功能不允许改变原有结构剪力墙的外轮廓时，可采用置换混凝土加固法。

置换混凝土加固法是指剔除原构件低强度或有缺陷区段的混凝土至一定深度，重新浇筑同品种但强度等级较高的混凝土进行局部增强，以使原构件的承载力得到恢复的一种直接加固法。置换混凝土加固法使结构在加固后能恢复原貌，不改变使用空间；不足之处是新旧混凝土的粘结能力较差，挖凿容易伤害原构件的混凝土及钢筋，湿作业时间长。

试验表明：当置换部位的结合面处理使得旧混凝土露出坚实的结构层，且具有粗糙而洁净的表面时，新浇混凝土的水泥胶体便能在微膨胀剂的预压应力促进下渗入其中，并在水泥水化过程中，粘结成一体。因此，当混凝土构件置换部分的界面处理及其施工质量符合相关要求时，其结合面可按整体工作计算。

当采用本方法加固时，应对原结构构件在施工全过程中的承载状态进行验算、观测和控制。置换界面处的混凝土不应出现拉应力，当控制有困难时，应采取支顶等措施进行卸荷。

根据混凝土强度不足的程度以及计算需要，可采用局部置换或全截面置换。当采用全截面置换时，需分批次置换。全截面置换挖凿工作量大，对原构件的混凝土及钢筋会有不同程度的破损，且分批置换后存在较多的新旧混凝土结合面，即便界面处理和施工质量能满足要求，其结合面的整体性仍然会受到影响。因此，在进行承载力计算时，对置换过程采取有效支顶措施的情况下，置换部分新增混凝土的强度利用系数 α_c 宜适当降低，取为 0.8。

2. 剪力墙楼板标高处局部混凝土强度不足

剪力墙楼板标高处局部混凝土强度不满足设计要求，通常是因为施工顺序有误。墙、柱混凝土浇筑到梁底标高处，梁、板混凝土后续浇筑时，连同墙柱节点一起施工，导致墙柱节点混凝土强度等级偏低。

剪力墙楼板标高处局部混凝土强度不足，属于混凝土局部缺陷。剪力墙轴压比一般在 0.6 以下，其受压承载力通常能满足要求，主要问题在于影响了剪力墙的延性。

可采用增大截面加固法，在楼板标高处类似形成暗梁；也可采用局部置换混凝土加固法，视工程具体情况置换边缘构件混凝土，提高剪力墙延性并减少置换工作量。

第 2 章　混凝土结构主要材料

2.1　混凝土用砂

《混凝土结构通用规范》GB 55008—2021 第 3.1.2 条　结构混凝土用砂应符合下列规定。

1. 砂的坚固性指标不应大于 10%；对于有抗渗、抗冻、抗腐蚀、耐磨或其他特殊要求的混凝土，砂的含泥量和泥块含量分别不应大于 3.0%和 1.0%，坚固性指标不应大于 8%；高强混凝土用砂的含泥量和泥块含量分别不应大于 2.0%和 0.5%；机制砂应按石粉的亚甲蓝值指标和石粉的流动比指标控制石粉含量。

2. 混凝土结构用海砂必须经过净化处理。

3. 钢筋混凝土用砂的氯离子含量不应大于 0.03%，预应力混凝土用砂的氯离子含量不应大于 0.01%。

2.1.1　坚固性指标与压碎值指标的定义有何不同?

1. 坚固性指标

骨料的坚固性是指在气候、环境变化或其他物理因素作用下抵抗破碎的能力，通过测定硫酸钠饱和溶液渗入砂中形成结晶时的裂胀力对砂的破坏程度，来间接地判断其坚固性。

砂的坚固性指标不应大于 10%；对于有抗渗、抗冻、抗腐蚀、耐磨或其他特殊要求的混凝土，坚固性指标不应大于 8%。

2. 压碎值指标

压碎值指标是指机制砂、碎石或卵石抵抗压碎的能力。应注意，砂的坚固性指标与压碎值指标是不同的参数。

2.1.2　机制砂有哪些指标要求?

1. 机制砂的定义

机制砂，俗称人工砂，是指经除土处理，由机械破碎、筛分制成的，粒径小于 4.75mm 的岩石、矿山尾矿或工业废渣颗粒，但不包括软质、风化的颗粒。

随着天然砂枯竭或禁采，结构混凝土用机制砂是大势所趋，机制砂的粒型、级配、石粉含量、压碎指标等显著影响混凝土性能。标准中对机制砂、海砂、粗骨料等的技术要求，将促进机制砂石产品的推广应用和海砂的规范使用，对推动砂石行业高质量发展，特别是机制砂石产业的发展具有重要意义。

2. 对机制砂母岩强度的规定

机制砂母岩的强度规定如表 2.1-1 所示。

机制砂母岩的强度（MPa） **表 2.1-1**

项目	指标		
	火成岩	变质岩	沉积岩
母岩强度	≥100	≥80	≥60

2.1.3 石粉含量和含泥量有何区别?

1. 石粉含量

石粉含量是指机制砂中粒径小于 75μm 的颗粒含量。

机制砂中的石粉绝大部分是母岩被破碎的细粒，与天然砂中的泥不同，它们在混凝土中的作用也有很大区别。含有石粉是机制砂区别于天然砂的一个重要技术特征。石粉含量高一方面使砂的比表面积增大，增加用水量；另一方面细小的球形颗粒产生的滚珠作用又会改善混凝土和易性。因此不能简单地将机制砂中的石粉视为有害物质。

不同母岩生产的机制砂的石粉含量对混凝土性能影响差别较大。考虑到采矿时山上土层没有清除干净或有土的夹层会在机制砂中夹有泥土，要求机制砂或混合砂需先经过亚甲蓝法判定。

行业标准《人工砂混凝土应用技术规程》JGJ/T 241—2011 根据亚甲蓝值指标以及混凝土强度等级的不同对石粉含量做出了规定，如表 2.1-2 所示。

机制砂的石粉含量 **表 2.1-2**

项目		指标		
		≥C60	≥C30,≤C55	≤C25
石粉含量(%)	*MB*<1.4(合格)	≤5.0	≤7.0	≤10.0
	MB≥1.4(不合格)	≤2.0	≤3.0	≤5.0

注：*MB* 为机制砂中亚甲蓝测定值。

2. 含泥量

含泥量是指天然砂中粒径小于 75μm 的颗粒含量。砂中含泥量对混凝土工作性能、强度、收缩率和抗冻性能具有一定程度的影响。建设用砂按颗粒级配、含泥量（石粉含量）、亚甲蓝值、泥块含量、有害物质、坚固性、压碎指标、片状颗粒含量等技术要求，分为Ⅰ类、Ⅱ类和Ⅲ类。

砂中含泥量和泥块含量应满足表 2.1-3 的规定。

混凝土用砂的含泥量和泥块含量 **表 2.1-3**

混凝土类型	含泥量	泥块含量	备注
高强混凝土(≥C60)	≤2.0%	≤0.5%	强制性条文
有抗渗、抗冻、抗腐蚀、耐磨或其他特殊要求的混凝土	≤3.0%	≤1.0%	强制性条文
混凝土强度等级 C35～C55	≤3.0%	≤1.0%	一般性条文
混凝土强度等级大于或等于 C25	≤5.0%	≤2.0%	一般性条文

2.1.4 什么叫亚甲蓝值？什么叫石粉流动度比？

1. **亚甲蓝值**

亚甲蓝值是用于判定细集料中粒径小于 75μm 的颗粒主要是泥土还是与被加工母岩化学成分相同的石粉的指标。

亚甲蓝是一种化学物质，为深绿色青铜光泽结晶或粉末，广泛应用于化学指示剂、染料、生物染色剂和药物等方面。亚甲蓝值检测的原理是向集料与水搅拌制成的悬浊液中不断加入亚甲蓝溶液，每加入一定量的亚甲蓝溶液后，亚甲蓝被细集料中的粉料所吸附，用玻璃棒蘸取少许悬浊液滴到滤纸上观察是否有游离的亚甲蓝放射出的浅蓝色色晕，判断集料对染料溶液的吸附情况。通过色晕试验确定添加亚甲蓝染料的终点，直到该染料停止表面吸附。当出现游离的亚甲蓝时，计算亚甲蓝值，计算结果表示为 1000g 试样吸收的亚甲蓝的克数。

采用石粉的亚甲蓝值 MB_F 和石粉流动度比 F_F 两个指标进行评估，才能达到有效控制石粉含量及有效利用优质石粉的目的；传统上，采用机制砂 MB 值作为指标往往难以准确反映石粉对混凝土性能的综合影响。

2. **石粉流动度比**

石粉流动度比是指在掺加外加剂和 0.4 水胶比条件下，掺加石粉的胶砂与基准水泥胶砂的流动度之比，用于判定石粉对减水剂的吸附性能的指标。

《高性能混凝土用骨料》JG/T 568—2019 对亚甲蓝值、石粉流动度比与石粉含量做出了规定。

石粉流动度比可按式（2.1-1）计算。

$$F_F = \frac{L}{L_0} \times 100 \tag{2.1-1}$$

式中 F_F——石粉流动度比（%）；

L——试验胶砂的流动度（mm）；

L_0——对比胶砂的流动度（mm）。

2.1.5 海砂如何分类？海砂应用应遵守哪些规定？

1. **海砂分类**

海砂属于天然砂，按使用用途可分为混凝土及其制品用砂和建筑砂浆用砂。混凝土及其制品用砂标记为Ⅰ类，建筑砂浆用砂标记为Ⅱ类。

海砂用于混凝土结构，必须进行净化处理，并保证氯离子含量符合要求。研究和工程实践证明，经净化处理合格的海砂用于混凝土结构，其力学性能和耐久性能与河砂配置的混凝土相当。海砂净化处理通常是指采用专用设备和工艺对海砂进行淡水淘洗并达到质量要求的过程，包括去除海砂的氯离子等有害离子、泥（泥块）、贝壳等杂质。用淡水淘洗进行海砂净化处理是目前国内外最可靠的技术途径，氯离子含量应满足钢筋混凝土用砂不应大于 0.03%的要求。

2. **海砂应用的规定**

混凝土结构中海砂应用，需要遵守一些基本规定。

(1) 海砂不得用于预应力混凝土。

(2) 配制海砂混凝土宜采用海底砂，不得采用产自海滩的滩砂。

(3) 海砂宜与机制砂或天然砂混合使用。当采用机制砂与海砂混合配制海砂混凝土时，海砂与机制砂的质量比宜为2/3～3/2。

(4) 海砂混凝土宜采用聚羧酸系减水剂。聚羧酸系减水剂对海砂的敏感性小，配制的海砂混凝土拌合物性能稳定。相比萘系减水剂，聚羧酸系减水剂在混凝土抗开裂性能、收缩性能等耐久性方面具有明显的技术优势。

(5) 海砂混凝土用于钢筋混凝土重要工程或重要结构部位时，可掺加钢筋阻锈剂。

《混凝土结构通用规范》GB 55008—2021 明确了海砂在混凝土结构中的应用，但要充分认识使用未经处理的海砂作为混凝土骨料的严重危害性，加强对建筑用砂的采购、检验等环节的管理，确保建筑用砂符合质量要求。

2.2 混凝土外加剂

《混凝土结构通用规范》GB 55008—2021 第 3.1.4 条 结构混凝土用外加剂应符合下列规定。

1. 含有六价铬、亚硝酸盐和硫氰酸盐成分的混凝土外加剂，不应用于饮水工程中建成后与饮用水直接接触的混凝土。

2. 含有强电解质无机盐的早强型普通减水剂、早强剂、防冻剂和防水剂，严禁用于下列混凝土结构。

(1) 与镀锌钢材或铝材相接触部位的混凝土结构。

(2) 有外露钢筋、预埋件而无防护措施的混凝土结构。

(3) 使用直流电源的混凝土结构。

(4) 距离高压直流电源 100m 以内的混凝土结构。

3. 含有氯盐的早强型普通减水剂、早强剂、防水剂和氯盐类防冻剂，不应用于预应力混凝土、钢筋混凝土和钢纤维混凝土结构。

4. 含有硝酸铵、碳酸铵的早强型普通减水剂、早强剂和含有硝酸铵、碳酸铵、尿素的防冻剂，不应用于民用建筑工程。

5. 含有亚硝酸盐、碳酸盐的早强型普通减水剂、早强剂、防冻剂和含有硝酸盐的阻锈剂，不应用于预应力混凝土结构。

2.2.1 混凝土外加剂有哪些类别？

混凝土外加剂是混凝土中除胶凝材料、骨料、水和纤维组分以外，在混凝土拌制之前或拌制过程中加入的，用以改善新拌混凝土和（或）硬化混凝土性能，对人、生物及环境安全无有害影响的材料。

混凝土外加剂按其主要功能分为：

(1) 改善混凝土拌合物流变性能的外加剂，如各种减水剂和泵送剂等。

(2) 调节混凝土凝结时间、硬化过程的外加剂，如缓凝剂、早强剂、促凝剂和速凝剂等。

（3）改善混凝土耐久性的外加剂，如引气剂、防水剂和阻锈剂等。

（4）改善混凝土其他性能的外加剂，如膨胀剂、防冻剂和着色剂等。

2.2.2　氯盐对钢筋混凝土有哪些危害?

含有氯盐的早强型普通减水剂、早强剂、防水剂和氯盐类防冻剂，会影响预应力混凝土、钢筋混凝土和钢纤维混凝土结构的耐久性，造成安全性隐患。

1. 氯盐对混凝土的侵蚀

氯盐可以和混凝土中的氢氧化钙等发生反应，生成易溶解的氯化钙和带有大量结晶水且比反应物体积大几倍的固相化合物，造成混凝土膨胀破坏。

氯离子侵蚀混凝土的方式主要有以下几种：（1）渗透作用，即在水压力作用下氯化物向压力较低的方向移动；（2）电化学作用，即氯离子向电位较高的方向移动；（3）扩散作用，氯离子从浓度高的地方向浓度低的地方移动；（4）毛细管作用，氯化物向混凝土内部干燥部分移动。

2. 氯盐对钢筋的侵蚀

氯离子对钢筋的侵蚀主要体现在以下三个方面。

（1）作为去钝化剂，破坏钢筋表面的保护性钝化膜。氯离子是极强的阳极活化剂，很低浓度就可以破坏钝化膜，是混凝土过早锈蚀的主要原因。混凝土碳化会降低溶液碱度，但其进展缓慢，对前期影响较小。

（2）在钢筋表面形成腐蚀电池，造成局部坑蚀或均匀腐蚀。当钢筋表面氯离子浓度达到临界状态时，钢筋表面的钝化膜发生破坏，带有二氧化碳和氧气的空气渗入混凝土微孔溶液中，并在钢筋周围形成电解液，为钢筋电化学反应提供了条件。

（3）与阳极化学产物发生去极化反应，加速腐蚀进程。氯离子在去极化过程中起到中转搬运作用，加速腐蚀进程。

2.2.3　对混凝土中氯盐有哪些控制措施?

氯盐对结构的危害很严重，规范对混凝土各组分中的氯离子含量做出了严格规定，并采取以下措施控制其危害。

1. 限制砂中氯离子含量

结构混凝土用海砂必须经过净化处理；钢筋混凝土用砂的氯离子含量不应大于0.03%，预应力混凝土用砂的氯离子含量不应大于0.01%，上述要求比现行标准有所提高。

2. 不得采用含有氯盐的外加剂

钢筋混凝土结构不得采用含有氯盐的早强型普通减水剂、早强剂、防水剂和氯盐类防冻剂等。

3. 结构混凝土配合比设计应对氯离子含量做出规定

当混凝土用砂的氯离子含量大于0.003%时，水泥的氯离子含量不应大于0.025%，拌合用水的氯离子含量不应大于250mg/L。

4. 控制实测混凝土中氯离子含量

结构混凝土中水溶性氯离子最大含量不应超过表2.2-1的规定值。以前混凝土氯离子含量采用原材料含量累加，因检验对象不同，不利于质量控制；采用实测混凝土的氯离子含量并加以控制，更容易保证混凝土质量。

计算水溶性氯离子最大含量时，辅助胶凝材料的量不应大于硅酸盐水泥的量。计算混凝土氯离子含量时，采用氯离子与胶凝材料的质量百分比计算，并且用于计算的胶凝材料中，辅助胶凝材料（主要是指粉煤灰、硅灰、粒化矿渣粉等具有胶凝活性的矿物掺合料）的量不应大于硅酸盐水泥的量，即辅助胶凝材料的量不应大于胶凝材料总量的50%。

结构混凝土中水溶性氯离子最大含量（%） **表2.2-1**

环境条件	水溶性氯离子最大含量(按胶凝材料用量的质量百分比计)	
	钢筋混凝土	预应力混凝土
干燥环境	0.30	0.06
潮湿但不含氯离子的环境	0.20	
潮湿且含氯离子的环境	0.15	
除冰盐等侵蚀性物质的腐蚀环境、盐渍土环境	0.10	

5. 其他措施

以上几项为常规措施，还可采用阴极防护、环氧涂层钢筋、混凝土表面涂层、钢筋阻锈剂等控制措施。

2.2.4 减水剂如何分类？其作用机理是什么？

1. 减水剂的定义

减水剂是一种在维持混凝土坍落度基本不变的条件下，能减少拌合用水量的混凝土外加剂。混凝土拌合物对水泥颗粒有分散作用，能改善其工作性，减少单位用水量，改善混凝土拌合物的流动性；或减少单位水泥用量，节约水泥。

2. 减水剂的分类

按性能可分为普通减水剂、高效减水剂、高性能减水剂。

（1）普通减水剂是指在混凝土坍落度基本相同的条件下，减水率不小于8%的外加剂。

（2）高效减水剂是指在混凝土坍落度基本相同的条件下，减水率不小于14%的外加剂。

（3）高性能减水剂是指在混凝土坍落度基本相同的条件下，减水率不小于25%的外加剂。与高效减水剂相比，其坍落度保持性能好、干燥收缩小且具有一定引气性能。

由于高效减水剂对混凝土改性方面的重要贡献，它的应用成为继钢筋混凝土和预应力混凝土之后，混凝土发展史上的第三次重大突破，使混凝土由原来的人工浇筑或吊罐浇筑发展为泵送施工，节省人力，提高工效，保证质量，消除噪声，使混凝土技术水平与施工水平有了极大飞跃。

3. 减水剂的作用机理

（1）分散作用

水泥加水拌合后，水泥浆形成絮凝结构，10%～30%的拌合水被包裹在水泥颗粒之中，不能参与自由流动和润滑作用，从而影响了混凝土拌合物的流动性。当加入减水剂后，减水剂分子能定向吸附于水泥颗粒表面，使水泥颗粒表面带有同一种电荷（通常为负电荷），形成静电排斥作用，促使水泥颗粒相互分散，絮凝结构解体，释放出被包裹部分的水使其参与流动，从而增加混凝土拌合物的流动性。

（2）润滑作用

减水剂中的亲水基极性很强，水泥颗粒表面的减水剂吸附膜能与水分子形成一层稳定的溶剂化水膜，这层水膜具有很好的润滑作用，能有效降低水泥颗粒间的滑动阻力，使混凝土流动性进一步提高。

（3）空间位阻作用

减水剂结构中具有亲水性的支链，伸展于水溶液中，在所吸附的水泥颗粒表面形成有一定厚度的亲水性立体吸附层。当水泥颗粒靠近时，吸附层开始重叠，即在水泥颗粒间产生空间位阻作用，重叠越多，空间位阻斥力越大，对水泥颗粒间凝聚作用的阻碍也越大，使得混凝土保持良好的坍落度。

（4）接枝共聚支链的缓释作用

新型减水剂如聚羧酸系减水剂在制备的过程中，在减水剂的分子上接枝一些支链，该支链不仅可提供空间位阻效应，而且在水泥水化的高碱度环境中，该支链还可慢慢被切断，释放出具有分散作用的多羧酸，这样就可提高水泥粒子的分散效果，并控制坍落度损失。

2.2.5　混凝土为什么要减水？

混凝土配合比的一个关键参数是水胶比，即水与胶凝材料之比。水胶比越高，新拌塑性混凝土的工作性越好，越容易施工，但混凝土强度越低。为了解决这个矛盾，在不牺牲工作性的同时提高强度，或者保持工作性和强度的同时降低水泥用量，就需要加入减水剂。

减水剂的本质作用是降低混凝土用水量，是混凝土材料不可缺少的原材料之一。混凝土强度，跟水灰比有很大的关系，在一定的坍落度时，用水量越小强度越高。掺入减水剂可以减少用水量而保持坍落度不变，这样就提高了混凝土强度。

在 C30 以下低强度等级范围，使用减水剂可以降低水泥用量，降低成本，同时改善塑性混凝土工作性。

在 C40～C50 中等强度等级范围，一般需要使用减水剂才能保证混凝土工作性（能够泵送）和强度。

对于 C50 以上高强度等级范围，不使用高效或高性能减水剂，混凝土基本没有工作性，现浇混凝土难以施工。

泵送混凝土应掺用泵送剂或减水剂，并宜掺用矿物掺合料；C60 以上高强混凝土宜采用减水率不小于 25％的高性能减水剂；大体积混凝土宜掺用矿物掺合料和缓凝型减水剂。

2.2.6　早强剂有什么作用？有哪些应注意的问题？

1. 早强剂的定义

早强剂是指可以提高混凝土早期强度，并且对后期强度无显著影响的外加剂。其主要作用是缩短养护工期，加快工程进度，主要作用机理是加速水泥水化速度，加速水化产物的早期结晶和沉淀，从而促进混凝土早期强度的发展。

2. 早强剂的分类

按照化学成分可以分为无机盐类和有机化合物类早强剂。

（1）无机盐类：硫酸盐、硫酸复盐、硝酸盐、碳酸盐、亚硝酸盐、氯盐、硫氰酸盐等。

（2）有机化合物类：三乙醇胺、甲酸盐、乙酸盐、丙酸盐等。

3. 掺早强剂应注意的问题

掺早强剂混凝土的设计和施工，应注意以下问题。

1）早强剂不宜用于大体积混凝土，否则会导致水泥水化热集中释放，使大体积混凝土内部温升增大，易导致温度裂缝。

2）三乙醇胺等有机胺类早强剂不宜用于蒸养混凝土。这类早强剂在蒸养条件下会使混凝土产生爆皮、强度降低等问题，不宜使用。

3）无机盐类早强剂不宜用于下列情况。

（1）处于水位变化的结构。

（2）露天结构及经常受水淋、受水流冲刷的结构。

（3）相对湿度大于80%环境中使用的结构。

（4）直接接触酸、碱或其他侵蚀性介质的结构。

（5）有装饰要求的混凝土，特别是要求色彩一致或表面有金属装饰的混凝土。

4）含有六价铬盐、亚硝酸盐和硫氰酸盐成分的混凝土早强剂，不能用于与饮用水直接接触的混凝土。六价铬盐、亚硝酸盐和硫氰酸盐是对人体健康有毒害作用的物质，掺入用于饮水工程中建成后与饮用水直接接触的混凝土时，在流水的冲刷、渗透作用下会溶入水中，造成水质的污染，人饮用后会对健康造成危害。

5）氯盐早强剂应用历史最长，应用效果最显著。但是对于钢筋混凝土，尤其是预应力钢筋混凝土，以及有预埋件的混凝土，不得使用。

2.2.7 膨胀剂的作用机理是什么？

1. 膨胀剂的定义

膨胀剂是指在混凝土硬化过程中因化学作用能使混凝土产生一定体积膨胀的外加剂，包括硫铝酸钙类、氧化钙类、硫铝酸钙-氧化钙类混凝土膨胀剂。

2. 膨胀剂的作用机理

（1）硫铝酸钙类膨胀剂

硫铝酸钙类膨胀剂的作用机理是该类膨胀剂加入混凝土后，参与水化或与水泥水化产物反应，形成三硫型水化硫铝酸钙（钙矾石），钙矾石的生成使得固相体积增加很大，从而引起表观体积膨胀。

（2）氧化钙类膨胀剂

氧化钙类膨胀剂的作用机理是由氧化钙晶体水化形成氢氧化钙晶体，体积增大而导致混凝土体积膨胀。

2.2.8 对混凝土限制膨胀率有何规定？对不同部位构件限制膨胀率有何规定？

1. 限制膨胀率的定义

限制膨胀率是指掺有膨胀剂的试件在规定的纵向限制器限制下的膨胀率。

2. 对补偿收缩混凝土限制膨胀率的规定

掺膨胀剂的补偿收缩混凝土，其限制膨胀率应符合表2.2-2的规定。膨胀剂进场时检验项目应为水中7d限制膨胀率和细度。

补偿收缩混凝土的限制膨胀率 **表2.2-2**

用途	限制膨胀率(%)	
	水中14d	水中14d转空气中28d
用于补偿混凝土收缩	≥0.015	≥−0.030
用于后浇带、膨胀加强带和工程接缝填充	≥0.025	≥−0.020

限制膨胀率的取值以0.005%的间隔为一个等级。根据补偿收缩混凝土的定义，自应力为0.2～1.0MPa时，相应的限制膨胀率约为0.015%～0.060%，故补偿收缩混凝土的最小限制膨胀率为0.015%，最大限制膨胀率为0.060%。

限制膨胀率大于0.060%的混凝土可归为自应力混凝土。

3. 对不同部位构件限制膨胀率的规定

设计选取限制膨胀率时，需要综合考虑混凝土强度等级、限制（约束）程度、使用环境、结构总长度等因素；另外，同一结构不同部位的约束程度和收缩应力不同，其限制膨胀率的设计取值也不相同，养护条件的差别会影响混凝土限制膨胀率的发挥，这也是设计取值的考虑因素。对不同部位结构构件的限制膨胀率的设计取值如表2.2-3所示。

不同部位结构构件限制膨胀率的设计取值（%） **表2.2-3**

结构部位	限制膨胀率
梁板结构	≥0.015
墙体结构	≥0.020
后浇带、膨胀加强带等部位	≥0.025

对下列情况，表2.2-3中的限制膨胀率取值宜适当增大。

（1）强度等级大于或等于C50的混凝土，限制膨胀率宜提高一个等级。

（2）墙体结构养护条件困难，限制膨胀率宜提高一个等级。

（3）约束程度大的桩基础底板等构件。

（4）气候干燥地区、夏季炎热且养护条件差的构件。

（5）结构总长度大于120m。

（6）屋面板。

（7）室内结构越冬外露施工。

2.2.9 掺膨胀剂混凝土的养护有哪些要求？

充分的养护是保障补偿收缩混凝土发挥其膨胀性能的关键技术措施，应予以足够的重视，特别是在早期。膨胀剂水化反应过程中，需要充足的水分，水化反应才能充分发生。

1. 常温养护要求

补偿收缩混凝土浇筑完成后，应及时对暴露在大气中的混凝土表面进行潮湿养护，养护期不得少于 14d。

对水平构件，常温施工时，可采取覆盖塑料薄膜并定时洒水、铺湿麻袋等方式。底板宜采取直接蓄水养护方式。

墙体浇筑完成后，可在顶端设多孔淋水管，达到脱模强度后，松动对拉螺栓，使墙体外侧与模板之间有 2～3mm 的缝隙，确保上部淋水进入模板与墙壁间，也可采取其他保湿养护措施。

2. 冬季养护要求

冬期施工时，构件拆模时间应延长至 7d 以上，表层不得直接洒水，可采用塑料薄膜保水，薄膜上部应覆盖岩棉板等保温材料。

北方冬期施工的混凝土，直接浇水可能会导致混凝土遭受冻害，因此需要进行保温养护，虽然这种做法会导致膨胀效果降低，但是由于冬期施工的混凝土的冷缩较小，与高温季节相比，需要的膨胀也较小。

2.2.10 胶凝材料包括哪些种类？对最小胶凝材料用量有何规定？

1. 胶凝材料的定义

胶凝材料是指混凝土中水泥和活性矿物掺合料的总称。活性矿物掺合料主要有粉煤灰、粒化高炉矿渣、磷渣粉、硅灰、钢渣粉等。

2. 胶凝材料用量

胶凝材料用量是指每立方米混凝土中水泥用量和活性矿物掺合料用量之和。

C20 及其以上强度等级的混凝土的最小胶凝材料用量应如表 2.2-4 的规定；C60 以上高强混凝土配合比应经试验确定，在缺乏试验依据的情况下，配合比设计宜符合表 2.2-5 的规定，且矿物掺合料掺量宜为 25%～40%，硅灰掺量不宜大于 10%，水泥用量不宜大于 500kg/m³。

混凝土最小胶凝材料用量　　表 2.2-4

最大水胶比	最小胶凝材料用量(kg/m³)		
	素混凝土	钢筋混凝土	预应力混凝土
0.60	250	280	300
0.55	280	300	300
0.50	320		
≤0.45	330		

C60 以上高强混凝土配合比　　表 2.2-5

强度等级	水胶比	最小胶凝材料用量(kg/m³)	砂率(%)
≥C60,<C80	0.28～0.34	480～560	35～42
≥C80,<C100	0.26～0.28	520～580	
C100	0.24～0.26	550～600	

2.2.11　矿物掺合料有哪些常用类别？其最大掺量有何规定？

1. 粉煤灰

1）粉煤灰的分类

粉煤灰是指从煤粉炉烟道气体中收集的粉末，按煤种和氧化钙含量分为 F 类和 C 类。F 类粉煤灰是由无烟煤或烟煤燃烧收集的粉煤灰；C 类粉煤灰是由褐煤或次烟煤燃烧收集的粉煤灰，氧化钙含量一般大于 10%。

根据细度、需水量比和烧失量等参数，将用于混凝土中的粉煤灰分为Ⅰ级、Ⅱ级、Ⅲ级共三个等级。

预应力混凝土宜掺用Ⅰ级 F 类粉煤灰，掺用Ⅱ级 F 类粉煤灰时应经过试验论证；其他混凝土宜掺用Ⅰ级、Ⅱ级粉煤灰，掺用Ⅲ级粉煤灰时应经过试验论证，采用掺量大于 30% 的 C 类粉煤灰的混凝土应根据实际使用的水泥和粉煤灰掺量进行安定性检验。

2）掺粉煤灰混凝土的特点

粉煤灰混凝土具有以下特点：(1) 粉煤灰混凝土早期抗压强度增长速度缓于普通混凝土，且其增长速度随粉煤灰掺量的增大而减慢，尤其是低温季节可能导致凝结缓慢；(2) 降低混凝土水化热，降低渗透性，提高耐久性；(3) 改善新拌混凝土的和易性；(4) 粉煤灰对混凝土的收缩有较好的抑制作用，且对后期收缩的抑制更为显著，Ⅰ级粉煤灰对混凝土收缩的抑制效果明显优于Ⅱ级粉煤灰。

2. 粒化高炉矿渣粉

1）粒化高炉矿渣粉的分类

粒化高炉矿渣粉是以粒化高炉矿渣为主要原料，可掺加少量天然石膏，磨制成一定细度的粉体。根据 28d 矿粉活性指数分为 S105 级、S95 级和 S75 级。

矿粉活性指数是指矿粉、水泥按 1∶1 的比例掺加，按水泥胶砂成型方法制作标准试件，按标准方法进行养护，同时制作所用水泥的标准试件并标准养护，分别在 7d、28d 龄期测定它们的强度，掺加矿粉的试件和水泥试件同龄期强度的比值就是活性指数。S95 就是指 28d 矿粉活性指数达到 95%或以上，也就是掺加了 50%的矿粉的胶砂强度与不掺加矿粉的胶砂强度比值不低于 95%。

2）掺粒化高炉矿渣粉混凝土的特点

掺粒化高炉矿渣粉的混凝土具有以下特点：(1) 早期强度低，后期强度增长较快；(2) 水化热低；(3) 干缩性较大，且随着矿渣含量的增加，混凝土干缩变形增大。

3. 矿物掺合料掺量

矿物掺合料掺量是指混凝土中矿物掺合料用量占胶凝材料用量的质量百分比。

矿物掺合料在混凝土中的掺量应通过试验确定。采用硅酸盐水泥或普通硅酸盐水泥时，钢筋混凝土中矿物掺合料最大掺量宜符合表 2.2-6 的规定。对基础大体积混凝土，粉煤灰、粒化高炉矿渣粉和复合掺合料的最大掺量可增加 5%。

采用其他通用硅酸盐水泥时，宜将水泥混合材掺量 20%以上的混合材量计入矿物掺合料。复合掺合料各组分的掺量不宜超过单掺时的最大掺量；在混合使用两种或两种以上矿物掺合料时，矿物掺合料总掺量应符合表 2.2-6 中复合掺合料的规定。

钢筋混凝土中矿物掺合料最大掺量　　表 2.2-6

矿物掺合料种类	水胶比	最大掺量(%)	
		采用硅酸盐水泥时	采用普通硅酸盐水泥时
粉煤灰	≤0.40	45	35
	>0.40	40	30
粒化高炉矿渣粉	≤0.40	65	55
	>0.40	55	45
钢渣粉	—	30	20
磷渣粉	—	30	20
硅灰	—	10	10
复合掺合料	≤0.40	65	55
	>0.40	55	45

2.2.12　水胶比如何计算？外加剂和膨胀剂掺量计入胶凝材料吗？

1. 水胶比的定义

水胶比是指混凝土中用水量与胶凝材料用量的质量比。

计算水胶比时，外加剂的掺量不计入胶凝材料用量。应注意的是，膨胀剂作为一种特殊的外加剂，可与水泥、掺合料共同作为胶凝材料。

外加剂掺量是指混凝土中外加剂用量相对于胶凝材料用量的质量百分比。

2. 水胶比的计算

水胶比可按式（2.2-1）计算。

$$\frac{W}{B}=\frac{m_{w}}{m_{c}+m_{f}+m_{s}} \tag{2.2-1}$$

式中　W/B——混凝土水胶比；

m_{w}——每立方米混凝土的用水量（kg/m^3）；

m_{c}——每立方米混凝土中的水泥用量（kg/m^3）；

m_{f}——每立方米混凝土中的矿物掺合料用量（kg/m^3）；

m_{s}——每立方米混凝土中的膨胀剂用量（kg/m^3）。

2.2.13　外加剂有哪些禁用条件？

1. 含六价铬盐、亚硝酸盐和硫氰酸盐的外加剂

含有六价铬盐、亚硝酸盐和硫氰酸盐成分的混凝土外加剂，不应用于饮水工程中建成后与饮用水直接接触的混凝土。六价铬盐、亚硝酸盐和硫氰酸盐是对人体健康有毒害作用的物质，掺入用于饮水工程中建成后与饮用水直接接触的混凝土时，在流水的冲刷、渗透作用下会溶入水中，造成水质的污染，人饮用后会对健康造成危害。

2. 含强电解质无机盐的外加剂

含有强电解质无机盐的早强型普通减水剂、早强剂、防冻剂和防水剂等，严禁用于下列混凝土结构。

（1）与镀锌钢材或铝材相接触部位的混凝土结构。

（2）有外露钢筋预埋铁件而无防护措施的混凝土结构。

（3）使用直流电源的混凝土结构。

（4）距高压直流电源 100m 以内的混凝土结构。

电解质的强弱没有绝对的划分标准，强、弱电解质之间并无严格的界限。通常所说的电解质强弱是按其电离度大小划分的，能够在水中全部电离的电解质叫强电解质，相反，能够在水中部分电离的电解质叫弱电解质。强酸、强碱、大部分盐类以及强酸酸式根都是强电解质，如硫酸盐、硝酸盐、亚硝酸盐、氯盐等。

这类外加剂会导致镀锌钢材、铝材等金属件发生锈蚀，生成的金属氧化物体积膨胀，进而导致混凝土胀裂。

强电解质无机盐在有水存在的情况下会水解为金属离子和酸根离子，这些离子在直流电的作用下会发生定向迁移，使得这些离子在混凝土中分布不均，容易造成混凝土性能劣化，导致工程安全问题。

3. 含氯盐的外加剂

含有氯盐的早强型普通减水剂、早强剂、防水剂和氯盐类防冻剂，不应用于预应力混凝土、钢筋混凝土和钢纤维混凝土结构。

混凝土中的氯离子渗透到钢筋表面，会导致混凝土结构中的钢筋发生电化学锈蚀，进而导致结构的膨胀破坏，会对混凝土结构质量产生重大影响。因此，含有氯盐的早强型普通减水剂、早强剂、防水剂及氯盐类防冻剂严禁用于预应力混凝土、使用冷拉钢筋或冷拔低碳钢丝的混凝土以及间接或长期处于潮湿环境下的钢筋混凝土、钢纤维混凝土结构。

4. 含硝酸铵、碳酸铵的外加剂

含有硝酸铵、碳酸铵的早强型普通减水剂、早强剂和含有硝酸铵、碳酸铵、尿素的防冻剂，不应用于民用建筑工程。

硝酸铵、碳酸铵和尿素在碱性条件下会释放出刺激性气味气体，长期难以消除，直接危害人体健康，造成环境污染，因此严禁用于民用建筑工程。

5. 含亚硝酸盐、碳酸盐的外加剂

含有亚硝酸盐、碳酸盐的早强型普通减水剂、早强剂、防冻剂和含有硝酸盐的阻锈剂，不应用于预应力混凝土结构。

由于亚硝酸盐、碳酸盐会引起预应力混凝土中钢筋的应力腐蚀和晶格腐蚀，会对预应力混凝土结构安全造成重大影响，因此严禁用于预应力混凝土结构。

2.3　混凝土碱骨料反应

《混凝土结构通用规范》GB 55008—2021 第 3.1.7 条　结构混凝土采用的骨料具有碱活性及潜在碱活性时，应采取措施抑制碱骨料反应，并应验证抑制措施的有效性。

2.3.1　什么叫碱骨料反应？碱骨料反应如何分类？

1. 碱骨料反应的定义

混凝土碱骨料反应是指混凝土中的碱（包括外界渗入的碱）与骨料中的碱活性矿物成

分发生化学反应，导致混凝土膨胀开裂等现象。

环境作用下的化学腐蚀反应大多从构件表面开始，但碱骨料反应却是在内部发生的。碱骨料反应是一个长期过程，其破坏作用在若干年后才会显现，而且一旦混凝土表面出现开裂，往往已严重到无法修复的程度，因此应采取措施抑制碱骨料反应。

碱活性是指骨料在混凝土中与碱发生反应产生膨胀并对混凝土具有潜在危害的特性。

当混凝土结构构件处于一类环境类别时，可不采取预防混凝土碱骨料反应的技术措施。

2. 碱骨料反应的分类

碱骨料反应分为碱-硅酸反应和碱-碳酸盐反应。

（1）碱-硅酸反应

碱-硅酸反应是指水泥中的碱与骨料中的活性氧化硅成分反应生成碱硅胶凝胶。这种碱硅胶凝胶体积大于反应前的体积，且有很强的吸水性，吸水后进一步膨胀，引起混凝土内部膨胀应力，导致混凝土开裂。

（2）碱-碳酸盐反应

碱-碳酸盐反应是指混凝土中的碱（包括外部渗入的碱）与碳酸盐骨料中活性白云石晶体发生化学反应，导致混凝土膨胀开裂的现象。这一反应不是发生在集料颗粒与水泥浆的表面，而是发生在集料颗粒的内部，引起混凝土内部应力，导致混凝土开裂。

2.3.2 碱骨料反应如何检验？

《普通混凝土用砂、石质量及检验方法标准》JGJ 52—2006 规定：对于长期处于潮湿环境的重要混凝土结构所用的砂、石，应进行碱活性检验。

骨料碱活性检验项目应包括岩石类型、碱-硅酸反应活性和碱-碳酸盐反应活性检验。岩石类型检验可以确定碳酸盐骨料，对于判断骨料碱活性有一定帮助。

1. 河砂和海砂可不进行岩石类型和碱-碳酸盐反应

在我国尚未有检验确定为碱-碳酸盐反应活性的河砂和海砂，因此规范规定河砂和海砂可不进行岩石类型和碱-碳酸盐反应活性的检验。

2. 快速砂浆棒法和砂浆长度法检验碱-硅酸反应

用于制作混凝土骨料的各类岩石（包括碳酸盐岩石）中都有可能存在活性二氧化硅，工程中发生的混凝土碱骨料反应普遍是碱-硅酸反应，应采用快速砂浆棒法和砂浆长度法进行碱-硅酸反应活性检验。

3. 岩石柱法检验碱-碳酸盐反应

通常只有碳酸盐骨料中才可能存在活性白云石晶体，这类骨料还应采用岩石柱法进行碱-碳酸盐反应活性检验。

4. 抑制骨料碱活性有效性检验

快速砂浆棒法 14d 膨胀率大于 0.2％的骨料为具有碱-硅酸反应活性，14d 膨胀率在 0.1％～0.2％的骨料属于不确定。对于这类骨料，从偏于安全的角度考虑，快速砂浆棒法检验结果不小于 0.1％膨胀率的骨料应进行抑制骨料碱活性有效性检验。

2.3.3 抑制碱骨料反应有哪些控制措施？

发生碱骨料反应的充分条件是：混凝土有较高的碱含量，骨料有较高的活性，同时有水存在。当骨料有活性时，限制混凝土含碱量，在混凝土中加入适量的粉煤灰、矿渣或沸石岩等掺合料能够抑制碱骨料反应；采用密实的低水胶比混凝土能有效地阻止水分进入混凝土内部，有利于阻止反应的发生。

当判定存在潜在碱骨料反应危害时，应控制混凝土中的碱含量不超过 3kg/m^3，或采用能抑制碱骨料反应的有效措施。抑制碱骨料反应可从混凝土原材料、配合比等方面采取措施。

1. 采用非碱活性骨料

混凝土工程宜采用非碱活性骨料，具有碱-碳酸盐反应活性的骨料不得用于配制混凝土。在盐渍土、海水和受除冰盐作用等含碱环境中，重要结构的混凝土不得采用碱活性骨料。

2. 采用低碱含量的胶凝材料

(1) 水泥碱含量是混凝土中碱含量的主要来源，宜采用碱含量不大于 0.6%的通用硅酸盐水泥。

(2) Ⅰ级或Ⅱ级的 F 类粉煤灰在达到一定掺量的情况下可以显著抑制骨料的碱-硅酸反应活性，此类粉煤灰中碱含量不宜大于 2.5%。

(3) 以粉煤灰为主并复合粒化高炉矿渣粉在达到一定掺量的情况下也可抑制骨料的碱-硅酸反应活性，粒化高炉矿渣粉的碱含量不宜大于 1.0%。

(4) 硅灰可以显著抑制骨料的碱-硅酸反应活性，宜采用二氧化硅含量不小于 90%、碱含量不大于 1.5%的硅灰。

(5) 应采用碱含量不大于 1500mg/L 的拌合用水。

3. 控制混凝土中矿物掺合料的掺量

当采用硅酸盐水泥和普通硅酸盐水泥时，混凝土中矿物掺合料掺量宜符合下列规定。

(1) 对于快速砂浆棒法检验结果膨胀率大于 0.20%的骨料，混凝土中粉煤灰掺量不宜小于 30%；当复合掺用粉煤灰和粒化高炉矿渣粉时，粉煤灰掺量不宜小于 25%，粒化高炉矿渣粉掺量不宜小于 10%。

(2) 对于快速砂浆棒法检验结果膨胀率为 0.10%～0.20%范围的骨料，宜采用不小于 25%的粉煤灰掺量。

(3) 当本条第 (1)、(2) 项规定均不能满足抑制碱-硅酸反应活性有效性要求时，可再增加掺用硅灰或用硅灰取代相应掺量的粉煤灰或粒化高炉矿渣粉，硅灰掺量不宜小于 5%。

(4) 当采用除硅酸盐水泥和普通硅酸盐水泥以外的其他通用硅酸盐水泥配制混凝土时，可将水泥中混合材掺量 20%以上部分的粉煤灰和粒化高炉矿渣粉掺量分别计入混凝土中粉煤灰和粒化高炉矿渣粉掺量。

(5) 在混凝土中宜掺用适量引气剂。

4. 控制单位体积混凝土含碱量

单位体积混凝土中的含碱量应符合下列规定。

(1) 对骨料无活性且处于相对湿度低于 75%环境条件下的混凝土构件，含碱量不应超过 3.5kg/m^3，当设计工作年限为 100 年时，混凝土的含碱量不应超过 3kg/m^3。

(2) 对骨料无活性但处于相对湿度不低于 75%环境条件下的混凝土结构构件，含碱量不超过 3kg/m^3。

（3）对骨料有活性且处于相对湿度不低于75%环境条件下的混凝土结构构件，应严格控制混凝土含碱量不超过3kg/m^{3}并掺加矿物掺合料。

混凝土碱含量计算应符合以下规定。

（1）混凝土碱含量应为配合比中各原材料的碱含量之和。

（2）水泥、外加剂和水的碱含量可用实测值计算；粉煤灰碱含量可用实测值的1/6计算，硅灰和粒化高炉矿渣粉碱含量可用实测值的1/2计算。

（3）骨料碱含量可不计入混凝土碱含量。

2.3.4 如何验证抑制碱骨料反应的有效性？

抑制骨料碱-硅酸反应活性有效性试验应按《预防混凝土碱骨料反应技术规范》GB/T 50733—2011的规定执行，适用于评估采用粉煤灰、粒化高炉矿渣粉和硅灰等矿物掺合料抑制骨料碱-硅酸反应活性的有效性。试验结果14d膨胀率小于0.03%可判断为抑制骨料碱-硅酸反应活性有效。

每个试件的膨胀率应按式（2.3-1）计算，并应精确至0.01%。

$$\varepsilon_t=\frac{L_t-L_0}{L_0-2\Delta}\times 100\% \tag{2.3-1}$$

式中 ε_t——试件在t天龄期的膨胀率（%）；

L_t——试件在t天龄期的长度（mm）；

L_0——试件的基长（mm）；

Δ——测头长度（mm）。

2.4 钢筋最大力总延伸率

《混凝土结构通用规范》GB 55008—2021第3.2.2条 热轧钢筋、余热处理钢筋、冷轧带肋钢筋及预应力筋的最大力总延伸率限值不应小于表2.4-1的规定。

热轧钢筋、冷轧带肋钢筋及预应力筋的最大力总延伸率δ_{gt}限值（%） 表2.4-1

牌号或种类	热轧钢筋				冷轧带肋钢筋		预应力筋	
	HPB300	HRB400 HRB500 HRBF400 HRBF500	HRB400E HRB500E	RRB400	CRB550	CRB600H	中强度预应力钢丝、预应力冷轧带肋钢筋	消除应力钢丝、钢绞线、预应力螺纹钢筋
δ_{gt}	10.0	7.5	9.0	5.0	2.5	5.0	4.0	4.5

2.4.1 什么叫断后伸长率？如何测定断后伸长率？

1. 断后伸长率的定义

断后伸长率是指断后标距的残余伸长（L_u-L_0）与原始标距L_0之比的百分率。

对于比例试样，若原始标距不为$5.65\sqrt{S_0}$（S_0为平行长度的原始横截面积），断后伸

长率 A 应附脚注说明所使用的比例系数，如 $A_{11.3}$ 表示原始标距为 $11.3\sqrt{S_0}$ 的断后伸长率；对于非比例试样，应附脚注说明所使用的原始标距，以“mm”表示，如 A_{80mm} 表示原始标距为80mm的断后伸长率。

如 $5.65\sqrt{S_0}=5\sqrt{\frac{4S_0}{\pi}}$，因此原始标距实际上就是 $5d$，即长度为试件的5倍直径。

2. **断后伸长率的测定**

为测定断后伸长率，应将试样断裂的部分仔细地配接在一起，使其轴线处于同一直线上，并采取特别措施确保试样断裂部分适当接触后，测量试样断后标距。

断后伸长率 A 按式（2.4-1）计算。

$$A=\frac{L_u-L_0}{L_0}\times 100\% \tag{2.4-1}$$

式中　L_u——断后标距；

L_0——原始标距。

HRB400、HRBF400级钢筋的断后伸长率不小于16%，HRB500、HRBF500级钢筋的断后伸长率不小于15%，HRB600级钢筋的断后伸长率不小于14%。公称直径28～40mm各牌号钢筋的断后伸长率可降低1%；公称直径大于40mm各牌号钢筋的断后伸长率可降低2%。

3. **断后伸长率的意义**

在金属材料拉伸试验中，断后伸长率是反映金属材料塑性的一个重要指标，其值越大，表示金属材料的塑性越好。断后伸长率测定方法简单，但其反映的是局部区域的残余伸长，难以代表钢筋真正的变形能力。

在实际的室温拉伸试验中，某些塑性指标富余量较小的拉伸试样未断裂在引伸计标距的中部而产生断裂位置偏移的现象非常普遍，而在此状态下机器自动测量断后伸长率所产生的误差很大。此时，需要采用其他方式测量断后伸长率，如手工测量（包括移位法测量）或重新进行试样加工再试验等。

2.4.2　什么叫最大力总延伸率？如何测定最大力总延伸率？

1. **最大力总延伸率的定义**

最大力总延伸率是指最大力时原始标距的总延伸（弹性延伸加塑性延伸）与引伸计标距 L_e 之比的百分率。

根据我国钢筋标准，将最大力总延伸率 δ_{gt}（相当于钢筋标准中的 A_{gt}）作为控制钢筋延性的指标。最大力总延伸率 δ_{gt} 不受断口-颈缩区域局部变形的影响，反映了钢筋拉断前达到最大力（极限强度）时的均匀应变，故又称均匀伸长率。

拉伸试验中的伸长率指标除了断后伸长率和最大力总延伸率外，还有屈服点延伸率、最大力塑性延伸率 A_g 和断裂总延伸率 A_t 等。不同指标之间的关系如图2.4-1所示。

2. **最大力总延伸率的测定**

在用引伸计得到的力-延伸曲线上，测定最大力总延伸。最大力总延伸率根据式（2.4-2）计算。

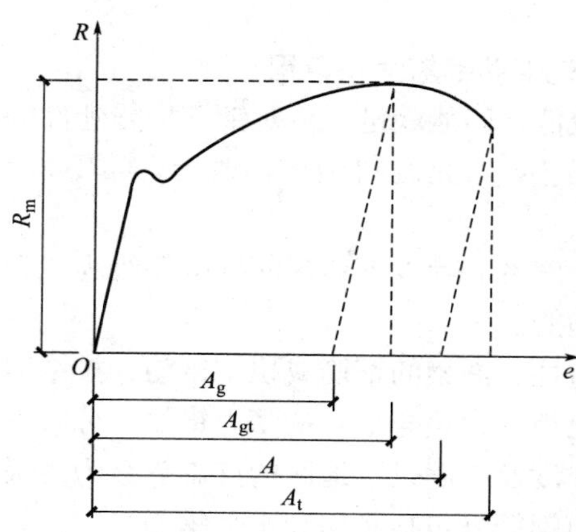

图 2.4-1 不同伸长率指标之间的关系图

A_g——最大力塑性延伸率；A_{gt}——最大力总延伸率；A——断后伸长率；
A_t——断裂总延伸率；R——应力；R_m——抗拉强度极限值；e——延伸率

$$A_{gt}=\frac{\Delta L_m}{L_e}\times 100\% \tag{2.4-2}$$

式中 ΔL_m——最大力下的延伸；

L_e——引伸计标距。

3. 最大力总延伸率的意义

《混凝土结构工程施工质量验收规范》GB 50204—2015 第 5.2.1 条规定：钢筋进场时，应按国家现行标准的规定抽取试件进行屈服强度、抗拉强度、伸长率、弯曲性能和重量偏差检验，检验结果应符合相应标准的规定。

对伸长率的检测方法，可采用断后伸长率或最大力总延伸率，但仲裁检验时应采用最大力总延伸率 A_{gt}。

最大力总延伸率反映钢筋极限强度时的平均变形，是钢筋的真实延性伸长率指标，能够真正代表钢筋的变形能力，是保证构件抗震延性的重要指标。

2.4.3 冷轧带肋钢筋和高延性冷轧带肋钢筋最大力总延伸率有何区别?

冷轧带肋钢筋（CRB）是指热轧圆盘条经冷轧后，在其表面带有沿长度方向均匀分布的横肋的钢筋，高延性冷轧带肋钢筋（CRB+抗拉极限强度标准值+H）是一种新型冷轧带肋钢筋，其生产工艺增加了回火热处理过程，强度高，延性好。其中 C、R、B、H 分别为冷轧（Cold rolled）、带肋（Ribbed）、钢筋（Bar）、高延性（High elongation）四个词的英文首位字母。

1. 冷轧带肋钢筋和高延性冷轧带肋钢筋的最大力总延伸率

冷轧带肋钢筋（CRB）最大力总延伸率不小于 2.5%，高延性冷轧带肋钢筋最大力总延伸率不小于 5.0%。

CRB600H 高延性冷轧带肋钢筋是国内近年来研制开发的新型带肋钢筋，其生产工艺是对热轧低碳盘条进行冷轧后回火热处理，使钢筋有屈服台阶，强度和伸长率指标均有显著提高。

2. CRB600H 高延性冷轧带肋钢筋适用范围

冷轧带肋钢筋伸长率较低，不能满足规范对钢筋抗震延性的要求，因此其适用范围受到影响。通过回火热处理工艺，其延性得到大幅改善，CRB600H 高延性冷轧带肋钢筋可应用于以下构件。

（1）抗震设防烈度为 8 度及 8 度以下地区的抗震等级为二、三、四级的框架梁、框架柱以及剪力墙边缘构件的箍筋。

（2）砌体结构中的构造柱、圈梁的钢筋或拉结钢筋、拉结网片。

（3）现浇或预制混凝土板（含叠合板）的受力钢筋、分布钢筋及构造钢筋。

（4）抗震设防烈度为 8 度及 8 度以下地区的抗震等级为二级的剪力墙底部加强区以上楼层及三、四级剪力墙分布钢筋（包括竖向和水平钢筋）。

（5）钢筋最大直径不大于 12mm，可用于受荷较小的次梁。

2.4.4　预应力筋最大力总延伸率有何规定?

1. 中强度预应力钢丝最大力总延伸率

中强度预应力钢丝是指抗拉强度范围为 650～1370MPa 的冷加工后进行稳定化热处理的预应力钢丝，按表面形状分为螺旋肋钢丝和刻痕钢丝两类。

不同规范对中强度预应力钢丝最大力总延伸率的规定不一样，《混凝土结构通用规范》GB 55008—2021 对总延伸率指标提高了要求，如表 2.4-2 所示。

不同规范对中强度预应力钢丝最大力总延伸率的规定　表 2.4-2

规范	δ_{gt}
《预应力混凝土用中强度钢丝》GB/T 30828—2014 《混凝土结构设计规范》GB 50010—2010(2015 年版)	3.5%
《混凝土结构通用规范》GB 55008—2021	4.0%

2. 预应力钢绞线最大力总延伸率

《混凝土结构通用规范》GB 55008—2021 对预应力钢绞线最大力总延伸率指标也提高了要求，如表 2.4-3 所示。

不同规范对预应力钢丝最大力总延伸率的规定　表 2.4-3

规范	δ_{gt}
《高强度低松弛预应力热镀锌钢绞线》YB/T 152—1999 《多丝大直径高强度低松弛预应力钢绞线》GB/T 31314—2014 《混凝土结构设计规范》GB 50010—2010(2015 年版)	3.5%
《混凝土结构通用规范》GB 55008—2021	4.5%

2.5　普通钢筋抗震性能

《混凝土结构通用规范》GB 55008—2021 第 3.2.3 条　对按一、二、三级抗震等级设计的房屋建筑框架和斜撑构件，其纵向受力普通钢筋性能应符合下列规定。

1. 抗拉强度实测值与屈服强度实测值的比值不应小于1.25。

2. 屈服强度实测值与屈服强度标准值的比值不应大于1.30。

3. 最大力总延伸率实测值不应小于9%。

2.5.1 什么叫强屈比？抗震设计控制强屈比有何意义？

1. 强屈比的定义

强屈比是指钢筋抗拉强度实测值与屈服强度实测值的比值，按式（2.5-1）计算。对带“E”的抗震钢筋，其值不应小于1.25。

$$\frac{R_{\mathrm{m}}^{\circ}}{R_{el}^{\circ}} \geqslant 1.25 \tag{2.5-1}$$

式中 R_{m}°——纵向受力钢筋抗拉强度实测值；

R_{el}°——纵向受力钢筋屈服强度实测值。

2. 控制强屈比的意义

提高钢筋的强屈比主要是为了使纵向钢筋具有一定的延性，提高钢筋的安全储备。当构件某个部位出现塑性铰后，塑性铰处有足够的转动能力与耗能能力。当建筑物受到地震破坏发生变形时，钢筋屈服后强度继续提高，能不断吸收能量而不断裂，减小地震危害。强屈比太低，结构延性不足易发生脆性破坏，应当避免。

3. 强屈比不满足的案例

从理论上看，HRB400级钢筋的屈服强度标准值为400MPa，抗拉强度标准值为540MPa，抗拉强度标准值与屈服强度标准值之比为1.35，远大于强屈比1.25。但在实际工程中，考虑材料变异系数的影响，为确保钢筋屈服强度能满足检测要求，钢筋生产过程中会提高屈服强度标准值。如某项目对一组直径为20mm的HRB400级钢筋进行抽检，其屈服强度为510MPa，抗拉强度为620MPa，强度绝对值均远大于规范要求的限值，但强屈比为620/510=1.22，并不满足规范1.25的要求。

4. HRB600级钢筋的强屈比

对于高强钢筋，如HRB600级钢筋，其屈服强度标准值为600MPa，抗拉强度标准值为730MPa。考虑材料变异系数，屈服强度实测值可能会大于650MPa，要满足强屈比的要求，其抗拉强度实测值需要提高的幅度更大，对加工工艺控制有一定的难度。

2.5.2 什么叫超屈比？抗震设计控制超屈比有何意义？

1. 超屈比的定义

通常用超屈比表示钢筋屈服强度实测值与屈服强度标准值的比值，按式（2.5-2）计算 。对带“E”的抗震钢筋，其值不应大于1.30。

$$\frac{R_{el}^{\circ}}{R_{el}} \leqslant 1.30 \tag{2.5-2}$$

式中 R_{el}°——纵向受力钢筋屈服强度实测值；

R_{el}——纵向受力钢筋屈服强度标准值。

本条规定了钢筋屈服强度实测值的上限，HRB400E级钢筋的屈服强度实测值上限不应大于 520MPa，HRB500E 级钢筋的屈服强度实测值上限不应大于 650MPa。也就是说，钢筋的屈服强度实测值并不是越大越好，否则为实现“强柱弱梁、强剪弱弯”所规定的内力调整将难以奏效。

2. 控制超屈比的意义

根据结构设计理论，控制钢筋的超屈比目的是保证“强柱弱梁、强剪弱弯、强节点强锚固”的设计要求。在其他条件不变的情况下，构件的正截面承载力与纵向受力钢筋的屈服强度呈正比。在抗震设计中为了保证构件在地震中的破坏状态，并不希望实际的屈服强度比设计强度大太多。如果框架梁纵向受力实配钢筋的屈服强度实测值过高，将会造成框架梁正截面受弯承载力比设计承载力大很多，塑性铰发生转移，或造成框架梁剪切破坏先于弯曲破坏，混凝土压溃早于钢筋的屈服，即产生脆性破坏。

为实现“强柱弱梁”设计，《抗规》第 6.2.2 条规定：一、二、三、四级框架的梁柱节点处，除框架顶层和柱轴压比小于 0.15 者及框支梁与框支柱的节点外，柱端组合的弯矩设计值应符合式（2.5-3）的要求。

$$\sum M_c = \eta_c \sum M_b \tag{2.5-3}$$

式中　$\sum M_c$——节点上、下柱端截面顺时针或逆时针方向组合的弯矩设计值之和，上下柱端的弯矩设计值，可按弹性分析分配；

$\sum M_b$——节点左、右梁端截面逆时针或顺时针方向组合的弯矩设计值之和，一级框架节点左右梁端均为负弯矩时，绝对值较小的弯矩应取零；

η_c——框架柱端弯矩增大系数，对框架结构，一、二、三、四级可分别取 1.7、1.5、1.3、1.2；其他结构类型中的框架，一级可取 1.4，二级可取 1.2，三、四级可取 1.1。

从式（2.5-3）可以看出，当纵向受力钢筋的超屈比不大于 1.30 时，对一、二、三级框架结构能实现“强柱弱梁”，实现结构的抗震延性。

2.5.3　框架和斜撑包括哪些构件?

一、二、三级抗震等级设计的房屋建筑框架和斜撑构件，其纵向受力普通钢筋需满足强屈比、超屈比及最大力总延伸率的要求，应采用抗震钢筋。

1. 框架构件中的纵向受力普通钢筋

框架构件包括框架结构中的框架构件和其他结构中的框架构件，主要包括以下构件。

（1）框架结构中的框架柱、框架梁。

（2）框架-剪力墙结构中的框架柱、框架梁。

（3）剪力墙结构中的框架梁，从控制强屈比以提高塑性铰的变形能力，超屈比保证“墙柱弱梁”的原理来看，此处应指支承在剪力墙平面内的框架梁。

（4）框架-筒体结构中框架柱、框架梁。

（5）板柱-剪力墙结构中框架柱、框架梁。

（6）框支剪力墙结构中的框支柱、框支梁。

2. 斜撑构件中的纵向受力普通钢筋

斜撑构件包括伸臂桁架的斜撑、楼梯的梯段等。

3. **框架和斜撑构件中的箍筋、腰筋和分布钢筋**

框架和斜撑构件中的箍筋、腰筋、分布钢筋等不需要满足这些延性要求。

2.5.4　HRB400 钢筋为何被逐步淘汰?

根据湘政发〔2017〕32 号文《湖南省“十三五”节能减排综合工作方案》精神，为落实节约资源和保护环境基本国策，以提高能源利用效率和改善生态环境质量为目标，加快建设资源节约型、环境友好型社会，确保完成“十三五”节能减排约束性目标，保障人民群众健康和经济社会可持续发展，促进经济转型升级，湖南华菱管线股份有限公司以及外地钢企自 2019 年已基本停止在湖南生产、销售 HRB400 级钢筋，代之以 HRB400E 级抗震钢筋。

2.6　预应力筋-锚具组装件性能

《混凝土结构通用规范》GB 55008—2021 第 3.3.1 条　预应力筋-锚具组装件静载锚固性能应符合下列规定。

1. 组装件实测极限抗拉力不应小于母材实测极限抗拉力的 95%。
2. 组装件总伸长率不应小于 2.0%。

2.6.1　预应力钢绞线如何标注?

有粘结和无粘结预应力钢绞线配筋数量分别用 $n-m\ \phi^s$ 和 $n-mU\ \phi^s$ 表示，各字母的具体含义如图 2.6-1 所示。

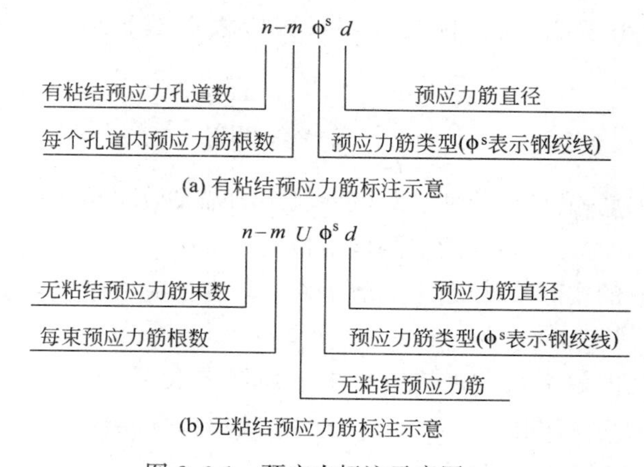

图 2.6-1　预应力标注示意图

2.6.2　预应力筋锚具和夹具的定义是什么？预应力筋锚固方式有哪几种类型?

1. **预应力筋锚具的定义**

预应力筋锚具是指在后张法结构构件中，用于保持预应力筋的拉力并将其传递到结构上的永久性锚固装置。

2. 预应力筋锚固的分类

根据对预应力筋的锚固方式，锚具可分为夹片式、支承式、握裹式和组合式四种基本类型。

3. 锚具的代码和表示方式

张拉端常用的是圆形夹片式锚具，用代码 YJM 表示；如 YJM15-3 表示锚固 3 根直径为 15.2mm 钢绞线的圆形夹片式群锚锚具。

混凝土内锚固端常用的是握裹式挤压锚，用代码 JYM 表示；如 JYM15-3 表示锚固 3 根直径为 15.2mm 钢绞线的挤压式锚具。

4. 夹具和夹片的区别

夹具是指在先张法预应力混凝土构件生产过程中，用于保持预应力筋的拉力并将其固定在生产台座（或设备）上的工具性锚固装置；在后张法结构或构件张拉预应力筋过程中，在张拉千斤顶或设备上夹持预应力筋的工具性锚固装置。夹具应能重复使用，应有可靠的自锚性能、良好的松锚性能，且在使用过程中，应能保证操作人员的安全。

夹片属于锚具的一个部分，与夹具不是一个概念，是夹片式锚具的一个组件。

2.6.3 预应力筋-锚具组装件的锚具效率系数如何计算?

1. 预应力筋-锚具组装件

预应力筋-锚具组装件是指预应力筋和安装在其端部的锚具组合装配而成的受力单元。

2. 锚具效率系数

锚具的静载锚固性能应由预应力筋-锚具组装件静载试验测定的锚具效率系数 η_a 和达到实测极限拉力时组装件中预应力筋的总应变 ε_{apu} 确定。锚具效率系数不应小于 0.95，预应力筋总伸长率不应小于 2.0%。锚具效率系数应根据试验结果并按式（2.6-1）计算确定。

$$\eta_a=\frac{F_{apu}}{\eta_p\cdot F_{pm}}\geqslant 95\% \tag{2.6-1}$$

式中　η_a——由预应力筋-锚具组装件静载试验测定的锚具效率系数；

F_{apu}——预应力筋-锚具组装件的实测极限拉力（N）；

F_{pm}——预应力筋的实际平均极限抗拉力（N），由预应力筋试件实测破断力平均值计算确定；

η_p——预应力筋的效率系数，其值应按下列规定取用：预应力筋-锚具组装件中预应力筋为 1～5 根时，$\eta_p=1$；6～12 根时，$\eta_p=0.99$；13～19 根时，$\eta_p=0.98$；20 根及以上时，$\eta_p=0.97$。

进行预应力束拉伸试验时，得到的结果是预应力筋与锚具两者的综合效应，目前尚无法将预应力筋的影响单独区分开来。预应力筋的效率系数 η_p 主要考虑了每束预应力筋中预应力钢材的质量不均匀性和根数对应力不均匀性的影响。但《混凝土结构通用规范》GB 55008—2021 未考虑预应力筋效率系数的影响。

预应力筋-锚具组装件的破坏形式应是预应力筋的破断，锚具零件不应碎裂。夹片式锚具的夹片在预应力筋拉应力未超过 $0.8f_{ptk}$ 时不应出现裂纹。

2.6.4 如何测定预应力筋-锚具组装件的总伸长率？

预应力筋-锚具组装件的总应变是指锚具组装件试验时，钢筋束中第 1 根预应力筋断裂时的应变实测值。测量总应变 ε_{apu} 量具的标距不宜小于 1m，其值大小与锚具质量优劣和预应力筋的延性有关。

预应力筋-锚具组装件的总伸长率不应小于 2.0%，这主要是从延性的角度对预应力筋-锚具组装件做出的规定。规范中的要求是针对总伸长率提出的，但从锚具静载锚固性能试验装置（图 2.6-2）来看，在后张组装件中实际测试的是预应力筋中段的应变值，并不能反映锚具的变形，所测的应变主要反映了成束预应力筋的变形能力。《混凝土结构通用规范》GB 55008—2021 对预应力钢绞线在最大力总伸长率的要求从 3.5%提升到 4.5%，而对预应力筋-锚具组装件的总伸长率的要求仍然控制在不小于 2.0%；在锚具具有足够夹持能力的条件下，预应力筋-锚具组装件检验一般能够满足要求。

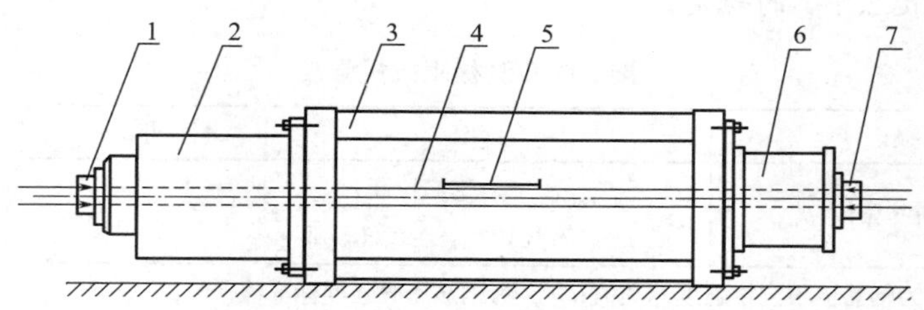

图 2.6-2 预应力筋-锚具组装件静载锚固性能试验装置示意图

1-张拉端试验锚具；2-加载用千斤顶；3-承力台座；4-预应力筋；5-测量总应变的装置；6-荷载传感器；7-固定端试验锚具

2.6.5 什么叫预应力筋的应力松弛？为何应选用低松弛预应力筋？

1. 预应力筋的应力松弛的定义

预应力筋的应力松弛是指钢材受到一定的张拉力之后，在长度与温度保持不变的条件下，其应力随时间逐渐降低的现象。应力降低值称为应力松弛损失。

根据应力损失的大小，分为普通松弛和低松弛预应力筋。普通松弛预应力筋的应力松弛损失较大。因此设计选用时，宜采用低松弛预应力筋。

2. 产生应力松弛的原因

产生应力松弛的原因主要是金属内部位错运动使一部分弹性变形转化为塑性变形。

3. 预应力筋应力松弛计算

当 $\sigma_{con} \leqslant 0.5f_{ptk}$ 时，预应力筋的应力松弛损失可取为零；当 $\sigma_{con} > 0.5f_{ptk}$ 时，预应力筋的应力松弛损失按式（2.6-2）～式（2.6-4）计算。

1）普通松弛预应力筋

$$\sigma_{l4} = 0.4\left(\frac{\sigma_{con}}{f_{ptk}} - 0.5\right)\sigma_{con} \tag{2.6-2}$$

2）低松弛预应力筋

当 $\sigma_{con} \leqslant 0.7f_{ptk}$ 时：

$$\sigma_{l4}=0.125\left(\frac{\sigma_{con}}{f_{ptk}}-0.5\right)\sigma_{con} \tag{2.6-3}$$

当 $0.7f_{ptk}<\sigma_{con}\leqslant 0.8f_{ptk}$ 时：

$$\sigma_{l4}=0.2\left(\frac{\sigma_{con}}{f_{ptk}}-0.575\right)\sigma_{con} \tag{2.6-4}$$

式中　σ_{l4}——预应力筋的应力松弛损失；

σ_{con}——预应力筋的张拉控制应力；

f_{ptk}——预应力筋的极限强度标准值。

2.7　钢筋连接

《混凝土结构通用规范》GB 55008—2021 第 3.3.2 条　钢筋机械连接接头的实测极限抗拉强度应符合表 2.7-1 的规定。

接头的实测极限抗拉强度　　**表 2.7-1**

接头等级	Ⅰ级	Ⅱ级	Ⅲ级
接头的实测极限抗拉强度 f^0_{mst}	$f^0_{mst}\geqslant f_{stk}$ 钢筋拉断； 或 $f^0_{mst}\geqslant 1.10f_{stk}$ 连接件破坏	$f^0_{mst}\geqslant f_{stk}$	$f^0_{mst}\geqslant 1.25f_{yk}$

注：1. 表中 f_{stk} 为钢筋极限抗拉强度标准值；f_{yk} 为钢筋屈服强度标准值。

2. 连接件破坏指断于套筒、套筒纵向开裂或钢筋从套筒中拔出以及其他形式的连接件破坏。

2.7.1　钢筋机械连接的定义是什么？有哪几种破坏形态？

1. 钢筋机械连接的定义

钢筋机械连接是指通过钢筋与连接件或其他介入材料的机械咬合作用或钢筋端面的承压作用，将一根钢筋中的力传递至另一根钢筋的连接方法。

连接件是指连接钢筋用的各部件，包括用于传递钢筋轴向拉力或压力的钢套筒和其他组件。

2. 套筒机械连接的分类

套筒按钢筋机械连接接头类型可分为直螺纹套筒、锥螺纹套筒和挤压套筒。直螺纹套筒又可分为镦粗直螺纹套筒、剥肋滚轧直螺纹套筒和直接滚轧直螺纹套筒。套筒原材料宜采用牌号为 45 号的圆钢或结构用无缝钢管。

3. 机械连接的破坏形态

钢筋机械连接的破坏形态包括套筒拉断、套筒纵向开裂、钢筋从套筒中拔出以及组合式接头其他组件的破坏。

接头性能应包括单向拉伸、高应力反复拉压、大变形反复拉压和疲劳性能，应根据接头的性能等级和应用场合选择相应的检验项目。

4. 连接件混凝土保护层厚度

连接件的混凝土保护层厚度宜符合《混规》中的规定，且不应小于 0.75 倍钢筋最小保护层厚度和 15mm 中的较大值，必要时可对连接件采取防锈措施。

2.7.2 机械连接接头等级如何分类？其极限抗拉强度和变形性能有何规定？

1. 机械连接接头的分类

机械连接接头根据极限抗拉强度、残余变形、最大力总伸长率以及高应力和大变形条件下反复拉压性能，分为Ⅰ级、Ⅱ级、Ⅲ级三个等级。

2. 接头极限抗拉强度的规定

Ⅰ级、Ⅱ级、Ⅲ级接头的极限抗拉强度必须符合表 2.7-1 的规定。

3. 接头变形性能的规定

Ⅰ级、Ⅱ级、Ⅲ级接头变形性能应符合表 2.7-2 的规定。

接头变形性能 **表 2.7-2**

接头等级		Ⅰ级	Ⅱ级	Ⅲ级
单向拉伸	残余变形(mm)	$u_0 \leqslant 0.10$ ($d \leqslant 32$) $u_0 \leqslant 0.14$ ($d > 32$)	$u_0 \leqslant 0.14$ ($d \leqslant 32$) $u_0 \leqslant 0.16$ ($d > 32$)	$u_0 \leqslant 0.14$ ($d \leqslant 32$) $u_0 \leqslant 0.16$ ($d > 32$)
	最大力总延伸率(%)	$\delta_{gt} \geqslant 6.0$	$\delta_{gt} \geqslant 6.0$	$\delta_{gt} \geqslant 3.0$
高应力反复拉压	残余变形(mm)	$u_{20} \leqslant 0.3$	$u_{20} \leqslant 0.3$	$u_{20} \leqslant 0.3$
大变形反复拉压	残余变形(mm)	$u_4 \leqslant 0.3$ 且 $u_8 \leqslant 0.6$	$u_4 \leqslant 0.3$ 且 $u_8 \leqslant 0.6$	$u_4 \leqslant 0.6$

注：u_{20}——反复加载 20 次的残余变形；d——钢筋直径。

2.7.3 哪些构件宜采用机械连接？

钢筋机械连接质量可靠、施工方便，但造价较高，规范对机械连接的推广使用做出了以下规定。

1.《高规》的规定

《高规》第 6.5.3 条对钢筋连接做出了如下规定。

（1）框架柱：一、二级抗震等级及三级抗震等级的底层，宜采用机械连接接头，也可采用绑扎搭接或焊接接头；三级抗震等级的其他部位和四级抗震等级，可采用绑扎搭接或焊接接头。

（2）框支梁、框支柱：宜采用机械连接接头。

（3）框架梁：一级宜采用机械连接接头，二、三、四级可采用绑扎搭接或焊接接头。

2. 政府质量安全监督部门的要求

在政府职能部门的监管过程中，发现一些工程的钢筋焊接质量不符合规范和设计要求。为加强钢筋焊接质量管理，确保工程质量，消除结构安全隐患，各地的质量安全监督部门对大直径钢筋连接要求采用机械连接，但各地的规定并不统一。

武建质字〔2012〕10 号文《市建筑质监站关于进一步加强建筑钢筋焊接质量管理的通知》要求：直径不小于 16mm 的钢筋宜采用机械连接技术；直径大于 28mm 的钢筋、细晶粒工艺钢筋或余热处理钢筋由于焊接工艺要求高，要求采用直螺纹连接技术。

2.7.4 设计时应如何选用机械连接接头等级？

钢筋机械连接，应按下列规定选用符合要求的接头等级。

(1) 混凝土结构中要求充分发挥钢筋强度或对延性要求高的部位，应选用Ⅱ级或Ⅰ级接头。

(2) 接头宜避开有抗震设防要求的框架梁端、柱端箍筋加密区；当无法避开时，应采用Ⅱ级接头或Ⅰ级接头，且接头面积百分率不应大于 50%。

(3) 非框架梁端、柱端箍筋加密区在同一连接区段内钢筋接头面积百分率为 100%时，应选用Ⅰ级接头。

这条规定为解决某些特殊场合需要在同一截面实施 100%钢筋连接创造了条件，如地下连续墙与水平钢筋的连接、滑模或提模施工中垂直构件与水平钢筋的连接、装配式结构接头处的钢筋连接、钢筋笼的对接、分段施工或新、旧结构连接处的钢筋连接等。

(4) 混凝土结构中钢筋应力较高但对延性要求不高的部位可选用Ⅲ级接头。

2.7.5　钢筋有哪些常用焊接方法？各有何适用范围？

1. 电阻点焊

钢筋电阻点焊是指将两根钢筋（丝）安放成交叉叠接形式，压紧于两电极之间，利用电阻热熔化母材金属，加压形成焊点的一种压焊方法。电阻点焊钢筋骨架或钢筋网是一种生产率高、质量好的工艺方法，应积极推广采用。

混凝土结构中钢筋焊接骨架和钢筋焊接网，适宜采用电阻点焊制作。

电阻点焊的工艺过程中，应包括预压、通电、锻压三个阶段。焊点的压入深度应为较小钢筋直径的 18%～25%；焊点压入深度过小，不能保证焊点的抗剪力；压入深度过大，对于冷轧带肋钢筋或冷拔低碳钢丝，会影响主筋的抗拉强度。

2. 闪光对焊

钢筋闪光对焊是指将两根钢筋以对接形式水平安放在对焊机上，利用电阻热使接触点金属熔化，产生强烈闪光和飞溅，迅速施加顶锻力完成的一种压焊方法。

钢筋闪光对焊可采用连续闪光焊、预热闪光焊或闪光-预热闪光焊工艺方法。连续闪光焊是由闪光和顶锻两个主要的连续阶段组成接头的一种焊接方式；预热闪光焊由预热、闪光和顶锻三个主要阶段组成。

连续闪光焊工艺方法简单、生产效率高，是焊工常用的一种方法。但是，这一方法与焊机的容量、钢筋牌号和直径大小有密切关系，一定容量的焊机只能焊接与其相适应规格的钢筋。因此连续闪光焊采用不同容量的焊机时，应对不同牌号钢筋所能焊接的上限直径加以规定，以保证焊接质量。

闪光对焊的缺点主要是材料烧损较多并且伴有较大烟尘和飞溅，对工作环境不利，焊接参数相互影响较大，控制不方便等。

住房和城乡建设部 2021 年发布的 214 号文《房屋建筑和市政基础设施工程危及生产安全施工工艺、设备和材料淘汰目录（第一批）》明确规定：在非固定的专业预制厂（场）或钢筋加工厂（场）内，对直径大于或等于 22mm 的钢筋进行连接作业时，不得使用钢筋闪光对焊工艺，建议采用套筒冷挤压连接、滚压直螺纹套筒连接等机械连接工艺。

3. 电弧焊

钢筋电弧焊可采用焊条电弧焊或二氧化碳气体保护电弧焊两种工艺方法，包括帮条焊、搭接焊、坡口焊、窄间隙焊和熔槽帮条焊五种接头形式。

钢筋焊条电弧焊是以焊条作为一极，钢筋为另一极，利用焊接电流通过产生的电弧热进行焊接的一种熔焊方法，具有施焊简便、经济性好、焊接质量可靠等优点，应用相当广泛。

钢筋二氧化碳气体保护电弧焊是指以焊丝作为一极，钢筋为另一极，并以二氧化碳气体作为电弧介质，保护金属熔滴、焊接熔池和焊接区高温金属的一种熔焊方法。二氧化碳气体保护电弧焊简称 CO_2 焊。焊接设备由焊接电源、送丝系统、焊枪、供气系统、控制电路五部分组成。

带肋钢筋进行电弧焊、闪光对焊、电渣压力焊和气压焊时，应将纵肋对纵肋安放和焊接。

预埋件钢筋电弧焊 T 形接头可分为角焊和穿孔塞焊两种，应符合下列规定。

（1）当采用 HPB300 级钢筋时，角焊缝焊脚尺寸不得小于钢筋直径的 50%；采用其他牌号钢筋时，焊脚尺寸不得小于钢筋直径的 60%。

（2）施焊时不得使钢筋咬边或烧伤。

钢筋与钢板搭接采用电弧焊时，焊接接头应符合下列规定。

（1）HPB300 级钢筋的搭接长度不得小于 4 倍钢筋直径，其他牌号钢筋搭接长度不得小于 5 倍钢筋直径。

（2）焊缝宽度不得小于钢筋直径的 60%，焊缝有效厚度不得小于钢筋直径的 35%。

4. 电渣压力焊

钢筋电渣压力焊是指将两根钢筋安放成竖向对接形式，通过直接引弧法或间接引弧法，利用焊接电流通过两钢筋端面间隙，在焊剂层下形成电弧过程和电渣过程，产生电弧热和电阻热，熔化钢筋，加压完成的一种压焊方法。

电渣压力焊应用于现浇钢筋混凝土结构中竖向或斜向（倾斜度不大于 10°）钢筋的连接，若再增大倾斜度，会影响熔池的维持和焊包成型。因此，电渣压力焊适用于竖向钢筋的连接；通常用于现浇混凝土结构柱、墙等构件中竖向受力钢筋的连接，不得用于梁、板等构件中水平钢筋的连接。

整个焊接过程包括四个阶段：引弧过程、电弧过程、电渣过程和顶压过程。焊接完毕敲去渣壳后，四周焊包凸出钢筋表面的高度，当钢筋直径为 25mm 及以下时不得小于 4mm；当钢筋直径为 28mm 及以上时不得小于 6mm（图 2.7-1）。在对竖向钢筋采用电渣压力焊时，应注意检查偏心、弯折、烧伤等焊接缺陷。

图 2.7-1　电渣压力焊钢筋接头示意图

根据住房和城乡建设部办公厅下发的《房屋市政工程禁止和限制使用技术目录（2022 年版）（征求意见稿）》的要求，电渣压力焊被列为限制使用技术，不得用于直径大于 22mm 的钢筋焊接，建议采用机械连接工艺。

5. 气压焊

钢筋气压焊是指采用氧乙炔火焰或氧液化石油气火焰（或其他火焰），将两根钢筋对接处加热，使其达到热塑性状态（固态）或熔化状态（熔态）后，加压完成的一种压焊方法，可用于钢筋在垂直位置、水平位置或倾斜位置的对接焊接。

2.7.6　焊条和焊丝如何标注？对其强度和熔敷金属有何要求？

1. 焊条分类标准

焊条型号按熔敷金属力学性能、药皮类型、焊接位置、电流类型、熔敷金属化学成分等进行划分。药皮焊条的焊接特性和焊缝金属的力学性能主要受药皮影响。药皮中的组成物可以概括为如下六类：造渣剂、脱氧剂、造气剂、稳弧剂、胶粘剂、合金化元素。

2. 焊条标注方法

焊条型号一般由三部分组成。第一部分用字母“E”表示焊条，也就是 Electrode 的第一个字母；第二部分两位数字表示焊条熔敷金属的最低抗拉强度；第三部分两位数字表示药皮类型。焊条型号示例如图 2.7-2 所示。

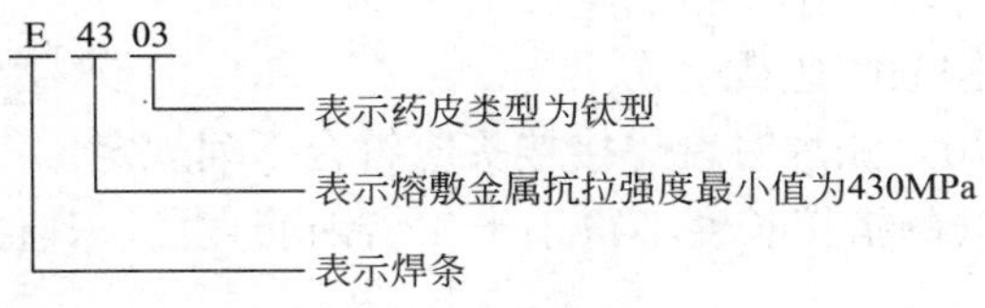

图 2.7-2　焊条型号标注示例

3. 焊丝标注方法

焊丝型号标注方法与焊条略有不同：第一部分用字母“ER”表示焊丝；第二部分用两位数字表示焊丝熔敷金属的最低抗拉强度；第三部分为“-”后的字母或数字，表示焊丝化学成分分类代号。焊丝型号示例如图 2.7-3 所示。

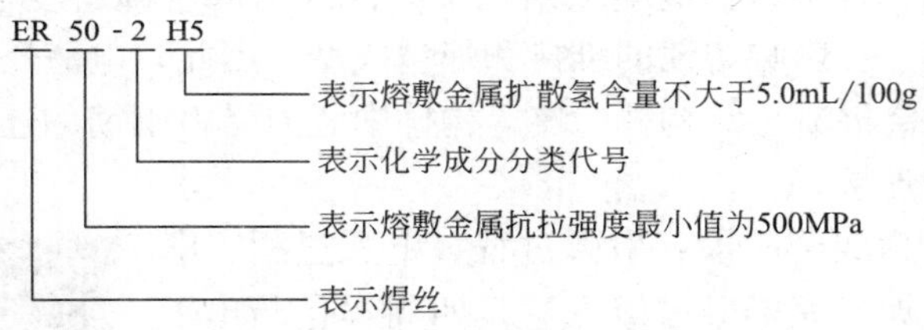

图 2.7-3　焊丝型号标注示例

4. 常用焊条熔敷金属强度

常用的焊条熔敷金属抗拉强度和屈服强度如表 2.7-3 所示。

焊条熔敷金属抗拉强度和屈服强度　　　　表 2.7-3

抗拉强度代号	最小抗拉强度(MPa)	最小屈服强度(MPa)
43	430	330
50	490	400
55	550	460
57	570	490
62	620	530

续表

抗拉强度代号	最小抗拉强度(MPa)	最小屈服强度(MPa)
69	690	610
76	760	660
83	830	730

5. 焊条常用药皮类型

根据《钢筋焊接及验收规程》JGJ 18—2012 第 3.0.3 条，钢筋电弧焊所采用的焊条药皮类型主要有以下三种。

(1) 代号 03 型：包含二氧化钛和碳酸钙的混合物，具有金红石焊条和碱性焊条的某些性能。此种焊条为钛钙型药皮焊条，低氢含量酸性焊条，交、直流两用，工艺性能良好，是最常用焊条之一。

(2) 代号 16 型：碱度较高，含有大量的氧化钙和萤石。由于钾增强电弧的稳定性，适用于交流焊接。此药皮类型的焊条可以得到低氢含量、高冶金性能的焊缝。

(3) 代号 15 型：碱度较高，含有大量的氧化钙和萤石。由于钠影响电弧的稳定性，只适用于直流反接。此药皮类型的焊条可以得到低氢含量、高冶金性能的焊缝。

6. 抗震钢筋焊条要求

在生产中，对于有较高要求的抗震结构用钢筋，在牌号后加“E”，焊接工艺可按同级别热轧钢筋施焊，焊条应采用低氢型碱性焊条。

2.7.7 哪些情况下不应采用焊接连接方式?

1. 钢材的可焊性

钢材的可焊性是指被焊钢材在采用一定焊接材料、焊接工艺条件下，获得优质焊接接头的难易程度，也就是钢材对焊接加工的适应性。它包括以下两个方面。

(1) 工艺焊接性，指在一定焊接工艺条件下焊接接头中出现各种裂纹及其他工艺缺陷的敏感性和可能性。这种敏感性和可能性越大，则其工艺焊接性越差。

(2) 使用焊接性，指在一定焊接工艺条件下焊接接头对使用要求的适应性，以及影响使用可靠性的程度。这种适应性和使用可靠性越大，则其使用焊接性越好。

钢材的可焊性常用碳当量来估计。所谓碳当量法就是根据钢材的化学成分与焊接热影响区淬硬性的关系，粗略地评价焊接时产生冷裂纹的倾向和脆化倾向的一种估算方法。

2. 不适合采用焊接连接方式的钢筋

规范对不适合采用焊接连接方式的钢筋，做出了以下规定。

(1) 需进行疲劳验算的构件，其纵向受拉钢筋不得采用绑扎搭接接头，也不宜采用焊接接头，除端部锚固外不得在钢筋上焊有附件。

(2) 细晶粒热轧带肋钢筋以及直径大于 28mm 的带肋钢筋，其焊接应经试验确定；余热处理钢筋不宜焊接。

(3) 预应力筋、精轧螺纹钢筋不应焊接，不应采用电焊方式切割多余预应力钢绞线。

(4) 框架梁、柱的纵向钢筋不应与箍筋、拉筋及预埋件等焊接。十字交叉形焊接容易使纵筋变脆，对抗震不利。

2.7.8　钢筋搭接连接有哪些要求?

1. 钢筋搭接连接的原理

绑扎搭接钢筋之间能够传力，是由于钢筋与混凝土之间的粘结锚固作用。两根相背受力的钢筋分别锚固在搭接连接区段的混凝土中，都将应力传递给混凝土，实现钢筋之间的应力过渡。因此，绑扎搭接传力的基础是锚固。但是搭接钢筋之间的缝间混凝土会因剪切而迅速破碎，使握裹力受到削弱。相对于机械连接和焊接，搭接钢筋的锚固强度较小。

2. 规范对钢筋搭接连接的规定

为确保结构安全，《混规》对钢筋绑扎搭接连接的构造做出了以下规定。

（1）混凝土结构中受力钢筋的连接接头宜设置在受力较小处。在同一根受力钢筋上宜少设接头。在结构的重要构件和关键传力部位，纵向受力钢筋不宜设置连接接头。

（2）轴心受拉及小偏心受拉杆件的纵向受力钢筋不得采用绑扎搭接；其他构件中的钢筋采用绑扎搭接时，受拉钢筋直径不宜大于 25mm，受压钢筋直径不宜大于 28mm。

（3）同一连接区段内的受拉钢筋搭接接头面积百分率、纵向受拉钢筋绑扎搭接接头的搭接长度应满足规范要求。

（4）在梁、柱类构件的纵向受力钢筋搭接长度范围内的横向构造钢筋应符合《混规》的要求；当受压钢筋直径大于 25mm 时，尚应在搭接接头两个端面外 100mm 的范围内各设置两道箍筋。

（5）需进行疲劳验算的构件，其纵向受拉钢筋不得采用绑扎搭接接头。

2.7.9　预应力钢绞线可以焊接吗？可采取何种方式连接?

预应力筋、精轧螺纹钢筋不应焊接，也不应采用电焊方式切割多余预应力钢绞线，可以通过连接器实现钢绞线之间的连接。

单根连接器的构造及外形如图 2.7-4 所示。

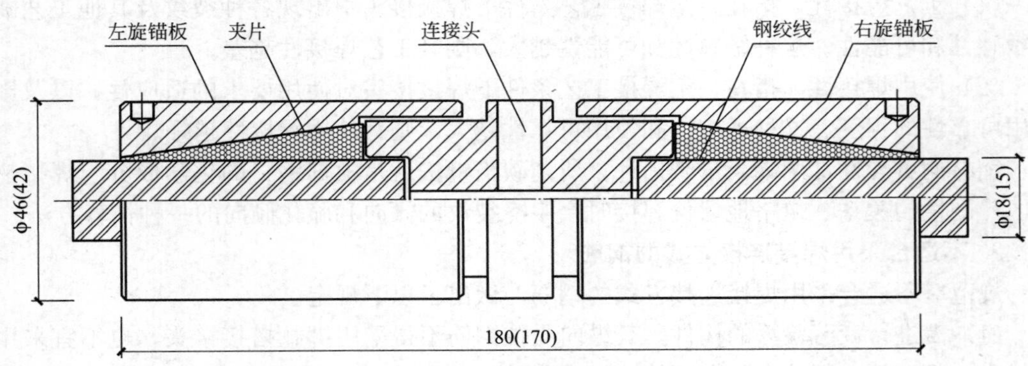

图 2.7-4　单根连接器构造及外形尺寸（单位：mm）

第3章　结构作用及作用效应

3.1　基本风压

《工程结构通用规范》GB 55001—2021 第 4.6.1 条　垂直于建筑物表面上的风荷载标准值，应在基本风压、风压高度变化系数、风荷载体型系数、地形修正系数和风向影响系数的乘积基础上，考虑风荷载脉动的增大效应加以确定。

3.1.1　如何通过基本风速计算基本风压？

1. 基本风压与基本风速的关系

基本风压 ω_0 应根据基本风速按式（3.1-1）计算。

$$\omega_0 = \frac{1}{2}\rho v_0^2 \tag{3.1-1}$$

式中　v_0——基本风速（m/s）；

ρ——空气密度（t/m^3）。

基本风压应根据基本风速值进行计算，且其取值不得低于 $0.30kN/m^2$。

2. 对风荷载比较敏感结构的基本风压

对风荷载比较敏感的高层建筑和高耸结构，以及自重较轻的钢木主体结构，这类结构风荷载很重要，计算风荷载的各种因素和方法还不十分确定，因此基本风压应适当提高，并应符合有关结构设计规范的规定。

《高规》第 4.2.2 条规定：对风荷载比较敏感的高层建筑，承载力设计时应按基本风压的 1.1 倍采用。

但《工程结构通用规范》GB 55001—2021（以下简称《工程结构通规》）对风荷载比较敏感的高层建筑和高耸结构，以及自重较轻的钢木主体结构承载力设计时的基本风压并没有做出相应的规定。

3.1.2　空气密度与海拔高度有何关系？

空气密度可按下列规定采用。

（1）空气密度可按式（3.1-2）计算。

$$\rho = \frac{0.001276}{1+0.00366t}\left(\frac{p-0.378p_{vap}}{100,000}\right) \tag{3.1-2}$$

式中　t——空气温度（℃）；

p——气压（Pa）；

p_{vap}——水汽压（Pa）。

（2）空气密度也可根据所在地的海拔高度按式（3.1-3）近似估算。

$$\rho = 0.00125e^{-0.0001z} \tag{3.1-3}$$

式中　z——海拔高度（m）。

3.1.3　基本风速如何确定?

1. 基本风速的确定方法

基本风速应通过将标准地面粗糙度条件下观测得到的历年最大风速记录，统一换算为离地 10m 高，自记式风速仪 10min 平均年最大风速之后，采用适当的概率分布模型，按 50 年重现期计算得到。

根据全国各气象台站历年来的最大风速记录，将不同测风仪高度和时次时距的年最大风速统一换算为离地 10m 高，自记式风速仪 10min 平均年最大风速（m/s）。

根据该风速数据统计分析确定重现期为 50 年的最大风速，作为当地的基本风速 v_0，再按贝努利公式确定基本风压。

2. 风速统计计算的分布函数

风速的统计样本均应采用年最大值，并采用极值Ⅰ型的概率分布，其分布函数应按式（3.1-4）计算。

$$F(x) = e^{-e^{-\alpha(x-u)}} \tag{3.1-4}$$

$$\alpha = \frac{1.28255}{\sigma}$$

$$u = \mu - \frac{0.57722}{\alpha}$$

式中　x——年最大风速样本；

α——分布的尺度参数；

u——分布的位置参数，即其分布的众值；

σ——样本的标准差；

μ——样本的平均值。

3. 不同重现期的最大风速

重现期为 R 的最大风速 x_R 可按式（3.1-5）确定。

$$x_R = u - \frac{1}{\alpha}\ln\left[\ln\left(\frac{R}{R-1}\right)\right] \tag{3.1-5}$$

式中　x_R——重现期为 R 的最大风速；

u——分布的位置参数，即其分布的众值；

α——分布的尺度参数；

R——风速统计的重现期。

3.1.4　风速与离地高度是什么关系?

不同高度风速按式（3.1-6）计算。

$$v_z = v_{10}\left(\frac{z}{10}\right)^{\alpha} \tag{3.1-6}$$

式中　v_z——离地高度 z 处风速；

v_{10}——离地 10m 处风速；

z——距地面高度；

α——风剖面指数。

根据地面粗糙度的不同，风剖面指数 α 的取值如表 3.1-1 所示。

不同地面粗糙度的风剖面指数 α 表 3.1-1

地面粗糙度类别	A类	B类	C类	D类
α	0.12	0.15	0.22	0.30

3.1.5 蒲福风力等级与基本风压有何对应关系？

1. 蒲福风力等级

蒲福风级（Beaufort scale）是国际通用的风力等级，由英国人弗朗西斯·蒲福于 1805 年拟定，用以表示风强度等级。

蒲福风级是根据风对炊烟、沙尘、地物、渔船、海浪等的影响程度而定出的风力等级，常用以估计风速的大小。该风级将风力按强弱划为 0～12 级，即目前世界气象组织所建议的分级。自 1946 年以来，人类的测风仪器不断进步，度量到自然界的风实际上大大地超出了 12 级，于是就把风级扩展到了 17 级。

2. 蒲福风力等级与基本风压的对应关系

蒲福风力分级及其与基本风压的简单对应关系如表 3.1-2 所示。表中数据未考虑海拔高度对空气密度的影响，用瞬时风速代替基本风速，仅供参考。瞬时风速通常是指时距为 3 秒钟的滑动平均风速。

蒲福风力分级及其与基本风压的对应关系 表 3.1-2

风力等级	风速(m/s)	风速(km/h)	基本风压(kN/m^2)
0	0～0.2	<1	0
1	0.3～1.5	1～5	0.000～0.001
2	1.6～3.3	6～11	0.002～0.007
3	3.4～5.4	12～19	0.007～0.018
4	5.5～7.9	20～28	0.019～0.039
5	8.0～10.7	29～38	0.040～0.072
6	10.8～13.8	39～49	0.073～0.119
7	13.9～17.1	50～61	0.121～0.183
8	17.2～20.7	62～74	0.185～0.268
9	20.8～24.4	75～88	0.270～0.372
10	24.5～28.4	89～102	0.375～0.504
11	28.5～32.6	103～117	0.508～0.664
12	32.7～36.9	118～133	0.668～0.851

续表

风力等级	风速(m/s)	风速(km/h)	基本风压(kN/m²)
13	37.0～41.4	134～149	0.856～1.071
14	41.5～46.1	150～166	1.076～1.328
15	46.2～50.9	167～183	1.334～1.619
16	51.0～56.0	184～201	1.626～1.960
17	56.1～61.2	202～220	1.967～2.341

3.1.6　什么是风玫瑰图？风玫瑰图如何绘制？

1. 风玫瑰图的定义

风玫瑰图是指表示各个方向吹风数百分比值的图。它是气象科学专业统计图表，用来统计某个地区一段时期内风向、风速发生的频率，分为风向玫瑰图和风速玫瑰图。

2. 风玫瑰图的绘制方法

风玫瑰图是根据某一地区多年平均统计的各个风向和风速的百分数值，并按一定比例绘制而成，每22.5°划分成16格，将实时采集的各个风向统计到这16个方向上。玫瑰图上所表示风的吹向，是指从外面吹向地区中心的方向。风向频率按式（3.1-7）计算。

$$g_n=\frac{f_n}{(c+\sum_{n=1}^{16}f_n)} \tag{3.1-7}$$

式中　g_n——n方向上的风向频率；

f_n——表示在所统计时间段内，n方向风观测到的次数；

c——所统计时间段内观测到的静风次数。

根据各个方向风的出现频率，以相应的比例长度按风向中心吹，描在坐标纸上。将各相邻方向的端点用直线连接起来，绘成一个宛如玫瑰的闭合折线，得到风向玫瑰图。

3. 风玫瑰图示意

图3.1-1为长沙的风玫瑰图，可以看出长沙的主导风向为西北方向；图3.1-2为拉萨的风玫瑰图，其主导风向为东边方向。

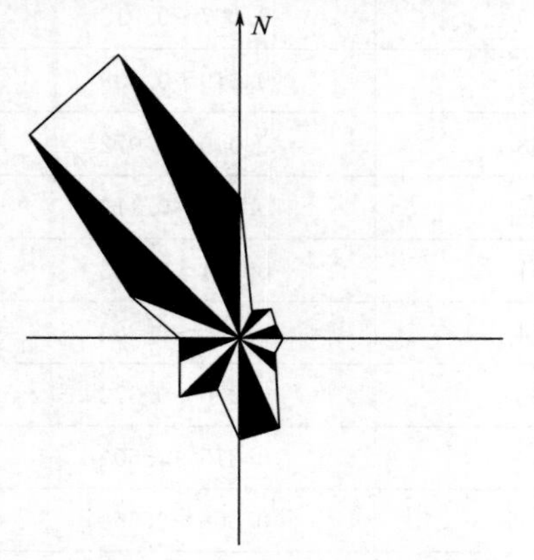

图3.1-1　长沙风玫瑰图

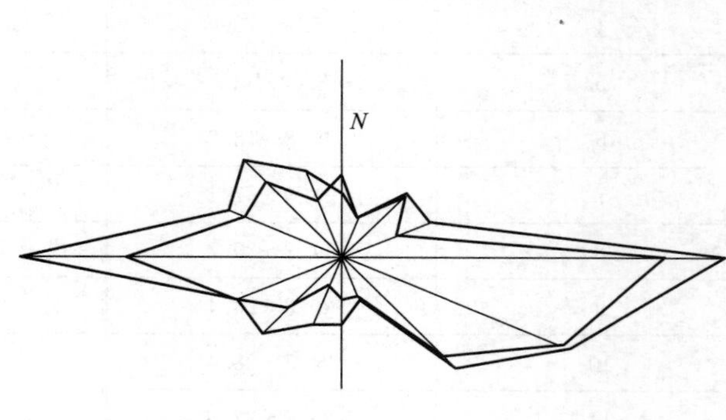

图3.1-2　拉萨风玫瑰图

3.2 风荷载标准值

《工程结构通用规范》GB 55001—2021 第 4.6.1 条 垂直于建筑物表面上的风荷载标准值，应在基本风压、风压高度变化系数、风荷载体型系数、地形修正系数和风向影响系数的乘积基础上，考虑风荷载脉动的增大效应加以确定。

3.2.1 主要受力结构的风荷载标准值如何计算？与《建筑结构荷载规范》GB 50009—2012 有何区别？

1. 主要受力结构的风荷载标准

垂直于建筑物表面上的主要受力结构的风荷载标准值，应按式（3.2-1）计算。

$$\omega_k = \beta_z \gamma_d \eta \mu_s \mu_z \omega_0 \tag{3.2-1}$$

式中 ω_k——风荷载标准值（kN/m²）；

β_z——高度 z 处的风振系数；

γ_d——风向影响系数；

η——地形修正系数；

μ_s——风荷载体型系数；

μ_z——风压高度变化系数；

ω_0——基本风压（kN/m²）。

2. 与《建筑结构荷载规范》GB 50009—2012 的区别

根据《建筑结构荷载规范》GB 50009—2012（以下简称《荷载规范》）第 8.1.1 条的规定，垂直于建筑物表面上的主要受力结构的风荷载标准应按式（3.2-2）计算。

$$\omega_k = \beta_z \mu_s \mu_z \omega_0 \tag{3.2-2}$$

对比可知，《工程结构通规》以强制性条文的形式，增加了风向影响系数 γ_d 和地形修正系数 η。

3.2.2 围护结构的风荷载标准值如何计算？

对于围护结构，在平均风压的基础上，近似考虑脉动风瞬间的增大因素，通过风荷载局部体型系数和阵风系数计算其风荷载标准值，按式（3.2-3）计算。

$$\omega_k = \beta_{gz} \mu_{sl} \mu_z \omega_0 \tag{3.2-3}$$

式中 β_{gz}——高度 z 处的阵风系数；

μ_{sl}——风荷载局部体型系数。

3.2.3 地面粗糙度的确定条件与分类有何规定？

《荷载规范》规定的基本风压是根据标准地貌下 10m 高度的风速资料得出的，因此在计算其他地貌、高度的风速、风压时，应考虑不同地面粗糙度类别的风压高度变化系数。

1. 地面粗糙度的确定条件

地面粗糙度应根据结构上风向一定距离范围内的地面植被特征、房屋高度和密集程度等因素确定，需考虑的最远距离不应小于建筑高度的 20 倍且不应小于 2000m。标准地面粗糙度条件为周边无遮挡的空旷平坦地形，其 10m 高处的风压高度变化系数取 1.0。

2. 地面粗糙度分类

地面粗糙度可分为 A、B、C、D 四类。

A 类指近海海面和海岛、海岸、湖岸及沙漠地区。

B 类指田野、乡村、丛林、丘陵以及房屋比较稀疏的乡镇。

C 类指有密集建筑群的城市市区。

D 类指有密集建筑群且房屋较高的城市市区。

3.2.4　无风剖面实测值时地面粗糙度如何定量区分？

在确定城区的地面粗糙度类别时无风剖面指数 α 的实测值，B 类和 C 类粗糙度比较难以定量区分，可按下述原则近似确定。

1. 迎风半圆和主导风向

以拟建房屋周边 2km 为半径的迎风半圆影响范围内的房屋高度和密集度来区分粗糙度类别，风向原则上应以该地区最大风的风向为准，但也可取其主导风。

迎风半圆和主导风向示意如图 3.2-1 所示。

2. 影响范围内面域的确定

影响范围内不同高度的面域可按下述原则确定，即每座建筑物向外延伸距离为其高度的面域内均为该高度（图 3.2-2）。当不同高度的面域相交时，交叠部分的高度取大者。

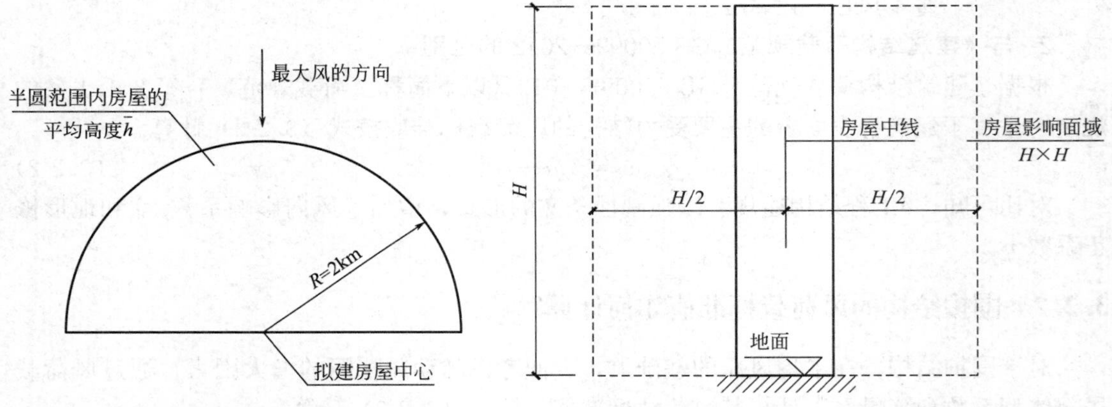

图 3.2-1　迎风半圆与主导风向示意图　　图 3.2-2　不同建筑高度面域的确定原则

3. 迎风半圆范围内建筑平均高度的计算

平均高度 $\bar{h}$ 取各面域面积为权数，按式（3.2-4）计算。

$$\bar{h}=\frac{\sum(h_i b_i)}{\sum b_i} \tag{3.2-4}$$

式中　h_i——迎风半圆影响范围内的第 i 栋房屋高度；

b_i——迎风半圆影响范围内的第 i 栋房屋面域宽度。

4. 平均高度与地面粗糙度的对应关系

以半圆影响范围内建筑物的平均高度 $\bar{h}$ 来划分地面粗糙度类别，对应关系如表 3.2-1 所示。

建筑物平均高度 $\overline{h}$ 与地面粗糙度类别　　表 3.2-1

建筑物平均高度 $\overline{h}$(m)	$\overline{h}\leqslant 9$	$9<\overline{h}<18$	$\overline{h}\geqslant 18$
地面粗糙度类别	B类	C类	D类

3.2.5 什么叫梯度风速？不同地面粗糙度的风压高度变化系数曲线是怎样的？

1. 梯度风速

在大气边界层内，风速随离地面高度的增加而增大。当气压场随高度不变时，风速随高度增大的规律主要取决于地面粗糙度和温度垂直梯度。通常认为在离地面高度为 300～550m 时，水平气压梯度力、地转偏向力、惯性离心力三者达到平衡，风速不再受地面粗糙度的影响，也即达到所谓梯度风速，该高度称为梯度风高度 H_G。

从图 3.2-3 可以看出，地面粗糙度等级为 A 类的地区，其梯度风高度比 D 类地区要低。

2. 不同地面粗糙度的风压高度变化系数曲线

风压高度变化系数与结构高度、地面粗糙度的关系曲线如图 3.2-3 所示。对于 300m 以下的建筑，风荷载总体上呈倒三角形分布。

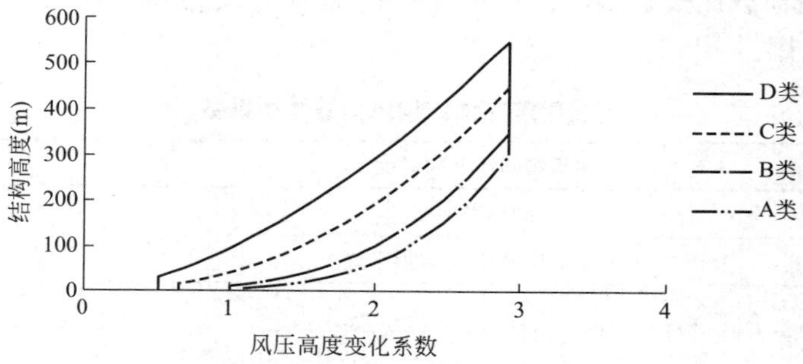

图 3.2-3　不同地面粗糙度的风压高度变化系数曲线

3.2.6 风荷载体型系数的定义是什么？体型系数如何计算？

1. 风荷载体型系数的定义

风荷载体型系数是指风作用在建筑物表面上所引起的实际压力或吸力与来流风的速度压的比值。它描述的是建筑物表面在稳定风压作用下静态压力的分布规律，主要与建筑物的体型和尺度有关，也与周围环境和地面粗糙度有关。

风速压代表自由气流所具有的动能，不能直接作为风荷载的取值。根据气流在受到阻碍后的运动情况，用风速压乘以体型系数，可得到作用在建筑表面的平均风压值。

2. 体型系数的计算

建筑物 H 高度 i 点处的点体型系数按式（3.2-5）计算。

$$\mu_{si}=\frac{p_i-p_H}{\frac{1}{2}\rho v_H^2}=1-\left(\frac{v_i}{v_H}\right)^2 \tag{3.2-5}$$

式中　p_i——建筑物高度 i 点处的风压；

p_H——静态压力；

ρ——空气密度；

v_H——来流风速；

v_i——建筑物高度 i 点处的风速。

通过式（3.2-5）可以看出，在迎风墙面，由于气流受到阻碍，流速降低，体型系数为正；当气流绕过建筑物后的流速大于来流风速时，体型系数为负值。

对较大面积范围的点体型系数进行加权平均，根据式（3.2-6）可得出某个受风面的体型系数。

$$\mu_s = \frac{\sum A_i \mu_{si}}{\sum A_i} \tag{3.2-6}$$

式中　A_i——建筑物高度 i 点处的区域面积；

μ_{si}——建筑物高度 i 点处的点体型系数。

3.2.7　不同体型高层建筑的风荷载体型系数有何规定?

高层建筑对风荷载比较敏感，计算主体结构的风荷载效应时，风荷载体型系数可按表3.2-2的规定采用。

高层建筑主体结构风荷载体型系数　　表3.2-2

序号	建筑物的体型和尺度		体型系数
1	圆形平面		0.8
2	正多边形、截角三角形平面		$0.8+1.2/\sqrt{n}$
3	矩形、方形、十字形平面	$H/B\leqslant 4$	1.3
		$H/B>4, L/B\leqslant 1.5$	1.4
4	L形、V形、Y形、弧形、槽形、双十字形、井字形		1.4

注：n——多边形边数；H——结构高度；B——结构宽度；L——结构长度。

对需要进行更细致风荷载计算的工程，风荷载体型系数可按《高规》附录B采用，或由风洞试验确定。

3.2.8　围护结构的局部体型系数有何规定?

1. 局部体型系数的影响

当进行门窗、幕墙、屋面等围护构件设计时，其承受的是较小范围内的风荷载。若直接采用体型系数，可能得出偏小的风荷载值。因此在进行围护结构设计时，应采用局部体型系数。气流的流动状态对局部体型系数的影响很大，在产生漩涡脱落或者流动分离的位置，都会出现极高的负压系数。

2. 计算围护结构时局部体型系数的规定

计算围护构件及其连接的风荷载时，局部体型系数 μ_{sl} 可按下列规定采用。

（1）封闭式矩形平面房屋的墙面及屋面可按《荷载规范》表8.3.3的规定采用。

（2）檐口、雨篷、遮阳板、阳台、边棱处的装饰条等突出构件，取−2.0。

（3）其他房屋和构筑物可按《荷载规范》第 8.3.1 条规定体型系数的 1.25 倍取值。

3. 非直接承受风荷载的围护结构局部体型系数的折减

计算非直接承受风荷载的围护构件风荷载时，局部体型系数 μ_{sl} 可按构件的从属面积折减，折减系数按表 3.2-3 的规定采用。

局部体型系数 μ_{sl} 按构件从属面积的折减系数　　表 3.2-3

序号	构件从属面积(m^2)		折减系数
1	$S\leqslant 1$		1.0
2	$S\geqslant 25$	墙面	0.8
		局部体型系数绝对值大于 1.0 的屋面	0.6
		其他屋面区域	1.0
3	$1<S<25$	墙面和绝对值大于 1.0 的屋面	$\mu_{sl}(A)=\mu_{sl}(1)+[\mu_{sl}(25)-\mu_{sl}(1)]\log A/1.4$

3.2.9　内压体型系数有何规定？

1. 内部压力的影响因素

建筑结构不但外表面承受风压，其内表面也会有压力作用。外部压力主要受建筑体型的影响，而内部压力主要受背景透风率、内部结构布局等因素的影响。

2. 对内压体型系数的规定

计算围护构件风荷载时，建筑物内部压力的局部体型系数可按下列规定采用。

1）封闭式建筑物，按其外表面风压的正负情况取 −0.2 或 0.2。

2）仅一面墙有主导洞口的建筑物，按下列规定采用。

（1）当开洞率大于 0.02 且小于或等于 0.10 时，取 $0.4\mu_{sl}$。

（2）当开洞率大于 0.10 且小于或等于 0.30 时，取 $0.6\mu_{sl}$。

（3）当开洞率大于 0.30 时，取 $0.8\mu_{sl}$。

3）其他情况，应按开放式建筑物的 μ_{sl} 取值。

3.2.10　屋顶构架体型系数应注意什么问题？

屋顶构架围护结构顶部敞开，存在多个迎风面和背风面（图 3.2-4）。在构架计算时，体型系数考虑单侧构架自身的风压力和风吸力即可；但在结构整体计算时，两侧构架的风压力和风吸力应同时计算。

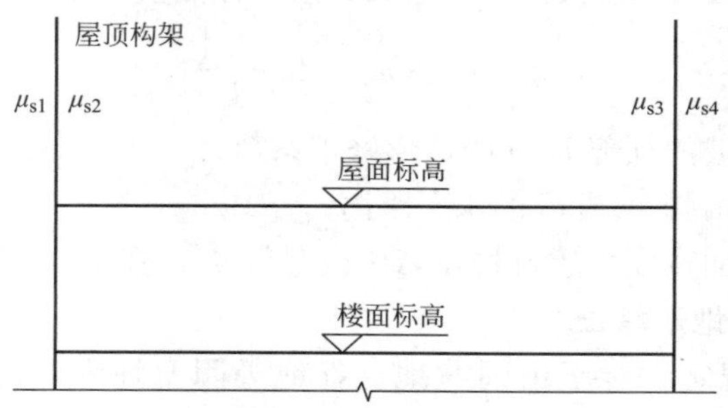

图 3.2-4　屋顶构架体型系数示意图

3.2.11　如何考虑群集高层建筑的相互干扰效应?

1. 相互干扰效应

当多个建筑物，特别是群集的高层建筑，相互间距较近时，由于漩涡的相互干扰，房屋某些部位的局部风压和结构的风振响应会显著增大。此时宜考虑风力相互干扰的群体效应；一般可将单独建筑物的体型系数 μ_s 乘以相互干扰系数。

2. 相互干扰系数的规定

相互干扰系数可按下列规定确定。

（1）对矩形平面高层建筑，当单个施扰建筑与受扰建筑高度相近时，根据施扰建筑的位置，对顺风向风荷载可在1.00～1.10范围内选取，对横风向风荷载可在1.00～1.20范围内选取。

（2）其他情况可比照类似条件的风洞试验资料确定，必要时宜通过风洞试验确定。

上述规定的适用条件为“矩形平面高层建筑”“单个施扰建筑与受扰建筑高度相近”，即不适用于两个以上施扰建筑的情形。

3.2.12　地形修正系数如何计算?

《荷载规范》规定：在计算风压高度变化系数时应考虑地形条件的修正。而《工程结构通规》将其单列出来，定义为地形修正系数，以强制性条文的形式，要求按下列规定采用。

1. 山峰和山坡地形修正

（1）对于山峰和山坡等地形，应根据山坡全高、坡度和建筑物计算位置离建筑物地面的高度确定地形修正系数，其值不应小于1.0。

对于山峰和山坡的顶部 B 处的修正系数可按式（3.2-7）计算。

$$\eta_B=\left[1+\kappa\tan\alpha\left(1-\frac{z}{2.5H}\right)\right]^2 \tag{3.2-7}$$

式中　$\tan\alpha$——山峰或山坡在迎风面一侧的坡度，当 $\tan\alpha$ 大于0.3时，取0.3；

κ——系数，对山峰取2.2，对山坡取1.4；

H——山峰或山坡全高（m）；

z——建筑物计算位置离建筑物地面的高度（m），当 $z>2.5H$ 时，取 $z=2.5H$。

（2）对山峰和山坡地形其他部位的修正系数，可按图3.2-5所示，取 A、C 处的修正系数 η_A、η_C 为1，AB 段和 BC 段的修正系数 η 按线性插值确定，写成表达式为：

$$\eta=1+(\eta_B-1)\frac{|x|}{L} \tag{3.2-8}$$

式中　η_B——山峰或山坡的顶部 B 处的地形修正系数；

x——建筑物离山脚 A 或 C 的水平距离；

L——山体迎风面宽度，建筑物在 AB 段时取 d_1，在 BC 段时取 d_2。

2. 山间盆地、谷地地形修正

《工程结构通规》规定：对于山间盆地、谷地等闭塞地形，地形修正系数不应小于0.75。

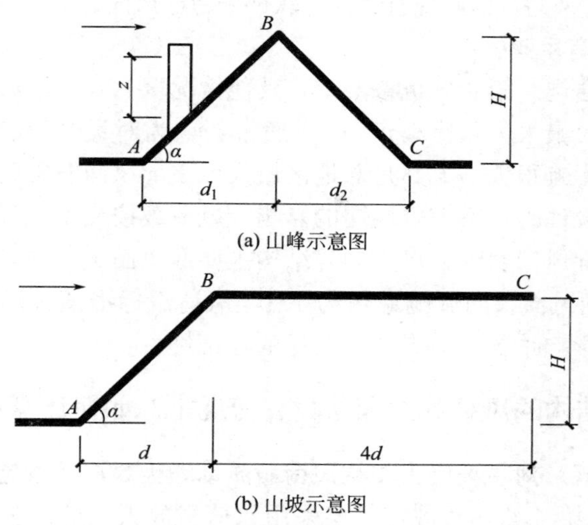

图 3.2-5 山峰和山坡示意图

《荷载规范》规定：对于山间盆地、谷地等闭塞地形，地形修正系数可在 0.75～0.85 选取。

山间盆地是指由山地围限的低地，处于造山带之间的盆地。构造盆地、河谷盆地、溶蚀盆地均属山间盆地。规范对山间盆地的规定比较笼统，设计时难以界定。

3. 与风向一致的谷口、山口

《工程结构通规》规定：对于与风向一致的谷口、山口，地形修正系数不应小于 1.20。

《荷载规范》规定：对于与风向一致的谷口、山口，地形修正系数可在 1.20～1.50 选取。

4. 其他情况

除以上几种情况以外的其他情况，均取 1.0。

3.2.13 风向影响系数最大值不小于 1.0，对项目设计有何作用？

中国幅员辽阔，不同地区风气候特征差异明显，一些地区最大风的主导风向非常明确。结构在不同风向的大风作用下风荷载差别很大，考虑风向影响系数是科学合理的处理方法。

1. 风向影响系数的取值规定

风向影响系数应按下列规定采用。

（1）当有 15 年以上符合观测要求且可靠的风气象资料时，应按照极值理论的统计方法计算不同风向的风向影响系数。所有风向影响系数的最大值不应小于 1.0，最小值不应小于 0.8。

如按 15°计算方向角，则一共有 24 组风向影响系数。其中的最大值不应小于 1.0，最小值不应小于 0.8。

（2）其他情况，应取 1.0。

因为风向影响系数是根据当地 15 年以上符合观测要求且可靠的风气象资料，按照极值理论的统计方法计算得来的，因此现有的计算软件未考虑风向影响系数，均按1.0取值。

2. 风向影响系数有用吗?

根据《工程结构通规》第4.6.7条规定，其他情况取1.0，有15年以上符合观测要求且可靠的风气象资料时最大值不应小于1.0，通常会认为对设计没有影响。事实上，这一条文对风荷载的计算影响很大，尤其是对地区最大风主导风向非常明确的建筑。

按《荷载规范》设计时，不考虑风向的影响，风荷载按最不利风向计算。若考虑风向影响系数，且地区主导风向及最大风方向与结构主要迎风面平行时，如主要迎风面风向影响系数为0.8，次要迎风面风向影响系数为1.1，风荷载标准值计算时对结构起控制作用的是主迎风面的风向影响系数，具有非常明显的经济性。

3.2.14 主要受力结构的风荷载放大系数有何规定？如何计算？

1. 《工程结构通规》对主要受力结构风荷载脉动增大效应的规定

《工程结构通规》第4.6.5条规定：当采用风荷载放大系数的方法考虑风荷载脉动的增大效应时，主要受力结构的风荷载放大系数应根据地形特征、脉动风特性、结构周期、阻尼比等因素确定，其值不应小于1.2。

2. 主要受力结构风振系数的计算方法

规范对主要受力结构风荷载放大系数的计算方法不作强制要求，只规定需要考虑的因素，并规定了其取值的下限。应当注意的是，1.2的放大系数只是主要受力结构的最低取值标准，在很多情况下并不能完全保证结构安全，不能作为一般性的取值依据。

对于一般竖向悬臂型结构，例如高层建筑和塔架、烟囱等高耸结构，均可仅考虑结构第一振型的影响。z 高度处的风振系数 β_z 可按式（3.2-8）计算。

$$\beta_z = 1 + 2gI_{10}B_z\sqrt{1+R^2} \tag{3.2-9}$$

式中 g——峰值因子，可取2.5；

I_{10}——10m高度名义湍流强度，对应A、B、C和D类地面粗糙度，可分别取0.12、0.14、0.23和0.39；

R——脉动风荷载的共振分量因子；

B_z——脉动风荷载的背景分量因子。

脉动风荷载的共振分量因子 R 与结构周期、阻尼比、地面粗糙度相关，脉动风荷载的背景分量因子与结构第一阶振型系数、脉动风特性、地面粗糙度相关。

3. 《荷载规范》对风振效应的规定

根据《荷载规范》的规定，当结构基本自振周期 $T \geqslant 0.25$s 时，以及对于高度超过30m且高宽比大于1.5的高柔房屋，由风引起的结构振动比较明显，而且随着结构自振周期的增长，风振也随之增强，在设计中应考虑风振的影响。对于 $T < 0.25$s 的结构和高度小于30m或高宽比小于1.5的房屋，原则上也应考虑风振影响。但这类结构往往按构造要求进行结构设计，结构已有足够的刚度，所以这类结构的风振响应一般不大。一般来说，不考虑风振响应不会影响这类结构的抗风安全性。

但根据《工程结构通规》的规定，对所有结构的主要受力结构均要求考虑风荷载放大系数。

3.2.15 围护结构的风荷载放大系数有何规定？如何计算？

1.《工程结构通规》对围护结构风荷载脉动增大效应的规定

《工程结构通规》第 4.6.5 条规定，当采用风荷载放大系数的方法考虑风荷载脉动的增大效应时，围护结构的风荷载放大系数应根据地形特征、脉动风特性和流场特征等因素确定，且不应小于 $1+\frac{0.7}{\sqrt{\mu_z}}$，其中 μ_z 为风压高度变化系数。

围护结构只考虑风压本身脉动的特性，不需要考虑结构振动的影响。其风荷载放大系数与地形地貌、脉动风特性和流场特征等因素有关。《工程结构通规》规定的围护结构风荷载放大系数下限值，为围护结构风荷载放大系数的最低取值标准。考虑到湍流强度的离散性，以及屋盖边缘、幕墙边缘等区域分离流动的影响，实际的风荷载放大系数可能会大于该值。

2. 围护结构阵风系数的计算方法

《荷载规范》以阵风系数来表达风压脉动特性对围护结构的附加荷载。阵风系数 β_{gz} 是瞬时风压峰值与 10min 平均风压（基本风压 ω_0）的比值，取决于场地粗糙度类别和建筑物高度。计算幕墙和其他围护结构的阵风系数，可按式（3.2-10）计算。

$$\beta_{gz}=1+2gI_{10}\left(\frac{z}{10}\right)^{-\alpha} \tag{3.2-10}$$

式中 g——峰值因子，可取 2.5；

I_{10}——10m 高度名义湍流强度，对应 A、B、C 和 D 类地面粗糙度，可分别取 0.12、0.14、0.23 和 0.39；

z——离地面高度（m）；

α——空旷平坦地区地面粗糙度指数，取 0.15。

在计算幕墙和其他围护结构的面板、横梁、立柱的承载力和变形时应考虑阵风系数 β_{gz}，以保证构件的安全。对于跨度较大的支承结构，其承载面积较大，阵风瞬时作用影响相对较小；但跨度大、刚度小的结构其自振周期相对较长，风力振动的影响成为主要因素，可通过风振系数 β_z 加以考虑。

阵风影响和风振影响在围护结构中是同时存在的。一般来说，幕墙面板及其横梁和立柱由于跨度较小，阵风的影响比较大；而对张拉杆索体系和大跨度支承钢结构，风振动的影响较为敏感。

3.2.16 哪些建筑宜考虑横风向风振或扭转风振？

1. 宜考虑横风向风振的建筑

当建筑物受到风力作用时，不但顺风向可能发生风振，而且在一定条件下也能发生横风向的风振。对于横风向风振作用效应明显的高层建筑以及细长圆形截面构筑物，宜考虑横风向风振的影响。导致建筑横风向风振的主要激励有尾流激励（漩涡脱落激励）、横风向紊流激励以及气动弹性激励（建筑振动和风之间的耦合效应），其激励特性比顺风向要更复杂。

判断高层建筑是否需要考虑横风向风振的影响，一般要考虑建筑高度、高宽比、结构自振频率及阻尼比等多种因素，并要借鉴工程经验及有关资料来判断。一般而言，建筑高度超过150m或高宽比大于5的高层建筑可出现较为明显的横风向风振效应，并且效应随着建筑高度或建筑高宽比的增大而增加。

细长圆形截面构筑物一般指高度超过30m且高宽比大于4的圆形构筑物。

2. 宜考虑扭转风振的建筑

扭转风荷载是由建筑各个立面风压的非对称作用产生的，受截面形状和湍流强度等因素的影响较大。判断高层建筑是否需要考虑扭转风振的影响，主要考虑建筑的高度、高宽比、深宽比、结构自振频率、结构刚度与质量偏心等因素。

同时满足下列条件的高层建筑，宜考虑扭转风振的影响。

(1) 建筑高度超过150m。

(2) $\dfrac{H}{\sqrt{BD}}\geqslant 3$。

(3) $\dfrac{D}{B}\geqslant 1.5$。

(4) $\dfrac{T_{\mathrm{T1}}v_{\mathrm{H}}}{\sqrt{BD}}\geqslant 0.4$。

式中 H——建筑高度；

B——建筑迎风面宽度；

D——结构平面进深（顺风向尺寸）或直径；

T_{T1}——结构第1阶扭转周期；

v_{H}——结构顶部风速。

3. 顺风向、横风向、扭转风振工况组合

高层建筑结构在脉动风荷载作用下，其顺风向风荷载、横风向风振等效风荷载和扭转风振等效风荷载一般是同时存在的，但三种风荷载的最大值并不一定同时出现，因此在设计中应当按表3.2-4考虑三种风荷载的组合工况。

风荷载组合工况 **表3.2-4**

序号	工况组合	组合说明
1	F_{DK}	一般情况下顺风向风振响应与横风向风振响应的相关性较小，对于顺风向风荷载为主的情况，横风向风荷载不参与组合
2	$0.6F_{\mathrm{DK}}+F_{\mathrm{LK}}$	对于横风向风荷载为主的情况，顺风向风荷载乘以0.6的折减系数，简化为静力部分参与组合
3	T_{TK}	扭转风振与顺风向及横风向风振响应之间存在相关性，但影响因素较多，目前研究尚不成熟，暂不考虑扭转风振等效风荷载与另外两个方向的风荷载组合

3.2.17 基本风压放大系数与风荷载放大系数有何区别?

1. 规范对基本风压放大系数的规定

《荷载规范》第8.1.2条规定：对于高层建筑、高耸结构以及对风荷载比较敏感的其他结构，基本风压的取值应适当提高，并应符合有关结构设计规范的规定。

如何提高基本风压值，由各结构设计规范，根据结构的自身特点做出规定，没有规定的可以考虑适当提高其重现期来确定基本风压。不同规范对基本风压的提高系数如表 3.2-5 所示。

不同规范对风荷载敏感房屋基本风压的规定 **表 3.2-5**

序号	规范	基本风压提高系数
1	《高层建筑混凝土结构技术规程》JGJ 3—2010	对风荷载比较敏感的房屋高度大于 60m 的高层建筑，承载力设计时应按基本风压的 1.1 倍采用；对于房屋高度不超过 60m 的高层建筑，可由设计人员根据实际情况确定
	《高层民用建筑钢结构技术规程》JGJ 99—2015	对于正常使用极限状态设计（如位移计算），其要求可比承载力设计适当降低，可采用基本风压值或由设计人员根据实际情况确定，不进行强制性要求
2	《高耸结构设计标准》GB 50135—2019	基本风压提高到不小于 $0.35kN/m^2$ 对于 ω_0 为 $0.35kN/m^2$ 及以上的风压，没有必要再另行增大
3	《门式刚架轻型房屋钢结构技术规范》GB 51022—2015	门式刚架轻型房屋钢结构计算时，垂直于建筑物表面的单位面积风荷载标准值应按下式计算：$\omega_k=\beta\mu_w\mu_z\omega_0$ 引入系数 β，计算主刚架时取 $\beta=1.1$，是对风荷载比较敏感结构基本风压的适当提高；计算檩条、墙梁、屋面板和墙面板及其连接时，取 $\beta=1.5$，是考虑阵风作用的要求

2. 风荷载敏感建筑的围护结构的风压

对于风荷载敏感建筑的围护结构，其重要性与主体结构相比要低些，可仍取 50 年重现期的基本风压。

对高耸建筑的围护结构，其基本风压应提高到不小于 $0.35kN/m^2$。

3. 不同重现期基本风压

对于其他设计情况，其重现期也可由相关的设计规范另行规定，或由设计人员自行选用，式（3.2-11）为不同重现期风压的换算公式。

$$x_R=x_{10}+(x_{100}-x_{10})\left(\frac{\ln R}{\ln 10}-1\right) \tag{3.2-11}$$

式中 x_R——重现期为 R 年的风压值；

x_{10}——重现期为 10 年的风压值；

x_{100}——重现期为 100 年的风压值；

R——重现期。

4. 基本风压放大系数与风荷载放大系数的区别

（1）对风荷载比较敏感的高层建筑和高耸结构，以及自重较轻的钢木主体结构，这类结构风荷载很重要，计算风荷载的各种因素和方法还不十分确定，因此基本风压应适当提高。此时基本风压适当提高的大小与《工程结构通规》中风荷载放大系数是从不同的角度设置的参数，理论上应各自取值，并无直接相关性。

（2）风荷载放大系数是考虑风压随时间的脉动而引入的在平均风压基础上的放大系数，包括风振系数和阵风系数。其中风振系数用于主要受力结构，除了风场特性之外还与结构的动力特性相关；阵风系数用于围护结构，取决于风场特性。

（3）根据《门式刚架轻型房屋钢结构技术规范》GB 51022—2015 计算檩条、墙梁、屋面板和墙面板及其连接时，放大系数 β 取为 1.5，已经考虑了阵风作用。此系数应可与《工程结构通规》第 4.6.5 条规定的风荷载放大系数 $1+\frac{0.7}{\sqrt{\mu_z}}$ 包络设计。

3.2.18 高层建筑的风荷载脉动增大效应和基本风压放大系数需要连乘吗？

1.《工程结构通规》实施前的规定

(1)《荷载规范》对风荷载脉动增大效应的规定

根据《荷载规范》第8.1.1条的规定，计算主要受力结构垂直于建筑物表面的风荷载标准值，应考虑高度 z 处的风振系数，也就是说，应考虑风荷载脉动的增大效应。

根据《荷载规范》第8.4.1条和8.4.2条的规定，并不是所有的结构都需要考虑风振系数。对于高度大于30m且高宽比大于1.5的房屋，以及基本自振周期大于0.25s的各种高耸结构，应考虑风压脉动对结构产生的顺风向风振的影响；对风敏感的或跨度大于36m的柔性屋盖结构，应考虑风压脉动对结构产生风振的影响。

对于一般竖向悬臂型结构，如高层建筑和构架、塔架、烟囱等高耸结构，高度 z 处的风振系数可按式（3.2-9）计算。

(2)《荷载规范》和《高规》对基本风压放大系数的规定

《荷载规范》第8.1.2条规定：对于高层建筑、高耸结构以及对风荷载比较敏感的其他结构，基本风压的取值应适当提高，并应符合有关结构设计规范的规定。对高层建筑的基本风压，《荷载规定》以强制性条文的方式，规定了基本风压取值应适当提高，但并未规定具体幅度，应按照《高规》的规定执行。

《高规》第4.2.2条规定：对风荷载比较敏感的高层建筑，承载力设计时应按基本风压的1.1倍采用。本条文也是强制性条文。对风荷载是否敏感主要与高层建筑的体型、结构体系和自振特性有关。一般情况下，对于房屋高度大于60m的高层建筑，承载力设计时风荷载计算可按基本风压的1.1倍采用；对于房屋高度不超过60m的高层建筑，风荷载取值是否提高，由设计人员根据实际情况确定。

(3)《工程结构通规》实施前的设计取值

《工程结构通规》实施前，对高层建筑风荷载标准值的计算，按表3.2-6进行设计。从表3.2-6可以看出，对于建筑高度大于60m的高层建筑承载力设计时，需要同时考虑风荷载脉动的增大效应和基本风压放大系数；但对于建筑高度不超过60m的高层建筑，不需要同时考虑。

《工程结构通规》实施前对高层建筑风荷载脉动的增大效应和基本风压放大系数的取值 表3.2-6

高层建筑的类别		风荷载标准值
建筑高度小于或等于30m		$\omega_k=\mu_s\mu_z\omega_0$
建筑高度大于30m，小于或等于60m且高宽比大于1.5		$\omega_k=\beta_z\mu_s\mu_z\omega_0$
建筑高度大于60m	正常使用极限状态	$\omega_k=\beta_z\mu_s\mu_z\omega_0$
	承载力设计	$\omega_k=1.1\beta_z\mu_s\mu_z\omega_0$

2.《工程结构通规》实施后的规定

(1) 对基本风压的规定

《工程结构通规》第4.6.1条规定：垂直于建筑物表面上的风荷载标准值，应在基本风压、风压高度变化系数、风荷载体型系数、地形修正系数和风向影响系数的乘积基础上，考虑风荷载脉动的增大效应加以确定。

从本条文可以看出，垂直于建筑物表面上的风荷载标准值，以基本风压为基础，对高层建筑、高耸结构以及对风荷载敏感的其他结构，并未要求对基本风压的取值进行适当提高。

根据《工程结构通规》的前言，强制性工程建设规范实施后，现行相关工程建设国家标准、行业标准中的强制性条文同时废止。同时，根据《工程结构通规》的前言，与强制性工程建设规范配套的推荐性工程建设标准是经过实践检验的，保障达到强制性规范要求的成熟技术措施，一般情况下也应执行。

因此，《高规》第 4.2.2 条：对风荷载比较敏感的高层建筑，承载力设计时应按基本风压的 1.1 倍采用，不再是强制性条文了，但仍然应当执行。

（2）对风荷载脉动增大效应的规定

《工程结构通规》第 4.6.1 条规定，应考虑风荷载脉动的增大效应。与《荷载规范》对比，《工程结构通规》放大了需考虑风荷载脉动增大效应的工程范围，不再有高度大于 30m 且高宽比大于 1.5 的房屋的限制条件。

《工程结构通规》第 4.6.5 条规定：当采用风荷载放大系数的方法考虑风荷载脉动的增大效应时，主要受力结构的风荷载放大系数应根据地形特征、脉动风特性、结构周期、阻尼比等因素确定，其值不应小于 1.2。规范对主要受力结构风荷载放大系数的计算方法不进行强制性要求，只规定了需要考虑的因素及其取值的下限值。放大系数下限值取 1.2，只是主要受力结构的最低取值标准，并不能完全保证结构安全，不能作为一般性的取值依据。

（3）《工程结构通规》实施后的设计取值

《工程结构通规》实施后，对高层建筑风荷载标准值的计算，可按表 3.2-7 进行设计。对于建筑高度大于 60m 的高层建筑，需要同时考虑风荷载脉动的增大效应和基本风压放大系数；如未考虑风荷载脉动的增大效应，属于违反强制性条文；如未同时考虑基本风压放大系数，属于违反一般性条文。

《工程结构通规》实施后对高层建筑风荷载脉动的增大效应和基本风压放大系数的取值 **表 3.2-7**

高层建筑的类别		风荷载标准值
建筑高度小于或等于 60m		$\omega_k = \beta_z \gamma_d \eta \mu_s \mu_z \omega_0$
建筑高度大于 60m	正常使用极限状态	$\omega_k = \beta_z \gamma_d \eta \mu_s \mu_z \omega_0$
	承载力设计	$\omega_k = 1.1\beta_z \gamma_d \eta \mu_s \mu_z \omega_0$

3.2.19 门式刚架风荷载脉动增大效应和基本风压放大系数需要连乘吗？

1.《荷载规范》对基本风压的规定

《荷载规范》第 8.1.2 条规定：对于高层建筑、高耸结构以及对风荷载比较敏感的其他结构，基本风压的取值应适当提高，并应符合有关结构设计规范的规定。门式刚架轻型房屋钢结构属于对风荷载比较敏感的结构，《荷载规范》以强制性条文的方式，规定了基本风压取值应适当提高，但并未规定具体幅度，应按照《门式刚架轻型房屋钢结构技术规范》GB 51022—2015（以下简称《门钢规范》）的规定执行。

2. 《荷载规范》对风振系数的规定

根据《荷载规范》第 8.1.1 条的规定，计算主要受力结构垂直于建筑物表面的风荷载标准值，应考虑高度 z 处的风振系数，即应考虑风荷载脉动的增大效应。

根据《荷载规范》第 8.4.1 条和 8.4.2 条的规定，对于高度大于 30m 且高宽比大于 1.5 的房屋，以及基本自振周期大于 0.25s 的各种高耸结构，应考虑风压脉动对结构产生的顺风向风振的影响；对风敏感的或跨度大于 36m 的柔性屋盖结构，应考虑风压脉动对结构产生风振的影响。

门式刚架建筑高度通常小于 30m，且其高宽比一般情况也小于 1.5，按《荷载规范》的规定一般可不考虑风振系数。

3. 《门钢规范》的规定

《门钢规范》第 4.2.1 条规定：门式刚架轻型房屋钢结构计算时，风荷载作用面积应取垂直于风向的最大投影面积，垂直于建筑物表面的单位面积风荷载标准值应按式（3.2-12）计算。

$$\omega_k = \beta\mu_w\mu_z\omega_0 \tag{3.2-12}$$

式中　ω_0——基本风压（kN/m^2）；

μ_z——风压高度变化系数；

μ_w——风荷载系数；

β——系数，计算主钢架时，取 $\beta=1.1$；计算檩条、墙梁、屋面板和墙面板及其连接时，取 $\beta=1.5$。

该条在条文说明中明确，计算主钢架时 β 系数取 1.1，是对基本风压的适当提高；计算檩条、墙梁、屋面板和墙面板及其连接时取 1.5，是考虑阵风作用的要求。

综上所述，《门钢规范》在风荷载标准值计算时考虑了基本风压放大系数，主钢架计算时未考虑风荷载脉动的增大效应，与《荷载规范》是基本吻合的。

4. 《工程结构通规》的规定

《工程结构通规》第 4.6.1 条规定：垂直于建筑物表面上的风荷载标准值，应在基本风压、风压高度变化系数、风荷载体型系数、地形修正系数和风向影响系数的乘积基础上，考虑风荷载脉动的增大效应加以确定。

《工程结构通规》中所述的基本风压，没有要求对风荷载敏感结构取值适当提高，但是明确了应考虑风荷载脉动的增大效应，且主要受力结构的取值不应小于 1.2。相对于《荷载规范》和《门钢规范》，执行《工程结构通用规范》后主钢架考虑风荷载脉动的增大效应不应小于 1.2，使得垂直于建筑物表面上的风荷载标准值较大幅度增加。

5. 建议

（1）高度大于 60m 的高层建筑风荷载标准值，《荷载规范》和《高规》在结构承载力设计时对风荷载脉动的增大效应和基本风压放大系数是同时考虑的；《工程结构通规》实施之后，在承载力设计时仍同时考虑，与原规范是一致的。

（2）对于门式刚架轻型房屋，《荷载规范》和《门钢规范》在主钢架设计时考虑了基本风压放大系数，未考虑风荷载脉动的增大效应；《工程结构通规》实施之后，考虑风荷载脉动的增大效应作为强制性条文，必须执行，但该规范对基本风压放大系数未进行规定，且该系数属于一般条文。

（3）《荷载规范》和《门钢规范》在主钢架设计时，通过基本风压放大系数提高结构可靠度，《工程结构通规》通过考虑风荷载脉动的增大效应提高可靠度，且其可靠度大于原规范。

（4）对门式刚架轻型房屋宜根据《工程结构通规》的规定，按考虑主钢架风荷载脉动的增大效应进行设计，但不同时考虑基本风压放大系数。

3.3 温度作用

《混凝土结构通用规范》GB 55008—2021 第 4.1.1 条　混凝土结构上的作用及其作用效应计算应符合下列规定。

1. 应计算重力荷载、风荷载及地震作用及其效应。

2. 当温度变化对结构性能影响不能忽略时，应计算温度作用及作用效应。

3. 当收缩、徐变对结构性能影响不能忽略时，应计算混凝土收缩、徐变对结构性能的影响。

4. 当建设项目要求考虑偶然作用时，应按要求计算偶然作用及其作用效应。

5. 直接承受动力及冲击荷载作用的结构或结构构件应考虑结构动力效应。

6. 预制混凝土构件的制作、运输、吊装及安装过程中应考虑相应的结构动力效应。

3.3.1　温度作用的定义是什么？

1. 温度作用的定义

温度作用是指结构或结构构件中由于温度变化所引起的作用，应考虑气温变化、太阳辐射及使用热源等因素，属于可变的间接作用。

《荷载规范》仅涉及气温变化及太阳辐射等由气候因素产生的温度作用。有使用热源的结构一般是指有散热设备的厂房、烟囱、储存热物的筒仓、冷库等，其温度作用应由专门规范规定，或根据建设方和设备供应商提供的指标确定温度作用。

2. 温度分布

作用在结构或构件上的温度作用应采用其温度的变化来表示。在结构构件任意截面上的温度分布，一般认为可由三个分量叠加组成。

（1）均匀分布的温度分量 ΔT_{u}。

（2）沿截面线性变化的温度分量（梯度温差）ΔT_{My}、ΔT_{Mz}。

（3）非线性变化的温度分量 ΔT_{E}。

结构变形一般由均匀分布的温度分量起主导作用，是需要首先考虑的温度作用分量。规范规定了在计算结构温度作用效应时材料的线膨胀系数。虽然梯度温差的作用有时不可忽略，但限于目前的技术条件和经验，难以做出统一的规定。

3.3.2　哪些结构应考虑温度作用？温度作用对高层建筑为何有影响？

1. 《混凝土结构通用规范》GB 55008—2021 的规定

《混凝土结构通用规范》GB 55008—2021 第 4.1.1 条规定：当温度变化对结构性能影

响不能忽略时，应计算温度作用及作用效应。

但对于何种情况下温度变化的影响不能忽略，并没有细述。

2.《混规》的规定

《混规》第 8.1.3 条规定：当伸缩缝间距增大较多时，尚应考虑温度变化和混凝土收缩对结构的影响。

3.《荷载规范》的规定

《荷载规范》第 9.1.1 条的条文说明规定：当结构或构件在温度作用和其他可能组合的荷载共同作用下产生的效应（应力或变形）可能超过承载能力极限状态或正常使用极限状态时，比如结构某一方向平面尺寸超过伸缩缝最大间距或温度区段长度、结构约束较大、房屋高度较高等，结构设计中一般应考虑温度作用。

4. 高层建筑温度作用的影响

高层建筑结构属于高次超静定结构，受到温度变化的影响时会在结构中产生内力与变形。温度变化引起的结构变形一般有以下三种：（1）柱弯曲；（2）内外柱的伸缩差；（3）屋面结构与下部楼面结构的伸缩差。虽然 30 层以上或 100m 高层建筑结构存在温度应力的作用，但目前对于高层建筑结构如何考虑温度作用还没有具体规定。

3.3.3　基本气温的定义是什么？不同材料的基本气温如何确定？

1. 基本气温的定义

基本气温是指气温的基准值，取 50 年重现期的月平均最高气温 T_{max} 和月平均最低气温 T_{min}，根据历年最高温度月的月内最高气温的平均值和最低温度月的月内最低气温的平均值经统计确定。50 年一遇的月平均最高和月平均最低气温，分别根据各基本气象台站最近 30 年的历年最高温度月的月平均最高气温和最低温度月的月平均最低气温为样本，经统计得到。也可比照《荷载规范》附录 E 中图 E.6.4 和图 E.6.5 近似确定。

2. 热传导速率较慢结构的基本气温

对于热传导速率较慢且体积较大的混凝土及砌体结构，结构温度接近当地月平均气温，可直接取用月平均最高气温和月平均最低气温作为基本气温。

一般情况下月平均最低气温取一月，但在少数地区也会存在为十二月或二月的情况；月平均最高气温取七月。

3. 对气温变化敏感结构的基本气温

对气温变化比较敏感的结构，宜考虑极端气温的影响，基本气温 T_{max} 和 T_{min} 可根据当地气候条件适当增加或降低。

对气温变化比较敏感的结构主要指金属结构及厚度不超过 15cm 的混凝土结构和砌体结构，这些结构要考虑昼夜气温变化的影响对基本气温进行修正。修正的温度与地理位置相关，可根据当地极值气温与最高和最低月平均气温的差值以及保温隔热性能酌情确定；当没有可靠经验时，其基本气温宜根据地理位置增加或降低 4～6℃。

3.3.4　温度作用的应力如何计算？

结构构件因温度作用产生热胀冷缩，当两端受到约束时自由变形被阻碍，构件内便因温度作用产生温度应力。

温度应力的数值可通过以下两个过程计算得到。

1. 假定构件自由变形，其变形长度 $\Delta L=\alpha\Delta\theta L$，其中 α 为构件线膨胀系数（1/℃）；$\Delta\theta$ 为温差（℃）；L 为构件长度。

2. 施加外力 P，将构件的自由变形压缩回原位，产生的应力即为变形约束应力。在外力 P 的作用下，构件变形按式（3.3-1）计算。

$$\Delta L=\frac{PL}{EA} \tag{3.3-1}$$

可得：

$$P=\frac{\Delta LEA}{L} \tag{3.3-2}$$

温度作用下的约束应力为：

$$\sigma=-\frac{P}{A}=-\frac{\Delta LEA}{LA}=-\frac{\alpha\Delta\theta LEA}{LA}=-E\alpha\Delta\theta \tag{3.3-3}$$

式中 σ——温度作用下的约束应力；

E——构件的弹性模量；

α——材料的线膨胀系数；

$\Delta\theta$——温差。

从式（3.3-3）可以看出，温度作用下的约束应力与构件的弹性模量、材料的线膨胀系数和温差正相关。

3.3.5 均匀温度作用标准值如何计算？如何确定结构最高和最低平均温度？

1. 均匀温度的定义

均匀温度是指在结构构件的整个截面中为常数且主导结构构件膨胀或收缩的温度。

均匀温度作用对结构影响最大，也是设计时最常考虑的。对室内外温差较大且没有保温隔热面层的结构，或太阳辐射较强的金属结构等，应考虑结构或构件的梯度温度作用，对体积较大或约束较强的结构，必要时应考虑非线性温度作用。对梯度温度作用和非线性温度作用的取值及结构分析目前尚没有较为成熟统一的方法，在建筑结构中应用较少。

2. 均匀温度作用标准值

（1）最大温升工况

对结构最大温升的工况，均匀温度作用标准值按式（3.3-4）计算。

$$\Delta T_{\mathrm{k}}=T_{\mathrm{s,max}}-T_{0,\mathrm{min}} \tag{3.3-4}$$

式中 ΔT_{k}——均匀温度作用标准值（℃）；

$T_{\mathrm{s,max}}$——结构最高平均温度（℃）；

$T_{0,\mathrm{min}}$——结构最低初始平均温度（℃）。

（2）最大温降工况

对结构最大温降的工况，均匀温度作用标准值按式（3.3-5）计算。

$$\Delta T_{\mathrm{k}}=T_{\mathrm{s,min}}-T_{0,\mathrm{max}} \tag{3.3-5}$$

式中 $T_{\mathrm{s,min}}$——结构最低平均温度（℃）；

$T_{0,\mathrm{max}}$——结构最高初始平均温度（℃）。

3. **结构最高、最低平均温度的确定原则**

结构最高平均温度 $T_{s,max}$ 和最低平均温度 $T_{s,min}$ 宜分别根据基本气温 T_{max} 和 T_{min} 按热工学的原理确定。

（1）有围护的室内结构

对于有围护的室内结构，结构平均温度应考虑室内外温差的影响，一般可依据室内和室外的环境温度按热工学的原理确定。当仅考虑单层结构材料且室内外环境温度类似时，结构平均温度可近似地取室内外环境温度的平均值。

夏季室内热工计算参数应按下列规定取值：非空调房间的空气温度平均值应取室外空气温度平均值＋1.5K，温度波幅应取室外空气温度波幅－1.5K，并将其逐时化；空调房间的空气温度应取26℃。

冬季室内热工计算参数应按下列规定取值：采暖房间应取18℃，非采暖房间应取12℃。冬季围护结构平壁的内表面温度根据其保温隔热性能按式（3.3-6）计算。

$$\theta_i = t_i - \frac{R_i}{R_0}(t_i - t_e) \tag{3.3-6}$$

式中 θ_i——室内平壁的内表面温度（℃）；

t_i——室内计算温度（℃）；

R_0——围护结构平壁的传热阻（$m^2 \cdot K/W$）；

R_i——内表面换热阻（$m^2 \cdot K/W$）；

t_e——室外计算温度（℃）。

（2）露天结构

对于暴露于室外的结构或施工期间的结构，最高平均温度和最低平均温度一般可依据基本气温 T_{max} 和 T_{min} 确定，并宜依据结构的朝向和表面吸热性质考虑太阳辐射的影响。

4. **结构最高、最低平均温度的取值**

结构最高平均气温和最低平均气温根据有围护结构、暴露于室外的结构、施工期间的结构、有无空调、有无采暖等措施的不同，取值如表3.3-1所示。

不同围护情况的最高、最低平均温度取值表 **表3.3-1**

	围护情况	平均温度取值
最高平均温度	有围护结构	非空调房间取室外空气温度平均值＋1.5K
		空调房间的空气温度应取26℃
	暴露于室外的结构或施工期间的结构	基本气温 T_{max}
最低平均温度	有围护结构	采暖房间应取18℃
		非采暖房间应取12℃
	暴露于室外的结构或施工期间的结构	基本气温 T_{min}

3.3.6 什么叫结构初始温度？如何合理控制结构的合龙时间？

1. **结构初始温度**

初始温度是指结构在施工某个特定阶段形成整体约束的结构系统时的温度，也称合龙温度。

结构的最高初始平均温度 $T_{0,\max}$ 和最低初始平均温度 $T_{0,\min}$ 应根据结构的合龙或形成约束的时间确定，或根据施工时结构可能出现的温度按不利情况确定。

以结构的初始温度（合龙温度）为基准，结构的温度作用效应要考虑温升和温降两种工况。这两种工况产生的效应和可能出现的控制应力或位移是不同的，温升工况会使构件产生膨胀，而温降则会使构件产生收缩，一般情况两者都应校核。

2. 结构合龙温度设计建议

（1）结构合龙温度的取值

混凝土结构的合龙温度一般可取后浇带封闭时的月平均气温。钢结构的合龙温度一般可取合龙时的日平均温度，但当合龙时有日照时，应考虑日照的影响。

结构设计时，往往不能准确确定施工工期，因此结构合龙温度通常是一个区间值。这个区间值应包括施工可能出现的合龙温度，即应考虑施工的可行性和工期的不可预见性。

（2）合理控制合龙时间

结构设计时虽然不能确定混凝土结构的合龙时间，但作为控制裂缝的重要措施，应对超长结构后浇带的封闭时间提出明确的设计建议。推荐的后浇带合龙时间是1～3月，结构的初始温度较低，后浇带封闭后结构处于温升阶段，可部分抵消混凝土的收缩与徐变；应避免的合龙时间是7～9月，后浇带封闭时结构的初始温度比较高，且封闭后面临环境温度的持续降低，处于温降工况，与混凝土的收缩、徐变效应叠加，对控制温度应力较为不利。

3.3.7 有哪些控制温度作用的设计措施？

1. 控制温度作用的设计措施

建筑结构设计时，应采取有效构造措施来减少或消除温度作用效应，如设置伸缩缝、设置后浇带、设置膨胀加强带、设置结构的活动支座或节点、施加预应力、采用隔热保温措施、加强构造配筋等。

2. 设置伸缩缝

伸缩缝是结构缝的一种，目的是为减小由于温差（早期水化热或使用期季节温差）和体积变化（施工期或使用早期的混凝土收缩）等间接作用效应积累的影响，将混凝土结构分割为较小的单元，避免引起较大的约束应力和开裂。

由于水泥强度等级提高、水化热加大、凝固时间缩短；混凝土强度等级提高、拌合物流动性加大、结构的体量越来越大；为满足混凝土泵送、免振等工艺，混凝土的组分变化造成收缩增加，近年来由此而引起的混凝土体积收缩呈增大趋势，现浇混凝土结构的裂缝问题比较普遍。

设置伸缩缝时，应注意以下四个方面。

（1）《混规》对伸缩缝最大间距的要求并不是强制性的，而是推荐性的。工程实践表明，超长结构采取有效措施后也可以避免产生裂缝，设计时可适当放宽对结构伸缩缝间距的限制。

（2）当前的装配式结构，其楼板由预制构件加整浇层组成。由于预制混凝土构件已基本完成收缩，故伸缩缝的间距可适当加大。

（3）采用滑模类工艺施工的各类墙体结构、采用全混凝土外墙的结构，混凝土用量大，伸缩缝最大间距宜适当减小。

（4）地下室伸缩缝防水构造施工困难，通常情况下不宜设缝，尤其不宜沿塔楼周边设置伸缩缝。

3. 设置后浇带

设置后浇带是超长结构控制温度应力的常见措施。《高规》第12.2.3条规定：高层建筑地下室不宜设置变形缝。当地下室长度超过伸缩缝最大间距时，可考虑利用混凝土后期强度，降低水泥用量；也可每隔30～40m设置贯通顶板、底部及墙板的施工后浇带。

设置后浇带时，应注意以下五个方面。

（1）后浇带可设置在柱距三等分的中间范围内以及剪力墙附近，其方向宜与梁正交，沿竖向应在结构同跨内；底板及外墙的后浇带宜增设附加防水层。

（2）后浇带混凝土强度等级宜提高一级，并宜采用无收缩混凝土，低温入模。

（3）后浇带封闭时间宜滞后45d以上，且应避开高温季节，选择低温季节封闭。

（4）当结构超长较多时，后浇带钢筋不宜连通，宜断开配置。

（5）后浇带宽度宜为700～1000mm。

3.3.8　什么叫混凝土应力松弛系数？如何考虑干缩变形对温度作用的影响？

1. 混凝土应力松弛系数

在进行混凝土结构温度应力分析的过程中，经常会发现理论计算值远大于实测值，使得工程界对温度应力计算持有怀疑态度。在超长混凝土结构存在温度应力时，混凝土徐变使结构内力朝着变小的趋势发展，有利于结构内力重分布，与不考虑混凝土徐变效应的分析结果有显著差别。为计算方便，引入应力松弛系数来考虑混凝土徐变影响。

应力松弛系数是指因混凝土徐变影响而产生的实际应力与弹性应力的比值，按式（3.3-7）计算。

$$R_{(t,t_0)}=\frac{\sigma_{(t,t_0)}}{\sigma_{(t_0)}} \tag{3.3-7}$$

式中　$R_{(t,t_0)}$——应力松弛系数；

$\sigma_{(t,t_0)}$——因混凝土徐变影响而产生的实际应力；

$\sigma_{(t_0)}$——混凝土弹性应力。

王铁梦在《工程结构裂缝控制（第二版）》书中，根据温差变化缓慢程度建议应力松弛系数可取0.3～0.5。在有关温度应力计算的论文中，部分工程师选取的应力松弛系数按该建议的下限值，取0.3。由于该建议值的选取并无明确理论和试验支撑，导致各自计算结果相差较大，降低了温度应力定量分析的准确性。

2. 规范考虑干缩变形对温度作用的影响

混凝土材料的徐变和收缩效应，可根据经验将其等效为温度作用。混凝土收缩使构件产生应力，这种应力的长期存在使得混凝土发生徐变，限制或抵消了一部分收缩应力。

在行业标准《水工混凝土结构设计规范》SL 191—2008中规定，初估混凝土干缩变形时可将其影响折算为10～15℃的温降。在《铁路桥涵设计规范》TB 10002—2017中规定混凝土收缩的影响可按降低温度的方法来计算，对整体浇筑的混凝土和钢筋混凝土结构分别相当于降低温度 20℃和 15℃。

3.4 地震作用

《混凝土结构通用规范》GB 55008—2021 第 4.1.2 条　应根据工程所在地的抗震设防烈度、场地类别、设计地震分组及工程的抗震设防类别、抗震性能要求确定混凝土结构的抗震设防目标和抗震措施。

3.4.1 地震震级如何定义与分类？

1. 地震震级的定义与分类

地震震级是衡量地震本身大小的一个量，与震源所释放的能量有关。目前，最基本的震级标度有四种：地方性震级、体波震级、面波震级和矩震级。

我国规定对公众发布一律使用面波震级。面波震级是用浅源地震的 20s 左右的面波振幅量度地震的大小。

2. 面波震级计算公式

我国规定的面波震级 M_s 按式（3.4-1）计算。

$$M_s = \lg\left(\frac{A}{T}\right) + \sigma(\Delta) + C \tag{3.4-1}$$

式中　A——面波最大地面位移，取两水平分量的矢量和的最大值；

T——相应于 A 的周期，$T=20$s，相应的地震波波长为 60km；

$\sigma(\Delta)$——起算函数；

C——台站校正值。

3.4.2 地震烈度的定义是什么？定义地震烈度有何作用？

1. 地震烈度的定义

《中国地震烈度表》GB/T 17742—2020 定义：地震烈度是地震引起的地面震动及其影响的强弱程度。简而言之，地震烈度就是对一定地点地震强烈程度的总评价，既可作为抗震防灾的标准，又可作为研究地震的工具。

2. 地震烈度的作用

设置地震烈度，主要有以下四个方面的作用。

（1）地震发生后，需要通过烈度的分布估计震害的分布，了解各地区的灾情；估计震中、震级、震源深度等地震参数以及震源机制的情况。

（2）在地震预报中，需要按烈度进行地震区划，或预报一定地点可能遭遇的烈度，从而粗略地规定地震动设计参数。

（3）在地震现场，用烈度来评价地震的强烈程度，并以烈度为背景总结震害经验，为地震工作者提供一种宏观尺度来描述地震影响的大小。

（4）在抗震防灾工作中，以烈度作为一般建筑物和工程设施的设防标准。

3. 场地条件对地震烈度的影响

一般规律是基岩地基上的地震烈度较低，软弱松散地基上的地震烈度较高。局部地形对地震烈度也有很明显的影响，如条状突出的山嘴、高耸孤立的山丘、非岩石和强风化岩石的陡坡、河岸和边坡边缘等均对地震作用有不同程度的放大。

3.4.3　场地类别为何对地震烈度有影响?

1. 场地条件的定义

场地条件一般指局部地质条件，如近地表几十米至几百米的地基土壤、地下水位等工程地质情况，地形及断层破碎带等。国内外的震害经验均表明场地条件是震害或地震烈度的主要影响因素。

2. 场地土分类

场地土可分为坚硬的岩石、硬至中硬的土层和松散软弱地基三类。

3. 不同场地土的特性

从抗震角度看，不同场地土的特性不同。

(1) 刚度不同或阻抗不同，地震波在其中传播的情况也不同，刚度大则传播速度快而衰减小。

(2) 动力强度不同，在地震波的作用下，基岩强度很高时一般不破坏；而松散软弱地基则很容易产生地基失效。

因此，不同层厚或不同几何形状的地基，就会具有不同的动力特性，从而影响到在其中传播的地震波的特性，进而影响到地震烈度。

3.4.4　场地覆盖层厚度如何确定？如何划分场地类别?

建筑场地的类别划分，以场地覆盖层厚度和土层等效剪切波速作为评定指标。

1. 场地覆盖层厚度

建筑场地覆盖层厚度的确定，应符合下列要求。

(1) 一般情况下，应按地面至剪切波速大于 500m/s 且其下卧各层岩土的剪切波速均不小于 500m/s 的土层顶面的距离确定。

(2) 当地面 5m 以下存在剪切波速大于其上部各土层剪切波速 2.5 倍的土层，且该层及其下卧各层岩土的剪切波速均不小于 400m/s 时，可按地面至该土层顶面的距离确定。

(3) 剪切波速大于 500m/s 的孤石、透镜体，应视同周围土层。

(4) 土层中的火山岩硬夹层，应视为刚体，其厚度应从覆盖土层中扣除。

2. 土层等效剪切波速

剪切波速是指剪切波垂直穿越各个土层的速度。每个土层均有剪切波速，土质越硬穿越速度越快。

土层的等效剪切波速，应按式 (3.4-2) 计算。

$$v_{se}=d_0/t \tag{3.4-2}$$

$$t=\sum_{i=1}^{n}(d_i/v_{si}) \tag{3.4-3}$$

式中　v_{se}——土层等效剪切波速 (m/s)；

d_0——计算深度 (m)，取覆盖层厚度和 20m 两者的较小值；

t——剪切波在地面至计算深度之间的传播时间 (s)；

d_i——计算深度范围内第 i 土层的厚度（m）；

v_{si}——计算深度范围内第 i 土层的剪切波速（m/s）；

n——计算深度范围内土层的分层数。

3. 场地类别的确定

工程场地应根据岩石的剪切波速或土层等效剪切波速和场地覆盖层厚度按表 3.4-1 进行分类。

各类场地的覆盖层厚度（m）　　　　**表 3.4-1**

岩石的剪切波速 v_s 或土层等效剪切波速 v_{se}(m/s)	场地类别				
	I_0	I_1	Ⅱ	Ⅲ	Ⅳ
$v_s>800$	0	—	—	—	—
$800\geqslant v_s>500$	—	0	—	—	—
$500\geqslant v_{se}>250$	—	<5	≥5	—	—
$250\geqslant v_{se}>150$	—	<3	3～50	>50	—
$v_{se}\leqslant 150$	—	<3	3～15	15～80	>80

3.4.5　不同场地类别应如何调整抗震措施？

1. Ⅰ类建筑场地

建筑场地为Ⅰ类时，对甲、乙类的建筑，应允许仍按本地区抗震设防烈度的要求采取抗震构造措施；对丙类的建筑，应允许按本地区抗震设防烈度降低一度的要求采取抗震构造措施，但抗震设防烈度为 6 度时，仍应按本地区抗震设防烈度的要求采取抗震构造措施。

2. Ⅲ、Ⅳ类建筑场地

建筑场地为Ⅲ、Ⅳ类时，对设计基本地震加速度为 0.15g 和 0.30g 的地区，除《抗规》另有规定外，宜分别按抗震设防烈度 8 度（0.20g）和 9 度（0.40g）时各抗震设防类别建筑的要求采取抗震构造措施。

3. 《中国地震动参数区划图》GB 18306—2015 对Ⅱ类以外场地地震动峰值加速度的规定

《中国地震动参数区划图》GB 18306—2015 对全国各省（自治区、直辖市）乡镇政府所在地、县级以上城市的Ⅱ类场地基本地震动峰值加速度值做出了取值规定。其他各类场地地震动峰值加速度 α_{max} 可根据Ⅱ类场地基本地震动峰值加速度 $\alpha_{max\text{Ⅱ}}$ 和场地地震动峰值加速度调整系数 F_a，按式（3.4-4）确定。

$$\alpha_{max}=F_a\cdot\alpha_{max\text{Ⅱ}}\qquad(3.4\text{-}4)$$

式中　F_a——场地地震动峰值加速度调整系数，按表 3.4-2 确定。

场地地震动峰值加速度调整系数 F_a　　　　**表 3.4-2**

Ⅱ类场地基本地震动峰值加速度值	场地类别				
	I_0	I_1	Ⅱ	Ⅲ	Ⅳ
≤0.05g	0.72	0.80	1.00	1.30	1.25
0.10g	0.74	0.82	1.00	1.25	1.20
0.15g	0.75	0.83	1.00	1.15	1.10

续表

Ⅱ类场地基本地震动峰值加速度值	场地类别				
	I_0	I_1	Ⅱ	Ⅲ	Ⅳ
0.20g	0.76	0.85	1.00	1.00	1.00
0.30g	0.85	0.95	1.00	1.00	0.95
≥0.40g	0.90	1.00	1.00	1.00	0.90

3.4.6　特征周期的定义是什么？特征周期与卓越周期有何区别？

1. 特征周期

反应谱特征周期是指规准化的加速度反应谱曲线开始下降点所对应的周期值，由地震分组和场地类别共同确定。特征周期是为了模拟地震反应谱的需要，根据大量地震统计数据提出的一个概念。

特征周期应根据场地类别和设计地震分组按表3.4-3采用。计算罕遇地震作用时，特征周期应增加0.05s。

特征周期值（s）　　　　**表3.4-3**

设计地震分组	场地类别				
	I_0	I_1	Ⅱ	Ⅲ	Ⅳ
第一组	0.20	0.25	0.35	0.45	0.65
第二组	0.25	0.30	0.40	0.55	0.75
第三组	0.30	0.35	0.45	0.65	0.90

2. 场地卓越周期

场地卓越周期是指随机振动过程中出现概率最多的周期，常用以描述地震动或场地特性。地表土层对不同周期的地震波有选择放大作用，使得某些周期的波形在地震记录仪上特别显著，这个周期称为卓越周期，与覆盖土层的厚度、构成、物理力学性质以及场地的背景振动密切相关。

场地卓越周期按式（3.4-5）计算。

$$T = 4\sum_{i=1}^{n} \frac{h_i}{v_{si}} \qquad (3.4\text{-}5)$$

式中　h_i——第 i 层土的厚度；

v_{si}——第 i 层土的剪切波速。

3.4.7　特征周期如何计算？如何插值确定地震作用计算所用的特征周期？

1. 特征周期的计算

《中国地震动参数区划图》GB 18306—2015给出了全国各省（自治区、直辖市）乡镇政府所在地、县级以上城市的Ⅱ类场地的特征周期。特征周期按式（3.4-6）计算。

$$T_g = 2\pi \times \frac{v_E}{a_E} \qquad (3.4\text{-}6)$$

式中 v_E——峰值速度；

a_E——地震动峰值加速度。

2. 插值计算特征周期

根据《抗规》第 4.1.6 条的规定：当有可靠的剪切波速和覆盖层厚度且其值处于表 3.4-1 所列场地类别的分界线附近时，应允许按插值方法确定地震作用计算所用的特征周期。

为避免插值后得到的特征周期值 T_g 和规范中所规定的值相差太大，规范中只允许使用插入方法确定边界线附近±15%的插值范围，±15%范围外的区域不允许通过插值方法确定 T_g 值。

第 4 章　结构设计

4.1　结构体系

《混凝土结构通用规范》GB 55008—2021 第 4.2.2 条　混凝土结构体系设计应符合下列规定。

1. 不应采用混凝土结构构件与砌体结构构件混合承重的结构体系。

2. 房屋建筑结构应采用双向抗侧力结构体系。

3. 抗震设防烈度为 9 度的高层建筑，不应采用带转换层的结构、带加强层的结构、错层结构和连体结构。

4.1.1　混凝土构件与砌体构件混合承重，是砖混结构吗？

1. 砌体结构

砌体结构是指由块体和砂浆砌筑而成的墙、柱作为建筑物主要受力构件的结构，是砖砌体、砌块砌体和石砌体结构的统称。

2. 砖混结构

砖混结构是指由砖、石、砌块砌体制成竖向承重构件，并与钢筋混凝土或预应力混凝土楼盖、屋盖共同组成的房屋建筑结构。其中，“砖”指砖、石、砌块砌体，“混”指混凝土构件。

从上述定义可以看出，砖混结构并不是指采用混凝土结构构件和砌体结构构件混合承重的结构体系，其定义与砖木结构相对，与砌体结构表述的意思基本相同，目前基本上均采用砌体结构来指代。

3. 砖木结构

砖木结构是指由砖、石、砌块砌体制成竖向承重构件，并与木楼盖、木屋架共同组成的房屋建筑结构。

4. 混凝土结构

混凝土结构是指以混凝土为主制成的结构，包括素混凝土结构、钢筋混凝土结构和预应力混凝土结构等。

4.1.2　为何不应采用混凝土结构构件与砌体结构构件混合承重的结构体系？

1. 规范的要求

(1)《高规》的规定

《高规》第 6.1.6 条规定：框架结构按抗震设计时，不应采用部分由砌体墙承重的混合形式。框架结构中的楼、电梯间及局部出屋顶的电梯机房、楼梯间、水箱间等，应采用框架承重，不应采用砌体墙承重。

上述规定只是要求高层建筑，且是框架结构体系时，不应采用混合承重结构形式，但没有禁止其他类型的项目不能采用。

（2）《混凝土结构通用规范》GB 55008—2021 的规定

《混凝土结构通用规范》GB 55008—2021 第 4.2.2 条规定：不应采用混凝土结构构件与砌体结构构件混合承重的结构体系。

不论是多层建筑还是高层建筑，不论是框架结构还是其他任何结构体系，均要求不得采用混凝土结构构件与砌体结构构件混合承重，否则即违反强制性条文。

2. 混凝土结构与砌体结构不能混合承重的原因

混凝土结构与砌体结构是两种截然不同的材料形成的结构体系，其刚度、承载能力和变形能力等相差很大。这两种结构体系在同一建筑物中混合使用，对建筑物的抗震性能将产生不利影响，甚至造成严重破坏，因此不应采用混凝土结构构件与砌体结构构件混合承重的结构体系。

3. 混合承重结构体系的由来

社会和经济的发展给结构设计行业带来了一个重大的转变，就是结构体系从砌体结构转向了混凝土结构体系。大部分年轻的结构工程师都没有设计过砌体结构的建筑，可能不理解为什么会产生混合承重的结构体系。

事实上，在砌体结构盛行的年代，混合承重的结构工程并不少见，如某多层结构主体部分采用砌体结构，但在建筑的某个区域可能需要一个大空间，这个大空间就会设计为局部框架，混凝土结构构件与砌体结构构件混合承重的结构体系就这样产生了（图 4.1-1）。这种做法，当时的规范并未禁止。

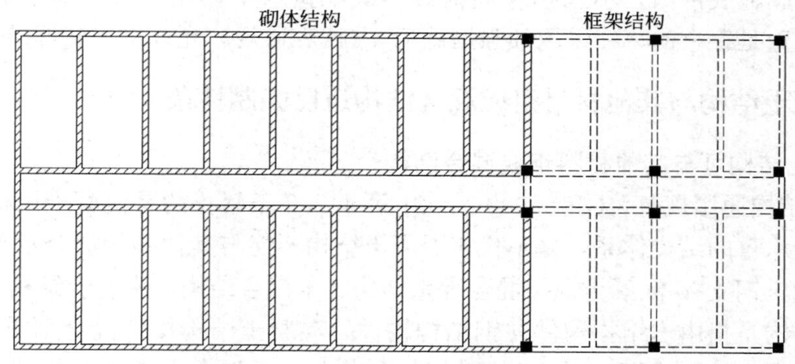

图 4.1-1　混合承重结构示意

4. 既有建筑中混合承重结构的改造

既有建筑中的混合承重结构需要改造和加固，这在工作中是经常遇到的。对这种不满足现行规范要求的历史遗留工程，结构检测与鉴定时不应简单地建议拆除，这是对社会资源的巨大浪费。结构加固设计可采用的方案很多，应根据项目特点，选择适用的方式。

对混合承重结构，由于框架结构与砌体结构是两种截然不同的结构体系，其侧向刚度、变形能力等相差很大，这两种结构在同一建筑物中混合使用，对建筑物的抗震性能将产生很不利的影响，甚至造成严重破坏。因此，确定加固措施时应关注的重点是：

（1）增强框架部分的侧向刚度，如在适当的位置设置混凝土剪力墙或支撑。

（2）增大砌体结构的变形能力，如采用钢筋网片高强复合砂浆面层。

4.1.3　底部框架-抗震墙结构是混合承重结构吗？

1.《建筑与市政工程抗震通用规范》GB 55002—2021 对底部框架-抗震墙结构的规定

《建筑与市政工程抗震通用规范》GB 55002—2021（以下简称《抗震通规》）第5.5.3条规定：底部框架-抗震墙砌体房屋的结构体系，房屋的底部应沿纵横两方向设置一定数量的抗震墙，并应均匀对称布置。6度且总层数不超过4层的底层框架-抗震墙砌体房屋，应允许采用嵌砌于框架之间的约束普通砖砌体或小砌块砌体的砌体抗震墙，但应计入砌体墙对框架的附加轴力和附加剪力并进行底层的抗震验算，且同一方向不应同时采用钢筋混凝土抗震墙和约束砌体抗震墙；其余情况，8度时应采用钢筋混凝土抗震墙，6度、7度时应采用钢筋混凝土抗震墙或配筋小砌块砌体抗震墙。

约束砌体是指按规定要求设置构造柱或芯柱、圈梁和拉结钢筋的砌体。

配筋砌体是指由配置钢筋的砌体，是网状配筋砌体柱、水平配筋砌体墙、砖砌体和钢筋混凝土面层或钢筋砂浆面层组合砌体柱（墙）、砖砌体和钢筋混凝土构造柱组合墙和配筋砌块砌体剪力墙的统称。

2. 底框结构属于混合承重吗？

混合承重有两种情况，一是指某一区段的结构单元，在同一楼层部分采用混凝土结构、部分采用砌体结构的水平混合承重体系；二是指下部采用混凝土结构，上部采用砌体结构的竖向混合承重体系。这两种混合承重情况，在底部框架-抗震墙结构中均存在。

从规范的文字表述来看，当底部框架-抗震墙结构采用配筋小砌块抗震墙时，配筋小砌块抗震墙嵌砌在底框内，不承担竖向荷载，只承担水平作用，可不属于混合承重。但上、下混合承重是存在的，在采取加强措施后，《抗震通规》允许采用底框结构。

4.1.4　混凝土结构与其他材料组成混合结构违反强制性条文吗？

1. 混凝土结构可与其他材料组成混合结构

《混凝土结构通用规范》GB 55008—2021 第4.2.2条禁止的是混凝土结构构件与砌体结构构件混合承重的结构体系，并不代表混凝土结构不能与其他结构混合承重，如钢和混凝土混合结构、钢支撑-混凝土框架混合承重结构、木混合结构、木组合结构等。

木混合结构是指由木结构构件与钢结构构件、混凝土结构构件混合承重的结构体系，包括下部为混凝土结构或钢结构、上部为纯木结构的上下混合木结构以及混凝土核心筒木结构等。

2. 钢和混凝土混合结构

钢和混凝土混合结构体系是一种比较新型的结构体系，在降低结构自重、减小结构断面尺寸、加快施工进度等方面具有明显优势，受到了越来越广泛的关注，在超高层建筑中被大量运用。与普通钢筋混凝土结构相比，混合结构具有刚度大、延性好等优点，《高规》中混合结构的最大适用高度相比普通钢筋混凝土结构有显著提升。

《高规》对混合结构提出了明确的定义：由外围钢框架或型钢混凝土、钢管混凝土框架与钢筋混凝土核心筒所组成的框架-核心筒结构，以及由外围钢框筒或型钢混凝土、钢管混凝土框筒与钢筋混凝土核心筒所组成的筒中筒结构。

钢和混凝土混合结构优点很多，缺点是造价较贵。在地产行业成本优先的前提之下，我们设计的大部分超高层项目的结构形式是钢筋混凝土核心筒＋型钢混凝土框架柱＋钢筋混凝土梁，其中框架柱中的型钢通常只在结构底部 1/3 的区域设置，其上采用钢筋混凝土柱。这种体系不能称之为混合结构，应按钢筋混凝土结构设计。

4.1.5 规范对双向抗侧力结构有何规定？为何不应采用单向有墙的结构？

1. 规范对双向抗侧力结构体系的要求

抗侧力体系是指抵抗水平地震作用及风荷载的结构体系。对于结构体系的布置，规范针对不同的结构体系，对抗侧力结构提出了具体要求（表 4.1-1）。

规范对抗侧力体系的布置要求　　表 4.1-1

规范	结构体系	布置要求
《高规》	框架结构	应设计成双向梁柱抗侧力体系
	剪力墙结构 框架-剪力墙结构	宜沿两个主轴方向或其他方向双向布置，两个方向的侧向刚度不宜相差过大，不应采用仅单向有墙的结构布置
	板柱-剪力墙结构	应同时布置筒体或两主轴方向的剪力墙以形成双向抗侧力体系，并应避免结构刚度偏心
《抗规》	框架结构 框架-抗震墙结构	框架结构和框架-抗震墙结构中，框架和抗震墙均应双向设置
《混凝土结构通用规范》 GB 55008—2021	所有结构体系	房屋建筑结构应采用双向抗侧力结构体系

《混凝土结构通用规范》GB 55008—2021 中所指的房屋建筑，是指在固定地点建造的为使用者或占用物提供庇护覆盖，进行生活、生产等活动的场所。

2. 框架-剪力墙结构不应采用单向有墙的结构布置

当结构两个方向平面尺寸相差较大时，框架结构弱轴方向侧向刚度不足，设计人员有时会在该方向增设部分剪力墙，形成一个方向是框架-剪力墙结构，另一个方向是框架结构的怪异结构体系。

根据规范的要求，此种结构形式是不合适的，应采取措施避免。

3. 单排柱看台

单排柱看台就结构体系而言，一个方向为框架结构，另一方向为单排悬臂柱，其抗侧力体系并不满足双向抗侧力体系的要求。看台柱应按悬臂构件计算，并满足悬臂构件的构造要求。

4. 出屋面构架

因建筑造型需要，出屋面女儿墙经常被屋面构架所取代。出屋面构架传力复杂，通常不能形成框架结构体系，也不满足双向抗侧力体系的要求。对图 4.1-2 所示构架，应按悬臂柱计算，并满足悬臂构件的构造要求。

对图 4.1-3 所示构架，虽然形成了单跨框架，但内跨受荷面积小，内跨柱应按受拉构件验算。对屋顶四周反梁构架，即使采用了排水措施，但仍可能因排水不畅、堵塞等情况引起积水荷载，应按照积水的可能深度确定活荷载。

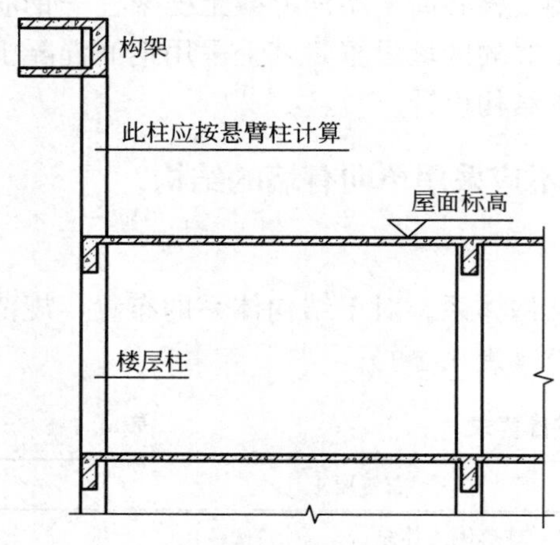

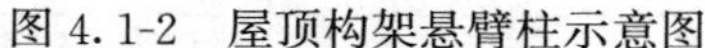

图 4.1-2　屋顶构架悬臂柱示意图

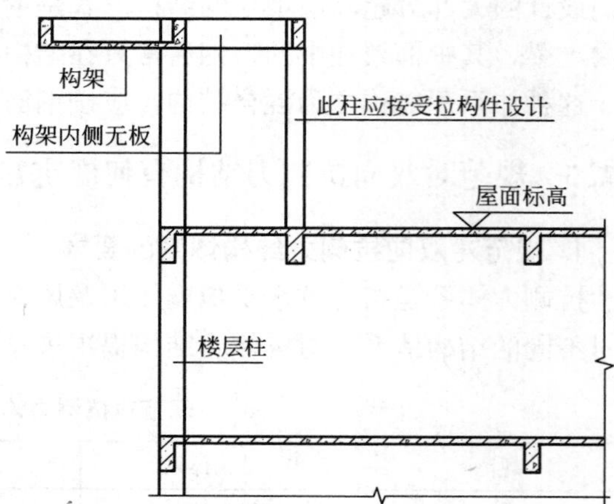

图 4.1-3　屋顶构架受拉柱示意图

4.1.6　单跨框架结构有哪些规定？可采取哪些设计措施？

1. 单跨框架的定义

框架结构中一个主轴方向为多跨结构，另一个主轴方向大部分为单跨时，属于单跨框架结构；某个主轴方向有局部的单跨框架，可不作为单跨框架结构对待。一、二层的连廊采用单跨框架时，需要采取加强措施。

框架-剪力墙结构中的框架，可以是单跨。但范围较大的单跨框架，与两侧剪力墙间距较大时，对抗震不利，宜采取加强措施。

2. 规范对单跨框架结构的规定

《高规》第 6.1.2 条规定：抗震设计的框架结构不应采用单跨框架。

《抗规》第 6.1.5 条规定：甲、乙类建筑以及高度大于 24m 的丙类建筑，不应采用单跨框架结构；高度不大于 24m 的丙类建筑不宜采用单跨框架结构。

应注意，《高规》和《抗规》对于单跨框架的表述有一些区别。《高规》规定的是“抗震设计的框架结构不应采用单跨框架”，这个要求很严格，而且有歧义，可能存在两种不同的理解：其一，可理解为抗震设计不应采用单跨框架结构；其二，可理解为抗震设计的框架结构中不应有局部的单跨框架。如果按第一种意思去理解，则和《抗规》的规定是一致的。

3. 单跨框架结构可采取的措施

当建筑功能难以避免单跨框架时，可采取以下措施。

(1) 根据建筑功能，局部增设框架柱，减少单跨框架的榀数。

(2) 局部设置剪力墙，使其形成框架-剪力墙结构。

(3) 如以上两个方案均无法实施时，应根据项目特点采取抗震加强措施，如满足中震弹性要求、抗震等级提高一级或进行抗震性能化设计；必要时，宜补充设防地震作用下单榀框架计算。

4.1.7 高层建筑中能采用单跨框架吗？

抗震设计的高层建筑框架结构不应采用单跨框架，高层建筑框架-剪力墙结构中局部能否允许采用单跨框架呢？

1. 框架-剪力墙结构中能否有单跨框架？

《高规》第 6.1.2 条的条文说明中规定：抗震设计的框架-剪力墙结构，当剪力墙承受的地震倾覆力矩大于结构总地震倾覆力矩的 50%时，可局部采用单跨框架结构；其他情况应根据具体情况进行分析、判断。

对于高层建筑集中布置的单跨框架，其自身的侧向刚度很弱，水平作用需通过楼板传递给两侧的剪力墙。因此，楼板应有足够的面内刚度，应对其采取加强措施，必要时对该类型的结构补充抗震性能化分析。

2. 菱形平面框架-剪力墙结构中的单跨框架案例

图 4.1-4 为某菱形平面框架-剪力墙结构，结构高度 91.2m，抗震设防烈度为 6 度，基本风压 0.35kN/m^2，标准层层高 4.5m，建筑功能为 LOFT 公寓。左、右两侧的楼、电梯间位置集中设置剪力墙，在平面四角及中间弧形部位设置分散剪力墙，形成框架-剪力墙结构体系。为通风和采光需要，在平面中部设置中庭，导致上、下两侧的结构形成了单跨框架。

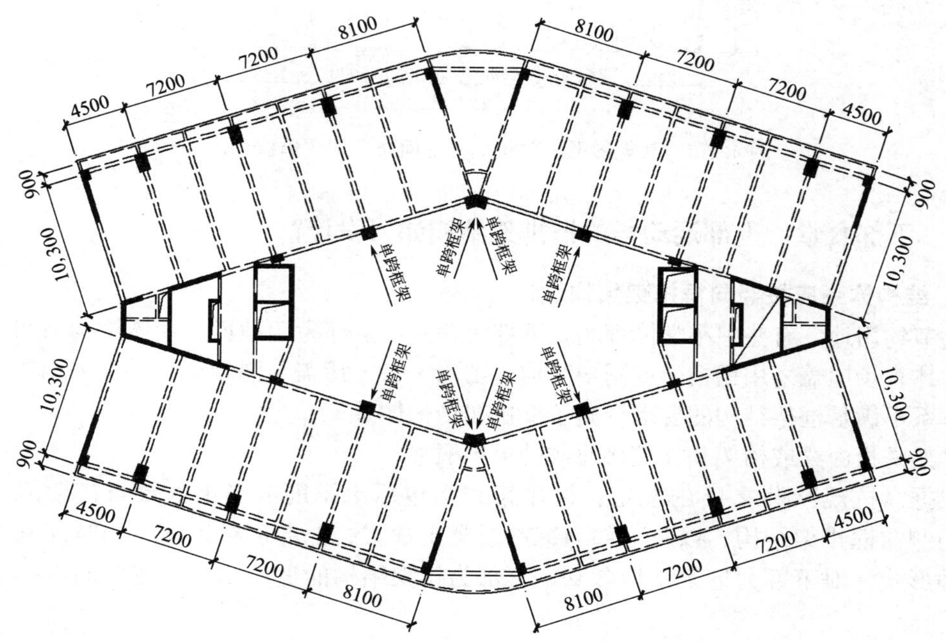

图 4.1-4 某菱形平面单跨框架平面布置图（单位：mm）

3. 矩形平面框架-剪力墙结构中的单跨框架案例

图 4.1-5 为某矩形平面框架-剪力墙结构，结构高度 90.35m，抗震设防烈度为 6 度，基本风压为 0.35kN/m^2，标准层层高 4.5m，建筑功能为 LOFT 公寓。结构平面为规则矩形，利用结构的两个交通通道设置集中的剪力墙，为增强抗扭刚度在结构四角设置分散剪

力墙，形成框架-剪力墙结构体系。因建筑功能需要，在平面中部设置大尺寸中庭，导致左、右两侧的结构形成了单跨框架。

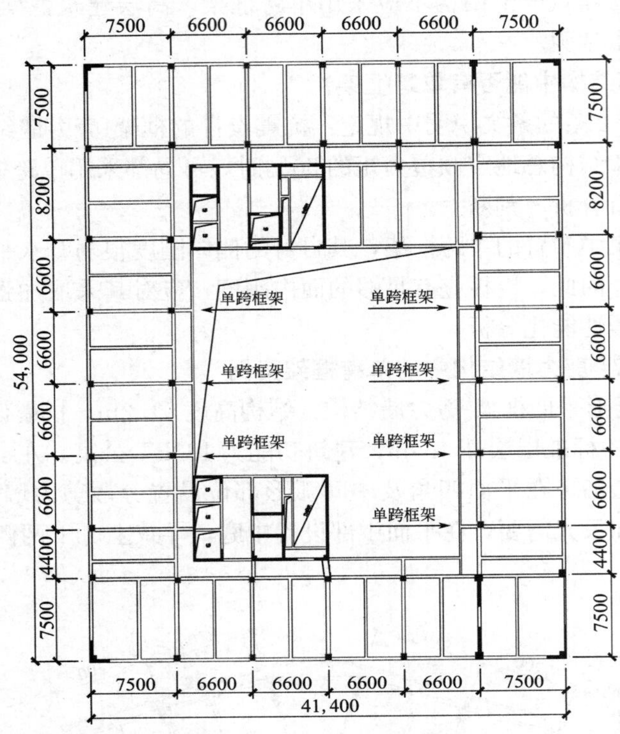

图 4.1-5　某矩形平面单跨框架平面布置图（单位：mm）

4.1.8　下部食堂、上部运动场的框排架结构如何设计？

1. 结构体系应按竖向框排架结构设计

为节约用地，有些中小学体育场，下部为食堂，上部为运动场。主体结构采用混凝土结构，体育场屋盖采用钢桁架或网架结构（图 4.1-6）。屋盖与混凝土柱节点采用铰接，其结构体系不满足框架结构的要求，属于框排架结构体系。

排架是指由梁或桁架和柱铰接而成的单层框架。

根据《抗规》附录 H 的规定：框排架结构包括由钢筋混凝土框架与排架侧向连接组成的侧向框排架结构，以及下部为钢筋混凝土框架、上部顶层为排架的竖向框排架结构两种形式。对下部为框架结构食堂，上部为排架结构的运动场，应按竖向框排架结构设计。

2. 结构抗震等级的确定

框排架结构的框架部分应根据地震烈度、结构类型和高度采用不同的抗震等级，并应符合相应的计算和构造措施要求。

《抗规》只规定了框架结构的抗震等级，未对排架结构的抗震等级做出规定；可按《混规》第 11.1.3 条分别确定框架部分和排架部分的抗震等级，其中，确定框架部分的抗震等级时，其结构高度宜按房屋高度确定。

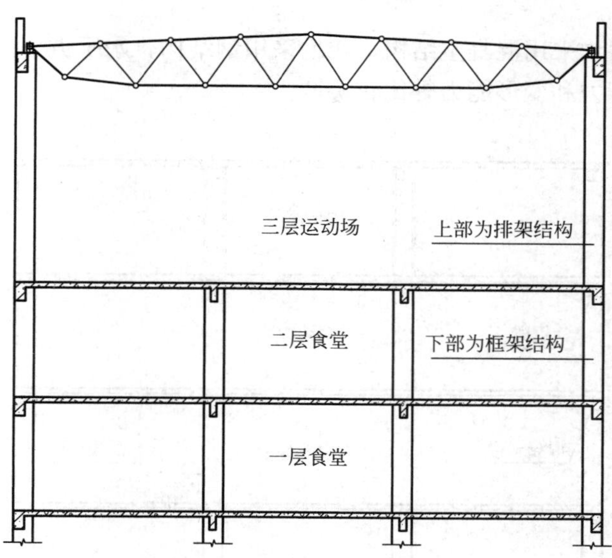

图 4.1-6 下部为食堂、上部为运动场的框排架结构示意图

3. **层间位移角限值**

根据《抗规》第 5.5.1 条和第 5.5.5 条规定，钢筋混凝土框架的弹性层间位移角限值为 1/550，弹塑性层间位移角限值为 1/50；单层钢筋混凝土排架柱的弹塑性层间位移角限值为 1/30。对钢筋混凝土排架柱的弹性层间位移角限值，未做规定，可参照上海市地方标准《建筑抗震设计规程》DGJ08—9—2013 第 5.5.1 条的规定，按 1/300 进行设计。

4. **排架嵌固层楼板设计要求**

排架嵌固层应采用现浇楼盖，避免开设大洞口，其楼板厚度不宜小于 150mm。在顶层排架设置纵向柱间支撑处，楼盖不应设有楼梯间或开设洞口；柱间支撑斜杆中心线应与连接处的梁、柱中心线汇交于一点。

5. **屋盖布置**

框排架结构的屋盖应具有足够的水平刚度，使结构变形趋于协调。其屋盖宜采用无檩屋盖体系；当采用其他屋盖体系时，应加强屋盖支撑设置和构件之间的连接。

4.1.9 下部混凝土结构、上部钢结构是混合结构吗？应如何设计？

下部混凝土结构、上部钢结构分两种形式，一是下部是混凝土结构、屋面是钢结构，二是下部楼层是混凝土结构、上部楼层是钢结构。本节所说的是第二种情况。

全球最高建筑迪拜哈利法塔做了重大创新，采用了下部混凝土结构、上部钢结构的全新结构体系。地下 30m～地上 601m 为钢筋混凝土剪力墙体系；地上 601～828m 为钢结构，其中 601～760m 采用带斜撑的钢框架结构。

1. **下部混凝土结构、上部钢结构是混合结构吗？**

下部混凝土结构、上部钢结构属于两种不同的结构材料组成的结构体系（图 4.1-7），结构存在明显的刚度突变。与底部框架-抗震墙结构类似，属于竖向混合结构，但不属于《混凝土结构通用规范》GB 55008—2021 第 4.2.2 条禁止的混凝土结构构件和砌体结构构件混合承重结构体系。

同一楼层内构件均采用混凝土结构，或均采用钢结构，水平方向刚度分布均匀，其楼层内的刚度、承载能力和变形能力等比较协调。

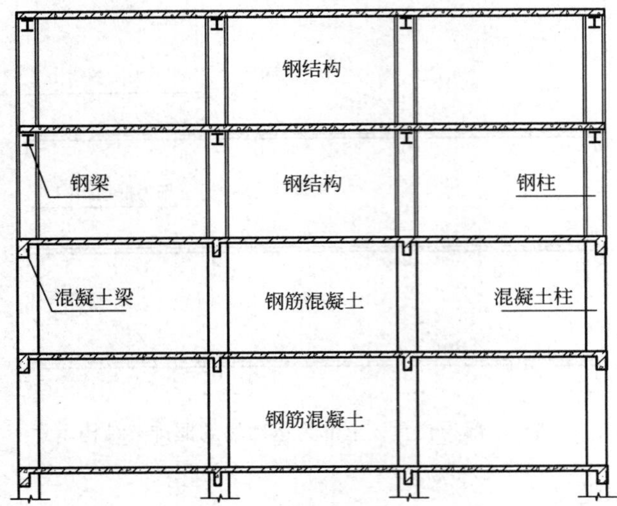

图 4.1-7　下部为钢筋混凝土结构、上部为钢结构示意

2. 下部混凝土结构、上部钢结构的设计

现行国家标准对这种下部混凝土结构、上部钢结构竖向混合结构体系没有规定。虽然竖向存在刚度突变，但它的刚度分布是下部大、上部小，比底部框架-抗震墙结构有利。此种结构属于创新性的技术方法或措施，应进行论证并应符合相关规范的要求方可实施。设计时应注意以下五个方面。

(1) 结构下部刚度大、上部刚度小。这种下刚上柔的结构，规范是允许的。若上部结构采用钢结构-支撑体系，则应控制其刚度变化幅值。

(2) 若上部刚度显著小于下部刚度，应考虑上部钢结构在地震作用下的鞭梢效应。

(3) 混凝土结构和钢结构有不同的阻尼比，需分析其对结构的影响。

(4) 应明确钢柱与下层混凝土柱的连接方式。通常在设计门式轻钢结构时，因锚栓安装需要，柱下需设置截面尺寸较大的柱墩。但在图 4.1-7 所示的工程中，二层通常不具备大幅增加柱截面尺寸的条件。

(5) 对这种竖向混合结构的位移和变形控制，规范没有规定，可参照钢筋混凝土结构和钢结构的要求分别执行。

4.2　振动舒适度

《混凝土结构通用规范》GB 55008—2021 第 4.2.3 条　房屋建筑的混凝土楼盖应满足楼盖竖向振动舒适度要求；混凝土结构高层建筑应满足 10 年重现期水平风荷载作用的振动舒适度要求。

4.2.1 楼盖竖向振动舒适度的定义是什么？梁式楼盖自振频率如何计算？

1. 楼盖竖向振动舒适度的定义

楼盖竖向振动舒适度是指人们对楼盖竖向振动从生理与心理方面所感受到的满意程度而进行的综合评价，包括楼盖结构的竖向振动频率和竖向振动加速度峰值。

随着高强轻质材料的应用和施工技术的进步，同时为了满足建筑大空间、开敞式功能需要，大跨度楼盖、大悬挑梁广泛被设计。这种结构刚度小、竖向自振频率低，在人的活动和其他动力作用下极易发生振动，从而引起人们的不适感和恐慌。此外，对于有精密仪器的医院、实验室等建筑，过大的楼盖振动可能导致这些精密仪器无法正常开展工作。

2. 梁式楼盖自振频率的计算

梁式楼盖自振频率可通过竖向变形计算，初步判断舒适度是否满足要求。在均布荷载作用下，梁式楼盖的第一阶竖向自振频率可按式（4.2-1）计算。

$$f_1=\frac{C_f}{\sqrt{\Delta}} \tag{4.2-1}$$

式中 f_1——第1阶竖向自振频率（Hz）；

Δ——梁式楼盖的最大竖向变形（mm）；

C_f——梁式楼盖的频率系数，可取18～20。

3. 对振动比较敏感的楼盖

（1）跳舞、演唱会、体育比赛、健身操和室内体育运动属于多人参与且按一定韵律进行的活动，当楼盖结构竖向自振频率较小时，容易产生较大的振动加速度响应。其楼盖结构设计时需要进行楼盖振动舒适度设计。

梁式楼盖刚度较大，舞厅、演出舞台、健身房等建筑，宜采用梁式楼盖。

（2）不封闭连廊和室内天桥的横向宽度较小，横向和竖向自振频率较低，应进行横向振动和竖向振动舒适度设计；封闭连廊横向自振频率较大，可仅进行竖向振动舒适度设计。

此处的连廊指的是连接于两幢或几幢建筑之间的走廊，分为封闭式和不封闭式两种。笔者认为，不考虑横向振动的封闭式连廊，其屋盖应该具有一定刚度，而不仅仅是建筑围护构件。

4.2.2 楼盖舒适度计算时混凝土弹性模量和荷载如何取值？

规范明确提出了房屋建筑混凝土楼盖竖向振动舒适度问题，在设计中应考虑以下主要参数。

1. 混凝土弹性模量

对钢筋混凝土楼盖和钢-混凝土组合楼盖计算舒适度时，楼盖振动相对较小，混凝土弹性模量可采用动弹性模量，即将混凝土的静弹性模量放大。钢筋混凝土楼盖和钢-混凝土组合楼盖的动弹性模量，可按《混规》中规定的数值分别放大1.20倍和1.35倍。

楼盖舒适度计算时，钢材弹性模量仍采用静弹性模量。

2. 荷载

舒适度设计时，楼盖上的荷载取值与结构承载力极限状态设计不同。楼盖上的荷载包括永久荷载、有效均布活荷载和人群荷载等。

永久荷载包括楼盖自重、面层、吊挂和固定隔墙等实际使用时楼盖上的荷载。荷载激励下楼盖振动加速度、结构自振频率与振动有效重量有关，当永久荷载取值大于实际情况时，计算的振动加速度值偏小。因此，当楼盖、面层、吊挂和固定隔墙等荷载不能确定时，宜取其自重的下限值。

有效均布活荷载是指舒适度计算时楼盖上的活荷载，按实际情况取值，而不是根据《荷载规范》取值。

人群荷载包括行走激励和有节奏运动的人群荷载。

4.2.3　有哪些提高楼盖舒适度的措施?

为提高楼盖振动舒适度，可根据项目特点采用增强楼盖刚度、增加阻尼、调整振源位置或采取减振、隔振措施等方法。

1. 增强楼盖刚度

增强楼盖刚度可采用增大构件截面、增设构件支点等方法。

增大构件截面，可采用加大截面高度或宽度、加厚翼缘板、变工字形截面为箱形截面等方式，适用于梁、板体系。

增设构件支点，主要方法有增设柱、墙、支撑或辅助杆件来增加构件支点；将简支结构端部连接成连续结构；将构件端部支承由铰接改为刚接；调整构件的支座位置等。其中最有效的是增设柱、墙等构件支点，但此方法对建筑功能影响大，往往难以被业主采纳。

2. 增加阻尼

增加楼板阻尼可以减小楼盖振动，可采用下列措施：(1) 增设隔墙、吊顶或面层等非结构构件；(2) 设置调频质量阻尼器。

调频质量阻尼器，简称 TMD（Tuned Mass Damper），一般由惯性质量、弹簧系统、阻尼系统、质量块支撑系统和导向、限位系统等组成，分为悬吊式和支撑式两大类。一个调频质量阻尼器只能有效地减少某个频率附近的结构振动。当结构振动包含有多个振型时，需要设置多个调频质量阻尼器分别对不同的振型进行控制。

3. 调整振源位置

当因设备振动影响楼盖舒适度时，宜采用调整振源、防止共振等措施。

对设备引起的振动，若条件许可，调整设备的位置是最简单有效的控制方法。

防止和减少共振响应是振动控制的重要方面。可通过改变设备转速、型号或局部加强法等，改变设备的固有频率，防止其与楼盖自振频率接近以免引起共振。

4. 采取减振、隔振措施

对于常见的设备振动，目前广泛应用的措施是在设备底座安装减振器、隔振器。

4.2.4　高层建筑风荷载作用下的振动舒适度有何规定?

风振舒适度是指人体对风致结构振动的主观感受，通常采用风振加速度作为衡量标准。

1. 需计算风振舒适度的建筑

《高规》第 3.7.6 条规定：房屋高度不小于 150m 的高层混凝土建筑结构应满足风振

舒适度要求。

《高层民用建筑钢结构技术规程》JGJ 99—2015 第 3.5.5 条规定：房屋高度不小于 150m 的高层民用建筑钢结构应满足风振舒适度要求。

《混凝土结构通用规范》GB 55008—2021 规定：混凝土结构高层建筑应满足 10 年重现期水平风荷载作用的振动舒适度要求。

从以上条文可以看出，《混凝土结构通用规范》GB 55008—2021 取消了房屋高度不小于 150m 的限值要求，代之以高层建筑均应满足风振舒适度的要求。

2. 结构阻尼比取值

计算风振舒适度时，对混凝土结构、混合结构以及钢结构，其阻尼比取值如表 4.2-1 所示。一般情况下，对房屋高度小于 100m 的钢结构阻尼比取 0.015，对房屋高度大于 100m 的钢结构阻尼比取 0.01。

不同结构材料风振舒适度计算阻尼比取值 **表 4.2-1**

结构材料	混凝土结构	混合结构	钢结构
阻尼比	0.02	0.01～0.02	0.01～0.015

3. 结构顶点风振加速度限值

高层建筑的风振加速度包括顺风向最大加速度、横风向最大加速度和扭转角速度，规范规定了结构顶点的顺风向和横风向振动最大加速度限值，如表 4.2-2 所示。

从表 4.2-2 可以看出，混凝土结构和钢结构的顶点风振加速度限值不一致。风振舒适度是人体对风致结构振动的主观感受，严格意义上说，这种主观感受与结构材料并无直接关系。钢结构顶点风振加速度限值是依据《高层民用建筑钢结构技术规程》JGJ 99—2015 的规定，参考了加拿大国家建筑规范，再结合我国国情而做出的限值规定。加拿大规范规定，加速度限值取（1%～3%）g，重现期取 10 年，公寓建筑取低限，办公建筑取高限。

结构顶点风振加速度限值 a_{lim}（$\mathrm{m/s^2}$） **表 4.2-2**

使用功能	a_{lim}	
	混凝土结构	钢结构
住宅、公寓	0.15	0.20
办公、旅馆	0.25	0.28

4.2.5 顺风向风振加速度如何计算？

1. 规范对顺风向风振加速度计算的规定

《高规》第 3.7.6 条规定：结构顶点的顺风向和横风向振动最大加速度可按现行行业标准《高层民用建筑钢结构技术规程》JGJ 99—2015 的有关规定计算。

《高层民用建筑钢结构技术规程》第 3.5.5 条规定：结构顶点的顺风向和横风向振动最大加速度，可按现行国家标准《荷载规范》的有关规定计算。

因此，结构风振加速度应按现行国家标准《荷载规范》的附录 J 计算。

2. 顺风向风振加速度计算公式

体型和质量沿高度均匀分布的高层建筑，顺风向风振加速度按式（4.2-2）计算。

$$a_{D,z}=\frac{2gI_{10}\omega_R\mu_s\mu_z B_z\eta_a B}{m} \tag{4.2-2}$$

式中 $a_{D,z}$——高层建筑顺风向风振加速度（m/s^2）；

g——峰值因子，可取2.5；

I_{10}——10m高度名义湍流强度，对应A、B、C和D类地面粗糙度，可分别取0.12、0.14、0.23和0.39；

ω_R——重现期为R年的风压（kN/m^3）；

μ_z——风压高度变化系数；

μ_s——风荷载体型系数；

B_z——脉动风荷载的背景分量因子；

η_a——顺风向风振加速度的脉动系数；

B——迎风面宽度（m）；

m——结构单位高度质量（t/m）。

3. 峰值因子

早期以Davenport为代表的风工程研究人员为了研究方便，假设脉动风压服从平稳高斯分布。高斯过程是概率论和数理统计中随机过程的一种，是一系列服从正态分布的随机变量在一指数级内的组合，其任意随机变量的线性组合都服从正态分布。

平稳高斯过程峰值因子存在如下近似关系。

$$g=\sqrt{2\ln(vT)}+\frac{0.577}{2\ln(vT)} \tag{4.2-3}$$

式中 v——结构频率；

T——平均风速统计时距，规范规定的风压时距为10min，因此T应取为600s。

《建筑结构荷载规范》GB 50009—2012中，g取值为2.2；《建筑结构荷载规范》GB 50009—2012中，平稳高斯过程峰值因子g取值有所提高，取为2.5。国外规范大多取3.0～3.5，我国规范峰值因子取值偏小。峰值因子的取值是与不同国家的规范体系、可靠度指标相匹配的，因此不应就此认为我国规范给出的总风荷载偏小。

4. 湍流强度

脉动风速三个方向的分量可视为零均值的平稳随机过程，定义脉动风速的均方根值与平均风速之比为湍流强度，以表征风速脉动的相对强度。

顺风向湍流强度按式（4.2-4）计算。

$$I_u=\frac{\sigma_u}{\overline{U}} \tag{4.2-4}$$

式中 σ_u——脉动风速顺风向均方根值；

$\overline{U}$——平均风速。

对不同高度的湍流强度，按式（4.2-5）计算。

$$I_u(z)=I_{10}\left(\frac{z}{10}\right)^{-\alpha} \tag{4.2-5}$$

式中 z——离地高度；

α——地面粗糙度指数；

I_{10} ——10m 高度名义湍流强度，对应 A、B、C 和 D 类地面粗糙度，可分别取 0.12、0.14、0.23 和 0.39。

5. 脉动风荷载的背景分量因子

脉动风荷载背景分量因子的计算式为多重积分公式，运用起来非常复杂。规范经大量试算及回归分析，对体型和质量沿高度均匀分布的高层建筑和高耸结构，采用非线性最小二乘法拟合得到以下简化公式。

$$B_z=\frac{\int_0^B\int_0^B coh_x(x_1,x_2)\,dx_1dx_2}{B\int_0^H\phi_1^2(z)\,dz}\times\frac{\phi_1(z)}{\mu_z(z)}$$
$$\times\int_0^H\int_0^H[\mu_z(z_1)\phi_1(z_1)\bar{I}_z(z_1)][\mu_z(z_2)\phi_1(z_2)\bar{I}_z(z_2)]coh_z(z_1,z_2)\,dz_1dz_2$$
$$=kH^{a_1}\rho_x\rho_z\frac{\phi_1(z)}{\mu_z(z)} \tag{4.2-6}$$

式中 k、a_1——系数，按《荷载规范》表 8.4.5-1 取值；

H ——结构总高度（m），对 A、B、C 和 D 类地面粗糙度，H 的取值分别不应大于 300m、350m、450m 和 550m；

ρ_x ——脉动风荷载水平方向相关系数；

ρ_z ——脉动风荷载竖直方向相关系数；

$\phi_1(z)$ ——结构第 1 阶振型系数；

$\mu_z(z)$ ——风压高度变化系数。

6. 顺风向风振加速度的脉动系数

顺风向风振加速度计算中与频率有关的项，用脉动系数 η_a 表示，其推导公式为：

$$\eta_a=\sqrt{\int_0^\infty\omega^4|H_{q1}(i\omega)|^2S_f(\omega)\,d\omega} \tag{4.2-7}$$

式中 ω ——结构顺风向圆频率；

$|H_{q1}(i\omega)|^2$ ——频响函数；

$S_f(\omega)$ ——风速谱。

4.2.6 大跨度结构的振动案例

某商场项目因局部抽柱，单向布置的大跨度次梁支承在大跨度主梁上（图 4.2-1），荷载传递路径较长，应进行楼盖自振频率和振动加速度验算。

1. 楼盖结构振动峰值加速度计算

对于这种比较规则的楼盖结构，可采用《高规》附录 A 对楼盖结构竖向振动加速度进行计算。该公式主要参考了美国钢结构协会 AISC《人群活动下的楼面振动》的计算方法，并进行了适当的简化和修改。当楼盖结构布置比较复杂时，楼盖结构阻抗有效重量的计算范围不好确定；对楼盖结构的自振频率计算，《高规》和《混规》等规范也没有提供楼盖结构竖向自振频率的计算公式，导致设计时存在困难。

人行走引起的楼盖振动峰值加速度可按式（4.2-8）～式（4.2-11）近似计算。

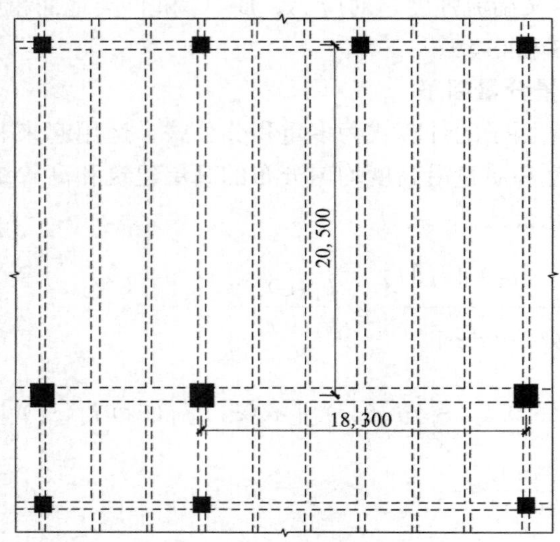

图 4.2-1　大跨度次梁支承在大跨度主梁上示意图（单位：mm）

$$a_{\mathrm{P}}=\frac{F_{\mathrm{P}}}{\beta\omega}g \tag{4.2-8}$$

$$F_{\mathrm{P}}=p_0\mathrm{e}^{-0.35f_{\mathrm{n}}} \tag{4.2-9}$$

$$\omega=\overline{\omega}BL \tag{4.2-10}$$

$$B=CL \tag{4.2-11}$$

式中　a_{P}——楼盖振动峰值加速度（$\mathrm{m/s^2}$）；

F_{P}——接近楼盖结构自振频率时人行走产生的作用力（kN）；

β——楼盖结构阻尼比；

ω——楼盖结构阻抗有效重量（kN）；

g——重力加速度（$\mathrm{m/s^2}$）；

p_0——人行走产生的作用力（kN）；

f_{n}——楼盖结构自振频率（Hz）；

$\overline{\omega}$——楼盖单位面积有效重量（$\mathrm{kN/m^2}$），取恒荷载和有效分布活荷载之和；楼层有效分布活荷载，对办公建筑可取 $0.55\mathrm{kN/m^2}$，对住宅可取 $0.3\mathrm{kN/m^2}$；

B——楼盖阻抗有效质量的分布宽度（m）；

L——梁跨度（m）；

C——垂直于梁跨度方向的楼盖受弯连续性影响系数，对边梁取 1，对中间梁取 2。

2. 人行走作用力及楼盖结构阻尼比

人行走作用力及楼盖结构阻尼比按表 4.2-3 取值，阻尼比适用于钢筋混凝土楼盖结构和钢-混凝土组合楼盖结构。对住宅、办公建筑，阻尼比 0.02 可用于无家具和其他非结构构件的情况；阻尼比 0.03 可用于有家具和非结构构件，带少量可拆卸隔断的情况；阻尼比 0.05 可用于含全高填充墙的情况。对室内人行天桥，阻尼比可用于天桥带干挂吊顶的情况。

人行走作用力及楼盖结构阻尼比　　表 4.2-3

人员活动环境	人行走作用力 p_0 (kN)	结构阻尼比 β
住宅、办公	0.3	0.02～0.05
商场	0.3	0.02
室内人行天桥	0.42	0.01～0.02
室外人行天桥	0.42	0.01

3. 楼盖阻抗有效质量的分布宽度

楼盖阻抗有效质量的分布宽度与楼盖实际宽度关系不大，根据梁所在位置，垂直于梁跨度方向的楼盖受弯连续性影响系数对边梁取 1，对中间梁取 2。

当梁跨度很大，如图 4.2-1 中所示跨度 20.5m 的中间梁，计算得到的楼盖阻抗有效质量的分布宽度达 41m，笔者对此计算公式存在疑问。

对连廊、天桥等宽度较小的结构，当计算所得的 B 值大于楼盖实际宽度时，B 值应取楼盖实际宽度。否则，计算所得的楼盖振动峰值加速度与实际情况误差较大。

对钢-混凝土组合楼盖振动有效重量计算，可参照《建筑楼盖结构振动舒适度技术标准》JGJ/T 441—2019 附录 B 计算。

4. 楼盖结构的自振频率

楼盖结构主、次梁自振频率可以利用均布荷载作用下简支梁的基本自振频率方程得到，按式（4.2-12）计算。

$$f_n=\frac{\pi}{2}\sqrt{\frac{gEI}{\omega l^4}} \tag{4.2-12}$$

式中　g——重力加速度；

E——材料的弹性模量；

I——构件的转动惯量；

ω——单位长度均布重力荷载实际值，包括活荷载与恒荷载；

l——构件跨度。

对于承受均布荷载的简支梁，式（4.2-12）可简化为：

$$f_n=0.18\sqrt{g/\Delta} \tag{4.2-13}$$

式中　Δ——简支梁承受均布荷载时的相对跨中挠度，$\Delta=\frac{5\omega l^4}{384EI}$。

式（4.2-13）与式（4.2-1）形式上区别很大，实际上是挠度单位不同导致的。

4.2.7 商场扶梯的振动案例

大型商业综合体项目设计，经常会遇到在 7m 左右的悬挑梁端支撑大跨度扶梯（图 4.2-2）。荷载由扶梯侧边钢桁架（图 4.2-3）传递给大跨度悬挑梁，再传递给主框架梁，荷载传递路径较长，易形成长周期振动。对这种结构应特别注意楼盖振动舒适度的问题。

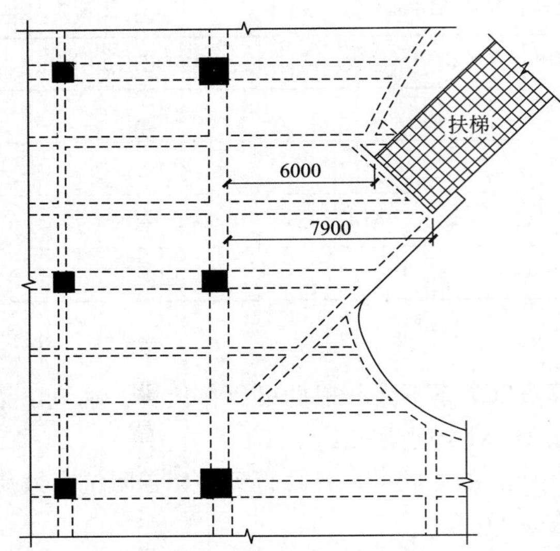

图 4.2-2　大跨度悬挑梁支撑扶梯示意图（单位：mm）

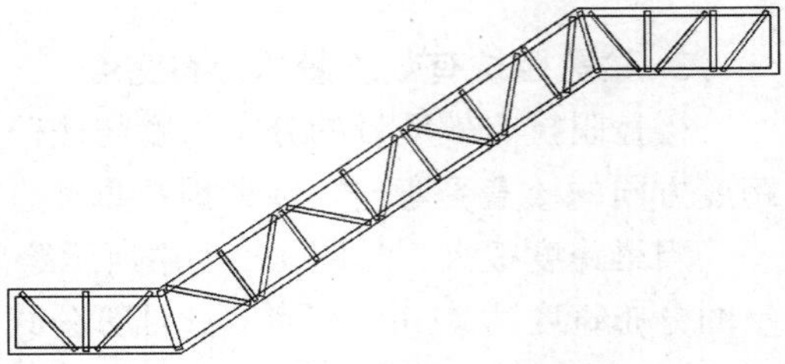

图 4.2-3　扶梯钢桁架示意图

《高规》附录 A 对人行走引起的楼盖振动峰值加速度的近似公式，是基于多边支承的楼盖结构推导建立的，对大跨度悬挑梁是否适用应引起重视。同时，对于大跨度悬挑梁支承扶梯钢桁架时，面临不同的结构材料、不同的结构体系，与《高规》公式的推导过程也差异巨大。因此，对这种大跨度悬挑梁支承扶梯钢桁架的楼盖振动舒适度，宜采用时程分析方法计算。

4.3　与施工阶段有关的结构设计

《混凝土结构通用规范》GB 55008—2021 第 4.3.1 条　混凝土结构进行正常使用阶段和施工阶段的作用效应分析时应采用符合工程实际的结构分析模型。

4.3.1　大跨度井字梁设置后浇带的设计措施

1. 后浇带截断井字梁

一些公共建筑，如医院门诊楼，当结构长度超过钢筋混凝土框架结构伸缩缝最大间距时，为控制结构裂缝通常设置后浇带以释放部分温度应力。当门诊大堂位于建筑中间位置且仅设置一条后浇带时（图 4.3-1），后浇带会将门诊大堂上部大跨度井字梁截断，本层及以上楼层的施工荷载将由模板支撑承担，对施工非常不利，且存在安全风险。

2. 后浇带避开大跨度主梁的措施

为避免后浇带将大跨度主梁截断，宜采取措施，避免在大跨度主梁处设置后浇带。若结构平面受限，无法避开，可优化传力途径，采用单向主次梁楼盖结构，后浇带与大跨度主梁平行设置（图 4.3-2）。

3. 大跨度结构宜采用钢结构

大跨度结构采用钢筋混凝土构件，其截面尺寸大，混凝土用量多，结构自重产生的弯

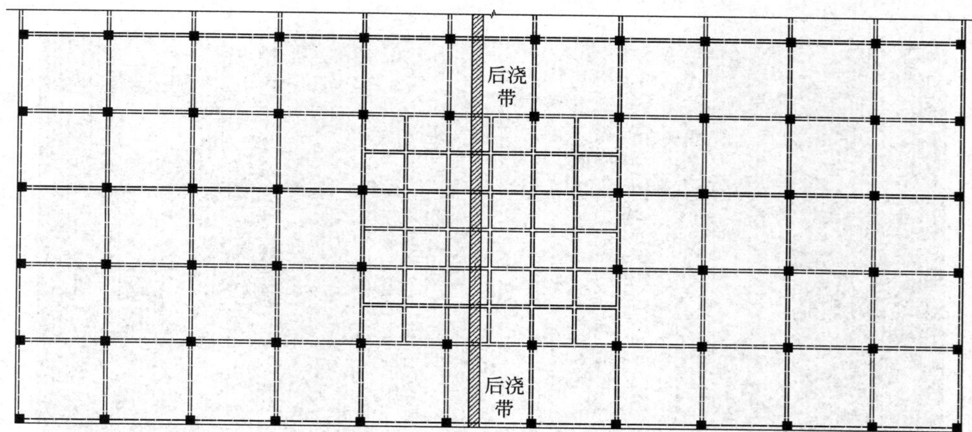

图 4.3-1 后浇带截断大跨度井字梁示意图

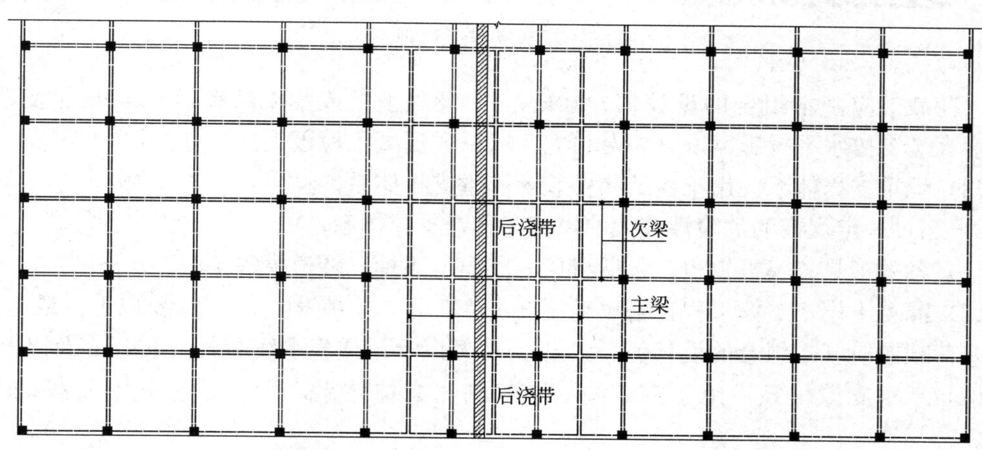

图 4.3-2 后浇带与大跨度主梁平行设置示意图

矩也大，且存在高支模的问题，施工周期长，难度非常大。

而钢结构强度高、自重轻，安装方便，施工效率高。在工厂生产加工完成后，在工地现场只需要吊装、安装，混凝土用量少，能有效缩短工期，是非常适合大跨度结构的方案之一。

4. 宜避免高支模工程

图 4.3-3 为某模板支撑工程现场照片。这种模板工程，费时费工，尤其应避免大跨度结构因后浇带延迟封闭导致结构本身不能形成承载能力，模板支撑体系需要承载多层施工荷载，导致施工安全隐患。

住房和城乡建设部 2018 年发布的 37 号文《危险性较大的分部分项工程安全管理规定》对模板工程及支撑体系做出了规定。

1）危险性较大的模板工程及支撑体系

（1）各类工具式模板工程：包括滑模、爬模、飞模、隧道模等工程。

（2）混凝土模板支撑工程：搭设高度 5m 及以上，或搭设跨度 10m 及以上，或施工总

图 4.3-3　模板支撑工程现场照片

荷载（荷载效应基本组合的设计值）10kN/m² 及以上，或集中线荷载 15kN/m 及以上，或高度大于支撑水平投影宽度且相对独立无联系的混凝土模板支撑工程。

（3）承重支撑体系：用于钢结构安装等满堂支撑体系。

2）超过一定规模的危险性较大的模板工程及支撑体系

（1）各类工具式模板工程：包括滑模、爬模、飞模、隧道模等工程。

（2）混凝土模板支撑工程：搭设高度 8m 及以上，或搭设跨度 18m 及以上，或施工总荷载（荷载效应基本组合的设计值）15kN/m² 及以上，或集中线荷载 20kN/m 及以上。

（3）承重支撑体系：用于钢结构安装等满堂支撑体系，承受单点集中荷载 7kN 及以上。

对于超过一定规模的危大工程，施工单位应当组织召开专家论证会对专项施工方案进行论证。实行施工总承包的，由施工总承包单位组织召开专家论证会。

4.3.2　后浇带导致局部形成不稳定结构

医疗建筑门诊楼两个方向的尺寸均较大，且为采光需要设置较多中庭。当后浇带的位置受到有水房间、有辐射房间等不利条件制约时，可能导致设计不合理。如图 4.3-4 所示后浇带，中庭附近在施工阶段形成单柱不稳定结构。

在后浇带封闭之前，上部楼层的荷载均将传递给一层的模板支架；若施工单位仍按普通支模架设计，将导致严重的安全隐患。

在左侧的楼梯间附近，形成单跨框架结构，对结构安全有一定程度的不利影响。

设置后浇带宜符合以下原则。

（1）后浇带间距通常按 30～40m 设置，后浇带宽度宜为 700～1000mm。

（2）后浇带的位置宜设置在梁、板跨度的 1/3 处，此处弯矩、剪力较小。

（3）需根据结构总长度判断后浇带处梁、板钢筋连续或断开。

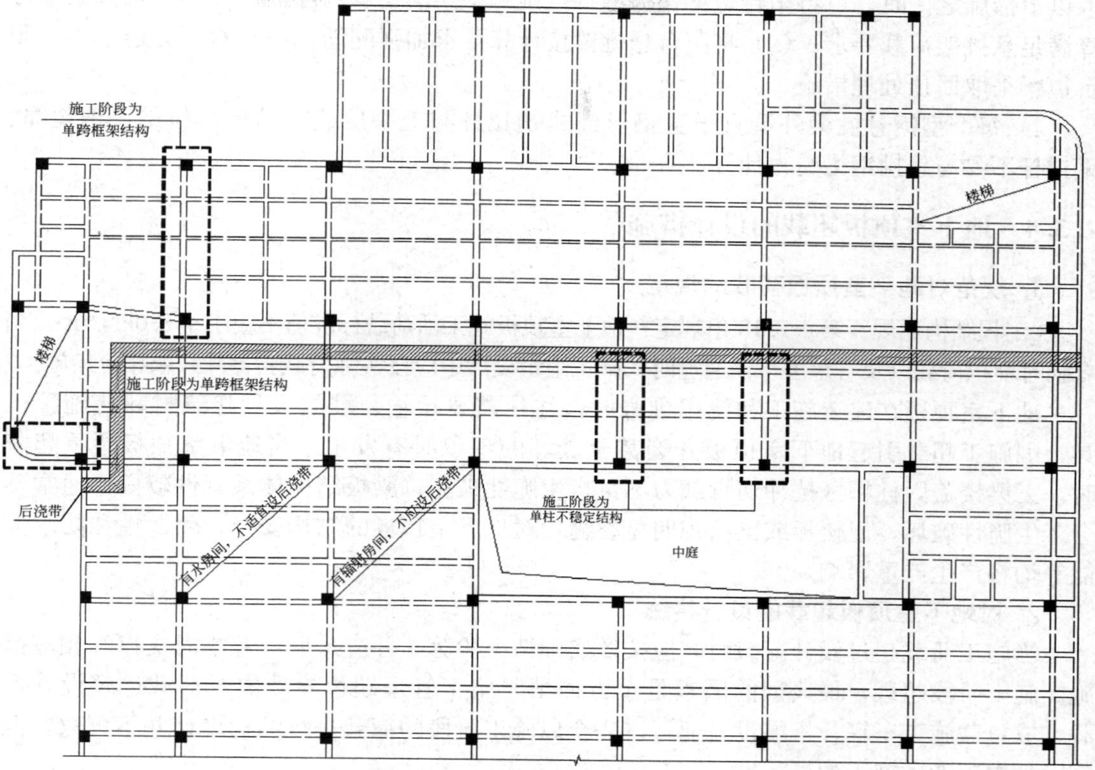

图 4.3-4 后浇带设置不当导致施工阶段形成不稳定结构示意

（4）后浇带处混凝土未浇筑前，不得拆除相关范围内的梁、板模板，避免形成悬臂构件。

（5）后浇带位置宜避开有水房间。

4.3.3 施工悬挑脚手架对主体结构的影响

当采用型钢悬挑脚手架施工时（图 4.3-5），对主体结构以下部位需进行验算。

1）对型钢悬挑脚手架下的结构混凝土梁（板）应按《混规》的规定进行混凝土局部受压承载力、结构承载力验算。当不满足要求时，应采取可靠的加固措施。

2）当型钢悬挑梁与结构锚固的压点处楼板未设置上层受力钢筋时，应计算因承受型钢梁锚固作用产生的负弯矩，并配置相应的板面受力钢筋。

锚固位置设置在楼板上时，楼板的厚度不宜小于 120mm；如楼板的厚度小于 120mm，应采取加固措施。

3）悬挑钢梁支承点应设置在结构梁上，不得设置在外伸阳台上或悬挑板上，否则应采取加固措施。当采

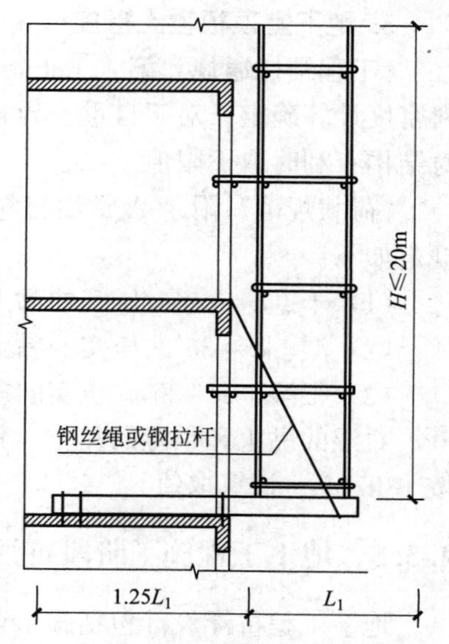

图 4.3-5 型钢悬挑脚手架构造示意

取以下措施之一时，可将阳台边梁作为型钢悬挑脚手架的支承构件：(1) 阳台悬挑梁经计算满足悬挑架荷载要求；(2) 将阳台悬挑梁按计算要求加强配筋；(3) 对下方连续两层阳台边梁采取回顶处理措施。

4) 每个型钢悬挑梁外端宜设置钢丝绳或钢拉杆与上一层建筑结构斜拉结。钢丝绳、钢拉杆不参与悬挑钢梁受力计算。

4.3.4　地下室顶板超载的设计措施

1. 规范对地下室顶板荷载的规定

《工程结构通规》第4.2.13条规定：地下室顶板施工活荷载标准值不应小于5.0kN/m^2，当有临时堆积荷载以及有重型车辆通过时，施工组织设计中应按实际荷载验算并采取相应措施。

地下室顶板在建造施工和使用维修时，往往需要运输、堆放大量建筑材料与施工机具，因施工超载引起地下室顶板开裂甚至破坏的现象时有发生。当地下室顶板严重超载时，无梁楼盖因柱帽区抗冲切承载力不足产生脆性破坏；梁板结构体系延性较好，通常不会产生脆性破坏，但楼板或梁出现明显裂缝，对地下室顶板的结构安全、耐久性和防水性能等均将产生严重影响。

2. 对地下室顶板超载的设计措施

当施工荷载超过设计荷载时，应按照实际情况验算，并应采取设置临时支撑等相应措施。施工阶段超载，最典型的因素是土方回填时施工管理缺位导致覆土荷载远超设计荷载，或重载施工车辆、机械设备通行。完全以施工阶段的荷载进行结构设计并不可取，但在设计中应考虑施工的可行性。

除了施工阶段荷载超过设计取值，因园林景观设计要求营造局部地形，使局部覆土厚度大幅增高，当未与主体设计单位沟通时，实际荷载远大于设计荷载，导致地下室顶板开裂破坏的情况也时有所见。对局部地形覆土厚度增高处，可采用轻质材料回填，使地下室顶板的实际荷载满足设计要求。

3. 地下室顶板覆土重度

《工程结构通规》第4.1.1条规定：结构自重的标准值应按结构构件的设计尺寸与材料密度计算确定。对于自重变异较大的材料和构件，对结构不利时自重标准值取上限值，对结构有利时取下限值。

《荷载规范》附录A常用材料和构件的自重中表A常用材料和构件自重表对黏土重度规定如下。

(1) 干、$\varphi=40°$、压实的黏土重度为16kN/m^3。

(2) 湿、$\varphi=35°$、压实的黏土重度为18kN/m^3。

(3) 很湿、$\varphi=25°$、压实的黏土重度为20kN/m^3。

对湿的黏土和很湿的黏土，其状态比较难以界定。目前对地下室顶板的覆土重度大都按18kN/m^{3}计算取值。

4.3.5　地下工程施工阶段抗浮失效的原因

地下工程抗浮设计包括施工期和使用期两个阶段，但设计单位在抗浮设计时主要考虑的是使用期荷载工况。施工期抗浮设计通常在结构设计总说明中注明，要求采用如下施工措施：地下室施工期间，地下水位应降至工程底部最低高程 500mm 以下，降水作业应持续至地下室顶板施工及覆土回填完毕。降水不得影响周边建筑物，并做好相关监测工作。

施工阶段若严格执行上述要求，地下工程施工期抗浮安全能够得到保障。但实际情况并非如此，施工期抗浮失效的现象并不少见，原因主要在于以下几个方面。

1. 未按要求进行降水作业

《地下工程防水技术规范》GB 50108—2008 第 10.0.5 条规定：明挖法地下工程防水施工时，地下水位应降至工程底部最低高程 500mm 以下，降水作业应持续至回填完毕。

《建筑工程抗浮技术标准》JGJ 476—2019 第 8.1.2 条规定：抗浮工程施工时，场地地下水水位不应高于地下结构底板底面下 1.0m，且波动幅度不应大于 0.5m。

两者规定有一定的区别。但考虑波动幅度的幅值，《建筑工程抗浮技术标准》JGJ 476—2019 的规定也同样是结构底板底面下 0.5m。某种程度上说，《地下工程防水技术规范》GB 50108—2008 要求的是工程底部最低高程 0.5m 以下，包括了电梯基坑、设备用房等，要求更严格。

施工期地下水位要求降至工地底部最低高程 500mm 以下，需要长时间持续的降水作业，机械台班、人工、耗电等费用均不低。施工单位通常未按要求持续降水。

2. 后浇带封闭时间偏早

在地下工程后浇带完全封闭之前，不会产生明显的压力水头，地下室底板受到的水浮力较小，一般情况下不会产生抗浮失效问题。当后浇带封闭时间过早、顶板覆土还未施工，且未按要求进行降水作业时，可能导致施工期抗浮失效。

3. 基坑肥槽回填质量不满足设计要求

基坑肥槽回填应采用分层夯实的黏性土、灰土或浇筑预拌流态固化土、素混凝土等弱透水性材料；分层厚度不大于 300mm，压实系数不小于 0.94。实际施工过程中，回填质量不能满足上述要求，基坑肥槽透水性强，地表水大量下渗，地下水位迅速壅高，导致地下工程抗浮失效。

4. 地下室顶板覆土时间滞后

地下室顶板覆土荷载，在抗浮自重中占比较大。一些项目施工阶段抗浮失效，其主要原因就是顶板未及时覆土。地下室顶板覆土完成，意味着该工程已基本进入使用期抗浮阶段，不再需要采用施工期的降排水措施。

5. 对场地土层特性了解不足

当地下室周边、底板下部为弱透水土层，且地表水大量下渗时，地下室周边将形成脚盆效应，对地下工程抗浮不利。当地下室底板下部土层为圆砾层时，一般情况下圆砾透水性较强。当地表水渗入后，理想状态是地下水透过圆砾层继续下渗，不会形成较高的压力水头。

但工程实际案例表明，在暴雨时圆砾层的透水性不足以充分排泄地表水，仍可能导致地下室抗浮失效。

4.4 设计阶段结构假定与简化模型

《混凝土结构通用规范》GB 55008—2021 第 4.3.2 条　结构分析模型应符合下列规定。

1. 应确定结构分析模型中采用的结构及构件几何尺寸、结构材料性能指标、计算参数、边界条件及计算简图。

2. 应确定结构上可能发生的作用及其组合、初始状态等。

3. 当采用近似假定和简化模型时，应有理论、试验依据及工程实践经验。

4.4.1 地下室顶板采用加腋大板时塔楼周边高差处支座条件有误

地下室顶板在塔楼周边通常存在较大的高差，导致地下室顶板不连续。在楼板高差处，结构的边界条件一般设定为铰接。当地下室顶板采用加腋大板做法时，塔楼周边由于室内外高差导致顶板不连续，高差处边梁不能承担加腋大板的支座弯矩。若此时仍在塔楼周边对地下室顶板加腋，将导致楼板边界条件设置不合理（图 4.4-1）。

地下室顶板加腋大板边界条件设置错误，将会导致以下问题。

（1）地库顶板在高差处支座计算弯矩大于实际承载能力。

（2）板支座弯矩传递给高差处边梁，使边梁承受较大的扭矩。

（3）地下室顶板边跨跨中弯矩、内跨支座弯矩计算值偏小。

当塔楼边梁不能作为地下室顶板的固端支座时，塔楼周边高差处的地下室顶板不宜加腋（图 4.4-2）。

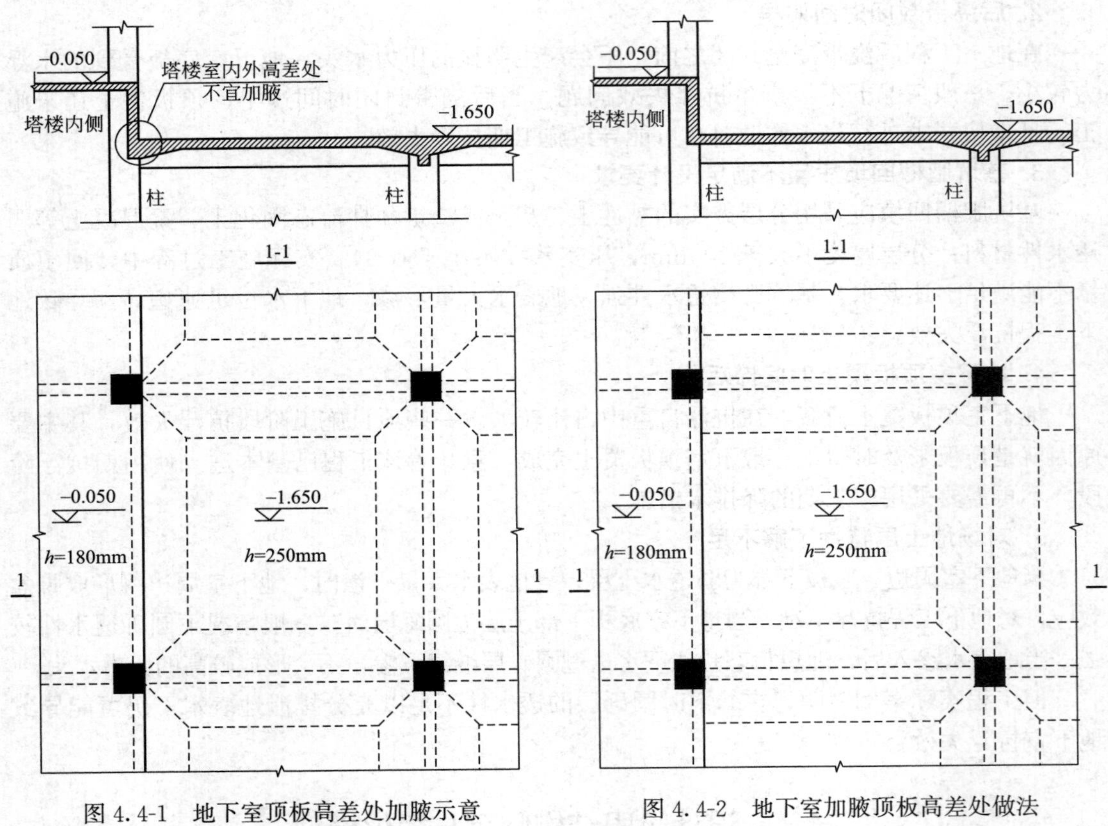

图 4.4-1 地下室顶板高差处加腋示意　　图 4.4-2 地下室加腋顶板高差处做法

4.4.2 预应力地下室顶板锚固于塔楼剪力墙导致墙身开裂

地下室顶板采用预应力梁板结构或预应力无梁楼盖时，在塔楼周边因室内外高差原因，预应力筋通常在塔楼边梁处锚固（图 4.4-3）。这种结构布置形式，有时会导致塔楼周边剪力墙上产生角度比较大的裂缝，这种裂缝主要是由以下三个方面的原因造成的。

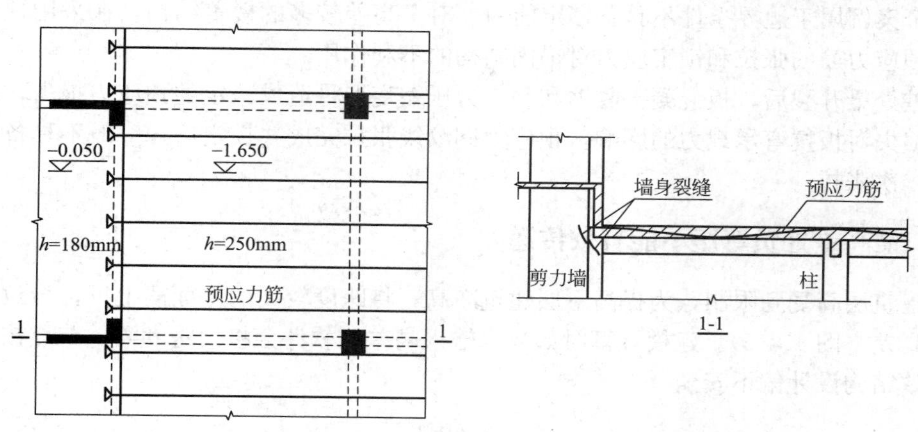

图 4.4-3 预应力地下室顶板在塔楼周边高差处裂缝示意图

1. 预应力使地下室顶板的收缩变形更集中于支座

对于配置普通钢筋的地下室顶板，其混凝土收缩通常表现为一定间距的裂缝。但是对于配置预应力钢筋的楼板，由于施加了预应力，顶板裂缝的数量减少，收缩变形集中到预应力筋的锁定部位，导致塔楼剪力墙发生较大的水平变形。

2. 预加应力对顶板的压缩使变形增大

楼板施加的预应力对其产生的预压缩，与混凝土楼盖结构的自身收缩叠加，增大了地下室顶板的收缩变形。

3. 塔楼剪力墙设计时未充分考虑预应力筋的反作用力

预应力筋在塔楼剪力墙上的张拉锁定值，反向作用在塔楼剪力墙上。但该剪力墙设计时，未对预应力筋的水平拉力进行验算，导致剪力墙产生明显的裂缝。

这个案例属于边界条件不具备锁定能力。

在预应力筋的拉力作用下，塔楼边梁也将承受扭矩作用。由于边梁截面高度较大，在平面外具备一定的变形能力，不一定出现水平裂缝。但如果边梁截面高度较小，变形能力弱，仍有可能产生水平裂缝。

4.4.3 配置预应力筋的地下室顶板在高差处梁上开裂

当预应力楼盖存在高差时，预应力钢绞线在高差处不能贯通，只能截断布置，分开张拉。这种做法可能导致高差处梁腹板产生斜裂缝（图 4.4-4），这种裂缝宽度较大，且为贯通裂缝，水平延伸长度较长，其主要原因有以下三个方面。

（1）预应力使地下室顶板的收缩变形更集中于支座。

（2）预应力对顶板的压缩使变形增大。

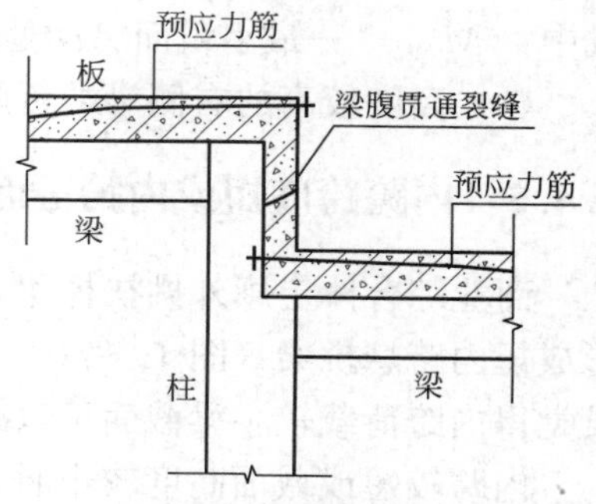

图 4.4-4 预应力地下室顶板高差处裂缝示意图

（3）不同标高两块楼板中的混凝土收缩应力、预应力筋张拉锁定应力反向施加在高差处边梁上，导致梁腹板出现贯通斜裂缝。该裂缝对结构受力、防水等均有影响。

这个案例属于边界条件不具备锁定能力。对于高差较多的楼盖结构，在采用预应力时需考虑预应力筋的张拉和锁定应力对锚固结构的不利作用。

高差处梁开裂后，板混凝土收缩和预应力压缩变形将造成一定的预应力损失，应分析预应力损失对板抗弯承载力的影响。预应力钢绞线张拉完成并锁定后，一般不具备条件对其进行二次张拉。

4.4.4　梁高差处负弯矩不能有效传递

当建筑层高受到限制，为提高下层建筑净高，将跨度较大的屋面梁上反，导致梁顶标高存在高差（图 4.4-5）。建模计算时如果未输入高差，软件会将大跨度梁的节点按刚接计算，导致结构设计偏不安全。

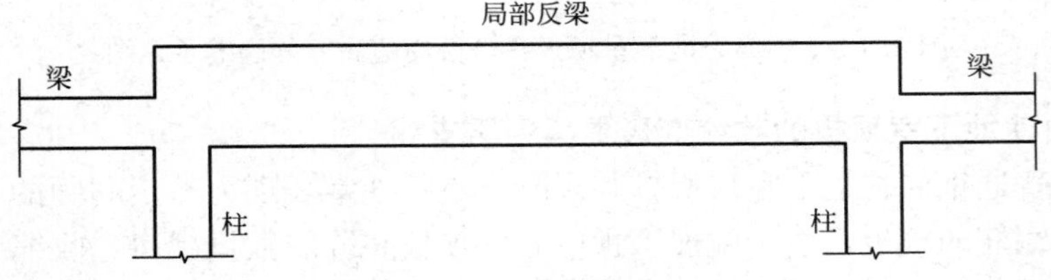

图 4.4-5　屋面层梁顶有高差的示意图

梁柱节点大样如图 4.4-6 所示，该节点若按刚接计算应满足以下三个条件。

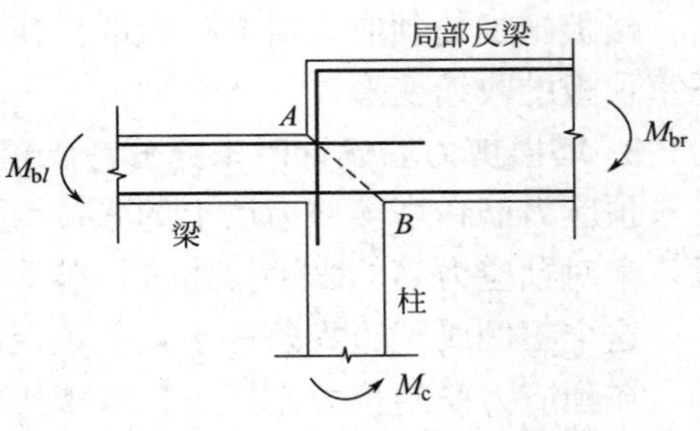

图 4.4-6　梁柱节点大样详图

（1）节点弯矩应满足式（4.4-1）的要求。

$$M_{br} \leqslant M_{bl} + M_c \tag{4.4-1}$$

式中　M_{br}——高度较高的右侧梁端弯矩；

M_{bl}——高度较低的左侧梁端弯矩；

M_c——柱顶弯矩。

（2）最小截面 AB 处的受弯承载力 M_{AB} 应不小于高度较高的右侧梁端弯矩。

$$M_{AB} \geqslant M_{br} \tag{4.4-2}$$

式中　M_{AB}——最小截面 AB 处的受弯承载力。

（3）高度较高的右侧梁端负筋锚固长度应从 A 点算起，并满足锚固长度要求。

4.4.5　内跨跨度短或内跨截面小的大跨度悬挑梁挠度问题

商业综合体走廊外挑扶梯梁，其跨度大致为 7m。由于柱网不规则，当内跨较小时，形成短内跨悬挑梁（图 4.4-7）。内跨跨度虽然是标准柱网，但设计时层高受限，或设计人员觉得内跨荷载较小梁截面可以减小，故形成内跨截面高度较小的悬挑梁（图 4.4-8）。

内跨较短或截面高度较小时，对悬挑梁受力将产生以下影响。

（1）大跨度悬挑梁支座负弯矩较大，这两种悬挑梁内跨弯矩 M_{bl} 较小，不能平衡悬挑梁负弯矩（图 4.4-9）。节点上、下柱端将承担与悬挑梁方向相反的弯矩，节点弯矩应满足

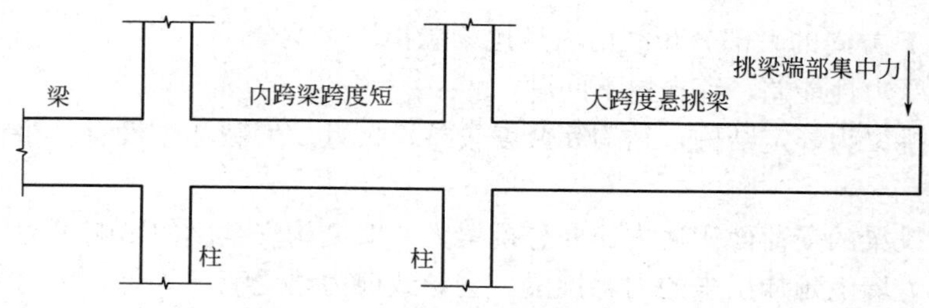

图 4.4-7 内跨悬挑梁跨度较短

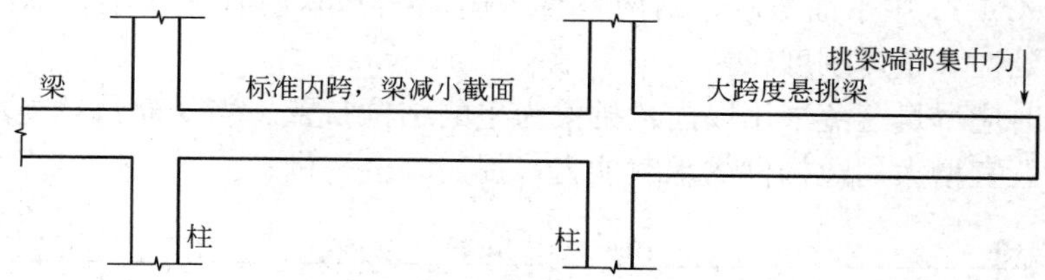

图 4.4-8 内跨截面高度较小的悬挑梁

式（4.4-3）。

$$M_{br}=M_{bl}+M_{cu}+M_{cd} \tag{4.4-3}$$

式中 M_{br}——悬挑梁端负弯矩；

M_{bl}——内跨梁负弯矩；

M_{cu}——柱节点上部弯矩；

M_{cd}——柱节点下部弯矩。

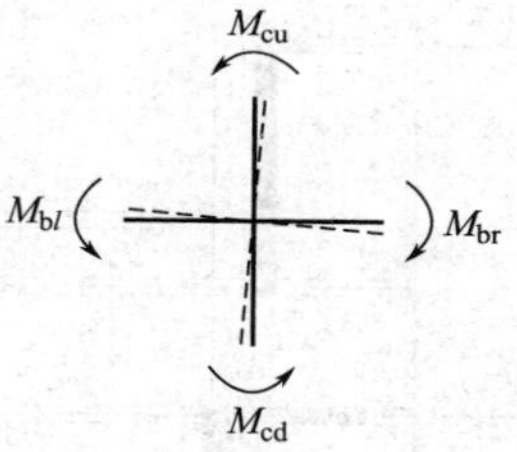

在悬挑梁弯矩作用下，节点会发生扭转，扭转角会增大悬挑梁远端的挠度，导致楼盖舒适度难以满足规范要求。

图 4.4-9 悬挑梁节点弯矩图

（2）当内跨具备较强的刚度，其弯矩与悬挑梁端部负弯矩相差不大时，节点两侧梁端弯矩基本平衡，需要由柱节点分担的上、下部不平衡弯矩较小，节点扭转角很小（图 4.4-10）。这种情况对悬挑梁端部的位移较为有利。

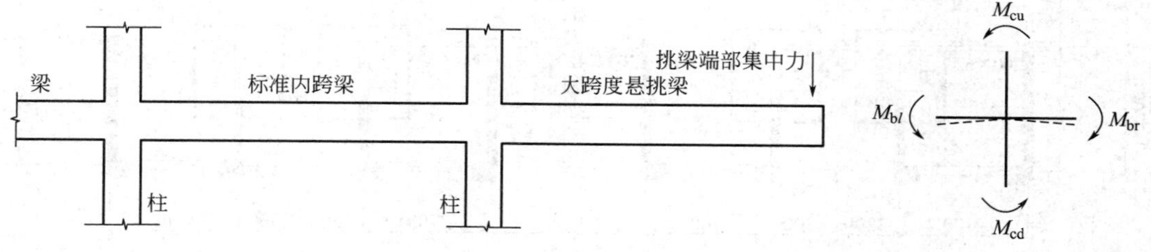

图 4.4-10 悬挑梁两端弯矩平衡示意图

4.4.6 大范围内悬挑梁

某项目为高层住宅，地上 28 层，结构高度 78.40m。设防烈度为 7 度，地震加速度 0.10g。因底部二层为商业，对剪力墙布置有一定的影响，结构平面布置如图 4.4-11 所示。图 4.4-11 中虚线框中的都是内悬挑梁，因内悬挑梁截面高度较大，且其他梁截面普遍较小，结构 Y 方向的大部分荷载由内悬挑梁承担。

内悬挑梁受力性能差，存在以下问题。

(1) 内悬挑梁为静定结构，结构冗余度较差，一旦发生破坏，没有其余构件能够代替其作用。

(2) 内悬挑梁的受荷面积通常比外悬挑梁大，对结构安全度的影响更为显著。

(3) 从剪力墙上延伸出来的内悬挑梁，会导致剪力墙受荷不均匀，墙身平面内承受较大的弯矩。

(4) 如图 4.4-11 中平面所示，结构竖直方向上梁基本没有框架梁，不同墙段之间联系薄弱，结构延性和整体刚度较差。

(5) 设计时应尽量避免采用以内悬挑梁为主的结构布置。当受建筑功能所限，无法避免内悬挑梁时，宜增大周边构件的承载能力，提高安全裕量。

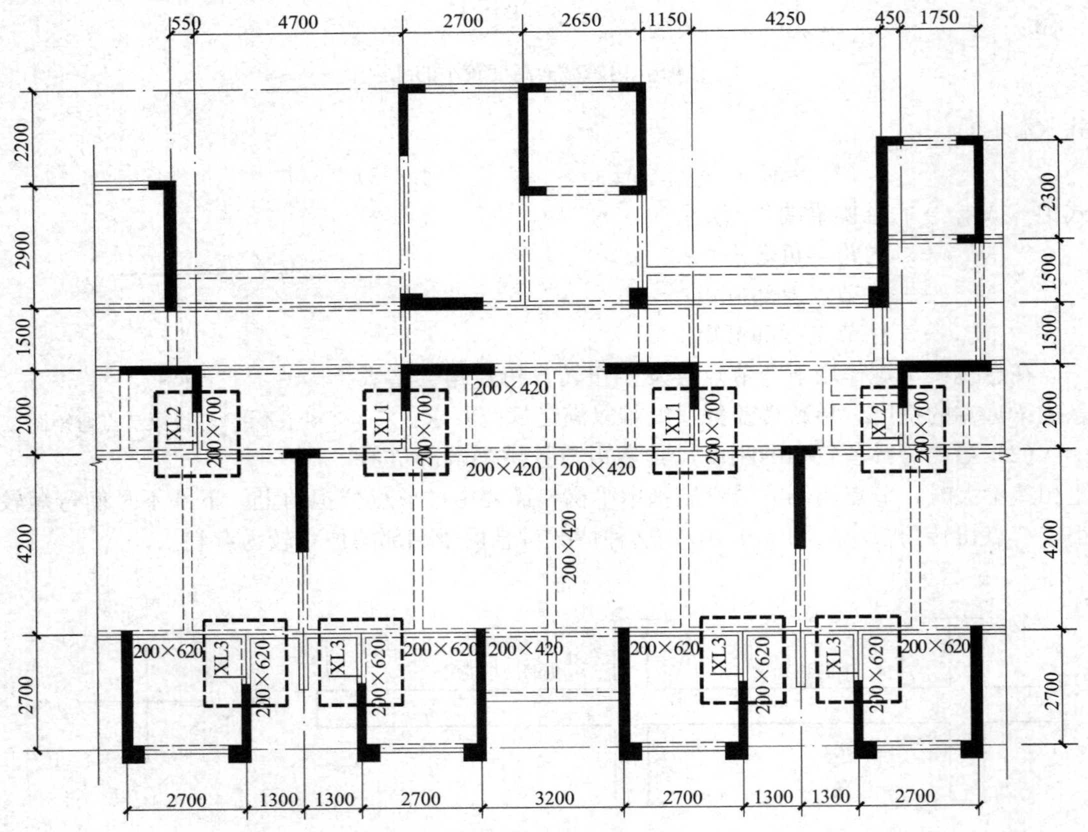

图 4.4-11　结构平面布置图（单位：mm）

4.4.7　多层框架结构单侧挡土

某小区商业建筑，结构层数为 3 层，采用框架结构体系，沿挡土墙方向柱距 7.8m，一层层高 4.5m。基础形式为柱下独立基础或桩基，基础或承台顶标高为−0.800m。因场地高差，一侧挡土，挡土侧设置钢筋混凝土挡土墙（图 4.4-12）。

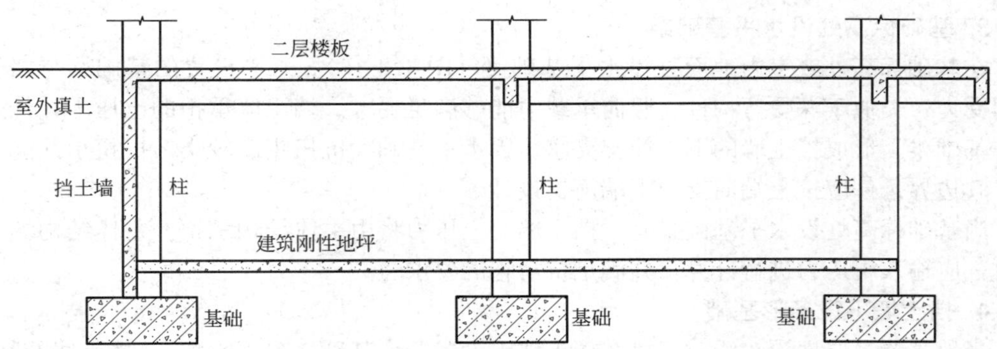

图 4.4-12　框架结构局部挡土剖面图

当由多层框架结构的外墙兼作挡土墙时，需验算挡土墙土压力对框架柱和框架梁配筋的影响，并验算基础的抗滑移承载力。

普通地下室挡土墙设计时，挡土墙承受的土压力为三角形分布，其计算模型按上端铰接、下端刚接设计，挡土墙下部弯矩由地下室底板平衡。对于多层商业建筑，因场地高差需要利用框架结构局部挡土时，一层通常采用建筑刚性地坪，或采用板厚较薄的结构板，难以平衡挡土墙下部弯矩，其计算模型应根据实际情况判断。

1. 一层标高处设墙下基础梁

不考虑建筑刚性地坪的有利作用，在一层地面标高处设墙下基础梁时，基础梁承担挡土墙的竖向荷载，但由于基础梁宽度较小，其水平荷载承载能力较弱（图 4.4-13）。当不考虑基础梁平面外刚度时，结构模型计算的边界条件应按上端简支、下部自由端进行设计，土压力主要由框架柱承担，并应验算框架结构整体的抗滑移承载力，结构受力复杂，宜避免此类传力途径。

2. 基础标高处设基础梁

在基础标高处设置基础梁（图 4.4-14），受力模式与上文接近，但挡土墙的计算高度更大，结构更加不利，建议不要采用此方案。其计算边界条件应按上端简支、下部自由端设计，土压力主要由框架柱承担。

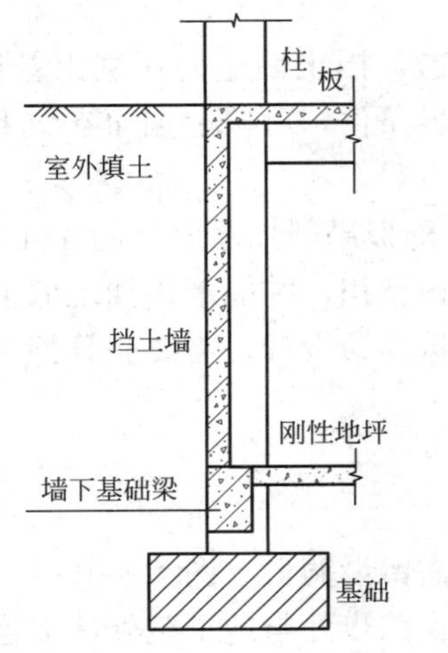

图 4.4-13　墙下楼面标高设基础梁

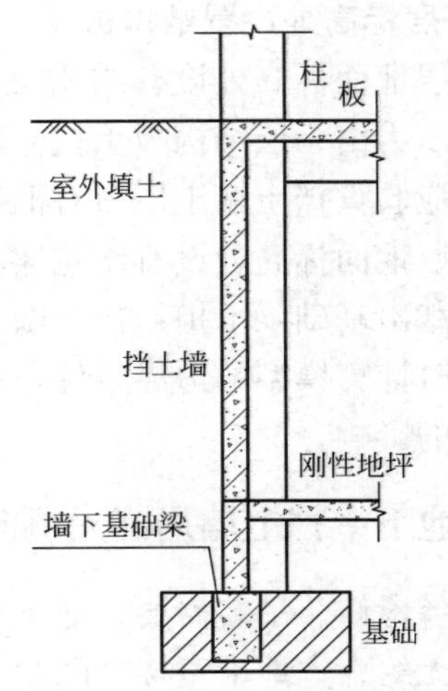

图 4.4-14　墙下基础标高设基础梁

3. **基础标高处设水平基础梁**

在基础标高处或室内地面处设水平基础梁（图 4.4-15）。水平设置的基础梁与挡土墙共同受力，类似于深受弯构件，竖向承载力能够满足要求。挡土墙承担的土压力，传递给水平基础梁，形成挡土墙的下端简支支座。因水平基础梁抗扭刚度较小，抗扭承载能力较弱，其边界条件应按上端简支、下端简支设计。

当基础标高处设水平基础梁时，挡土墙的土压力将由主体结构承担。主体结构模型计算时，应输入土压力进行计算，并满足抗滑移的要求。

4. **挡土墙下设条形基础**

当地基持力层埋深较浅时，可在挡土墙下设置条形基础（图 4.4-16）。挡土墙的竖向、水平荷载均由墙下条基承担，并可承担挡土墙下端弯矩。此时计算模型的边界条件，可按上端简支、下端固结设计，同时应验算墙下条基的抗滑移承载力。

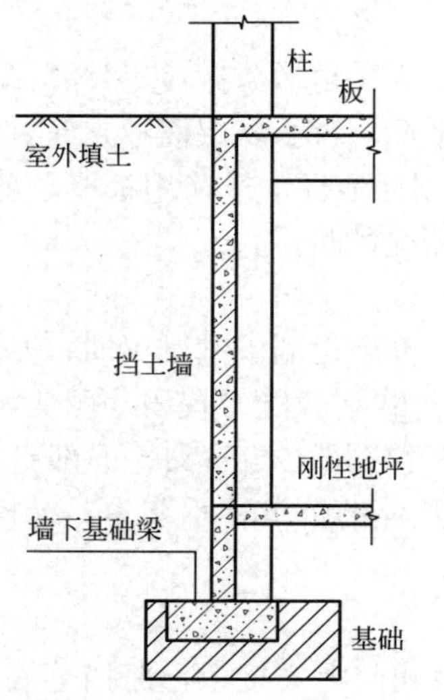

图 4.4-15　墙下基础标高设水平梁

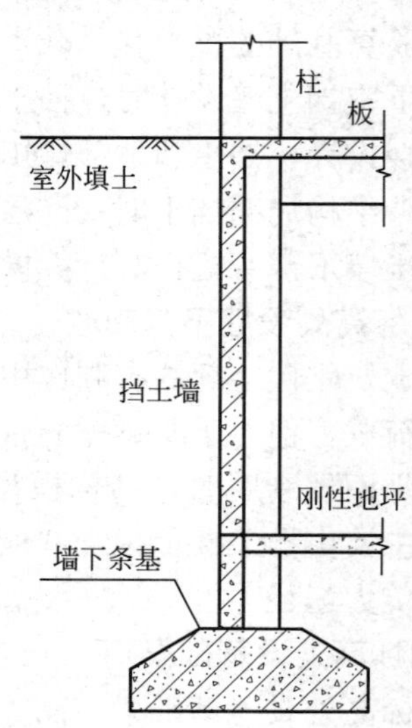

图 4.4-16　墙下设条形基础

5. **一层标高处设置结构板**

当一层地面标高处设有结构梁、板时（图 4.4-17），挡土墙竖向荷载由基础梁承担，挡土墙土压力由一层结构板承担。此时计算模型的边界条件，可按上端简支、下端简支设计，同时应验算挡土墙土压力对框架柱的影响。

当一层地面标高处设有结构梁、板，且对一层结构板局部加厚时（图 4.4-18），挡土墙竖向荷载由基础梁承担，挡土墙土压力由一层结构板承担，并能承担挡土墙下端的支座弯矩。此时计算模型的边界条件，可按上端简支、下端固结设计，需要验算挡土墙土压力对框架柱的影响。

4.4.8　地下室挡土墙局部无侧向约束

因设备检修、吊装需要，地下室顶板或中间楼层需留设洞口（图 4.4-19a），使地下室外墙侧向无约束；地下室楼梯间紧邻地下室外墙，楼梯踏步处与地下室外墙无连接，导致外墙侧向约束不足（图 4.4-19b）。

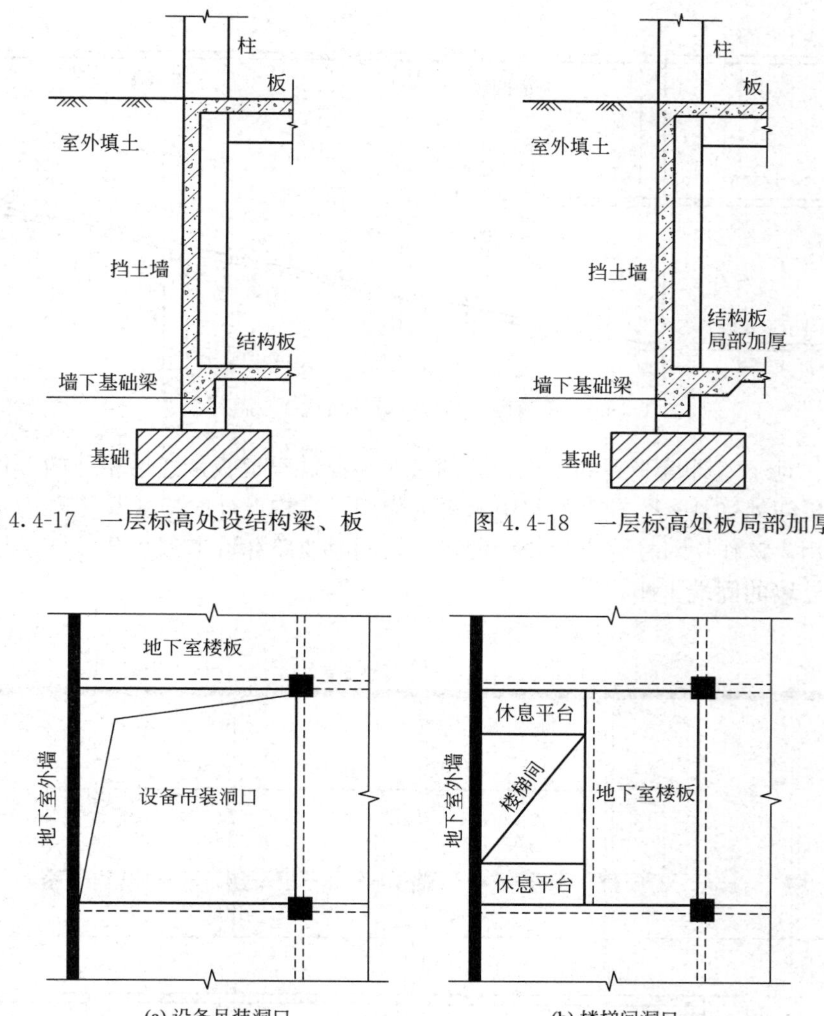

图 4.4-17　一层标高处设结构梁、板

图 4.4-18　一层标高处板局部加厚

(a) 设备吊装洞口

(b) 楼梯间洞口

图 4.4-19　地下室挡土墙局部无侧向约束示意图

这种顶部无侧向约束的地下室外墙，其边界条件可按下端固结、上端在左右两侧为点支承设计。若设计时对这种外墙的边界条件假定错误，将影响结构安全。

4.4.9　车道地下室外墙计算层高远超标准层高

地下车库负二层通过坡道上负一层时，坡道侧壁挡土墙上部支撑为地下室顶板、下端支撑为坡道斜板，结构计算高度可能远大于地下室层高（图 4.4-20）。结构设计时应根据实际高度建模计算，否则结构分析简图与实际情况差异很大，将导致地下室外墙不满足受力要求，存在安全隐患。

4.4.10　地下室坡道处侧向约束不足

当地下室坡道靠近外墙时，坡道采用 15%左右的坡率，坡道的大部分处在层间位置

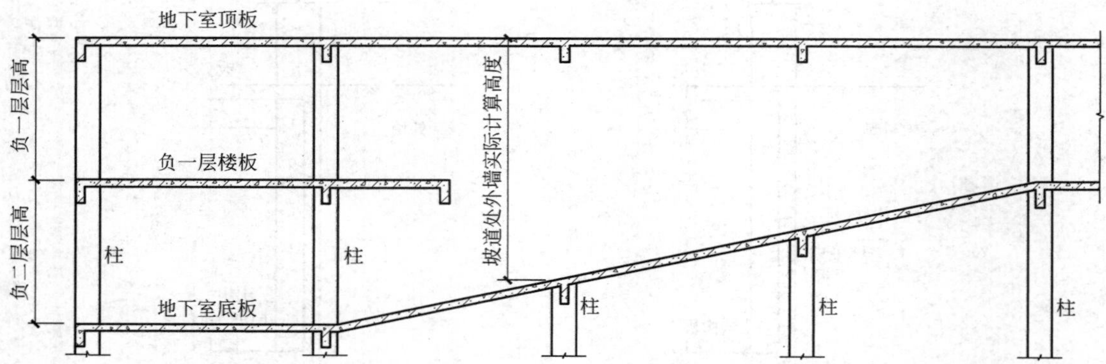

图 4.4-20　车道侧壁结构计算高度大于层高示意图

（图 4.4-21）。地下室外墙受到的土压力，通过车道梁、车道板传递给相邻内跨框架柱，使该框架柱在层间处受到一个较大的集中水平力作用。结构设计时应验算土压力对内跨框架柱的错层作用，该作用对柱将产生较大的弯矩，同时要验算坡道斜板与该错层框架柱能否成为地下室外墙的固端支座。

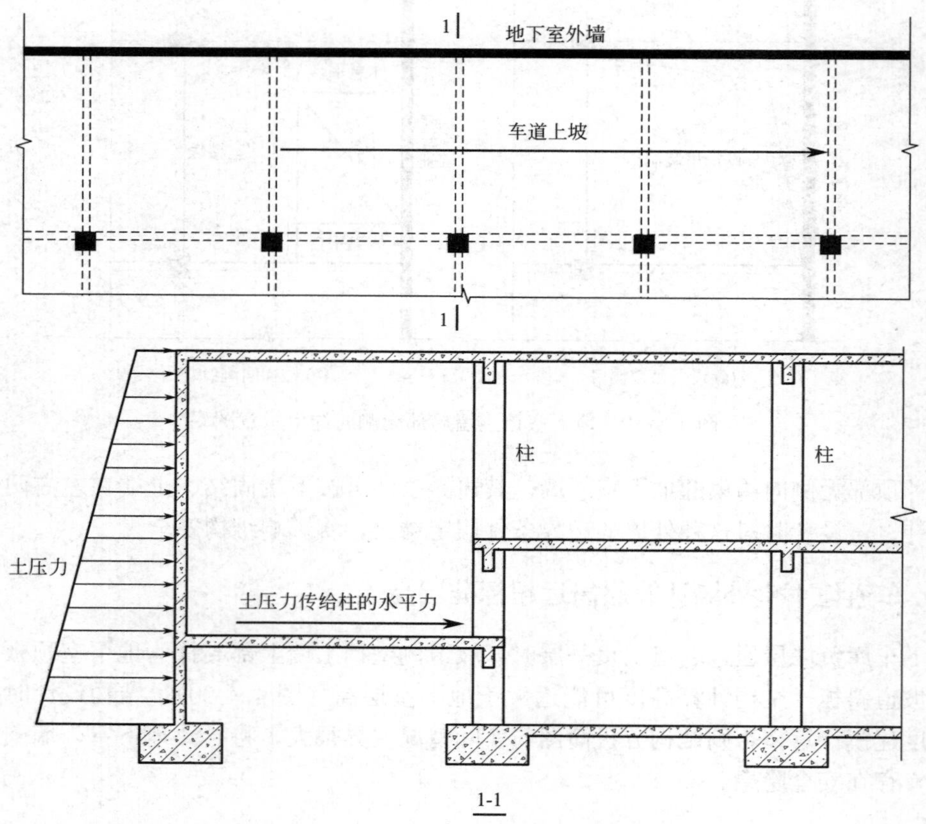

图 4.4-21　车道土压力传递给内跨框架柱示意图

4.4.11 地下室挡土墙因楼板开洞导致侧向约束不足

1. 地下室外墙顶部约束不足

当地下室顶板因建筑功能需要，在负一层设置下沉庭院或局部开大洞口，且洞口邻近地下室外墙时，结构平面示意图如图 4.4-22 所示。地下室外墙计算时，因洞口与外墙之间的单跨框架侧向刚度不足，不能简单地将地下室顶板设定为地下室外墙上部的不动铰支座。

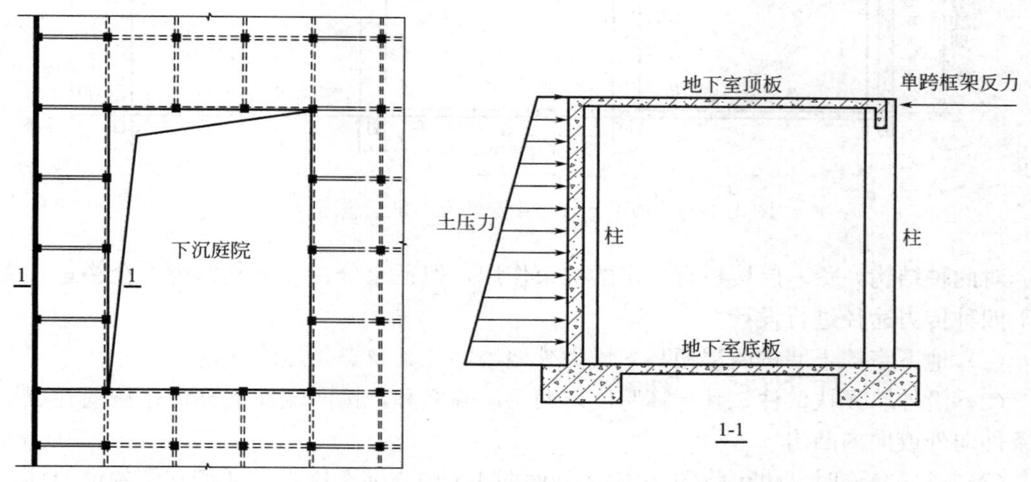

图 4.4-22 地下室外墙因下沉庭院导致顶部约束不足示意图

对此种结构，可偏安全地将地下室外墙按悬臂墙设计，或按照扶壁式挡土墙设计。也可将地下室顶板、边梁按水平布置的深梁进行设计，以下沉庭院沿地下室外墙方向为计算跨度，验算深梁受力，并满足深梁构造要求。

2. 地下室外墙中部约束不足

当在地下室设置多层机械车库时，立体车库的机械通道通常要求开设大尺寸贯通通道，如图 4.4-23 所示。该贯通通道改变了地下室外墙的约束条件，洞口部位的地下室楼板不能作为地下室外墙水平力的可靠支座。

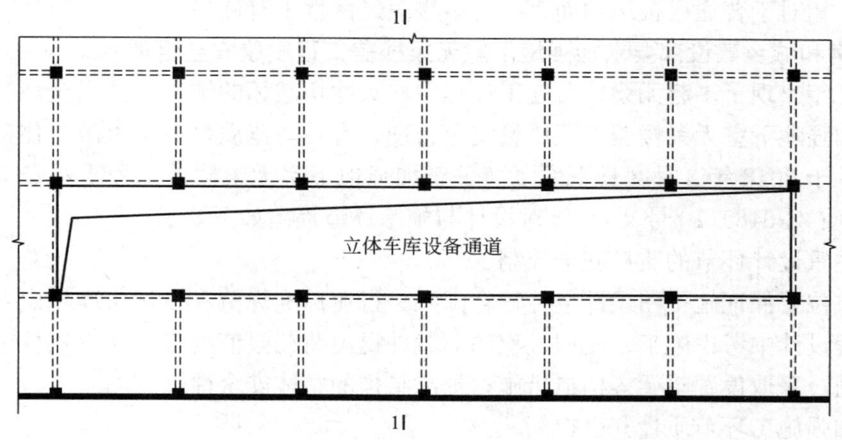

图 4.4-23 地下室外墙中部约束不足示意图（一）

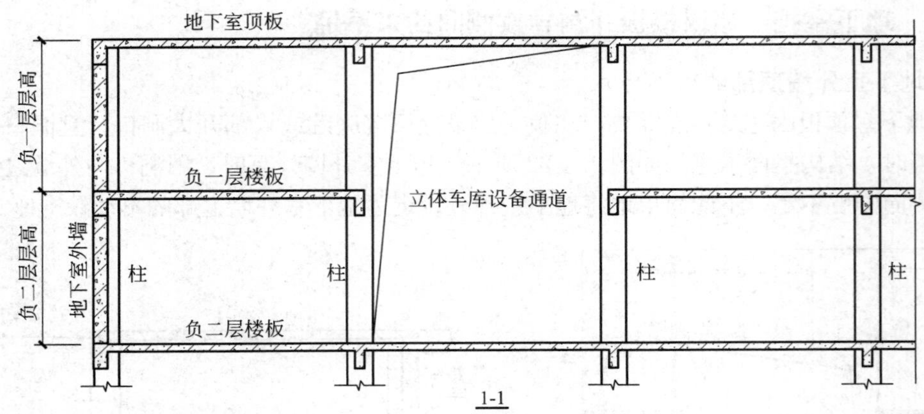

图 4.4-23　地下室外墙中部约束不足示意图（二）

对此种结构，负一层楼板有一定的约束作用，但不充分，可将其作为安全裕量，采用以下四种传力途径进行设计。

（1）地下室挡土墙按两层通高，增大外墙墙厚；其缺点是经济性差。

（2）沿外墙设扶壁柱，其计算跨度取两层层高之和，按两端简支设计；扶壁柱可视建筑条件向外或向内凸出。

（3）条件允许时，也可将图 4.4-23 剖面图 1-1 中立体车库设备通道左侧的框架柱，按上、下端简支梁设计，该柱承担负一层楼板传递过来的土压力。

（4）将负一层地下室边跨楼板、边梁按水平布置的深梁进行设计，以立体车库设备通道沿地下室外墙方向为计算跨度，验算深梁受力，并满足深梁构造要求。

4.4.12　无梁楼盖柱帽冲切破坏的原因分析

1. 无梁楼盖的定义

无梁楼盖是指由柱作为楼板竖向支承，且支承间没有刚性梁和柔性梁的楼盖。无梁楼盖结构传力直接，能有效降低结构层高，模板施工效率高，结构形式比较美观。因其传力路径最短，相对于普通梁板结构而言，无梁楼盖经济性也有优势。

2. 住房和城乡建设部要求加强地下室无梁楼盖工程质量安全管理

最近几年出现了多起无梁楼盖施工过程中柱头冲切破坏的情况，其安全性受到了一些质疑。为加强地下室无梁楼盖工程质量安全管理，有效防范质量安全事故，住房和城乡建设部办公厅于 2018 年 3 月 2 日下发了《关于加强地下室无梁楼盖工程质量安全管理的通知》（建办质〔2018〕10 号文），针对设计与施工环节提出如下要求。

（1）注重设计环节的质量安全控制

设计单位要保证施工图设计文件符合国家、行业标准规范和设计深度规定要求，在无梁楼盖工程设计中考虑施工、使用过程的荷载并提出荷载限值要求，注重板柱节点的承载力设计，通过采取设置暗梁等构造措施，提高结构的整体安全性。

（2）加强施工环节质量安全控制

施工单位要根据施工图设计文件及设计交底要求，在地下室顶板土方回填前编制专项施工方案，明确施工荷载和行车路线等要求，重点考虑施工堆载、施工机械及车辆对无梁楼盖的安全影响，经设计单位进行荷载确认、项目总监理工程师审查签字后实施。无梁楼盖在施工过程中的荷载超过设计单位确认的荷载时，应在其下方设置临时支撑等加强措施，并制定临时支撑搭设专项施工方案。施工单位要严格按照相关专项施工方案进行施工，提高施工现场管理水平，重点做好施工缝留设及处置、材料设备堆放、车辆运输、临时支撑设置及土方回填等环节的质量安全风险管控。

3. 无梁楼盖冲切破坏原因分析

无梁楼盖施工工程中的柱头破坏，是由于柱边冲切承载力不足而引起的冲切破坏。主要原因分析如下。

（1）施工人员缺乏结构概念，施工过程中地下室顶板土方回填显著超载。

（2）因荷载超过设计值，导致柱边产生受弯裂缝，裂缝深度开展，削弱抗剪截面，导致柱边冲切破坏（图 4.4-24）。

图 4.4-24　无梁楼盖冲切破坏示意图

（3）无梁楼盖节点脆性破坏、结构传力路径单一等特点，导致安全裕量较低，这也是无梁楼盖的局限之一。地下室顶板土方回填超载，在梁板结构中也普遍存在，可能会导致梁、板出现裂缝，但少见出现坍塌的情况。

（4）设计构造措施不满足规范要求，未采取防脱落构造措施。

（5）柱帽抗冲切计算时，未充分考虑裂缝对抗冲切的削弱影响。

（6）国内对无梁楼盖柱帽区冲切破坏的研究不充分，不能完全满足工程应用的要求。如剪力和不平衡弯矩共同作用时节点受力情况和破坏机制、楼板纵向钢筋对节点冲切承载力的贡献、冲剪破坏面的范围等问题。

4.4.13　地下室顶板无梁楼盖柱帽区设计建议

针对地下室顶板无梁楼盖受荷大、冲切脆性破坏损失大、施工过程不确定因素多等特点，建议对地下室顶板无梁楼盖设计采取以下加强措施。

1. 防脱落设计

在地震的反复作用下，无梁楼盖板柱交接处的冲切裂缝可能发展成为通缝，使板失去支承而脱落。因此规范规定，沿两个主轴方向通过柱截面的板底连续钢筋的总截面面积，应符合式（4.4-4）要求。

$$A_s \geqslant \frac{N_G}{f_y} \tag{4.4-4}$$

式中 A_s——板底连续钢筋总截面面积；

N_G——在本层楼板重力荷载代表值（8 度时尚宜计入竖向地震）作用下的柱轴压力设计值；

f_y——楼板钢筋的抗拉强度设计值。

应注意，此处的板底钢筋指的是板底连续钢筋。根据《混规》第 11.9.6 条的规定，对边柱和角柱，当板底纵向钢筋在柱截面的对边按受拉弯折锚固时，截面面积取一半计算。

2. 设置暗梁，加强柱帽区域配筋

无柱帽平板应在柱上板带中设构造暗梁，暗梁宽度可取柱宽及柱两侧各不大于 1.5 倍板厚。暗梁支座上部钢筋面积应不小于柱上板带钢筋面积的 50%，暗梁下部钢筋不宜少于上部钢筋的 1/2；箍筋直径不应小于 8mm，间距不宜大于 3/4 倍板厚，肢距不宜大于 2 倍板厚，在暗梁两端应加密。

3. 配置抗剪栓钉或抗冲切钢筋

试验研究表明，抗剪栓钉的抗冲切效果优于抗冲切钢筋，但抗剪栓钉比抗冲切钢筋的施工难度要大，且经济性差，因此建议采用抗冲切钢筋。

4. 设置抗冲切构造锥体

柱帽是无梁楼盖的重要组成部分，当楼面荷载较大时，设置柱帽可提高楼板支座抗弯承载力和抗冲切承载力，使楼板更经济且增加楼面的刚度。地下室顶板覆土荷载较大，宜设置托板柱帽以抵抗弯矩，并设置构造锥体提高抗冲切冗余度（图 4.4-25）。

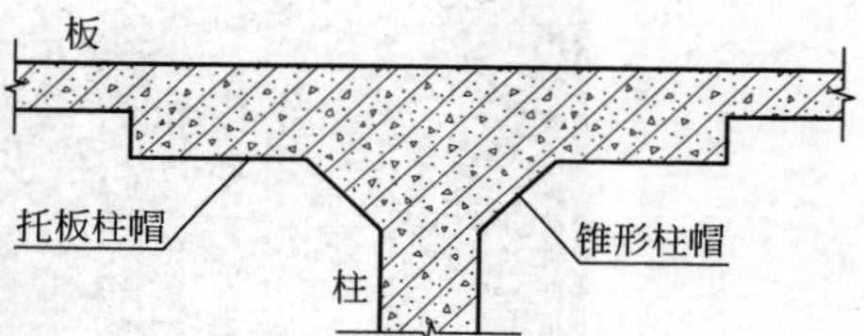

图 4.4-25 设置抗冲切构造锥体示意图

4.4.14 地下室挡土墙与塔楼剪力墙相连的设计措施

当塔楼边缘即为地下室外轮廓时，塔楼剪力墙与地下室外墙相连（图 4.4-26）。视塔楼剪力墙布置的位置不同，部分剪力墙与地下室外墙垂直，部分剪力墙与地下室外墙重合。因此，该部分地下室外墙的计算模型与普通地下室挡土墙有明显不同。

1. 塔楼剪力墙与地下室外墙垂直

塔楼剪力墙与地下室外墙垂直时，因塔楼剪力墙侧向刚度很大，且间距较小，可作为地下室挡土墙的固端支座。此处的地下室外墙受力模式可按上端简支、其余三个方向固端支座的连续板进行设计，对地下室外墙抗弯承载力非常有利。

2. 塔楼剪力墙与地下室外墙重合

塔楼剪力墙与地下室外墙重合时，塔楼剪力墙作为挡土墙的一部分，既承担竖向荷载，同时也承担土压力的共同作用。塔楼剪力墙应满足挡土墙的抗渗要求，按压弯构件计算；与之相连的地下室挡土墙按下端固结、上端简支板计算。

应注意的是，此处的地下室挡土墙的层高应按塔楼负一层层高计算，其计算高度等于地下室标准层高、地下室顶板覆土厚度以及室内外高差三者之和。

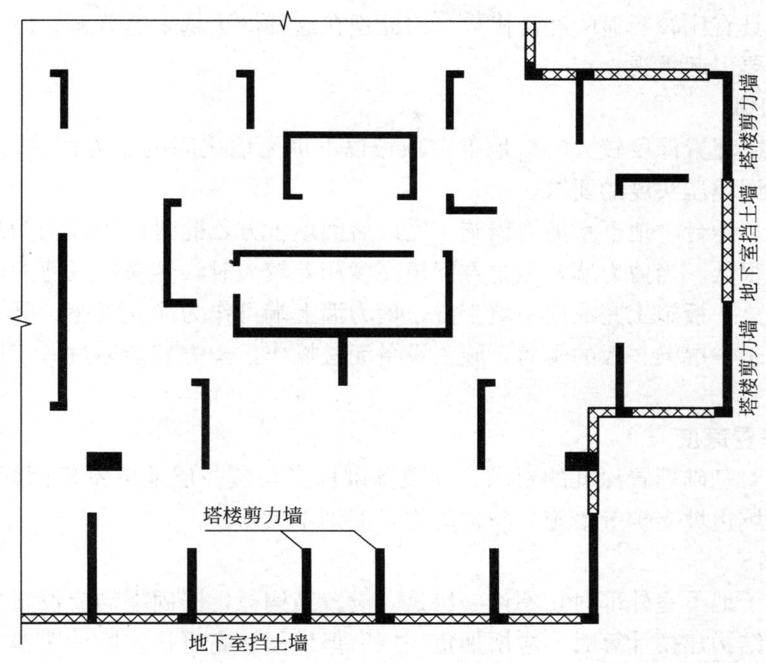

图 4.4-26 塔楼剪力墙与地下室外墙相连示意图

4.4.15 高层剪力墙结构塔楼位于地库外

越来越多的建设单位提出了地下车库的车位面积限额指标。为减少地下室面积，提高地下车库利用率，节省投资，业主经常提出将塔楼设置在地下室外围，仅通过过道连接塔楼电梯厅、楼梯间（图 4.4-27）。

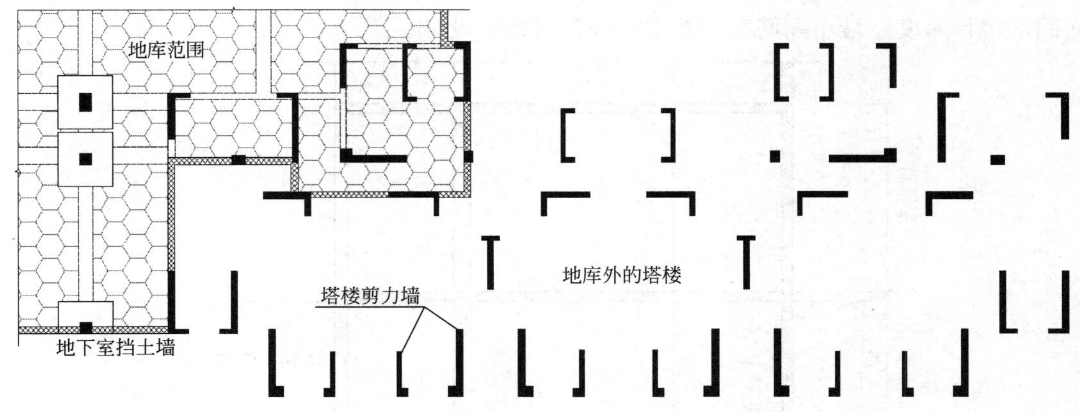

图 4.4-27 塔楼结构剪力墙位于地库外示意图

图 4.4-27 中的做法与常规方式（将整个塔楼区域均设置为地下室范围内）有以下区别：(1) 减少地下室建筑面积；(2) 节省塔楼区域地库外的结构底板，通常厚度不小于 350mm；(3) 节省塔楼剪力墙周边的钢筋混凝土挡土墙，通常厚度为 300mm；(4) 地库外的塔楼区域需回填土方；(5) 当基础埋深要求较浅时，塔楼位置可不设地下室顶板。

这种做法具有比较明显的经济优势，因此现在这种做法越来越普遍。但是存在几个问题，设计时需要引起重视。

1. 土方回填

当塔楼基础埋置深度较大时，地下室顶板以下剪力墙之间的土方回填，施工条件差，难以满足土方回填压实度的要求。

如在基础、承台、地下室剪力墙施工完成后回填土方，此时剪力墙均为悬臂墙，抵抗水平力的能力很低。当剪力墙两侧土方回填高度相差较大时，容易导致剪力墙开裂甚至倾斜。如在一层梁、板施工完成后回填土方，剪力墙上端可作为简支支座，具有一定的水平承载力；但由于一层梁、板的阻碍，施工设备无法操作，土方只能通过人工回填，且不具备压实条件。

2. 基础埋置深度

高层建筑对基础埋置深度的要求，导致基础标高与负一层地下室板面标高比较接近。土方开挖、基坑边坡支护等措施，与常规方式差别不大。

3. 嵌固端

当塔楼位于地下室外部时，不论一层是否设置结构板，嵌固端均应设置在基础或承台顶面标高处。结构建模计算时，应增加负一层，但地面标高可按实际情况输入，考虑土压力的有利约束作用。

模型计算时虽然从基础或承台顶标高算起，但确定房屋抗震等级的建筑高度可按室外地面起算。

4. 一层楼板对结构计算的影响

一层楼板可根据计算需要设置，但是否设置楼板对二层以下的计算模型差别很大。

如设置梁和板，二层以下按两层建模，分别为负一层和一层（图4.4-28），剪力墙的计算长度按正常楼层高度设计。此层板不作为上部剪力墙结构的嵌固部位，因此可不满足嵌固端楼板厚度、最小配筋率等要求，按普通楼板设计。

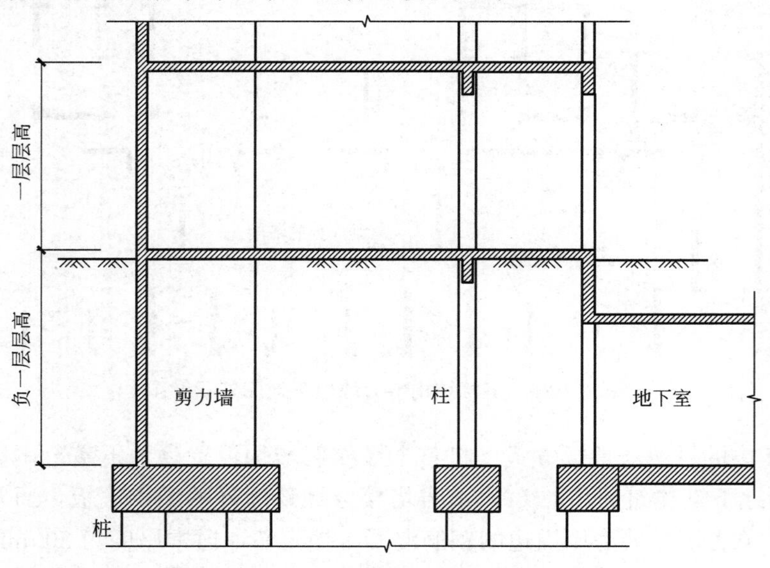

图4.4-28 一层设置梁板结构计算层高示意图

如不设置梁和板，基础顶面到二层楼面标高处按一层建模（图 4.4-29），剪力墙的计算高度为从基础或承台顶面到二层楼面标高，应验算剪力墙的平面外稳定性。若在一层设梁而不设板，框架梁对剪力墙侧向稳定能发挥作用，但不能充分约束剪力墙平面外的变形，对墙身稳定性的约束作用有限。

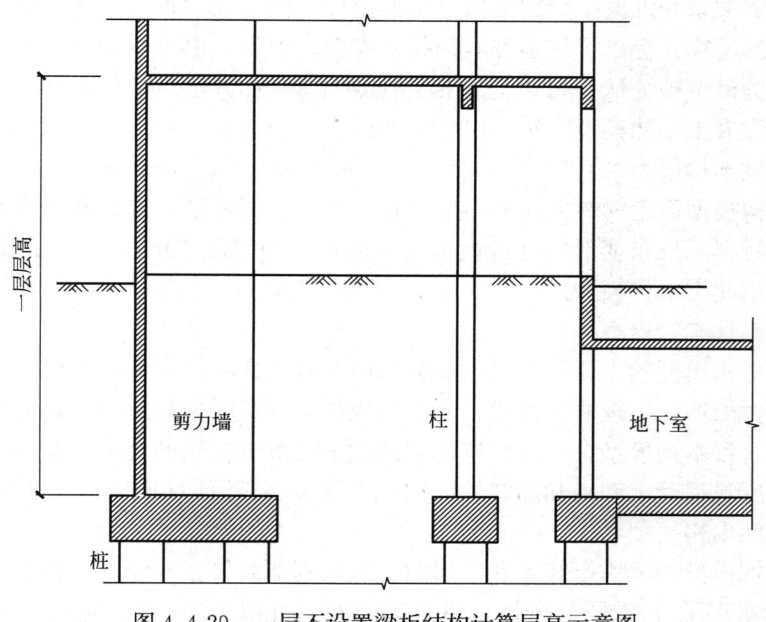

图 4.4-29 一层不设置梁板结构计算层高示意图

4.5 结构计算分析基本规定

《混凝土结构通用规范》GB 55008—2021 第 4.3.3 条 结构计算分析应符合下列规定。

1. 满足力学平衡条件。
2. 满足主要变形协调条件。
3. 采用合理的钢筋与混凝土本构关系或构件的受力-变形关系。
4. 计算结果的精度应满足工程设计要求。

4.5.1 什么叫本构关系？混凝土、钢筋本构模型如何分类？

1. 本构关系的定义

本构关系是指反映材料力学性质的数学模型，根据英文“Constitutive Relation”翻译而来。“constitutive”是基本的、本质的、制定的、构成部分的意思；“relation”是指联系、关系等。

不同材料、不同形式的结构，其本构关系可能差别很大。本构关系有弹性的、塑性的，有与时间相关的黏弹性、黏塑性的，还有与温度相关的热弹性、热塑性的。选择不同的本构关系，计算得到的结果也相应不同。

有限元分析方法和计算机技术的发展，为混凝土结构和构件更精确的分析创造了有利条件。任何类型、体系和受力状况的构件都可依靠非线性分析方法进行求解。但是，计算结果的可靠性和准确度主要取决于所采用的材料本构关系是否准确、合理。因此，建立或选择材料的本构关系是结构非线性分析的关键问题。

2. 混凝土本构关系分类

混凝土本构关系是混凝土结构数值分析的前提，国内外学者基于不同的理论框架进行了广泛而深入的研究，提出了许多种本构关系模型。但是，由于混凝土材料的复杂性，至今没有一种本构模型被公认为可以完全描述混凝土材料的应力-应变关系。按照力学基础不同，现有的混凝土本构模型大致可以分为四类。

（1）线弹性本构模型

线弹性本构模型假定材料的应力与应变符合线性比例关系，加载和卸载都沿同一直线变化，卸载后材料无残余变形。这种模型过于简单，与混凝土的实际变形曲线相差甚远，原则上不宜采用此类本构模型。

（2）非线弹性本构模型

非线弹性本构模型的主要特点是，材料的应力和应变不符合线性比例关系，反映了混凝土应变随应力的增长呈现非线性增长的主要规律；卸载时材料应变沿加载线返回，并不留残余应变。这种本构模型在一次单调比例加载情况下有较高的精度，在工程实践中应用广泛；但不能反映混凝土卸载和加载的区别，不能反映滞回环和卸载后的残余变形。

（3）弹塑性本构模型

弹塑性本构模型能适用于卸载和再加载、非比例加载等多种情况，但形式复杂且仍不能反映混凝土变形的全部复杂特性，难以有效描述混凝土应变值随应力途径而改变的性质。

（4）其他力学模型

基于近期发展起来的新兴力学分支，据此建立了各种混凝土材料的本构模型，如基于黏弹性-黏塑性理论的模型、基于内时理论的模型，以及基于断裂力学和损伤力学的模型等。

3. 钢筋本构关系

相对于混凝土材料，钢筋的物理力学性能比较简单，常用的本构模型有理想弹塑性模型、双折线模型和三折线模型等。

4.5.2 单调加载有屈服点、无屈服点钢筋及反复加载钢筋本构关系

1. 单调加载有屈服点钢筋的应力-应变本构关系

有屈服点钢筋统称软钢，其单调加载的应力-应变本构关系曲线采用三折线模型，如图4.5-1所示，可按式（4.5-1）确定。

$$\sigma_s = \begin{cases} E_s \varepsilon_s & \varepsilon_s \leqslant \varepsilon_y \\ f_{y,r} & \varepsilon_y \leqslant \varepsilon_s \leqslant \varepsilon_{uy} \\ f_{y,r} + k(\varepsilon_s - \varepsilon_{uy}) & \varepsilon_{uy} \leqslant \varepsilon_s \leqslant \varepsilon_u \\ 0 & \varepsilon_s > \varepsilon_u \end{cases} \tag{4.5-1}$$

$$k = \frac{f_{st,r} - f_{y,r}}{\varepsilon_u - \varepsilon_{uy}} \tag{4.5-2}$$

式中　E_s——钢筋的弹性模量；

σ_s——钢筋应力；

ε_s——钢筋应变；

$f_{y,r}$——钢筋屈服强度代表值，可根据实际结构分析需要分别取 f_y（钢筋强度设计值）、f_{yk}（钢筋屈服强度标准值）或 f_{ym}（钢筋屈服强度平均值）；

$f_{st,r}$——钢筋极限强度代表值，可根据实际结构分析需要分别取 f_{st}、f_{stk}（钢筋极限强度标准值）或 f_{stm}（钢筋极限强度平均值）；

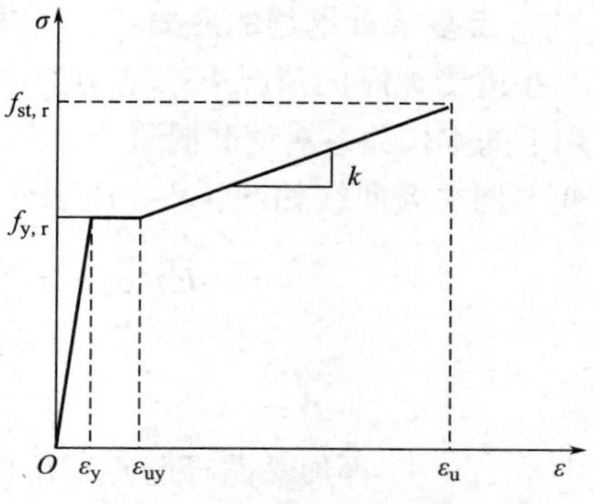

图 4.5-1　单调加载有屈服点钢筋的应力-应变曲线

ε_y——与 $f_{y,r}$ 对应的钢筋屈服应变，可取 $f_{y,r}/E_s$；

ε_{uy}——钢筋硬化起点应变；

ε_u——与 $f_{st,r}$ 相应的钢筋峰值应变；

k——钢筋硬化段斜率。

对 HPB300 级、HRB400E 级普通钢筋，其本构参数如表 4.5-1 所示。表 4.5-1 中的 ε_u 在没有试验数据时，可采用最大力总延伸率 δ_{gt}。

普通钢筋的本构参数　　表 4.5-1

本构参数	E_s(MPa)	$f_{st,r}$(MPa)	$f_{y,r}$(MPa)	ε_y	ε_{uy}	ε_u	k
HPB300	2.1×10^5	420	300	0.001429	0.01	0.1	4000/3
HRB400E	2.0×10^5	540	400	0.002	0.01	0.09	1750

2. 单调加载无屈服点钢筋的应力-应变本构关系

无屈服点钢筋统称硬钢，其单调加载的应力-应变本构关系曲线采用双折线模型，如图 4.5-2 所示，可按式（4.5-3）确定，式中符号含义同式（4.5-1）。

$$\sigma_s=\begin{cases}E_s\varepsilon_s & \varepsilon_s\leqslant\varepsilon_y\\ f_{y,r}+k(\varepsilon_s-\varepsilon_y) & \varepsilon_y\leqslant\varepsilon_s\leqslant\varepsilon_u\\ 0 & \varepsilon_s>\varepsilon_u\end{cases}\tag{4.5-3}$$

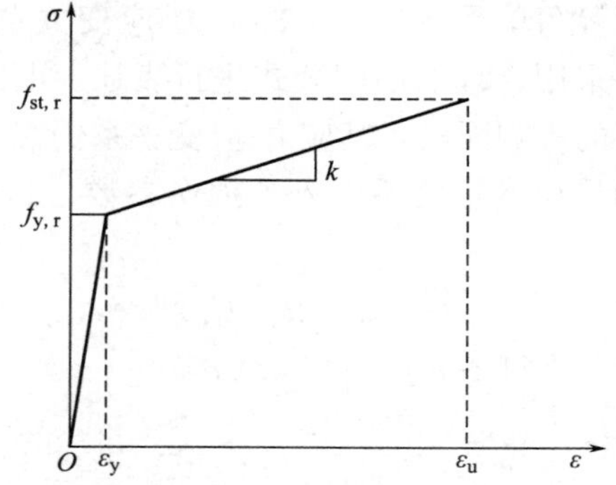

图 4.5-2　单调加载无屈服点钢筋的应力-应变曲线

3. 反复加载钢筋的应力-应变本构关系

在遭受地震的情况下，结构构件通常需要承受巨大的反复荷载作用，钢筋在反复荷载作用下的本构关系对钢筋混凝土结构的滞回特性有十分重要的影响。反复加载钢筋的应力-应变本构关系曲线如图 4.5-3 所示，可按式（4.5-4）确定。

$$\sigma_s = E_s(\varepsilon_s - \varepsilon_a) - \left(\frac{\varepsilon_s - \varepsilon_a}{\varepsilon_b - \varepsilon_a}\right)^p [E_s(\varepsilon_b - \varepsilon_a) - \sigma_b] \tag{4.5-4}$$

$$p = \frac{(E_s - k)(\varepsilon_b - \varepsilon_a)}{E_s(\varepsilon_b - \varepsilon_a) - \varepsilon_b} \tag{4.5-5}$$

式中　ε_a——再加载路径起点对应的应变；

σ_b、ε_b——再加载路径终点对应的应力和应变，如再加载方向钢筋未曾屈服过，则取钢筋初始屈服点的应力和应变；如再加载方向钢筋已经屈服过，则取该方向历史最大应力和应变。

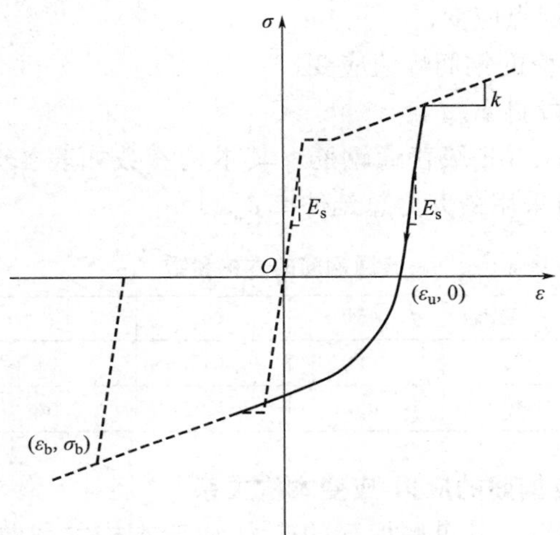

图 4.5-3　反复加载钢筋应力-应变曲线

4.5.3　混凝土单轴受拉、单轴受压及重复荷载作用下的本构关系

1. 单轴受拉应力-应变本构关系

混凝土单轴受拉、受压等简单受力状态下的应力-应变关系比较明确，可以比较准确地在试验中测定和验证，并采用合理的回归公式进行表述。但因为混凝土材料的离散性、变形成分的多样性以及众多的影响因素，其应力-应变关系仍在一定范围内变动。

规范采用的混凝土单轴受拉本构关系引入了损伤参数，其应力-应变曲线（图 4.5-4）可按下式确定。

$$\sigma = (1 - d_t) E_c \varepsilon$$

$$d_t = \begin{cases} 1 - \rho_t(1.2 - 0.2x^5) & x \leqslant 1 \\ 1 - \dfrac{\rho_t}{\alpha_t(x-1)^{1.7} + x} & x > 1 \end{cases}$$

$$x=\frac{\varepsilon}{\varepsilon_{t,r}}$$

$$\rho_t=\frac{f_{t,r}}{E_c\varepsilon_{t,r}}$$

$$\varepsilon_{t,r}=f_{t,r}^{0.54}\times 65\times 10^{-6}$$

$$\alpha_t=0.312f_{t,r}^2$$

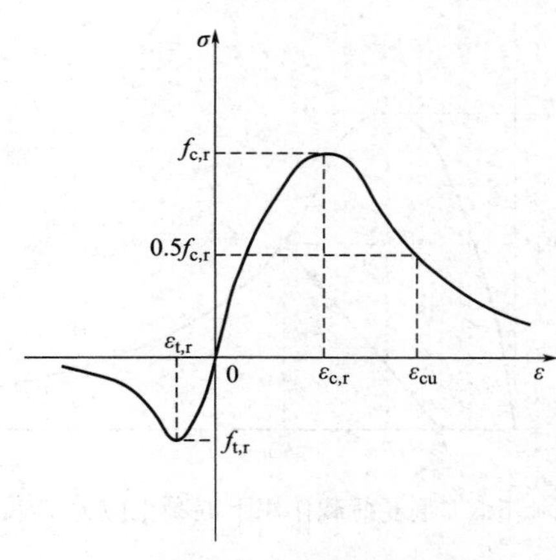

图 4.5-4 混凝土单轴应力-应变曲线

式中 d_t ——混凝土单轴受拉损伤演化参数；

E_c ——混凝土弹性模量；

ε ——混凝土应变；

α_t ——混凝土单轴受拉应力-应变曲线下降段的参数值；

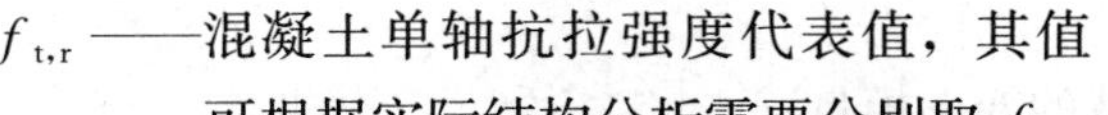

$f_{t,r}$ ——混凝土单轴抗拉强度代表值，其值可根据实际结构分析需要分别取 f_t、f_{tk} 或 f_{tm}；

$\varepsilon_{t,r}$ ——与单轴抗拉强度代表值相应的混凝土峰值拉应变。

2. 单轴受压应力-应变本构关系

钢筋混凝土结构中的混凝土受到纵向和横向应变梯度、箍筋约束作用、纵筋变形等因素的影响，其本构关系与混凝土棱柱体轴心受压试验结果有差别，可根据构件的力学性能试验结果对混凝土抗压强度代表值、峰值压应变以及曲线形状参数进行适当修正。

混凝土单轴受压的应力-应变曲线（图 4.5-4）可按下式确定。

$$\sigma=(1-d_c)E_c\varepsilon$$

$$d_c=\begin{cases}1-\dfrac{\rho_c n}{n-1+x^n} & x\leqslant 1\\[2ex] 1-\dfrac{\rho_c}{\alpha_c(x-1)^2+x} & x>1\end{cases}$$

$$\rho_c=\frac{f_{c,r}}{E_c\varepsilon_{c,r}}$$

$$n=\frac{E_c\varepsilon_{c,r}}{E_c\varepsilon_{c,r}-f_{c,r}}$$

$$x=\frac{\varepsilon}{\varepsilon_{c,r}}$$

式中 d_c ——混凝土单轴受压损伤演化参数；

E_c ——混凝土弹性模量；

ε ——混凝土应变；

α_c ——混凝土单轴受压应力-应变曲线下降段的参数值；

$f_{c,r}$ ——混凝土单轴抗压强度代表值，其值可根据实际结构分析需要分别取 f_c、f_{ck} 或 f_{cm}；

$\varepsilon_{c,r}$ ——与单轴抗压强度代表值相应的混凝土峰值压应变。

3. 重复荷载作用下受压混凝土卸载及再加载应力-应变曲线

受压混凝土卸载及再加载应力路径如图 4.5-5 所示，该路径反映了重复荷载作用下混

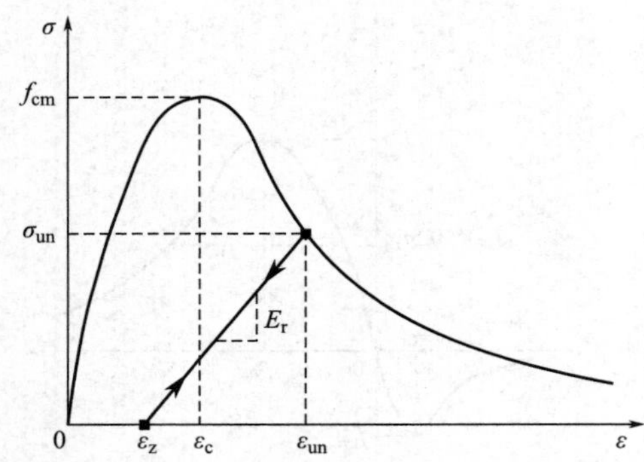

图 4.5-5　重复荷载作用下混凝土应力-应变曲线

凝土滞回特性、刚度退化以及强度退化等方面的影响。为简化计算，卸载段应力路径采用直线方式。受压混凝土卸载及再加载应力路径按下式确定。

$$\sigma = E_r(\varepsilon - \varepsilon_z)$$

$$E_r = \frac{\sigma_{un}}{\varepsilon_{un} - \varepsilon_z}$$

$$\varepsilon_z = \varepsilon_{un} - \frac{(\varepsilon_{un} + \varepsilon_{ca})\sigma_{un}}{\sigma_{un} + E_c\varepsilon_{ca}}$$

$$\varepsilon_{ca} = \max\left(\frac{\varepsilon_c}{\varepsilon_c + \varepsilon_{un}}, \frac{0.09\varepsilon_{un}}{\varepsilon_c}\right)\sqrt{\varepsilon_c\varepsilon_{un}}$$

式中　σ——受压混凝土压应力；

E_r——受压混凝土卸载及再加载的变形模量；

ε——受压混凝土压应变；

ε_z——受压混凝土卸载至零应力点时的残余应变；

σ_{un}、ε_{un}——受压混凝土从骨架线开始卸载时的应力和应变；

ε_{ca}——附加应变。

4.5.4　层间雨篷抗倾覆设计

外挑雨篷常与楼层梁、板整体浇筑。

当楼层较高时，雨篷标高与楼面标高相差较大（图 4.5-6），雨篷悬挑板与结构楼层板不能整体现浇。根据结构体系或雨篷平面位置的不同，雨篷有相应的设计方式，均应验算雨篷抗倾覆承载力。

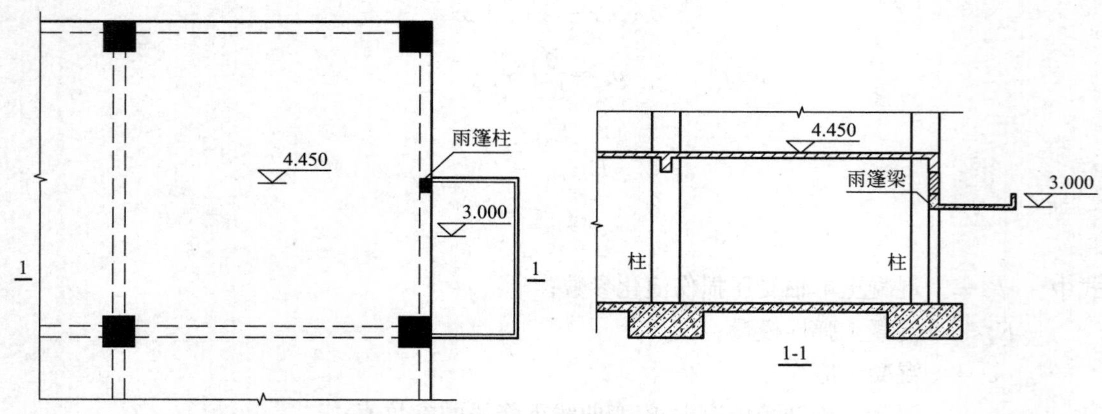

图 4.5-6　层高较高楼层的雨篷示意图

1. 砌体结构的雨篷

砌体结构中雨篷等悬挑构件的抗倾覆承载力应按下式进行验算。

$$M_{ov} \leqslant M_r$$

式中　M_{ov}——雨篷等悬挑构件的荷载设计值对计算倾覆点产生的倾覆力矩；

M_r ——雨篷等悬挑构件的抗倾覆力矩设计值。

2. 框架结构雨篷与梁整体浇筑

局部加高楼层梁，与雨篷整体浇筑（图 4.5-7）。优点是传力途径直接，结构可靠；不足之处是梁增高较多，施工难度大，经济性差。

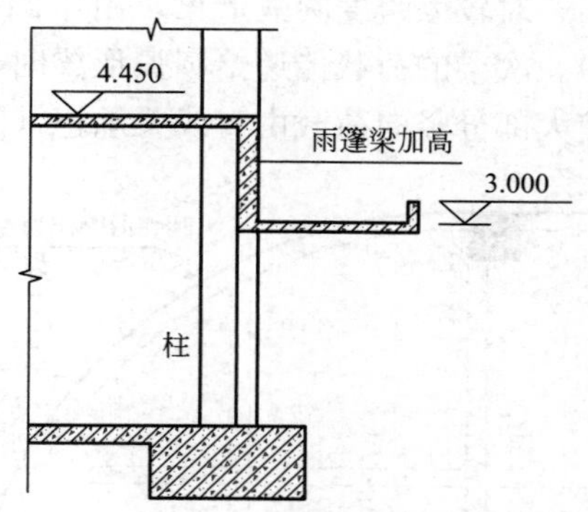

图 4.5-7　雨篷与梁整体浇筑

3. 框架结构设雨篷层间梁

在雨篷标高处设置拉结相邻柱的框架梁，雨篷从该框架梁上挑出。与整体浇筑相比，可以节省钢筋混凝土用量，经济性有优势，但也存在一些不利之处。

（1）改变了框架柱的计算长度，形成长短柱混合受力。

（2）该梁仅承担雨篷及其与上层楼面梁之间的砌体荷载，截面高度一般较小，不考虑上部砌体荷载对抗倾覆的有利作用。雨篷对梁的弯矩成为该层间梁的扭矩，应验算此梁的抗扭承载力。

4. 雨篷边设柱

在雨篷边设梁上柱，与框架柱共同支承雨篷梁。采用此方案时，应注意以下两个方面。

（1）此柱不应采用构造柱。因为构造柱上端与楼层梁连接薄弱，难以满足雨篷的抗倾覆承载力要求。

（2）柱顶标高应延伸至楼层梁梁底。如果柱顶标高与雨篷梁标高平齐，此柱为悬臂柱，抗弯能力较弱，存在安全隐患。

4.5.5　边梁挑板时梁抗扭不足

外墙周边的造型挑板或防火板通常范围较广，大部分区域与楼板连续。对于内侧有洞口、楼梯间等位置（图 4.5-8），挑板弯矩由梁承担，将转换为边梁扭矩。边梁应按弯剪扭构件计算，否则可能存在安全隐患。

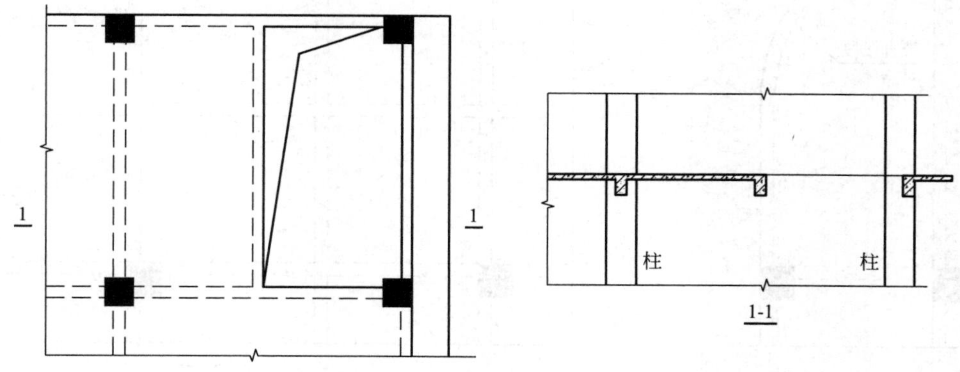

图 4.5-8　内侧无板的边梁挑板示意图

4.5.6　大跨度弧形梁抗扭设计案例

在竖向荷载作用下，弧形梁不仅会产生弯矩、剪力，还会存在明显的扭矩。且弧形梁难以精确计算，因此设计时更应重视概念设计，采用合理的传力途径。

1. **圆弧形梁**

对较大跨度圆弧形梁，由于圆弧形梁受力的复杂性，应避免将其作为主梁（图 4.5-9）。次梁的荷载传递给圆弧形梁时，将产生较大的扭矩。建议减小圆弧形梁的受荷范围，使大部分竖向荷载由直线梁承担（图 4.5-10）。

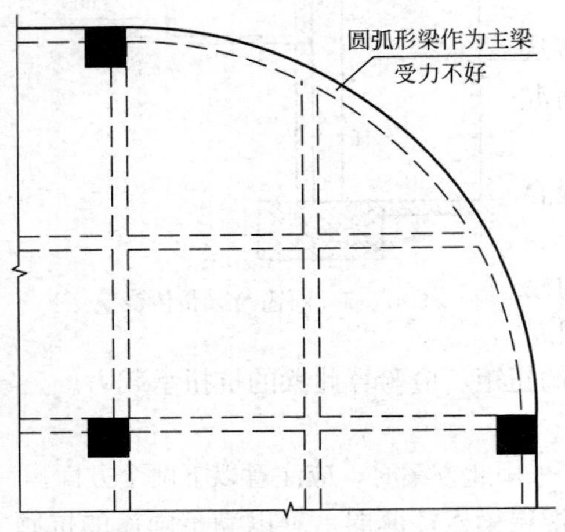

图 4.5-9　避免圆弧形梁作为主梁示意图

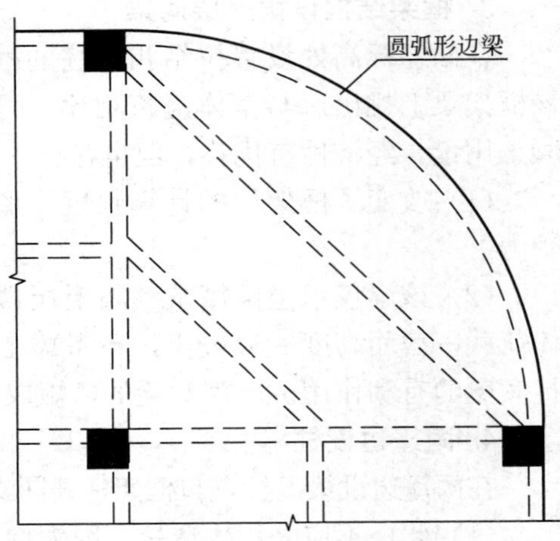

图 4.5-10　优化圆弧形梁的受荷范围示意图

2. **带直线段弧形梁**

当建筑角部有弧形造型时，通常会设计成带直线段的弧形梁（图 4.5-11），梁内同样存在较大的扭矩。当建筑条件允许在弧形房间内设次梁，且悬挑跨度不大时，可设置悬挑梁减小弧形梁的计算跨度，将带直线段弧形梁优化为小跨度的圆弧形梁（图 4.5-12）。

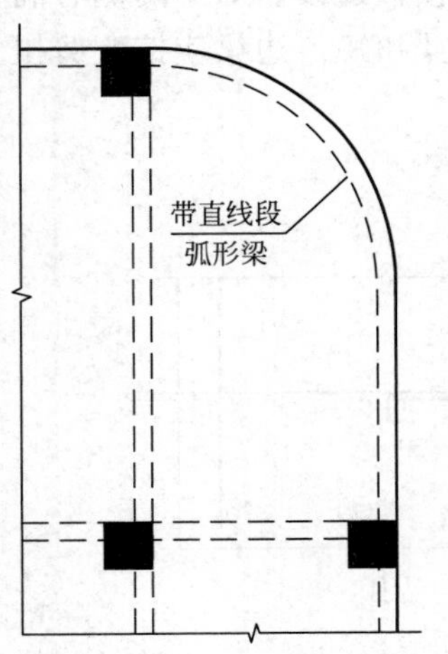

图 4.5-11　带直线段弧形梁

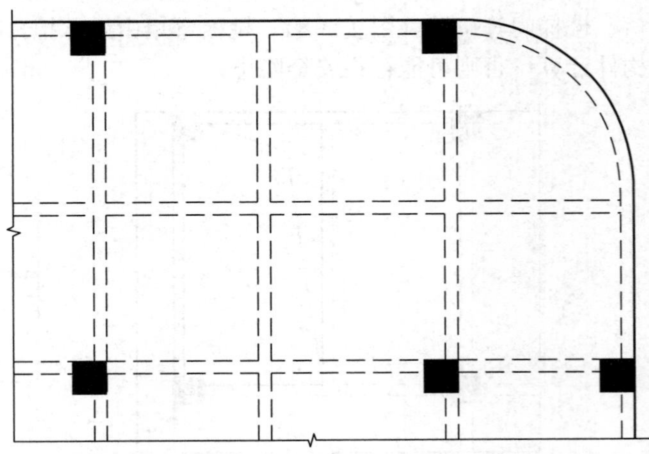

图 4.5-12　设悬挑梁支承带直线段弧形梁示意图

3. **带直线段弧形梁研究**

根据刘志、蒋友宝、谭光宇等人开展的《某混凝土弧形梁结构考虑楼板约束的受力性能研究》，对某结构带直线段弧形梁进行了现场试验，并进行了有限元分析。

(1) 设计条件

研究对象为跨度约为 10m 并一端带有直线段的弧形梁结构，抗震设防烈度为 6 度，设计地震分组为第一组，建筑场地类别为Ⅱ类，框架、剪力墙抗震等级均为三级。弧形区域结构定位及板配筋如图 4.5-13 所示，梁配筋如图 4.5-14 所示，设计竖向荷载信息详见表 4.5-2。

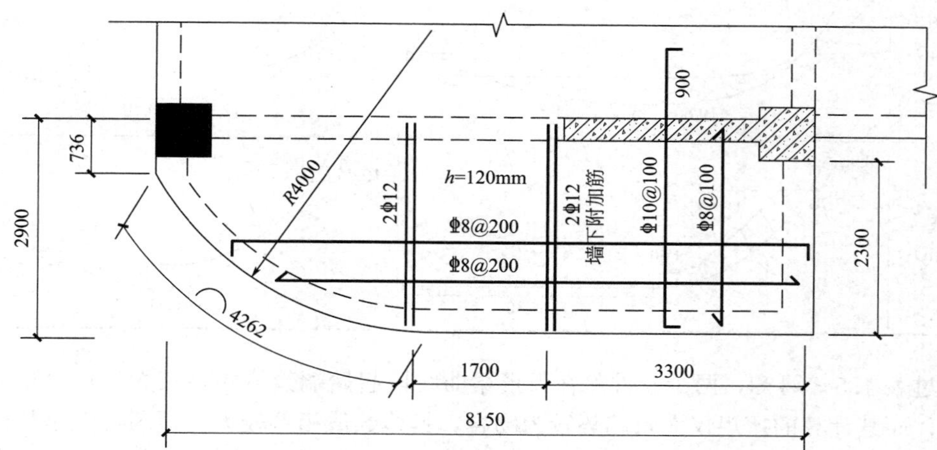

图 4.5-13 结构定位及板配筋图（单位：mm）

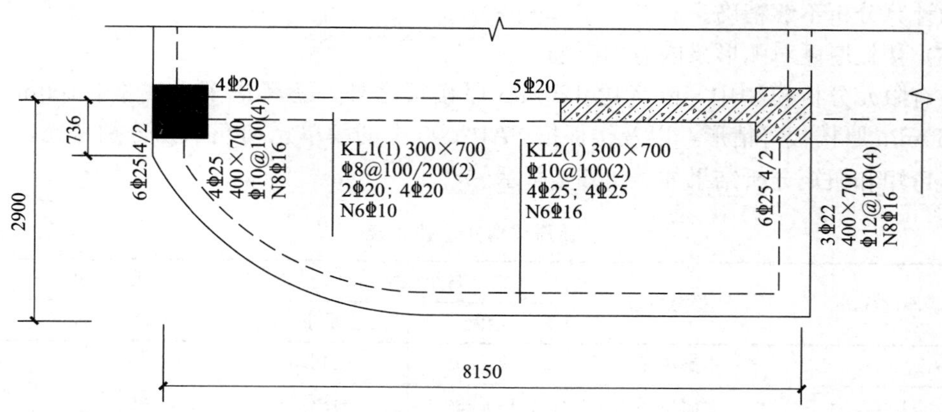

图 4.5-14 带直线段弧形结构梁配筋图（单位：mm）

弧形梁结构竖向荷载 **表 4.5-2**

构件编号	恒荷载	活荷载
KL1～KL4	11kN/m	—
KL5	7kN/m	
CL1	8kN/m	
板	1.5kN/m^2	2.0kN/m^2

(2) YJK 和 SAP2000 对比分析

利用 YJK 和 SAP2000 有限元软件对该结构进行建模分析对比，得出弧形梁结构的内力，当荷载工况为 1.0 恒荷载＋0.5 活荷载时，其弯矩、扭矩分布如表 4.5-3 所示。

YJK 和 SAP2000 计算结果对比分析表　　　　表 4.5-3

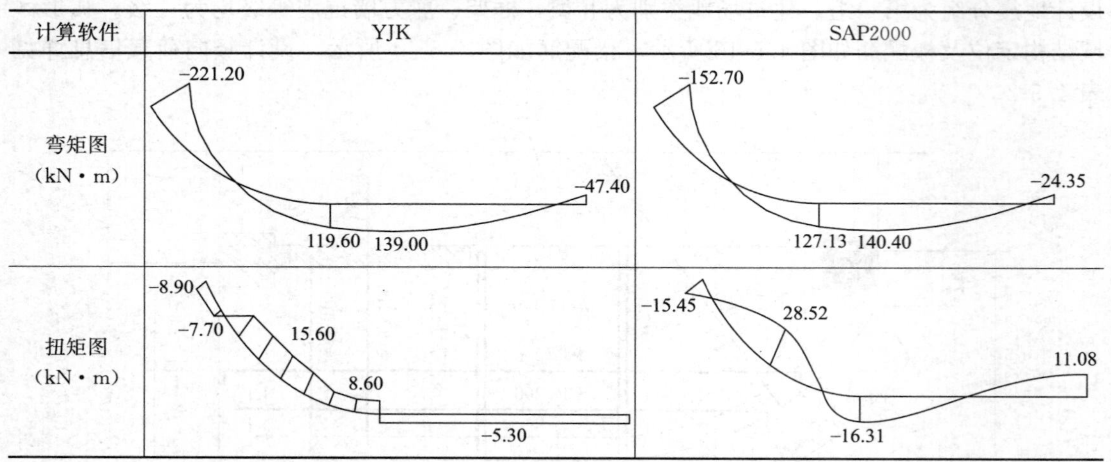

通过表 4.5-3 可知，两个软件除在弧形梁曲线段起始端数值相差较大外，弯矩分布较为吻合；而其计算的扭矩仅大致趋势较为吻合，具体数值相差较大。原因可能是软件对弧形梁结构曲线段采用的是以直代曲（YJK 设计时仅用 3 段直线进行曲线段的建模，而 SAP2000 利用 17 段直线进行曲线段的建模）进行建模计算，且 YJK 对复杂结构（弧形梁）的计算分析不够精确。

（3）楼板厚度对弧形梁内力的影响

在有限元分析模型中，除考虑 120mm 厚楼板之外，还考虑了无楼板、100mm 厚楼板、150mm 厚楼板等情形，以及楼板按 SAP2000 中的膜单元和壳单元分别考虑，共五种情况。弯矩和扭矩分析结果如表 4.5-4 所示。

弧形梁弯矩、扭矩表　　　　表 4.5-4

楼板厚度(mm)	受力模型	弯矩(kN·m)		扭矩(kN·m)	
		最大	最小	最大	最小
0	膜单元	173.69	−148.06	33.76	−12.67
100	膜单元	186.78	−158.52	36.26	−13.62
100	壳单元	144.82	−155.32	27.51	−17.89
120	壳单元	140.40	−152.70	28.30	−16.31
150	壳单元	136.27	−150.31	28.52	−14.21

由计算结果可知，对于采用膜单元楼板的两个弧形梁结构计算模型，当楼板厚度为 0 即无楼板时，由于弧形梁仅承受梁的线荷载和楼面的恒荷载、活荷载，没有考虑楼板自重作用，所以其最大、最小弯矩的绝对值较小；当膜单元楼板厚度为 100mm 时，由于楼板自重的作用，弧形梁的最大、最小弯矩和扭矩的绝对值均略有增加。

对比膜单元楼板厚度 100mm 与壳单元楼板厚度 100mm 两个计算模型的结果可知，当弧形梁存在壳单元楼板的平面外约束时，其最大弯矩和最大扭矩的绝对值减小较多。可见，按壳单元考虑的楼板能约束弧形梁的扭转变形，使弧形梁的正负扭矩受力较为均衡。

对于楼板采用壳单元的三种计算模型，当楼板厚度在100～150mm范围内增加时，弧形梁的最大、最小弯矩和扭矩的绝对值变化幅度都不大。主要原因有：一方面，楼板厚度增加，楼板自重增大，使得弧形梁的竖向荷载增加；另一方面，楼板厚度增加，楼板自身的平面内、外抗弯刚度都增加，荷载传递的空间受力机制增强，因此分给弧形梁的竖向荷载在部分区段上可能会出现增大或减小的变化。总体而言，当楼板厚度在100～150mm范围内变化时，其对弧形梁弯矩、扭矩影响较小。

4.6 弹塑性分析

《混凝土结构通用规范》GB 55008—2021 第4.3.4条　混凝土结构采用静力或动力弹塑性分析方法进行结构分析时，应符合下列规定。

1. 结构与构件尺寸、材料性能、边界条件、初始应力状态、配筋等应根据实际情况确定。

2. 材料的性能指标应根据结构性能目标需求取强度标准值、实测值。

3. 分析结果用于承载力设计时，应根据不确定性对结构抗力进行调整。

4.6.1 静力弹塑性分析有哪些优点和不足？

静力弹塑性分析法是基于位移的性能设计方法。其具体流程为：根据不同的截面尺寸、配筋和材料，使用静力弹塑性分析法确定每个构件的弹塑性力-变形的关系；在结构上施加某种分布的楼层水平荷载，逐级增大；随着荷载逐步增大，某些杆件屈服，出现塑性铰，直至塑性铰足够多或层间位移角足够大，达到某一限值后计算结束。

静力弹塑性分析可以了解结构中每个构件的内力和承载力的关系以及各构件承载力之间的相互关系，检查是否符合“强柱弱梁、强剪弱弯”，并可发现设计的薄弱部位，得到不同受力阶段的侧移变形，给出底部剪力-顶点侧移关系曲线以及层剪力-层间变形关系曲线等。

1. 静力弹塑性分析法的优点

静力弹塑性分析法是结构地震反应分析的一个重要方法，具有如下优点。

(1) 它是一种等效静力法，给工程设计人员提供极大的便利。

(2) 采用反应谱法分析时，其对计算机存储量的要求远比时程分析法小，其计算工作量也小。

(3) 用反应谱对随机性很大的地震动进行统计分析时，具有较好的稳定性。

2. 静力弹塑性分析法的缺点

但是，由于静力弹塑性分析法做了不少的假定，与实际工程不完全一致，存在如下缺点。

(1) 将地震的动力效应近似等效为静态荷载，只能给出结构在某种荷载作用下的性能，无法反映结构在某一特定地震作用下的表现，以及由于地震的瞬时变化在结构中产生的刚度退化和内力重分布等非线性动力反应。

(2) 计算中选取不同的水平荷载分布形式，计算结果存在一定的差异，为最终结果的判断带来了不确定性。

（3）以弹性反应谱为基础，将结构简化为等效单自由度体系。因此，它主要反映结构第一周期的性质，对于结构振动以第一振型为主、基本周期在2s以内的结构，较为理想。当较高振型为主要振型时，如高层建筑和具有局部薄弱部位的建筑，不太适用。

（4）对于工程中常见的带剪力墙结构的分析模型尚不成熟，三维构件的弹塑性性能和破坏准则、塑性铰的长度、剪切和轴向变形等非线性性能有待进一步研究完善。

由于存在以上一些缺点，对于工程中遇到的许多超限结构分析，静力弹塑性分析法显得力不从心，人们逐渐开始重视动力弹塑性分析方法的理论研究和工程应用。

4.6.2　静力弹塑性分析有哪些基本步骤？其计算理论是怎样的？

静力弹塑性分析，其基本步骤如下。

（1）按规范进行结构承载力设计。

（2）计算结构的基底剪力-顶点位移曲线，由Push-over方法计算结构底部剪力-顶点位移曲线，即V_b-u_n曲线（图4.6-1），其中，V_b为结构基底剪力；u_n为结构顶点位移；n为结构层数。

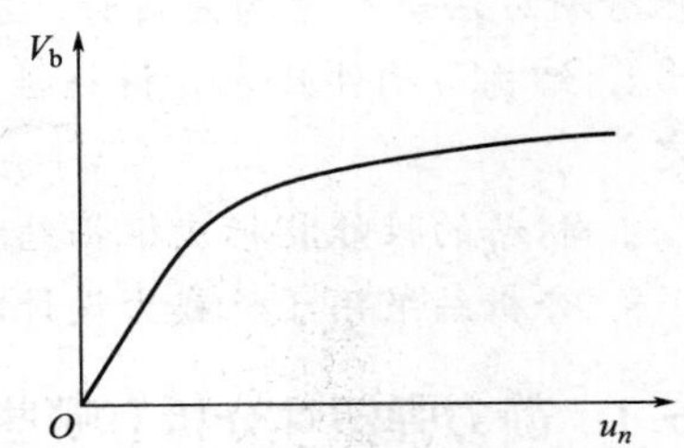

图4.6-1　结构底部剪力-顶点位移曲线

（3）计算能力谱曲线

首先，将结构等效成单自由度体系，并假定结构位移近似由第一振型位移表示，可得：

$$u_n = \gamma_1 X_{1n} S_d \tag{4.6-1}$$

$$\gamma_1 = \frac{\sum_{j=1}^{n} m_j X_{1j}}{\sum_{j=1}^{n} m_j X_{1j}^2} \tag{4.6-2}$$

式中　u_n——结构顶点位移；

γ_1——第一振型的参与系数；

n——结构的总层数；

X_{1n}——第一振型在顶层的相对位移；

X_{1j}——第一振型在j层的相对位移。

由此可得：

$$S_d = \frac{u_n}{\gamma_1 X_{1n}} \tag{4.6-3}$$

将基底剪力以第一振型的基底剪力表示为：

$$V_b = \alpha M_1^* \cdot g \tag{4.6-4}$$

$$M_1^* = \frac{\left(\sum_{j=1}^{n} m_j X_{1j}\right)^2}{\sum_{j=1}^{n} m_j X_{1j}^2} \tag{4.6-5}$$

令$S_a = \alpha \cdot g$，则：

$$V_b = M_1^* S_a \tag{4.6-6}$$

由式（4.6-6）可得：

$$S_a = \frac{V_b}{M_1^*} \tag{4.6-7}$$

式中　V_b——结构基底剪力；

α——地震影响系数；

M_1^*——第一振型的参与质量；

g——重力加速度；

m_j——质点 j 的质量；

X_{1j}——第一振型在 j 层的相对位移。

通过以上公式可将基底剪力-顶点位移曲线转换为能力谱曲线，即 S_a-S_d 曲线（图 4.6-2）。

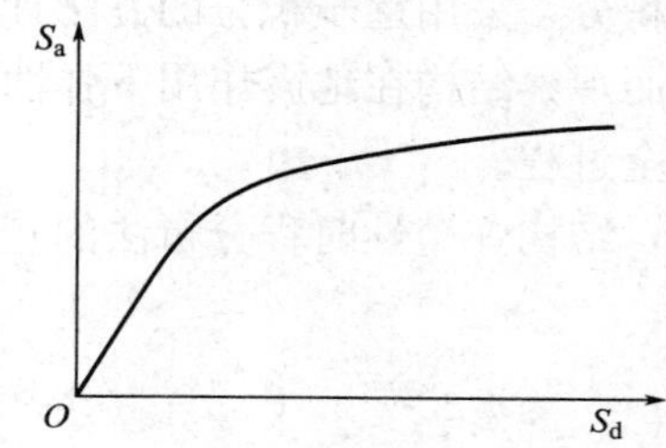

图 4.6-2　结构能力谱曲线

（4）建立需求谱曲线

结构的地震作用需求谱实际上就是单质点结构的地面运动加速度反应谱。我国《抗规》采用以地震影响系数 α 为纵坐标、结构周期 T 为横坐标的地震加速度反应谱，并称为地震影响系数曲线。根据单质点系统自由振动理论，当阻尼比给定时，结构对任一地震的最大相对位移反应和最大绝对加速度反应仅由结构自振频率决定。推导过程如下。

$$S_d = \frac{\alpha W}{K} = \frac{\alpha m g}{K} = \frac{T^2}{4\pi^2}\alpha g \tag{4.6-8}$$

因 $S_a = \alpha \cdot g$，则：

$$S_d = \frac{T^2}{4\pi^2} S_a \tag{4.6-9}$$

式中　α——地震影响系数；

W——质点重力；

K——结构刚度；

m——质点质量；

g——重力加速度；

T——结构周期。

建立以单质点结构加速度 S_a 为纵坐标、位移 S_d 为横坐标的曲线，即为静力弹塑性分析法中的地震作用需求谱，如图 4.6-3 所示。

改变反应谱的阻尼比可以得到不同强度地震作用下等效线性结构的反应谱。《抗规》给出了各种阻尼比的反应谱，由此可以得到不同阻尼比的需求谱曲线。

将能力谱曲线和不同强度地震的需求谱曲线表示在同一坐标系中（图 4.6-4），若两条曲线没有交点，

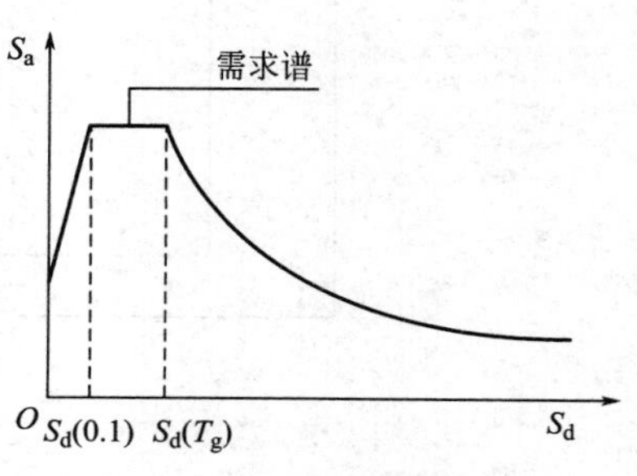

图 4.6-3　地震作用需求谱

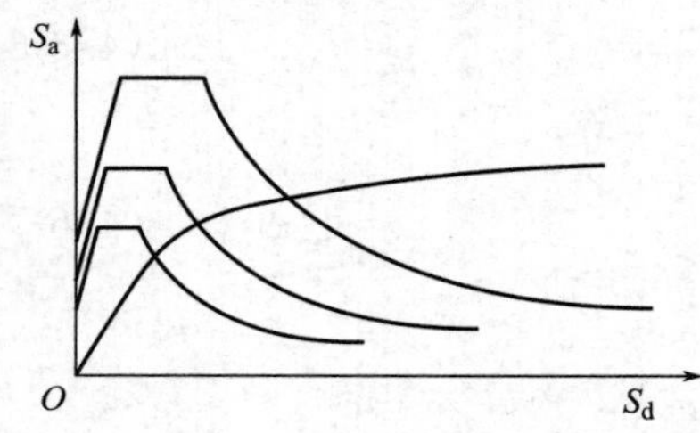

图 4.6-4　静力弹塑性分析性能点的确定

说明结构抵抗该强度地震的能力不足，结构需要重新调整设计；若两条曲线相交，交点对应的位移即为等效单自由度体系在该地震作用下的谱位移，即最大相对位移。根据谱位移可得到结构的顶点位移，由顶点位移在原结构的 V_b-u_n 曲线的位置，即可确定结构在该地震作用下的塑性铰分布、杆端截面的曲率等，综合检验结构的抗震能力。

4.6.3　动力弹塑性分析包括哪些计算过程?

动力弹塑性时程分析法，是根据选定的地震波和结构恢复力特性曲线，对动力方程直接积分，采用逐步积分的方法计算地震过程中每一瞬间的结构位移、速度和加速度反应，从而观察结构在地震作用下弹性和非弹性阶段的内力变化，以及构件开裂、损坏直至倒塌的全过程。

结构弹塑性时程分析法的基本过程如图 4.6-5 所示。

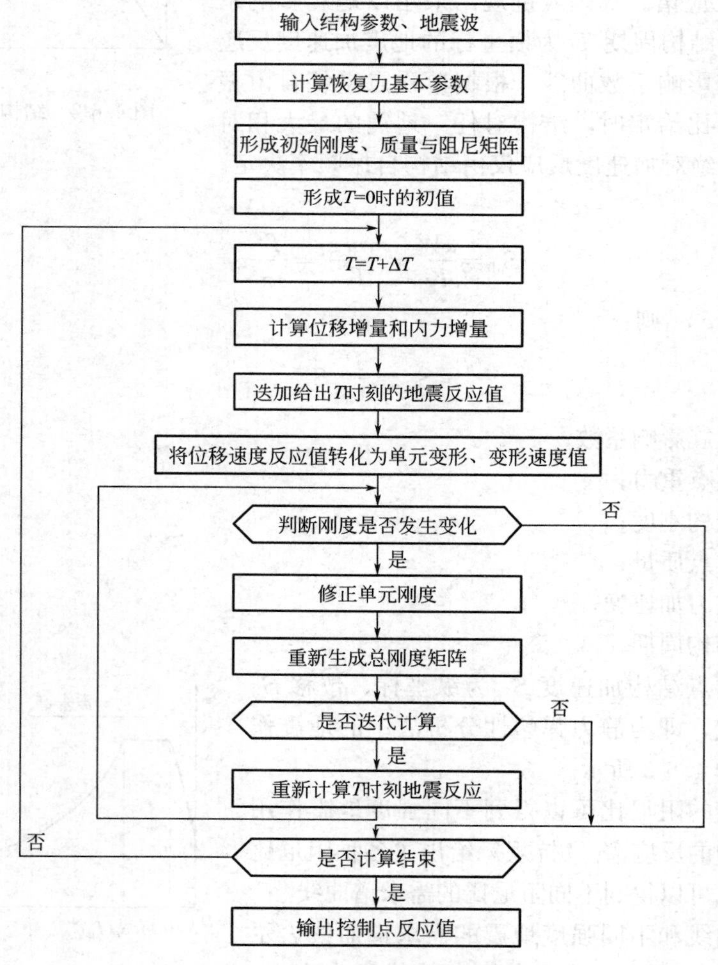

图 4.6-5　动力弹塑性时程分析法的基本过程图

4.6.4 动力弹塑性分析有哪几种构件刚度模型？

当前动力弹塑性计算软件主要采用的构件刚度模型有塑性铰模型、纤维模型和分层壳模型等。

1. 塑性铰模型

塑性铰模型是在杆端或杆的若干部位设置塑性铰来模拟杆件的弹塑性性能，构件两端的弹塑性特征参数被假定为相互独立的，一旦杆端截面弯矩达到屈服值，即形成塑性铰。所有塑性变形均集中在理想的塑性铰上。

2. 纤维模型

纤维模型就是将杆件截面划分为若干纤维，每个纤维均单独受力，并用材料单轴应力-应变关系来描述该纤维材料的受力特性，不同纤维之间的轴向变形满足平截面假定，这样，整个截面的非线性材料力学特性可以得到比较准确的表达。

对于长细比较大的杆系结构，纤维模型具有如下优点。

（1）纤维模型中，组成截面的不同材料，如混凝土、型钢、钢筋等，可分别采用不同的纤维来模拟。通过用户自定义每根纤维的截面位置、面积和材料的单轴本构关系，可适用于各种截面形状。

（2）纤维模型可以准确考虑轴力和弯矩的相互关系。

（3）由于纤维模型将截面分割，因而同一截面的不同纤维可以有不同的单轴本构关系，这样就可以采用更加符合构件受力状态的单轴本构关系，如可模拟构件截面不同部分受到侧向约束作用时的受力性能。

3. 分层壳模型

所谓分层壳模型，是将钢筋混凝土剪力墙、楼板的钢筋网片等效嵌入混凝土壳中的钢筋层，基于复合材料力学原理将一个壳单元分成很多层，每层根据需要设置不同的厚度和材料。壳单元各层材料在厚度方向满足平截面假定，能全面反映壳体结构的空间力学性能。该模型主要用来模拟剪力墙和楼板等。

4. 各类构件宜采用的单元模型

结构各类构件非线性单元模型可参照表 4.6-1。

各类构件非线性单元模型　　表 4.6-1

构件类型	构件刚度模型
框架柱	纤维单元、塑性铰单元
框架梁	纤维单元、塑性铰单元
剪力墙	纤维单元、壳单元
连梁	纤维单元、塑性铰单元
支撑	纤维单元、塑性铰单元
楼板	壳单元

4.6.5 什么是动力弹塑性分析显式积分法？有何优缺点？

在弹塑性动力分析时，系统的弹塑性恢复力用数学模型表示出来后需要用其他方法进行反应分析，其中最常用的方法就是时域逐步积分法。按是否需要联立求解耦联方程组，时域逐步积分法又可分为两类：显式积分法和隐式积分法。

中国建筑科学研究院有限公司开发的 SSG 非线性分析软件采用的是显式积分法。虽然显式积分法计算步长小于隐式积分法 2～3 个数量级，但主要为矩阵乘法运算，不需要形成总体刚度矩阵和求解线性方程组，适合并行计算编程以提高计算效率。

显示积分是指逐步积分计算公式为解耦的方程组，无需联立求解。显式积分法的计算工作量小，增加的工作量与自由度呈线性关系，如中心差分法。

中心差分法的基本思路是用有限差分代替位移对时间的求导。如采用等时间步长，则速度和加速度的中心差分近似为：

$$\dot{u}_i=\frac{u_{i+1}-u_{i-1}}{2\Delta t} \tag{4.6-10}$$

$$\ddot{u}_i=\frac{u_{i+1}-2u_i+u_{i-1}}{\Delta t^2} \tag{4.6-11}$$

式中 Δt——离散时间步长；

$u_i=u(t_i)$；

$\dot{u}_i=\dot{u}(t_i)$；

$\ddot{u}_i=\ddot{u}(t_i)$。

体系的运动方程为：

$$M\ddot{u}(t)+C\dot{u}(t)+Ku(t)=P(t) \tag{4.6-12}$$

将速度和加速度的差分近似公式代入式（4.6-12）给出的在 t_i 时刻的运动方程可以得到：

$$M\frac{u_{i+1}-2u_i+u_{i-1}}{\Delta t^2}+C\frac{u_{i+1}-u_{i-1}}{2\Delta t}+R_{si}=P_i \tag{4.6-13}$$

式中 R_{si}——t_i 时刻结构的恢复力；

P_i——t_i 时刻外荷载矢量。

在式（4.6-13）中，假设 u_i 和 u_{i-1} 是已知的，即 t_i 及 t_i 以前时刻的运动已知，则可以把已知项移到方程的右边，整理得：

$$\left(\frac{1}{\Delta t^2}M+\frac{1}{2\Delta t}C\right)u_{i+1}=P_i-R_{si}+\frac{2}{\Delta t^2}Mu_i-\left(\frac{1}{\Delta t^2}M-\frac{1}{2\Delta t}C\right)u_{i-1} \tag{4.6-14}$$

式（4.6-14）即为结构动力反应分析的中心差分法逐步计算公式，可以根据 t_i 及 t_i 以前时刻的运动，求得 t_{i+1} 时刻的运动。如果需要，利用式（4.6-10）和式（4.6-11）可以求得体系的速度和加速度值。

4.6.6 什么是动力弹塑性分析隐式积分法？有何优缺点？

建筑结构非线性动力分析通常采用隐式积分法，如 SAP2000、ETABS、MIDAS GEN 等软件。

隐式积分法是指逐步积分计算公式为耦联的方程组，需联立求解。隐式积分法需要每个细分荷载步迭代收敛后再进行下一个荷载步的计算，最终完成整个地震动的分析工作，计算工作量大。在建筑结构非线性发展较强烈时，经常难以迭代收敛。隐式积分法运用最广泛的是 Newmark-β 法。

Newmark-β 法假设在时间段［t_i，t_{i+1}］内，加速度值是介于 $\ddot{u}_i$ 和 $\ddot{u}_{i+1}$ 之间的某一常量，记为 a，图 4.6-6 所示为其中一个加速度的示意图。

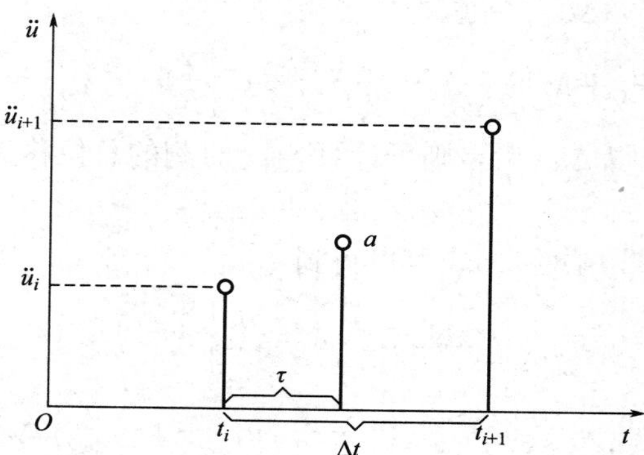

图 4.6-6 在时间段［t_i，t_{i+1}］内加速度示意图

根据 Newmark-β 法的基本假设，有：

$$a=(1-\gamma)\ddot{u}_i+\gamma\ddot{u}_{i+1},0\leqslant\gamma\leqslant 1 \tag{4.6-15}$$

为了得到稳定和精度高的算法，引入另一控制参数 β，则：

$$a=(1-2\beta)\ddot{u}_i+2\beta\ddot{u}_{i+1},0\leqslant\beta\leqslant 1/2 \tag{4.6-16}$$

通过在 t_i 到 t_{i+1} 时间段上对加速度 a 积分，可得 t_{i+1} 时刻的速度和位移为：

$$\dot{u}_{i+1}=\dot{u}_i+\Delta t a \tag{4.6-17}$$

$$u_{i+1}=u_i+\Delta t\dot{u}_i+\frac{1}{2}\Delta t^2 a \tag{4.6-18}$$

分别将式（4.6-15）、式（4.6-16）代入式（4.6-17）、式（4.6-18）得：

$$\begin{cases}\dot{u}_{i+1}=\dot{u}_i+(1-\gamma)\Delta t\ddot{u}_i+\gamma\Delta t\ddot{u}_{i+1}\\ u_{i+1}=u_i+\Delta t\dot{u}_i+\left(\dfrac{1}{2}-\beta\right)\Delta t^2\ddot{u}_i+\beta\Delta t^2\ddot{u}_{i+1}\end{cases} \tag{4.6-19}$$

式（4.6-19）是 Newmark-β 法的两个基本递推公式，可解得 t_{i+1} 时刻的速度和加速度的计算公式为：

$$\begin{cases}\ddot{u}_{i+1}=\dfrac{1}{\beta\Delta t^2}(u_{i+1}-u_i)-\dfrac{1}{\beta\Delta t}\dot{u}_i-\left(\dfrac{1}{2\beta}-1\right)\ddot{u}_i\\ \dot{u}_{i+1}=\dfrac{\gamma}{\beta\Delta t}(u_{i+1}-u_i)+\left(1-\dfrac{\gamma}{\beta}\right)\dot{u}_i+\left(1-\dfrac{\gamma}{2\beta}\right)\Delta t\ddot{u}_i\end{cases} \tag{4.6-20}$$

把式（4.6-20）写成增量的形式，可得：

$$\begin{cases}\Delta\ddot{u}_i=\dfrac{1}{\beta\Delta t^2}\Delta u_i-\dfrac{1}{\beta\Delta t}\dot{u}_i-\dfrac{1}{2\beta}\ddot{u}_i\\ \Delta\dot{u}_i=\dfrac{\gamma}{\beta\Delta t}\Delta u_i-\dfrac{\gamma}{\beta}\dot{u}_i+\left(1-\dfrac{\gamma}{2\beta}\right)\Delta t\ddot{u}_i\end{cases} \tag{4.6-21}$$

将式（4.6-21）代入结构的增量平衡方程，得：

$$M\Delta\ddot{u}_i+C\Delta\dot{u}_i+K_i\Delta u_i=\Delta P_i \tag{4.6-22}$$

得到计算 Δu_i 的方程为：

$$\begin{cases}\hat{K}_i \Delta u_i = \Delta \hat{P}_i \\ \hat{K}_i = K_i + \dfrac{1}{\beta \Delta t^2} M + \dfrac{\gamma}{\beta \Delta t} C \\ \Delta \hat{P}_i = \Delta P_i + M\left(\dfrac{1}{\beta \Delta t}\dot{u}_i + \dfrac{1}{2\beta}\ddot{u}_i\right) + C\left[\dfrac{\gamma}{\beta}\dot{u}_i + \left(\dfrac{\gamma}{2\beta} - 1\right)\Delta t \ddot{u}_i\right]\end{cases} \tag{4.6-23}$$

通过式（4.6-23）求得 Δu_i 后，则可计算 t_{i+1} 时刻的总位移为：

$$u_{i+1} = u_i + \Delta u_i \tag{4.6-24}$$

将求出的 Δu_i 代入式（4.6-20），可以得到：

$$\begin{cases}\ddot{u}_{i+1} = \dfrac{1}{\beta \Delta t^2}\Delta u_i - \dfrac{1}{\beta \Delta t}\dot{u}_i - \left(\dfrac{1}{2\beta} - 1\right)\ddot{u}_i \\ \dot{u}_{i+1} = \dfrac{\gamma}{\beta \Delta t}\Delta u_i + \left(1 - \dfrac{\gamma}{\beta}\right)\dot{u}_i + \left(1 - \dfrac{\gamma}{2\beta}\right)\Delta t \ddot{u}_i\end{cases} \tag{4.6-25}$$

这样，t_{i+1} 时刻的位移、速度、加速度全部求得；照此循环，就可以求得整个时程的运动。

Newmark-β 法通过控制 β 取不同的值，就可以得到相应的计算方法。表 4.6-2 给出了参数 β 不同取值时对应的几种逐步积分法，分别是平均常加速度法、线性加速度法和中心差分法。

β 取不同值时 Newmark-β 法对应的逐步积分法　　**表 4.6-2**

参数取值	对应的逐步积分法	稳定性分析
$\gamma=1/2, \beta=1/4$	平均常加速度法	无条件稳定
$\gamma=1/2, \beta=1/6$	线性加速度法	$\Delta t \leqslant \frac{\sqrt{3}}{\pi} T_n = 0.551 T_n$
$\gamma=1/2, \beta=0$	中心差分法	$\Delta t \leqslant \frac{1}{\pi} T_n$

注：T_n 为结构的固有周期。

4.7　结构整体稳定性和抗倾覆验算

《混凝土结构通用规范》GB 55008—2021 第 4.3.5 条　混凝土结构应进行结构整体稳定分析计算和抗倾覆验算，并应满足工程需要的安全性要求。

4.7.1　结构整体稳定性的定义

整体稳定性是指结构在未达到强度极限，甚至是未达到屈服极限时，抵抗由于侧向屈曲引发承载能力丧失的性能。

结构整体稳定性设计是超高层建筑结构设计的基本要求。研究表明，高层建筑混凝土结构仅在竖向重力荷载作用下产生整体失稳的可能性很小。高层建筑结构的稳定设计主要是控制在风荷载或水平地震作用下，重力荷载产生的二阶效应不致过大，以免引起结构的失稳、倒塌。结构的刚度和重力荷载之比（简称刚重比）是影响重力二阶效应的主要参数。

超高层建筑结构大部分采用框架-核心筒体系。在水平力作用下，带有剪力墙或筒体的高层建筑结构的变形形态为弯剪型。对超高层混凝土结构，随着高度的增加，结构刚度的降低，重力二阶效应的不利影响呈非线性增长。如果结构的刚重比大于1.4，则在考虑结构弹性刚度折减50%的情况下，重力二阶效应仍可控制在20%之内，结构的稳定性具有适宜的安全储备。

4.7.2 规范对结构整体稳定性有哪些规定?

1. 剪力墙结构、框架-剪力墙结构和筒体结构的整体稳定性

剪力墙结构、框架-剪力墙结构和筒体结构属于弯剪型结构，将弯剪型结构简化为悬臂杆，作用在悬臂杆顶部的竖向临界荷载可由欧拉公式求得：

$$P_{cr}=\frac{\pi^2 EJ}{4H^2} \tag{4.7-1}$$

式中 P_{cr}——作用在悬臂杆顶部的竖向临界荷载；

EJ——悬臂杆的弯曲刚度；

H——悬臂杆的高度。

作用在结构顶部的临界荷载，可简化为沿楼层均匀分布的重力荷载之和，即：

$$P_{cr}=\frac{1}{3}\left(\sum_{i=1}^{n}G_i\right)_{cr} \tag{4.7-2}$$

用弯剪型悬臂杆的等效侧向刚度 EJ_d 代替 EJ，并将式（4.7-2）代入式（4.7-1）得：

$$\left(\sum_{i=1}^{n}G_i\right)_{cr}=7.4\frac{EJ_d}{H^2} \tag{4.7-3}$$

考虑重力 P-Δ 效应后，结构的侧向位移可近似表示为式（4.7-4）。

$$\Delta^*=\frac{1}{1-\sum_{i=1}^{n}G_i/\left(\sum_{i=1}^{n}G_i\right)_{cr}}\cdot\Delta \tag{4.7-4}$$

式中 Δ^*——考虑 P-Δ 效应的结构侧移；

Δ——不考虑 P-Δ 效应的结构侧移。

要将重力 P-Δ 效应产生的附加楼层位移控制在10%以内，则：

$$\frac{\Delta^*}{\Delta}\leqslant 1.1 \tag{4.7-5}$$

将式（4.7-3）、式（4.7-5）代入式（4.7-4）可得剪力墙结构、框架-剪力墙结构和筒体结构整体稳定性应满足的要求。

$$EJ_d\geqslant 1.486H^2\sum_{i=1}^{n}G_i\approx 1.4H^2\sum_{i=1}^{n}G_i \tag{4.7-6}$$

式中 EJ_d——结构一个主轴方向的弹性等效侧向刚度，可按倒三角形分布荷载作用下结构顶点位移相等的原则，将此结构的侧向刚度折算为竖向悬臂受弯构件的等效侧向刚度；

H——房屋高度；

G_i——第 i 层重力荷载设计值，取1.2倍的永久荷载标准值与1.4倍的楼面可变荷载标准值的组合值；

n——结构计算总层数。

2. **框架结构的整体稳定性**

单纯的框架结构整体失稳形态呈现为剪切型。将框架结构简化为悬臂杆，忽略框架柱轴向变形的影响，其临界荷载可由式（4.7-7）求得。

$$(\sum_{j=i}^{n} G_j)_{cr} = D_i h_i \tag{4.7-7}$$

式中 $\sum_{j=i}^{n} G_j$——第 i 层及其以上各楼层重力荷载的总和；

D_i——第 i 层的侧向刚度；

h_i——第 i 层的层高。

考虑重力二阶效应后，结构的侧向位移可近似表示为式（4.7-8）。

$$\delta_i^* = \frac{1}{1 - \sum_{j=i}^{n} G_j / (\sum_{j=i}^{n} G_j)_{cr}} \cdot \delta_i \tag{4.7-8}$$

式中 δ_i^*——考虑 P-Δ 效应的结构第 i 层的层间位移；

δ_i——考虑 P-Δ 效应的结构第 i 层的层间位移；

$\sum_{j=i}^{n} G_j$——第 i 层及其以上各楼层重力荷载的总和。

在不考虑结构弹性刚度折减的情况下，若按弹性分析的二阶效应求得结构的内力、位移增量控制在 10%以内，则认为结构的稳定性具有一定的安全储备。由此可得，剪切型结构的结构整体稳定性应符合式（4.7-9）的要求。

$$\delta_i^* / \delta_i \leqslant 1.1 \tag{4.7-9}$$

将式（4.7-9）代入式（4.7-8），可得：

$$\sum_{j=i}^{n} G_j / (\sum_{j=i}^{n} G_j)_{cr} \leqslant \frac{1}{11} \tag{4.7-10}$$

将式（4.7-10）代入式（4.7-7），可得到框架结构整体稳定性应满足的要求。

$$D_i \geqslant 11 \sum_{j=i}^{n} G_j / h_i \geqslant 10 \sum_{j=i}^{n} G_j / h_i \quad (i = 1, 2, \cdots, n) \tag{4.7-11}$$

式中 D_i——第 i 层的弹性等效侧向刚度，可取该层剪力与层间位移的比值；

G_j——第 j 层重力荷载设计值，取 1.2 倍的永久荷载标准值与 1.4 倍的楼面可变荷载标准值的组合值；

h_i——第 i 层层高。

3. **高层建筑结构可不考虑重力二阶效应的条件**

当高层建筑结构满足下列规定时，弹性计算分析时可不考虑重力二阶效应的不利影响。

（1）剪力墙结构、框架-剪力墙结构、板柱-剪力墙结构、筒体结构

$$EJ_d \geqslant 2.7 H^2 \sum_{i=1}^{n} G_i \tag{4.7-12}$$

（2）框架结构

$$D_i \geqslant 20 \sum_{j=i}^{n} G_j / h_i \quad (i = 1, 2, \cdots, n) \tag{4.7-13}$$

4.7.3 荷载呈倒三角形分布时弹性等效侧向刚度如何计算?

高层建筑中的剪力墙结构、框架-剪力墙结构、板柱-剪力墙结构以及筒体结构的变形呈现为弯剪型，结构沿主轴方向的弹性等效侧向刚度可按倒三角形分布荷载作用下结构顶点位移相等的原则，将结构的侧向刚度折算为竖向悬臂受弯构件的等效侧向刚度。

假定倒三角形分布荷载的最大值为 q，在该荷载作用下结构顶点质心的弹性水平位移为 u，房屋高度为 H。利用悬臂梁在均布荷载和三角形分布荷载作用下的自由端挠度值以及线性叠加原理，可求得倒三角形分布荷载下结构顶点质心位移 u。

1. 悬臂梁在均布荷载作用下挠度计算

计算简图如图 4.7-1 所示。

$$\omega=\frac{qx^2}{24EI}(6l^2-4lx+x^2) \tag{4.7-14}$$

则顶点位移为：

$$u_{\mathrm{B}}=\frac{qH^4}{8EI} \tag{4.7-15}$$

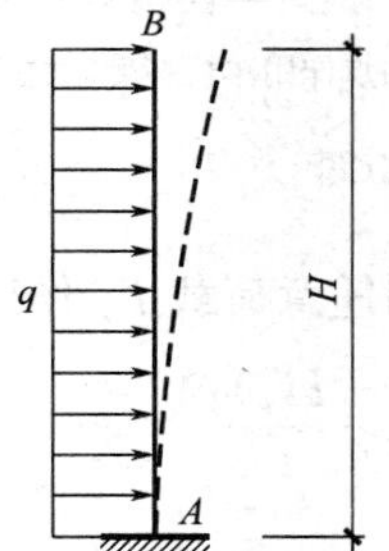

图 4.7-1 均布荷载计算简图

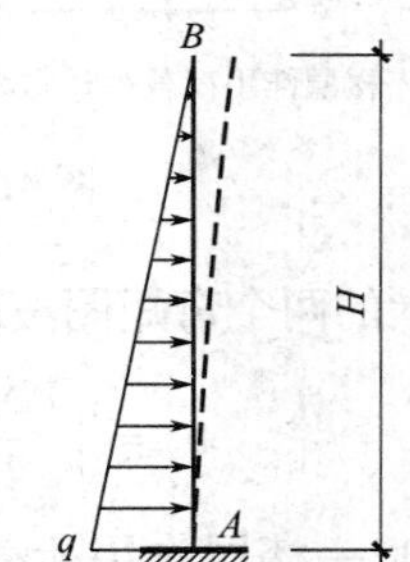

图 4.7-2 三角形荷载计算简图

2. 悬臂梁在三角形荷载作用下挠度计算

计算简图如图 4.7-2 所示。

$$\omega=\frac{qx^2}{120EIl}(10l^3-10l^2x+5lx^2-x^3) \tag{4.7-16}$$

则顶点位移为：

$$u_{\mathrm{B}}=\frac{qH^4}{30EI} \tag{4.7-17}$$

3. 悬臂梁在倒三角形荷载作用下挠度计算

通过悬臂梁在均布荷载和倒三角形分布荷载作用下的自由端挠度值以及线性叠加原理，可得悬臂梁在倒三角形荷载作用下挠度为：

$$u=\frac{qH^4}{8EI}-\frac{qH^4}{30EI}=\frac{11qH^4}{120EI} \tag{4.7-18}$$

4. 倒三角形分布荷载的弹性等效侧向刚度

由式（4.7-18）可得，倒三角形分布荷载的弹性等效侧向刚度为：

$$EJ_{\mathrm{d}}=EI=\frac{11qH^4}{120u} \tag{4.7-19}$$

4.7.4　荷载任意分布时弹性等效侧向刚度如何计算？

1. 图乘法计算

为了计算任意荷载分布形式下刚重比，假定每一楼层作用的水平荷载均为独立值 F_i。根据结构力学图乘法原理，在结构顶部施加一个单位力，将其产生的弯矩图与 F_i 产生的弯矩图相乘计算，如图 4.7-3 所示。

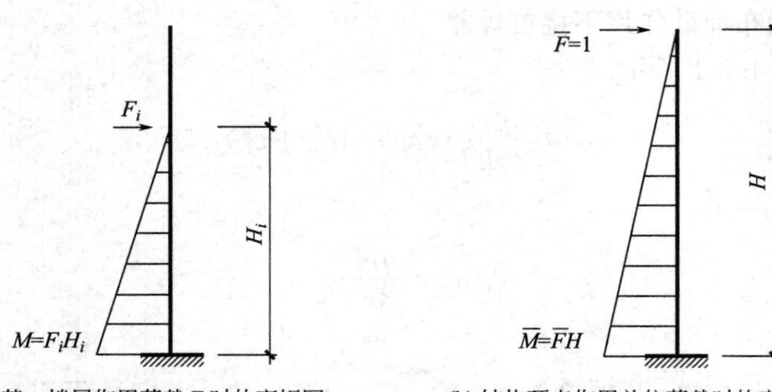

(a) 某一楼层作用荷载F_i时的弯矩图　(b) 结构顶点作用单位荷载时的弯矩图

图 4.7-3　图乘法采用的弯矩图

对图 4.7-3 所示的两个弯矩图按图乘法计算，可得到任意荷载 F_i 作用下的顶点位移 u_i。

$$u_i=\int_0^u \frac{M\overline{M}}{EJ_{\mathrm{d}}}\mathrm{d}x=\frac{F_iH_i^2(3H-H_i)}{6EJ_{\mathrm{d}}} \tag{4.7-20}$$

式中　M——结构某一楼层作用荷载 F_i 时的弯矩；

$\overline{M}$——结构顶点作用单位荷载时的弯矩。

按叠加原理，可得到任意楼层侧向荷载作用下结构顶点位移为：

$$u=\sum_{i=1}^{n}u_i=\frac{\sum_{i=1}^{n}F_iH_i^2(3H-H_i)}{6EJ_{\mathrm{d}}} \tag{4.7-21}$$

根据结构顶点位移相等的原则，由有限元软件对任意楼层荷载分布计算其顶点位移，可得到结构等效侧向刚度。

$$EJ_{\mathrm{d}}=\frac{\sum_{i=1}^{n}F_iH_i^2(3H-H_i)}{6u} \tag{4.7-22}$$

从以上公式推导可以看出，采用通用的等效刚度算法，已经可以真实地计算楼层水平荷载的分布状况，而不仅仅是把荷载简化为倒三角形分布，提高了计算精度。

2. PKPM V3.1 算法

采用 PKPM V3.1 计算弹性等效侧向刚度时，以悬臂柱对高层建筑结构进行等效，同时考虑任意分布形式的侧向荷载，较好地模拟了实际工程的受力情况。同时，将等效原则由“结构顶点位移相等”修正为“外荷载所做的功相等”，即：

$$\sum_{i=1}^{n} F_i u_i = \sum_{i=1}^{n} F_i u'_i \tag{4.7-23}$$

等效的悬臂柱在侧向荷载作用下，各楼层标高处的侧向位移 u'_i 可利用线性叠加原理进行计算。

$$u'_i = \frac{\sum_{j=1}^{i} F_j \delta_{ji} + \sum_{j=i+1}^{n} F_j \delta_{ij}}{EJ_{\mathrm{d}}} \tag{4.7-24}$$

式中　$\delta_{ij} = \frac{l_i^2}{6}(3l_j - l_i)$。

基于式（4.7-23）和式（4.7-24）可以得出弹性等效侧向刚度。

$$EJ_{\mathrm{d}} = \frac{\sum_{i=1}^{n} F_i \left(\sum_{j=1}^{i} F_j \delta_{ij} + \sum_{j=i+1}^{n} F_j \delta_{ij}\right)}{\sum_{i=1}^{n} F_i u_i} \tag{4.7-25}$$

从以上的公式推导可以看出，采用 PKPM V3.1 的软件算法与规范有一定差异，也导致了刚重比计算数据与其他软件的计算结果不一致。

4.7.5 地震作用按倒三角形分布计算的合理性

根据《高规》可知，EJ_{d} 的计算有几个地方与工程实际不符：（1）按倒三角形分布荷载，实际上，不论是风荷载还是地震作用，水平力都不是标准的倒三角形分布；（2）结构顶点位移相等的原则；（3）将塔楼简化为竖向悬臂受弯构件。因为规范为手算公式，做出适当简化是可行的，而现在结构大都采用有限元分析，故需要采用更精确的计算。

下面以底部剪力法为基本方法，探讨地震作用按倒三角形分布的合理性。

采用底部剪力法时，各楼层可仅取一个自由度，结构的水平地震作用标准值应按式（4.7-26）和式（4.7-27）确定。

$$F_{\mathrm{Ek}} = \alpha_1 G_{\mathrm{eq}} \tag{4.7-26}$$

$$F_i = \frac{G_i H_i}{\sum_{j=1}^{n} G_j H_j} F_{\mathrm{Ek}}(1-\delta_{\mathrm{n}}) = \frac{F_{\mathrm{Ek}}(1-\delta_{\mathrm{n}})}{\sum_{j=1}^{n} G_j H_j} G_i H_i \quad (i=1,2,\cdots n) \tag{4.7-27}$$

式中　F_{Ek}——结构总水平地震作用标准值；

α_1——相应于结构基本自振周期的水平地震影响系数值；

G_{eq}——结构等效总重力荷载，单质点应取总重力荷载代表值，多质点可取总重力荷载代表值的 85%；

F_i——质点 i 的水平地震作用标准值；

G_i、G_j——集中于质点 i、j 的重力荷载代表值；

H_i、H_j——质点 i、j 的计算高度；

δ_{n}——顶部附加地震作用系数。

从式（4.7-27）可以看出：

（1）对同一栋结构而言，质点 i 的水平地震作用标准值的变量在于质点 i 的重力荷载代表值 G_i 和质点 i 的计算高度 H_i。如果各楼层荷载、层高分布基本均匀，地震作用按倒三角形分布是适宜的。

(2) 当各楼层荷载不一致，甚至差异较大的时候，地震作用倒三角形分布就存在较大的偏差，同时影响了弹性侧向刚度的计算。各楼层荷载不一致的典型结构有下大上小结构、连体结构、悬吊结构等。

4.7.6　风荷载按倒三角形分布计算的合理性

风荷载与迎风面积、风荷载标准值有关。垂直于建筑物表面的主要受力结构的风荷载标准值，应按式（4.7-28）计算。

$$\omega_k = \beta_z \gamma_d \eta \mu_s \mu_z \omega_0 \tag{4.7-28}$$

式中　ω_k——风荷载标准值（kN/m^2）；

β_z——高度 z 处的风振系数；

γ_d——风向影响系数；

η——地形修正系数；

μ_s——风荷载体型系数；

μ_z——风压高度变化系数；

ω_0——基本风压（kN/m^2）。

在大气边界层内，风速随离地面高度的增加而增大。当气压场随高度不变时，风速随高度增大的规律主要取决于地面粗糙度和温度垂直梯度。通常认为在离地面高度为300～550m时，水平气压梯度力、地转偏向力、惯性离心力三者达到平衡，风速不再受地面粗糙度的影响，也即达到所谓梯度风速，该高度称为梯度风高度 H_G。

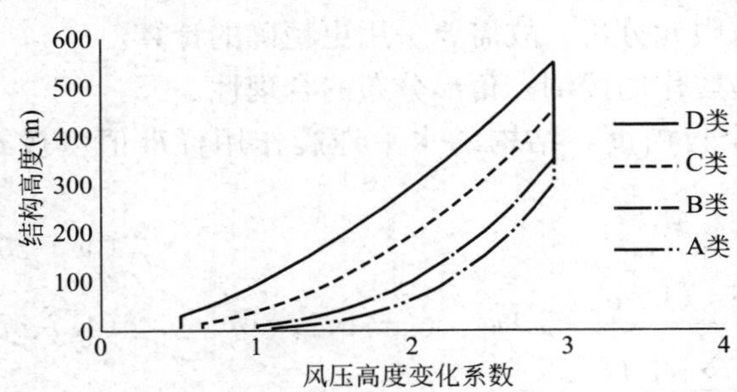

图 4.7-4　不同地面粗糙度的风压高度变化系数

从图4.7-4可以看出，地面粗糙度等级为A类的地区，其梯度风高度比D类地区要低。对于300m以下的建筑，风荷载与离地面高度基本上呈正比例关系，若迎风面积不变，风荷载基本上呈倒三角形分布。

但是对于立面变化复杂的建筑，如连体结构，迎风面积差异较大，按倒三角形分布误差加大，对结论准确性的影响较大。

4.7.7　刚重比计算时哪些类型的项目计算偏差较大?

剪力墙结构、框架-剪力墙结构、筒体结构等弯剪型结构验算整体稳定性时，根据公式的推导过程有三个基本假定：(1) 楼层重力荷载竖向均匀分布；(2) 结构布置竖向均匀相同；(3) 水平荷载按倒三角形分布。在实际工作过程中，很多工程不能满足以上三条基本假定，使得刚重比计算结果偏差较大。

1. 下大上小结构

下大上小结构是一种非常合理的结构体系，具有很好的抗侧移能力，自身整体稳定性非常好。随着楼层的增高，其地震作用和风荷载都逐步减小。按照结构整体稳定性的假定计算，刚重比数据将偏小，有时候难以满足限值的要求。如果为了满足结构整体稳定性的指标限值，需要大幅增加结构侧向刚度，并不合理。

2. 下小上大结构

高位连体结构属于典型的下小上大结构，其上部竖向荷载和迎风面均比下部楼层大，导致上部楼层地震作用和风荷载均较大，显然不满足结构整体稳定性计算的假定。按规范公式计算刚重比，偏不安全。

3. 悬吊结构

悬吊结构是指荷载通过吊索或吊杆传递到固定在筒体或柱上的水平悬吊梁或桁架上，并通过筒体或柱传递到基础的结构体系。悬吊结构的水平荷载也由筒体或柱承受。

悬吊结构上部楼层的部分竖向荷载通过吊杆传递到屋面层，其整体稳定性计算与规范推导公式的假定差异较大，需做专项验算。

4.7.8　对刚重比影响因素的研究案例

1. 工程概况

某超高层项目为酒店式公寓、高端商业汇集的大型商业综合体。塔楼建筑高度 263.80m，结构高度 249.65m（至主体结构屋面），地上 55 层，典型层高 4.5m；底部裙楼 4 层，结构高度 21.3m，与主楼局部连接；地下室共 4 层，地下四层底板板面标高为−16.000m。

塔楼平面呈工字形，建筑平面尺寸 53.6m×32.6m，结构高宽比 7.66。核心筒尺寸 22.8m×14.2m，核心筒高宽比为 17.58，超过《高规》限值较多。结构安全等级二级，设计工作年限 50 年，Ⅱ类场地，抗震设防烈度为 6 度（0.05g），抗震设防类别丙类；基本风压 0.35kN/m^2，地面粗糙度类别 C 类。结构采用盈建科 V2016 计算。结构标准层平面布置如图 4.7-5 所示，剖面图如图 4.7-6 所示，主要构件截面尺寸如表 4.7-1 所示。

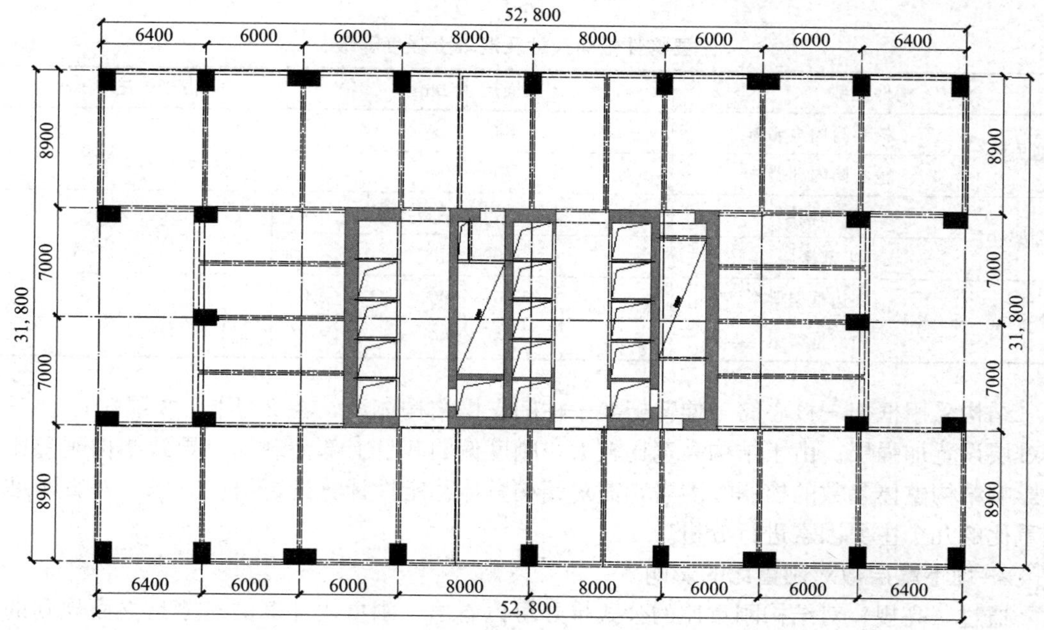

图 4.7-5　标准层结构布置图（单位：mm）

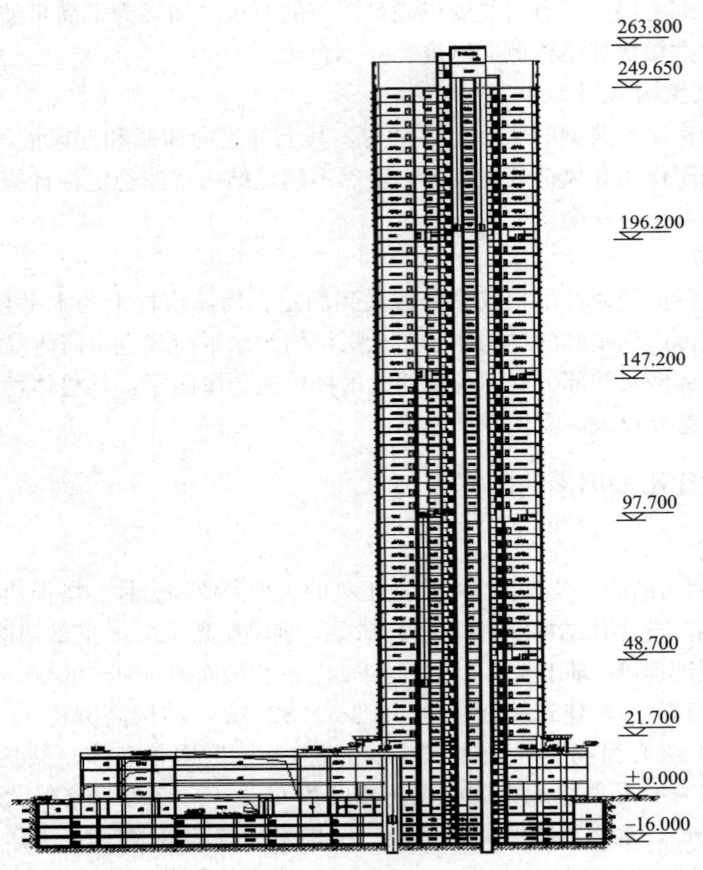

图 4.7-6　剖面简图

主要构件截面尺寸及混凝土强度等级　　表 4.7-1

构件类型		截面尺寸(mm)	混凝土强度等级
剪力墙	核心筒周边墙体	400～1000	C40～C60
	核心筒内部墙体	300～500	
框架柱	底部楼层	1000×1400,内设型钢	C40～C60
	上部楼层	1000×1200	
外框梁	周边框架梁	300×600	C35
	内部框架梁	250×800	

结构采用框架＋核心筒＋伸臂桁架＋柱间支撑结构体系，在 22 层、33 层，44 层三个避难层设置加强层。由于结构高宽比较大，刚度偏弱，且上部荷载大，导致结构刚重比成为影响结构整体参数的控制性因素，需对结构整体稳定性计算进行研究。以下对影响结构刚重比的几个主要因素进行分析。

2. 地下室层数对刚重比的影响

通过《高规》对结构刚重比的公式推导可以看出，刚重比计算的对象是立面规则的单塔楼结构，并且应该去掉地下室及顶部附属结构，将附属结构的重量作为荷载输入。但是，规范刚重比手算公式的推导过程过于简化，与实际情况差异较大，对于超高层结构，整体稳定性为重要指标，应考虑这些不利因素。分别对不同地下室层数进行分析，得出结构刚重比数据如表 4.7-2 所示。可以看出，地下室对结构刚重比计算有明显影响，随着模型中地下室层数的增加，地震作用和风荷载作用下的结构刚重比都呈下降趋势。考虑 4 层地下室结构时，地震作用下刚重比下降幅度为 9.6%，风荷载作用下刚重比下降幅度为 8.8%。

表 4.7-2 地下室层数对刚重比的影响

地下室层数	地震作用下刚重比		风荷载作用下刚重比	
	X 向	*Y* 向	*X* 向	*Y* 向
无地下室	1.721	2.713	1.543	2.580
1 层	1.645	2.620	1.468	2.479
2 层	1.610	2.569	1.441	2.445
3 层	1.582	2.520	1.423	2.420
4 层	1.556	2.467	1.407	2.391

3. 地下室嵌固层刚度比对刚重比的影响

规范按嵌固在地面的竖向悬臂受弯构件折算等效侧向刚度，假定嵌固部位无转角。但实际上不管嵌固层的刚度多大，都会在嵌固部位形成转角位移，如图 4.7-7 所示。同时，软件计算时还需考虑地下室周边土体产生的水平位移。

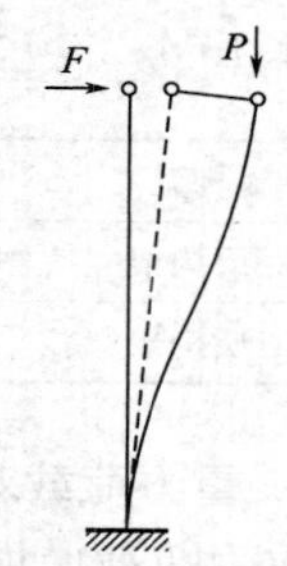

图 4.7-7 嵌固端转角示意图

考虑嵌固端上、下层刚度比的不同，对模型进行计算，相应的结构刚重比如图 4.7-8 所示。从图中可以看出，嵌固端上下层刚度比对结构刚重比的影响比较明显。当嵌固端上、下层刚度比小于 2.0 时，刚重比下降趋势加快。

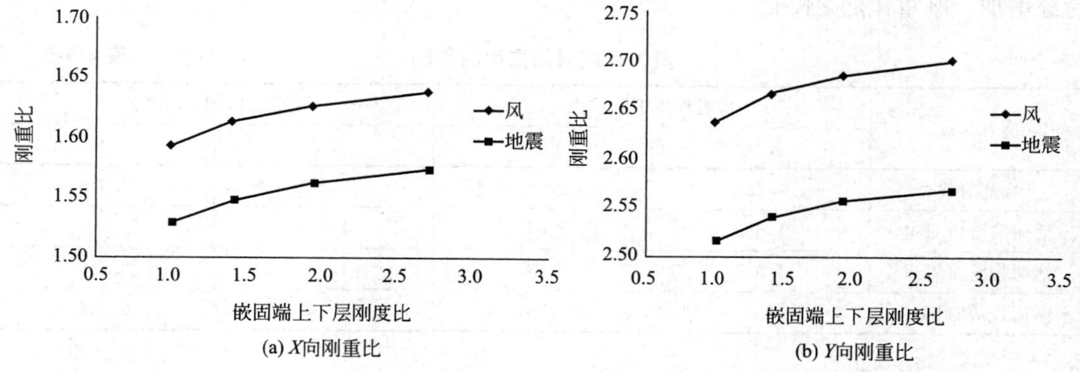

图 4.7-8 嵌固端刚度比对风荷载及地震作用下刚重比的影响

4. 不同嵌固部位对刚重比的影响

若场地周边有高差，或因地下室顶板局部开大洞，结构嵌固部位需设置在地下 1 层楼面时，应考虑嵌固部位下移对刚重比的影响。对比嵌固部位分别设置在一层楼面和负一层楼面，计算其地震作用和风荷载作用下的刚重比，如表 4.7-3 所示。可以看出，嵌固层下移对结构整体稳定性有比较明显的影响。

嵌固部位对刚重比的影响　　**表 4.7-3**

嵌固部位	地震作用下刚重比		风荷载作用下刚重比	
	X 向	*Y* 向	*X* 向	*Y* 向
一层楼面	1.556	2.467	1.407	2.391
地下一层楼面	1.443	2.267	1.278	2.165

5. 屋顶构架

屋顶构架高度为 14.15m，在风荷载作用下，与无屋顶构架相比，结构顶点位移将增加，结构弹性等效侧向刚度降低，导致刚重比下降。通过计算得出刚重比数值，如表 4.7-4 所示。通过对比可知，屋顶构架增大了风荷载和地震作用，导致刚重比降低，且其对风荷载作用下的刚重比影响更明显。

屋顶构架对刚重比的影响　　**表 4.7-4**

构架层数	地震作用下刚重比		风荷载作用下刚重比	
	X 向	*Y* 向	*X* 向	*Y* 向
无构架	1.650	2.540	1.529	2.568
一层构架	1.625	2.516	1.476	2.507
二层构架	1.556	2.467	1.407	2.391

6. 重力荷载对刚重比的影响

重力荷载增加会明显降低结构刚重比。本工程为高层 LOFT 公寓，设计时考虑住户改造，可能导致楼面荷载增加，因此分析了荷载增加对刚重比的影响。表 4.7-5 对比了不同楼面荷载情况下的结构刚重比。通过分析得知，刚重比对楼面荷载的变化比较敏感，随着荷载增加，刚重比随之降低。

重力荷载对刚重比的影响　　**表 4.7-5**

重力荷载	地震作用下刚重比		风荷载作用下刚重比	
	X 向	*Y* 向	*X* 向	*Y* 向
规范荷载	1.754	2.772	1.561	2.655
活荷载增加 1kN	1.693	2.679	1.517	2.581
活荷载增加 2kN	1.633	2.587	1.470	2.499
活荷载增加 3kN	1.556	2.467	1.407	2.391

4.8　大跨度和长悬臂结构设计

《混凝土结构通用规范》GB 55008—2021 第 4.3.6 条　大跨度、长悬臂的混凝土结构或结构构件，当抗震设防烈度不低于 7 度（0.15g）时应进行竖向地震作用计算分析。

4.8.1 大跨度、长悬臂结构构件是如何定义的?

1. 大跨度结构的定义

进行竖向地震作用计算分析时，根据《混凝土结构通用规范》GB 55008—2021 第 4.3.6 条以及《抗震通规》第 4.1.2 条的规定，大跨度结构的定义一般是指设防烈度 7 度（0.15g）、跨度大于 24m 的混凝土楼盖结构，设防烈度 8 度、跨度大于或等于 24m，设防烈度 9 度、跨度大于或等于 18m 的各类楼盖结构，以及跨度大于 8m 的转换结构。以上内容不含木结构楼盖。

确定现浇钢筋混凝土结构房屋的抗震等级时，大跨度框架指跨度不小于 18m 的框架。

2. 长悬臂结构的定义

进行竖向地震作用计算分析时，根据《混凝土结构通用规范》GB 55008—2021 第 4.3.6 条以及《抗震通规》第 4.1.2 条的规定，长悬臂结构的定义一般是指设防烈度 7 度（0.15g）且悬挑长度大于 2m 的混凝土结构、设防烈度 8 度且跨度大于或等于 2m、设防烈度 9 度且跨度大于或等于 1.5m 的长悬臂结构。

3. 尺寸突变不规则项的判定

建质〔2015〕67 号文《超限高层建筑工程抗震设防专项审查技术要点》附件 1 的表 2 规定：竖向构件收进位置高于结构高度 20%且收进大于 25%，或外挑大于 10%和 4m，多塔，属于尺寸突变不规则项。

应注意，此处的外挑大于 10%和 4m，指的是竖向构件的外挑尺寸，与计算竖向地震对悬臂结构的定义有区别。

4. 大跨度和长悬臂结构的地震灾害调查情况

关于大跨度和长悬臂结构，根据我国地震灾害调查，9 度和 9 度以上时，跨度大于 18m 的屋架、1.5m 以上的悬挑阳台和走廊等震害严重甚至倒塌；8 度时，跨度大于 24m 的屋架、2m 以上的悬挑阳台和走廊等震害严重。

4.8.2 《混凝土结构通用规范》GB 55008—2021 和《抗震通规》对大跨度、长悬臂结构的规定矛盾吗?

1. 规范对大跨度、长悬臂结构竖向地震作用计算的规定

《混凝土结构通用规范》GB 55008—2021 第 4.3.6 条规定：大跨度、长悬臂的混凝土结构或结构构件，当抗震设防烈度不低于 7 度（0.15g）时应进行竖向地震作用计算分析。

《抗震通规》第 4.1.2 条规定：各类建筑与市政工程中，抗震设防烈度不低于 8 度的大跨度、长悬臂结构和抗震设防烈度 9 度的高层建筑物、盛水构筑物、贮气罐、储气柜等，应计算竖向地震作用。

《抗震通规》第 5.6.2 条规定：木结构房屋的地震作用计算，7 度及以上的大跨度木结构、长悬臂木结构，应计入竖向地震作用。

2. 不同设防烈度时大跨度、长悬臂结构竖向地震计算的界定

《混凝土结构通用规范》GB 55008—2021 和《抗震通规》对不同设防烈度地震作用下竖向地震作用的计算要求，并不矛盾。《混凝土结构通用规范》GB 55008—2021 只规定了要进行竖向地震作用的混凝土结构构件；《抗震通规》则包含了其他各类大跨度、长悬臂

结构的构件，包括钢结构、空间结构、木结构等。不同设防烈度时大跨度、长悬臂结构竖向地震作用计算的要求，如表 4.8-1 所示。

不同设防烈度时大跨度、长悬臂结构竖向地震计算的界定表 **表 4.8-1**

设防烈度	结构类型	大跨度	长悬臂
7度	木结构	跨度无明确界定	跨度无明确界定
7度(0.15g)	混凝土结构	楼盖结构跨度大于 24m 转换结构跨度大于 8m	悬挑长度大于 2m
8度	各类结构	≥24m	≥2m
9度	各类结构	≥18m	≥1.5m
9度	高层建筑物的各类结构	整体计算分析时应计算竖向地震	

3. 大跨度、长悬臂结构竖向地震作用计算

(1) 高层建筑中，跨度大于 24m 的楼盖结构、跨度大于 12m 的转换结构和连体结构、悬挑长度大于 5m 的悬挑结构，结构竖向地震作用效应标准值宜采用时程分析方法或振型分解反应谱法进行计算。时程分析计算时输入的地震加速度最大值可按规定的水平输入最大值的 65%采用，反应谱分析时结构竖向地震影响系数最大值可按水平地震影响系数最大值的 65%采用，但设计地震分组可按第一组采用。

(2) 高位的大跨度和长悬臂结构或构件，振型分解反应谱法不能准确计算其支座处的竖向加速度，宜采用时程分析法计算其竖向地震作用。

(3) 高层建筑中，大跨度结构、悬挑结构、转换结构、连体结构的连接体的竖向地震作用标准值，不宜小于结构或构件承受的重力荷载代表值与表 4.8-2 所规定的竖向地震作用系数的乘积。

竖向地震作用系数 **表 4.8-2**

设防烈度	7度	8度		9度
设计基本地震加速度	0.15g	0.20g	0.30g	0.40g
竖向地震作用系数	0.08	0.10	0.15	0.20

(4) 其他大跨度结构、长悬臂结构的竖向地震作用，可采用《抗规》第 5.3.2 条、5.3.3 条的规定进行计算。

4.8.3 扁长形柱网大跨度结构合理布置

扁长形柱网两个方向框架柱之间主梁跨度相差很大，若荷载传递不合理，将导致两个方向框架梁所承受的弯矩差异很大。如图 4.8-1 (a) 所示，次梁设置不合理，导致大部分楼面竖向荷载由主梁 AB、CD 承担，且因跨度较大，两项因素叠加，使该框架梁承受的弯矩相当大，相应地需增大其截面尺寸，占用较大的结构高度，甚至影响建筑使用功能。

建议的梁布置方式为图 4.8-1 (b)，传力简单，利用短跨梁 AC、BD 做主梁。次梁数量减少 3 根，结构模板施工方便。框架梁 AB、CD 的受荷从属面积减少 50%，对建筑净高、经济性均有明显改善。

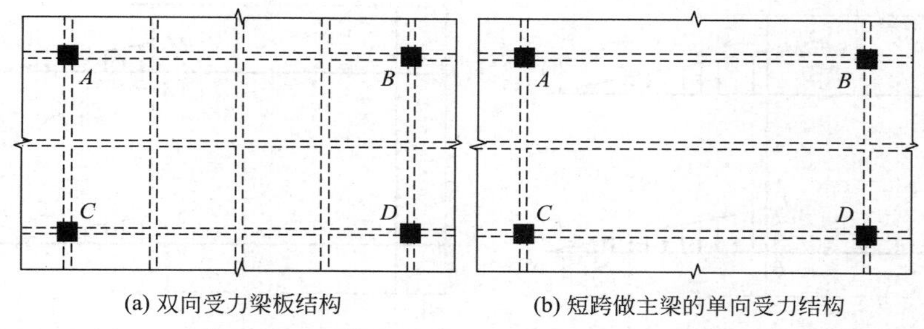

(a) 双向受力梁板结构　　(b) 短跨做主梁的单向受力结构

图 4.8-1　扁长形柱网大跨度结构布置示意图

4.8.4　正方形柱网大跨度结构合理布置

对于正方形柱网大跨度梁、板布置，通常采用井字梁（图 4.8-2）。若层高受限，要求尽量控制梁高时，可采用斜交梁（图 4.8-3）。以斜向 45°梁作为主梁，其跨度比井字梁减少 40%，对抗弯有利，既能减小主梁截面，还可节省造价；缺点是施工难度增大。

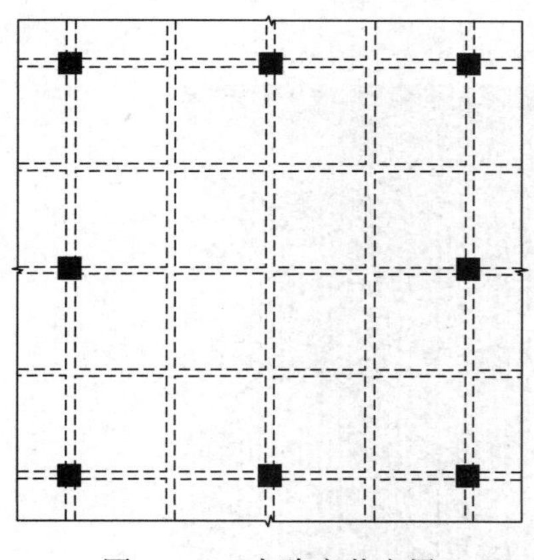

图 4.8-2　大跨度井字梁

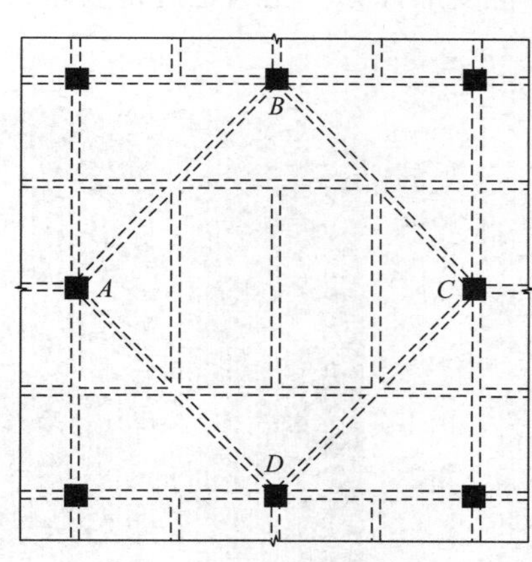

图 4.8-3　大跨度斜交梁

4.8.5　悬挑空腹桁架的弯矩简图

当建筑平面悬挑长度大，楼层悬挑梁净高受到限制，设置悬挑梁无法满足受力计算或梁高影响建筑功能时，可采用悬挑梁与端部立柱组成的悬挑空腹桁架体系。悬挑空腹桁架的立杆布置比较灵活，对建筑功能的影响较小，能较好地满足建筑功能和结构受力双重需要。

悬挑梁端部受集中荷载作用时，杆件变形为弯曲型，其挠度较大，弯矩如图 4.8-4 所示。悬挑梁端部设柱形成悬挑空腹桁架时，水平梁受力呈弯剪形，中部有反弯点。立杆受力与梁相似，以抗弯剪为主，抗压较小，且同样存在反弯点，增大截面的抗弯刚度能明显提高悬挑桁架的承载能力，其弯矩如图 4.8-5 所示。通过弯矩图对比可以看出，悬挑空腹桁架弯矩比悬挑梁明显减小。

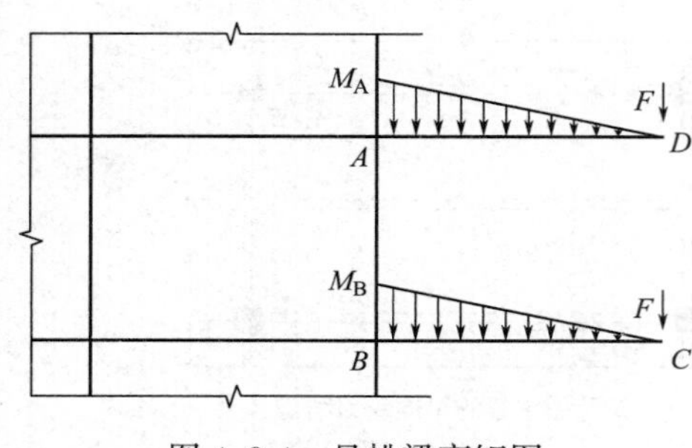

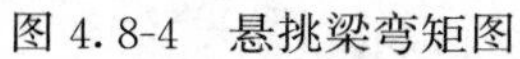
图 4.8-4 悬挑梁弯矩图

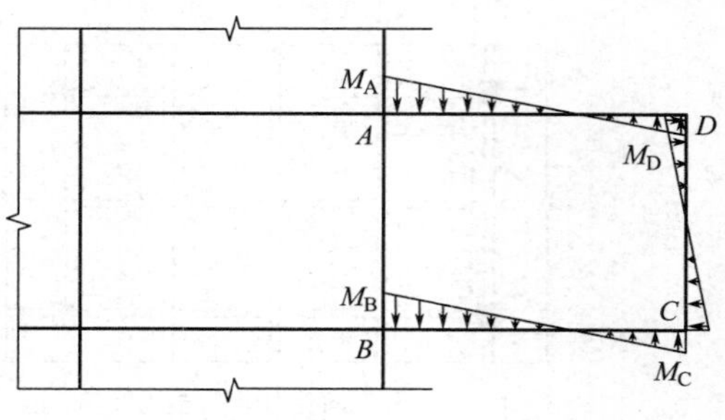

图 4.8-5 悬挑空腹桁架弯矩图

4.8.6 大跨度拉杆悬挑结构设计

对荷载较大的大跨度悬挑结构，采用悬挑空腹桁架变形难以控制时，可采用拉杆悬挑桁架，发挥钢材抗拉能力强的优势。

图 4.8-6 所示项目 X 方向悬挑 25m，Y 方向悬挑 16m。从立面造型看，很适合采用空腹桁架，但变形计算不能满足规范要求。采用从落地框架柱上设钢拉杆，悬挑跨度 9.9m（图 4.8-7）。

图 4.8-6 大跨度悬挑结构建筑效果图

对受荷面积较大的大跨度拉杆悬挑结构，结构传力途径复杂，荷载传递路线长，安全裕量较低。设计时宜采取如下措施。

（1）模型计算时宜考虑竖向地震的影响。

（2）悬挑桁架的关键构件需满足中震弹性性能要求。

（3）严格控制杆件的应力比和变形。

（4）模型计算时应按照实际施工顺序模拟加载方式。

（5）桁架应延伸至主体结构，并验算抗倾覆承载力。

（6）必要时，对悬挑桁架进行防连续倒塌验算。

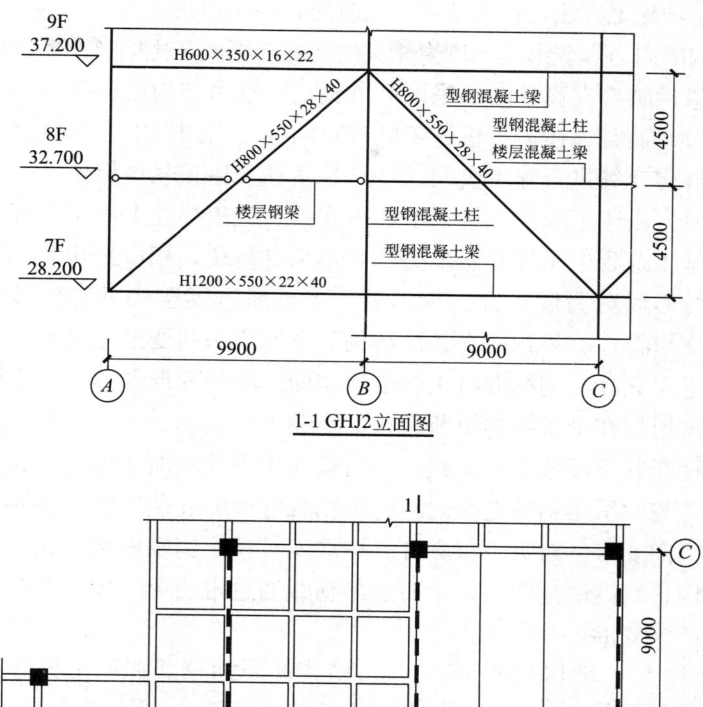

图 4.8-7 拉杆悬挑结构平面及剖面图（单位：mm）

4.8.7 悬吊结构设计

悬吊结构是指通过吊索或吊杆将楼层竖向荷载传递到固定在筒体或柱上的水平悬吊梁或桁架上，并通过筒体或柱向下传递到基础的结构体系。悬吊结构的吊杆截面较小，悬吊桁架通常布置在屋顶，不占用建筑面积，不影响建筑功能。但悬吊结构的竖向荷载从楼盖结构依次传递至吊柱（吊杆）、悬吊桁架、钢筋混凝土核心筒、基础，楼层竖向荷载先向上传递至屋顶桁架结构，再向下传递至基础，其传力途径较普通结构长，导致结构经济性较差。

悬吊结构的施工顺序主要有两种。一种是顺向施工，即在悬吊结构的下部预先搭设临时支撑，再由下往上逐层施工。在施工过程中，吊柱不能承担受压作用，因此需要每层吊柱旁另设承担施工荷载的临时立柱。另一种是逆向施工，即先安装顶部悬吊桁架，再通过吊杆向下逐层施工。顺向施工符合常规的施工习惯，施工难度小，便于保障施工过程的安全，一般悬吊结构均采用这种施工方法。但在支撑卸载阶段，结构由被支撑状态转换为吊柱、悬吊桁架受力状态，结构的内力和变形均会产生较大的变化，可能产生明显的附加应力。

大跨度拉杆悬挑结构在设计时应采取的措施，在悬吊结构设计时基本上也需要同样采用，参见 4.8.6 节。而且，还需考虑施工顺序对结构受力的影响，并宜对施工卸载过程中的结构变形、构件应变等进行施工监测，特别是吊柱及屋顶悬吊桁架。

在顺向施工时，由于下部预先搭设了临时支撑，且逐层往上施工时在吊柱两侧均设置了临时立柱，在施工过程中吊柱和悬吊桁架均不承受荷载，相应地也就不产生变形。常规项目中框架柱与核心筒剪力墙也存在变形差，但可通过逐层找平得到缓解。在施工卸载时，各层之间的变形将逐层累积，在悬吊结构的下部累积的变形差最大。

悬吊部分最下层立柱与钢筋混凝土核心筒楼面之间的变形差，由以下四个部分组成。

（1）屋顶悬挑桁架在悬吊结构恒荷载＋活荷载下的变形。

（2）每层立柱在其下部楼层恒荷载＋活荷载作用下的轴向变形的总和。

（3）每层立柱与梁采用销轴连接时，每层销轴之间的安装空隙，将在竖向荷载作用下转化为各层柱的竖向变形。对最下层立柱，应取所有楼层销轴安装空隙的总和。

（4）悬吊结构各层高度范围内，所有悬吊荷载通过楼层梁、屋顶悬吊桁架传递给核心筒，对核心筒的压缩变形。

某项目地上 19 层，结构高度 77.25m，结构体系为钢筋混凝土核心筒＋顶部悬挑桁架＋悬吊结构。悬吊层数为 8 层，两侧悬挑跨度均为 9.5m，采用钢拉杆从屋顶桁架下挂。建筑立面图如图 4.8-8 所示，结构剖面布置图如图 4.8-9 所示，钢拉杆节点大样如图 4.8-10 所示。

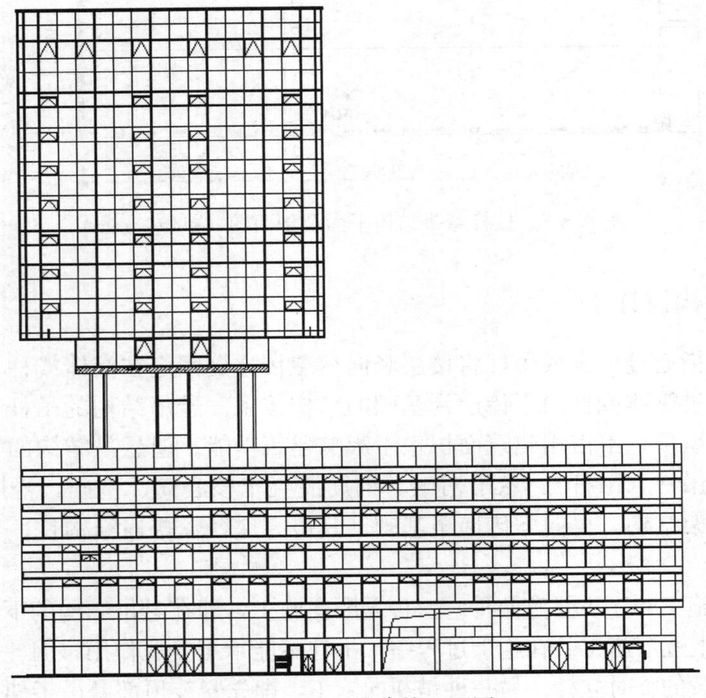

图 4.8-8　悬吊建筑立面图

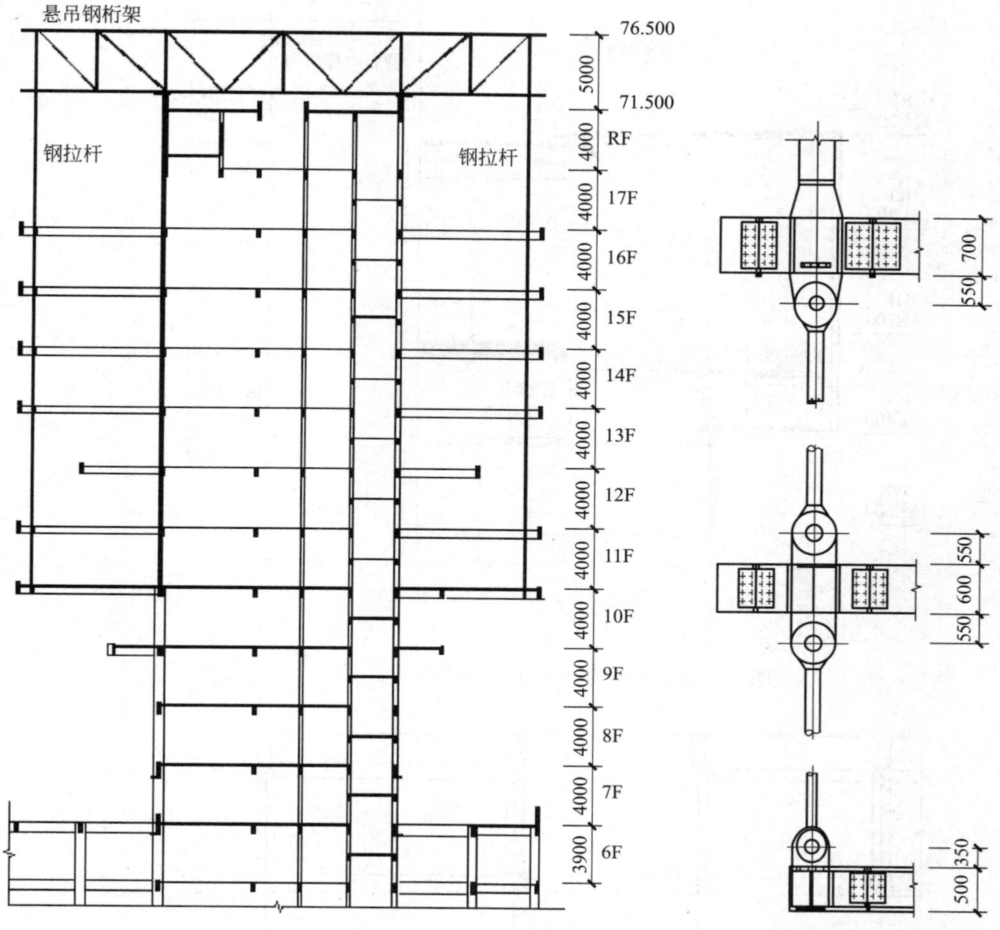

图 4.8-9　悬吊结构剖面图（单位：mm）

图 4.8-10　钢拉杆节点大样图（单位：mm）

4.8.8　大跨度悬挑梁型钢混凝土梁柱节点优化设计

无论是钢结构，还是型钢混凝土结构，其梁柱节点通常优先保证柱的受力性能，柱内型钢翼缘上下连通，梁在节点处断开，与柱焊接。这种方法可尽量减少柱内型钢的连接接头，受力性能可靠，施工方便。但对于一些特定情况下，需要优先保证梁的受力性能时，可对国标图集的型钢梁柱节点进行优化，增加梁受力的可靠性。

某超高层结构顶部楼层设空中游泳池，泳池范围悬挑 5m（图 4.8-11）。泳池悬挑部分采用型钢悬挑梁，悬挑内跨采用型钢混凝土梁（图 4.8-12）。当型钢混凝土梁柱节点中的梁承担较大弯矩时，为增强型钢梁的受力性能，宜优先保证型钢梁的完整性，型钢柱翼缘遇梁时断开（图 4.8-13）。

4.8.9　为增强刚度大跨度悬挑梁局部加大截面

大型商业综合体内部悬挑走廊跨度 4m，走廊外设置扶梯挑出 3m，总悬挑长度通常在 7m 左右。走廊上空要考虑设备管线及尽可能高的吊顶空间，悬挑梁高度受到限制。

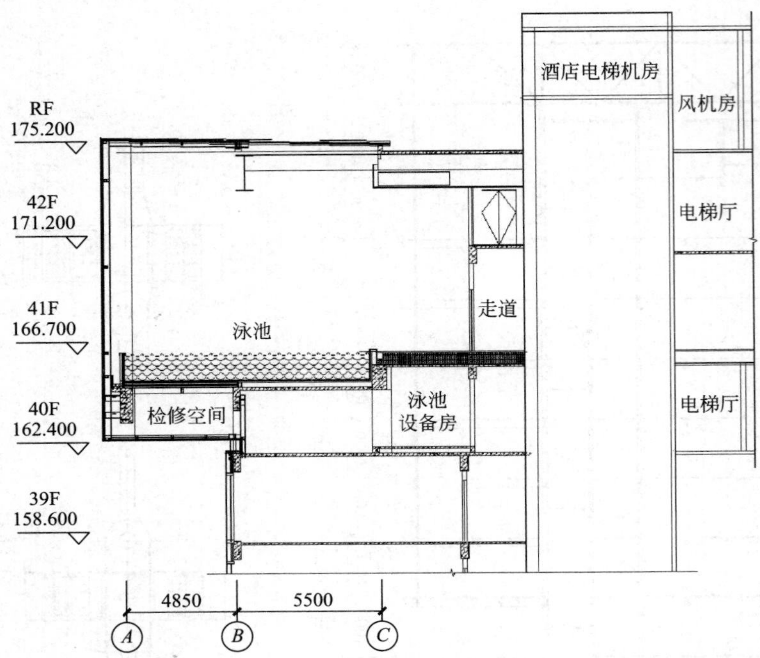

图 4.8-11 空中泳池剖面图（单位：mm）

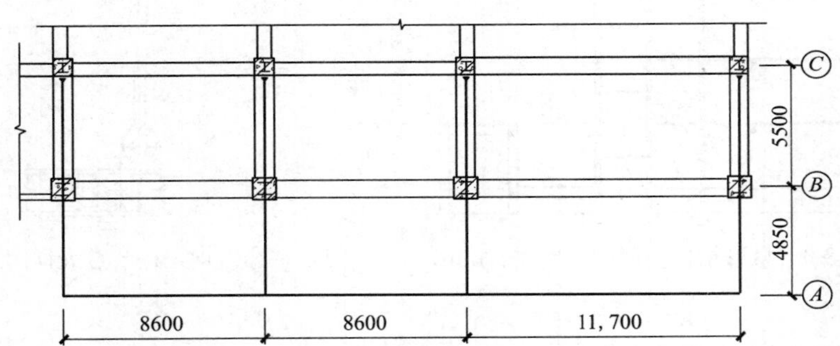

图 4.8-12 空中泳池悬挑结构布置图（单位：mm）

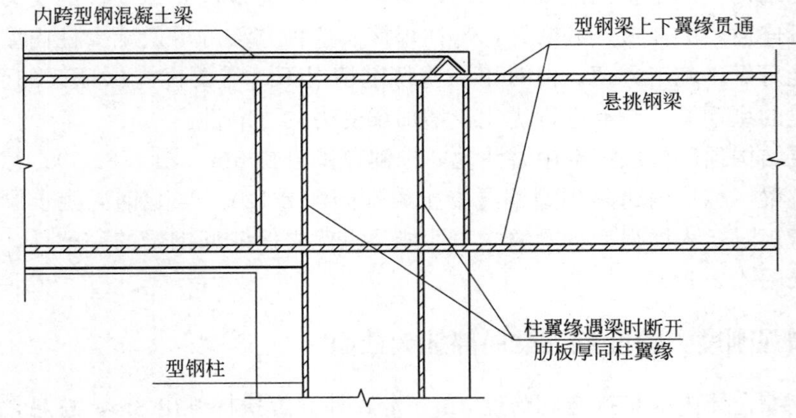

图 4.8-13 型钢梁柱节点大样

对这种大跨度悬挑梁的设计，最常用的方式是采用竖向加腋，根据悬挑梁的弯矩分布特点，增大支座处的有效高度，同时可减少混凝土用量和自重。当竖向加腋受到层高因素影响时，可采取水平加腋的方式，但水平加腋对抗弯的效率不如竖向加腋。

大跨度悬挑梁对自重很敏感，为降低悬挑梁自重对抗弯承载力及振动的影响，对上述加腋方式做出更进一步的改进，可采用局部长度范围内增大悬挑梁截面的方式（图 4.8-14）。

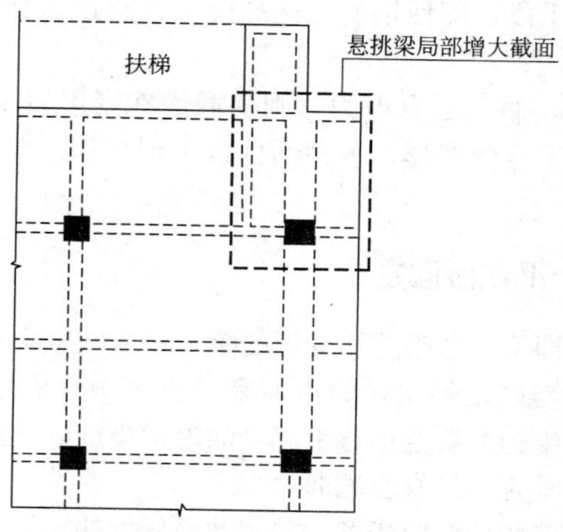

图 4.8-14　大跨度悬挑梁局部增大截面

4.9　正截面计算基本假定

《混凝土结构通用规范》GB 55008—2021 第 4.4.2 条　正截面承载力计算应采用符合工程需求的混凝土应力-应变本构关系，并应满足变形协调和静力平衡条件。正截面承载力简化计算时，应符合下列假定。

1. 截面应变保持平面。

2. 不考虑混凝土的抗拉作用。

3. 应确定混凝土的应力-应变本构关系。

4. 纵向受拉钢筋的极限拉应变取为 0.01。

5. 纵向钢筋的应力取钢筋应变与其弹性模量的乘积，且钢筋应力不应超过钢筋抗压、抗拉强度设计值；对于轴心受压构件，钢筋的抗压强度设计值取值不应超过 400N/mm^2。

6. 纵向预应力筋的应力取预应力筋应变与其弹性模量的乘积，且预应力筋应力不应大于其抗拉强度设计值。

4.9.1　平截面假定的定义

平截面假定是材料力学中的一个变形假设，是指垂直于杆件轴线的各横截面在杆件受拉伸、压缩或纯弯曲变形后仍然为平面，并且同变形后的杆件轴线垂直。符合平截面假定的梁即为欧拉-伯努利梁。根据这一假设，若杆件受拉伸或压缩，则各横截面只作平行移动，而且每个横截面的移动可由一个移动量确定；若杆件受纯弯曲，则各横截面只作转动，而且每个横截面的转动可由两个转角确定。

当混凝土受拉区开裂后，钢筋与混凝土之间发生了相对位移。就裂缝所在截面而言，不符合平截面假定。但若用较大的测量标距，量测到的偏心受压构件的截面平均应变值仍能较好地符合平截面假定。试验表明，在纵向受拉钢筋的应力达到屈服强度之前及达到屈服强度后的一定塑性转动范围内，截面的平均应变基本符合平截面假定。因此，按照平截面假定建立判别纵向受拉钢筋是否屈服的界限条件和确定屈服之前钢筋的应力 σ_s 是合理的。平截面假定作为计算手段，即使钢筋已达屈服，甚至进入强化段时，也还是可行的，计算值与试验值符合较好。

如果杆上不仅有力矩，而且还有剪力，则横截面在变形后不再为平面。但对于细长杆，剪力引起的变形远小于弯曲变形，平截面假设近似可用。对于剪力控制的梁和深梁，平截面假定不再适用。

4.9.2　哪些构件不适合平截面假定?

不符合平截面假定，即不能忽略剪切变形的梁，称为铁木辛柯梁。铁木辛柯提出的梁理论认为，考虑剪切变形与转动惯量，假设原来垂直于中性面的截面变形后仍保持为平面；梁内的横向剪力所产生的剪切变形将引起梁的附加挠度，导致原来垂直于中性面的截面在变形后不再与中性面垂直，且发生翘曲。

跨高比小于 5 的深梁的剪切弯曲变形、非圆截面杆件的扭转、开口和闭口薄壁杆的扭转等情形，不适用于平截面假定。

4.9.3　混凝土正截面应力-应变关系假定公式与单轴受压本构关系有何区别?

1. 条文中的第 3 项——确定混凝土应力-应变关系不属于假定的范畴

《混凝土结构通用规范》GB 55008—2021 第 4.4.2 条第 3 项条文规定："正截面承载力简化计算时，应符合下列假定：应确定混凝土的应力-应变本构关系"。

这句话逻辑上存在问题。既然是个假定，就要明确假定的内容，而不是假定"应确定混凝土的应力-应变本构关系"。

该条文源自于《混规》第 6.2.1 条，但是删除了原条文对混凝土应力-应变本构关系的假定公式，导致了引用错误。

2. 正截面承载力计算的混凝土应力-应变本构关系假定公式和曲线

(1) 正截面承载力计算的混凝土应力-应变本构关系假定公式

混凝土受压承载力计算的应力-应变关系曲线按下列规定取用。

当 $\varepsilon_c \leqslant \varepsilon_0$ 时：

$$\sigma_c = f_c\left[1-\left(1-\frac{\varepsilon_c}{\varepsilon_0}\right)^n\right] \tag{4.9-1}$$

$$n = 2-\frac{1}{60}(f_{cu,k}-50) \tag{4.9-2}$$

$$\varepsilon_0 = 0.002+0.5(f_{cu,k}-50)\times 10^{-5} \tag{4.9-3}$$

当 $\varepsilon_0 \leqslant \varepsilon_c \leqslant \varepsilon_{cu}$ 时：

$$\sigma_c = f_c \tag{4.9-4}$$

$$\varepsilon_{cu}=0.0033-(f_{cu,k}-50)\times10^{-5} \tag{4.9-5}$$

式中 σ_c——混凝土压应变为 ε_c 时的混凝土压应力；

f_c——混凝土轴心抗压强度设计值；

ε_c——混凝土应变；

ε_0——混凝土压应力达到 f_c 时的混凝土压应变，当计算的 ε_0 值小于 0.002 时，取为 0.002；

n——系数，当计算的值大于 2.0 时，取为 2.0；

$f_{cu,k}$——混凝土立方体抗压强度标准值；

ε_{cu}——正截面的混凝土极限压应变，当处于非均匀受压且计算值大于 0.0033 时，取为 0.0033；当处于轴心受压时取为 ε_0。

（2）正截面承载力计算的混凝土应力-应变本构关系假定曲线

根据正截面承载力计算的混凝土应力-应变本构关系计算式，可得出其本构关系曲线（图 4.9-1）。

从图 4.9-1 可以看出，混凝土应力最大值为 f_c，该假定简化了正截面承载力计算公式的推导过程，同时能保证安全。

3. 混凝土单轴受压的应力-应变本构关系

混凝土单轴受压的应力-应变本构关系如图 4.9-2 所示。可以看出，与混凝土正截面承载力计算的应力-应变关系假定曲线，差异很大。其应力最大值为 f_{ck}，最大应变 ε_{cu} 为应力-应变曲线下降段应力等于 $0.5f_{ck}$ 时的混凝土压应变。图 4.9-2 中，$f_{c,r}$ 为混凝土单轴抗压强度代表值，其值可根据实际结构分析的需要分别取 f_c、f_{ck} 和 f_{cm}；$f_{t,r}$ 为混凝土单轴抗拉强度代表值，其值可根据实际结构分析的需要分别取 f_t、f_{tk} 和 f_{tm}。

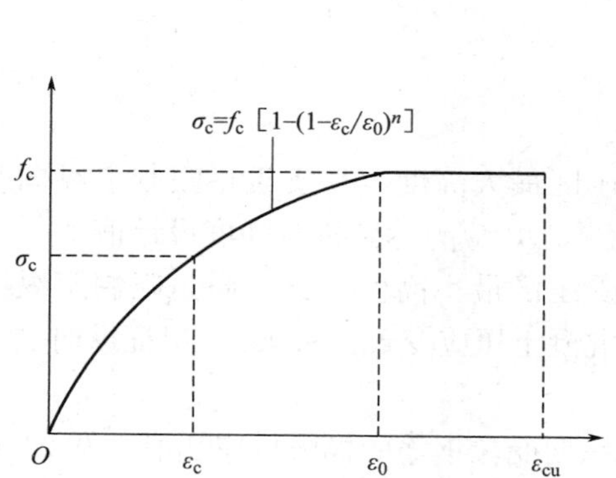

图 4.9-1 正截面承载力计算的混凝土应力-应变假定本构曲线图

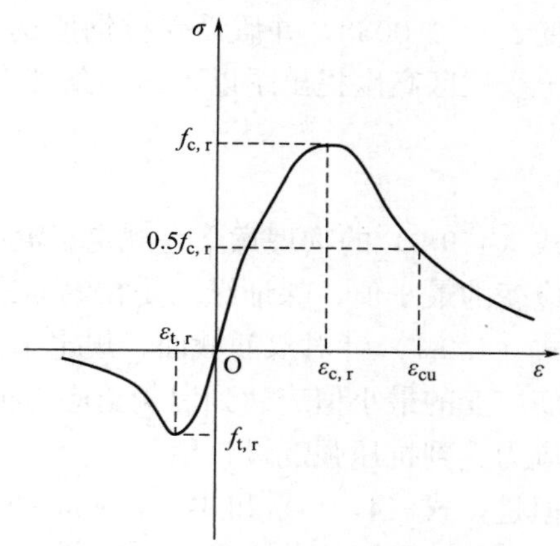

图 4.9-2 混凝土单轴应力-应变曲线

4.9.4 纵向受拉钢筋的极限拉应变为何假定为 0.01?

1. 确定纵向受拉钢筋的极限拉应变的作用

纵向受拉钢筋的极限拉应变按规范要求假定为 0.01，作为构件达到承载能力极限状态的标志之一。

(1) 首先要明确基本前提，这只是一个假定，并不是说纵向受拉钢筋的真实极限拉应变只有0.01。事实上，HRB400级钢筋的最大拉应变远大于0.01。

(2) 规定了设计采用的钢筋极限拉应变的最小值不得小于0.01，以保证结构构件具有必要的延性。

(3) 提出这个假定，是为了和混凝土的极限压应变相对应，在正截面承载力简化计算时，通过纵向受拉钢筋的极限拉应变和混凝土的极限压应变的相互关系，建立平衡方程，确定构件的最小受压区高度。

(4) 对非均匀受压构件，混凝土的极限压应变达到 ε_{cu} 或者受拉钢筋的极限拉应变达到0.01，即这两个极限应变中只要具备其中一个，就标志着构件达到了承载能力极限状态。

2. 纵向受拉钢筋的极限拉应变取为0.01时对应的钢筋应力

(1) 对有物理屈服点的钢筋，纵向受拉钢筋的极限拉应变取为0.01时，相当于钢筋应变进入了屈服台阶。

(2) 对无屈服点的钢筋，设计所用的强度是以条件屈服点为依据的。无明显屈服点钢筋的条件屈服点是指对应于残余应变为0.2%的应力，用 $\sigma_{0.2}$ 表示。

(3) 对预应力混凝土结构构件，其极限拉应变应从混凝土消压时的预应力筋应力 σ_{p0} 处开始算起。预应力混凝土消压状态，相当于非预应力构件的起始状态。从消压状态开始，之后的荷载增量产生的应力增量，与非预应力混凝土构件从零开始加荷产生的应力类似。

3. 纵向受拉钢筋的极限拉应变取为0.01对受压区高度计算的影响

规范对构件正截面受弯承载力的计算公式是以适筋梁塑性破坏为基础，按混凝土极限压应变 $\varepsilon_{cu}=0.0033$，并假设受拉钢筋达到屈服强度的计算图示推导出来的。同时规范对混凝土受压区高度提出了以下适用条件。

$$x \leqslant \xi_b h_0 \tag{4.9-6}$$

$$x \geqslant 2a' \tag{4.9-7}$$

式(4.9-6)的物理意义是规定了混凝土受压区最大高度，其实质是限制了纵向受拉钢筋应变的最小值，保证纵向受拉钢筋进入屈服状态，应力达到抗拉强度设计值 f_y。

式(4.9-7)针对双筋截面，规定了混凝土受压区最小高度，其实质是限制了纵向受压钢筋应变的最小值应达到混凝土应力为 f_c 的混凝土压应变 $\varepsilon_0=0.002$，保证纵向受压钢筋的应力达到抗压强度设计值。

但是，式(4.9-6)和式(4.9-7)均未考虑纵向受拉钢筋的极限拉应变取为0.01对受压区高度计算的影响，现行的《混规》也未考虑其影响，不满足规范对纵向受拉钢筋的极限拉应变应取为0.01的强制性要求。

纵向受拉钢筋的极限拉应变取为0.01的要求，可通过相对受压区高度 ξ 来体现。图4.9-3为界限配筋时的应变图，对应的是相对界限受压区高度 ξ_b；图4.9-4为钢筋极限拉应变为0.01时的应变图，对应的为满足该条件时的最小相对受压区高度。通过两图对比可知，当限定纵向受拉钢筋极限拉应变为0.01时，其受压区高度将大于我们通常认为的混凝土最小受压区高度。

根据图 4.9-3 和图 4.9-4 可知，相对受压区高度 ξ 应满足式（4.9-8）的规定。

$$\frac{\beta_1}{\varepsilon_{cu}+0.01}\leqslant\xi\leqslant\xi_b=\frac{\beta_1}{1+\dfrac{f_y}{\varepsilon_{cu}E_s}} \tag{4.9-8}$$

式中 β_1——按等效矩形应力图形计算的受压区高度 x 与按平截面假定确定的受压区高度 x_0 之间的比值；

ε_{cu}——正截面的混凝土极限压应变；

f_y——普通钢筋抗拉强度设计值；

E_s——钢筋的弹性模量。

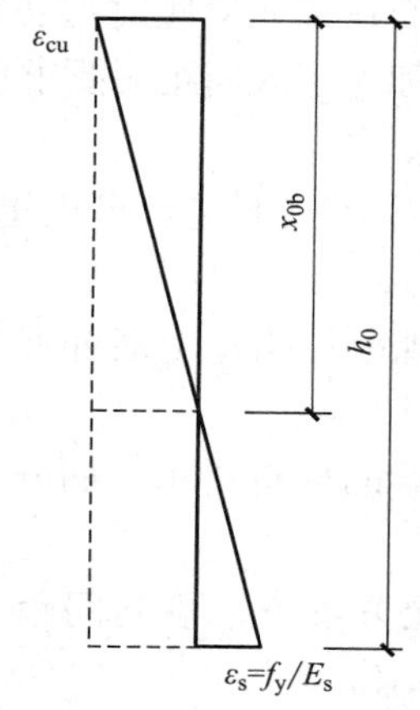

图 4.9-3 界限配筋时的应变图

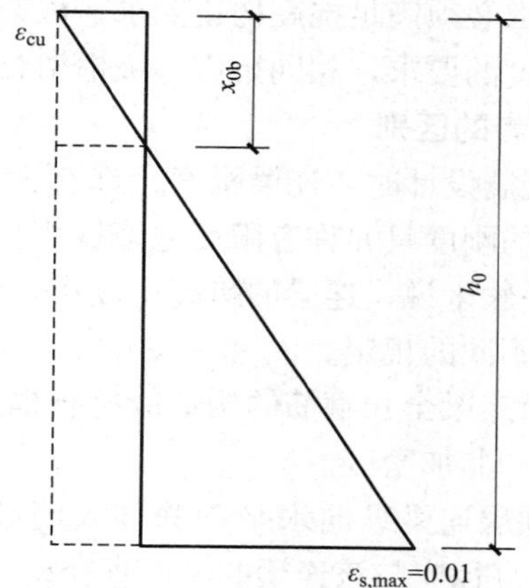

图 4.9-4 钢筋极限拉应变为 0.01 时的应变图

4.9.5 轴心受压构件钢筋抗压强度设计值为何不应超过 400N/mm²？

对轴心受压构件，由于混凝土压应力达到 f_c 时混凝土压应变为 0.002，当采用 500MPa 及以上级别的钢筋时，其钢筋的抗压强度设计值取为 400N/mm²。

在计算轴心受压构件时，根据混凝土压应力达到强度设计值时的压应变，并根据钢筋的弹性模量可计算钢筋的抗压实际强度。

$$f_y=\varepsilon_s E_s=0.002\times2.0\times10^5=400\text{N/mm}^2$$

4.10 混凝土结构构件的最小截面要求

《混凝土结构通用规范》GB 55008—2021 第 4.4.4 条 混凝土结构构件的最小截面尺寸应符合下列规定。

1. 矩形截面框架梁的截面宽度不应小于 200mm。

2. 矩形截面框架柱的边长不应小于 300mm，圆形截面柱的直径不应小于 350mm。

3. 高层建筑剪力墙的截面厚度不应小于 160mm，多层建筑剪力墙的截面厚度不应小于 140mm。

4. 现浇钢筋混凝土实心楼板的厚度不应小于 80mm，现浇空心楼板的顶板、底板厚度均不应小于50mm。

5. 预制钢筋混凝土实心叠合楼板的预制底板及后浇混凝土厚度均不应小于50mm。

4.10.1 连梁与框架梁有何区别？连梁是否要满足框架梁截面宽度的要求？

1. 连梁和框架梁的定义

连梁是指两端与剪力墙在平面内相连的梁；跨高比小于5时按剪力墙结构中的连梁设计，跨高比不小于5的连梁宜按框架梁设计。

框架梁是指两端与框架柱相连的梁。

2. 两者的共同点

两者都必须满足抗震构造要求，框架梁和连梁的纵向钢筋在锚入支座时都必须满足抗震锚固长度的要求，相同抗震等级框架梁和连梁的箍筋直径和加密区间距的要求也一致。

3. 两者的区别

1）抗震设计时，连梁刚度允许有大幅度的降低，在某些情况下甚至可以退出工作；但框架梁的刚度只允许有限度地降低，且不允许其退出工作。

2）一般来说，连梁的跨高比较小，以传递剪力为主，规范在构造上对连梁做了一些与框架梁不同的规定。

3）沿连梁全长箍筋的构造应符合框架梁梁端箍筋加密区的构造要求，而框架梁可分为加密区和非加密区。

4）顶层连梁纵向水平钢筋伸入墙肢的长度范围内应配置箍筋，箍筋间距不宜大于150mm，直径应与该连梁的箍筋直径相同；对框架梁无此要求。

5）连梁与框架梁的腰筋配置不同。

（1）连梁高度范围内的墙肢水平分布钢筋应在连梁内拉通作为连梁的腰筋。连梁截面高度大于700mm时，其两侧腰筋的直径不应小于8mm，间距不应大于200mm；跨高比不大于2.5的连梁，其两侧腰筋的总面积配筋率不应小于0.3%。

（2）框架梁的腹板高度h_w不小于450mm时，在梁的两个侧面应沿高度配置纵向构造钢筋。每侧纵向构造钢筋（不包括梁上、下部受力钢筋及架立钢筋）的间距不宜大于200mm，截面面积不应小于腹板截面面积（bh_w）的0.1%，但当梁宽较大时可以适当放松。

4. 连梁是否应满足框架梁截面宽度的要求

框架梁是框架结构中提供侧向刚度的重要构件，而剪力墙结构中的主要抗侧构件是剪力墙，连梁是剪力墙结构中的耗能构件，在抗震设计时它们的作用差别很大，可不按框架梁最小截面宽度的要求设计。

4.10.2 梯梁是否应按框架梁设计？

国家建筑标准设计图集《现浇混凝土板式楼梯》22G101—2第2.2.10条规定：梯梁支承在梯柱上时，其构造应符合《混凝土结构施工图平面整体表示方法制图规则和构造详图（现浇混凝土框架、剪力墙、梁、板）》22G101—1（以下简称国标图集22G101—1）中框架梁KL的构造做法，箍筋宜全长加密。

支承在梯柱上的梯梁，应符合国标图集22G101—1中框架梁KL的构造做法，要求箍筋全长加密，但是对框架梁的其他抗震构造措施，并没有提出要求，如框架梁与抗震等级相关的框架梁的弯矩、剪力放大系数。因此，并不能认为支承在梯柱上的梯梁就是框架梁。

支承在梁上的梯梁，其构造做法应符合国标图集 22G101—1 中的非框架梁 L 的要求。

4.10.3 梯柱是否按框架柱设计？梯柱截面是否应不小于 300mm？

《混凝土结构通用规范》GB 55008—2021 规定：矩形截面框架柱的边长不应小于 300mm。当梯柱截面尺寸大于墙厚时，对建筑功能将产生较大影响。因此，对于梯柱是否应按框架柱设计，其截面是否应满足不小于 300mm 的规定，是广大结构设计人员非常关注的问题。

1. 框架柱的定义

根据《工程结构设计基本术语标准》GB/T 50083—2014（以下简称《结构术语标准》）的规定：柱是指竖向直线构件，主要承受各种作用产生的轴向压力，有时也承受弯矩、剪力或扭矩。

框架结构是指由梁和柱为主要构件组成的承受竖向和水平作用的结构。

笔者查阅了很多资料，没有查到框架柱的定义。从框架结构的定义看，组成框架结构的、承受竖向和水平作用的柱应定义为框架柱。

2. 框架结构中的梯柱

根据《抗规》第 6.1.15 条的规定，框架结构楼梯间的布置不应导致结构平面特别不规则；楼梯构件与主体结构整体浇筑时，应计入楼梯构件对地震作用及其效应的影响，应进行楼梯构件的抗震承载力验算；宜采取构造措施，减少楼梯构件对主体结构刚度的影响。

（1）当采取梯板滑动支承于平台板的措施时，楼梯构件对结构刚度的影响较小，一般不参与整体抗震计算。梯柱只是普通竖向支撑构件，可不按框架柱设计。

（2）当楼梯构件与主体结构整体浇筑、计入楼梯构件对地震作用及其效应的影响时，梯板发挥斜撑的作用。斜撑类构件提供单向刚度，其平面外刚度薄弱，梯柱和平台板边梁将梯板受到的力传递给相邻框架柱（图 4.10-1）。

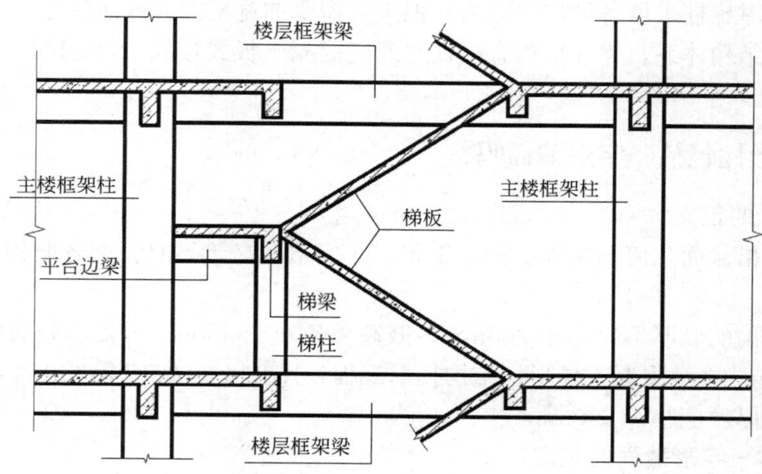

图 4.10-1 梯板与梯柱、平台边梁组成的斜撑体系示意图

(3) 梯板作为斜撑受力构件，梯柱与平台边梁实际上形成了斜撑体系的一部分，主楼框架柱作为平台边梁的支撑，楼层框架梁作为梯柱的支撑（图 4.10-2）。梯柱、平台边梁与梯板共同形成偏心支撑，梯柱应满足斜撑构件的要求。

该偏心支撑依附于主楼框架柱和楼层框架梁，其刚度也受限于主楼框架柱和楼层框架梁的刚度。为提高其平面内的抗侧承载力，梯柱在受力方向的截面尺寸应加强，可采用与框架柱最小截面面积相等的原则进行设计。

大部分的参考资料上，包括国标图集，均建议梯梁、梯柱宜按主体框架的抗震等级采取抗震构造措施，但未要求按框架梁、框架柱进行设计。在设计图上，一般也是用“TL”和“TZ”标注，而不是采用“KL”和“KZ”标注。

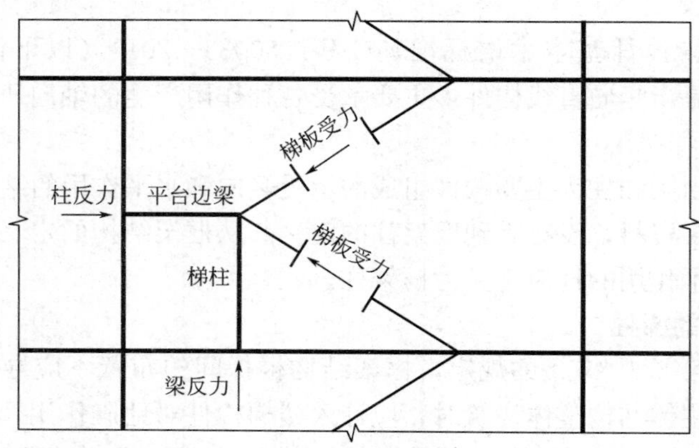

图 4.10-2　梯板与梯柱、平台边梁组成的斜撑受力简图

3. 剪力墙结构、框架-剪力墙结构、筒体结构中的梯柱

剪力墙结构中的楼梯构件对结构刚度的影响较小，可不参与结构整体抗震计算；梯柱作为竖向支撑构件，可不按框架柱设计。

4. 对梯柱采取结构加强措施

梯柱作为楼梯的支撑构件，保障全楼疏散通道的安全，如果认为需要提高楼梯构件的可靠度，可以对梯柱采取各种加强措施，但未必需要加宽平面外截面尺寸。

不论何种结构体系，梯柱箍筋宜根据《现浇混凝土板式楼梯》22G101—2 的要求，全高加密。

4.10.4　异形柱包括一字形截面吗？

1. 异形柱的定义

异形柱是指截面几何形状为 L 形、T 形、十字形和 Z 形，且截面各肢的肢高肢厚比不大于 4 的柱。

异形柱截面的肢厚不应小于 200mm，肢高不应小于 450mm。Z 形截面柱腹板净高不应小于 200mm。在《混凝土异形柱结构技术规程》JGJ 149—2017 第 6.1.4 条的条文说明中规定了最大厚度应小于 300mm。

2. 规范对一字形截面的规定

相对于废止的《混凝土异形柱结构技术规程》JGJ 149—2006，2017 版规程新增加了

Z形柱，但两个版本的规程均未包括一字形异形柱。

在早期的异形柱地方标准中，如上海市工程建设规范《钢筋混凝土异形柱结构技术规程》DG/TJ 08—009—2002 中，明确了一字形柱属于异形柱的一种。但在《混凝土异形柱结构技术规程》JGJ 149—2006 出版之后，该地方标准已经废止。

3. **异形柱不包括一字形截面**

通常认为，柱能承受双向受力，截面 200mm 的一字墙不能满足双向受力的要求。从规范对异形柱的定义来看，一字形截面是被排除在异形柱构件之外的。但在实际工程中，经常会遇到建筑平面不允许设置墙垛的情况，这种情况可采用短肢墙。根据《混规》第 9.4.1 条规定：竖向构件截面长边、短边（厚度）比值大于 4 时，宜按墙的要求进行设计。

4.10.5 《建筑与市政工程防水通用规范》GB 55030—2022 实施后，车库顶板厚度应如何设计？

《建筑与市政工程防水通用规范》GB 55030—2022（以下简称《防水通规》）自 2023 年 4 月 1 日起实施，全文均为强制性条文。其 4.1.5 条规定：地下工程迎水面主体结构应采用防水混凝土，且防水混凝土结构厚度不应小于 250mm。

《防水通规》第 4.1.5 条条文说明：防水混凝土结构达到一定的厚度才能有效阻止地下水渗透并承受荷载作用，故规定“防水混凝土结构厚度不应小于 250mm”。

防水混凝土要达到防水性能要求，除了混凝土致密、孔隙率小、开放性孔隙少以外，还需要一定的厚度。这样使得地下水从混凝土中渗透的距离增大，当混凝土内部的阻力大于外部水压力时，地下水就只能渗透到混凝土中一定距离而停下来，因此必须有一定厚度才能抵抗地下水的渗透。对这条规定如何理解与执行，存在一些不同的看法。

1. **条文溯源**

在《防水通规》颁布之前，地下室顶板结构设计执行《种植屋面工程技术规程》JGJ 155—2013（以下简称《种植屋面规程》）和《地下工程防水技术规范》GB 50108—2008（以下简称《地下防水规范》）的相关规定。

1）《种植屋面规程》的规定

2007 年版的《种植屋面工程技术规程》JGJ 155—2007 第 5.4.2 条规定：地下建筑顶板现浇钢筋混凝土结构层宜采用防水混凝土，其厚度不应小于 250mm，可作为一道防水设施。该规范在 2013 年修编时，对该条文作了修改。

2013 年版的《种植屋面规程》第 5.4.1 条规定：地下建筑的种植顶板应为现浇防水混凝土，并应符合现行国家标准《地下防水规范》的规定。

上述条文对地下建筑覆土种植顶板做出了规定。对既有建筑屋面改造为种植屋面时提出了要求，建议采用容器种植；当采用覆土种植时，对屋面板的厚度未做出规定。对新建上部结构的屋面采用种植屋面时，也未做出规定。

2）《地下防水规范》的规定

《地下防水规范》第 3.1.4 条是强制性条文，规定如下：地下工程迎水面主体结构应采用防水混凝土，并应根据防水等级的要求采取其他防水措施。

《地下防水规范》第 4.8.3 条对地下工程种植顶板规定如下：（1）种植顶板应为现浇防水混凝土，结构找坡，坡度宜为 1%～2%；（2）种植顶板厚度不应小于 250mm，最大裂缝宽度不应大于0.2mm，并不得贯通。

对比规范条文，《防水通规》第4.1.5条源自于《地下防水规范》第3.1.4条，并将第4.8.3条对板厚的规定收录为强制性条文。

2. 地下室顶板的设计现状

当地下室顶板采用主次梁结构体系时，顶板强度未充分发挥，部分设计院对地下室种植顶板未执行板厚不应小于250mm的规定。当地下室采用加腋大板或无梁楼盖时，基本上能满足板厚的要求。

3. 对《防水通规》第4.1.5条关键词的理解

1）什么叫地下工程？

《城市地下空间利用基本术语标准》JGJ/T 335—2014第2.0.14条对"地下工程"定义为：在土层或岩体中修建的各种类型地下空间设施的总称。地下工程包括地下房屋和地下构筑物、地铁、隧道和地下过街通道等，民用建筑地下室是地下工程的一类。

2）什么叫地下室？

《建筑设计防火规范》GB 50016—2014（2018年版）第2.1.7条对"地下室"定义为：房间地面低于室外设计地面的平均高度大于该房间平均净高的1/2者。该定义主要考虑消防疏散，与结构专业的建模计算并不相符。

《高规》"多塔楼结构"条文说明：在地下室连为整体的多塔楼结构可不作为复杂结构。此处的地下室，一般认为是四面全埋地下室。

在丘陵地区，车库经常一面临空（图4.10-3），甚至多面临空，模型计算时以车库底板为嵌固层，此时可不定义为地下室。甚至个别项目的车库，为了节省土方开挖，四面均在地上，则应按地上车库进行设计。

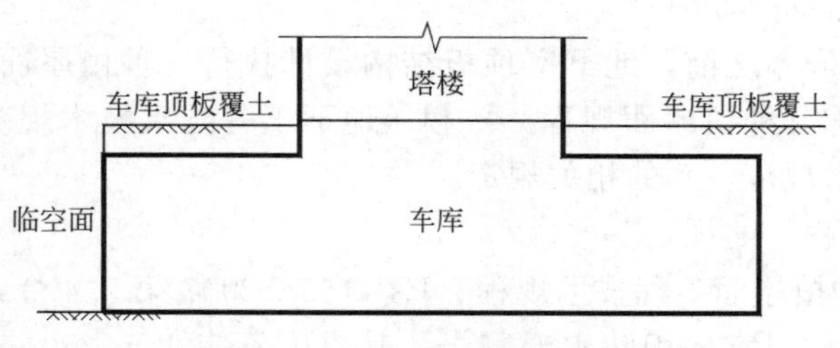

图4.10-3　车库一面临空示意图

3）什么叫迎水面？

规范对迎水面没有术语定义。《防水通规》第4.1.5条的规范原意，应该是全埋地下室的底板、侧墙和顶板均属于迎水面。笔者咨询了多位结构总工和施工图审查专家，对地下室顶板迎水面的判定分歧较大，大致存在以下两种情况。

（1）抗浮设防水位高于地下室顶板（图4.10-4）。

（2）抗浮设防水位低于地下室顶板（图4.10-5）。

地下工程需要考虑地下水、地表水、土壤毛细水等的影响，影响地下工程的主要环境条件包括气候区、降水、土壤类型、土壤中含有的水分、地下水位高度与基础底面高差、地下的腐蚀性介质等。为便于地下工程使用环境类别划分，《防水通规》表2.0.4对地下工程防水使用环境类别划分时，以"抗浮设防水位标高与地下结构板底标高高差"为依据

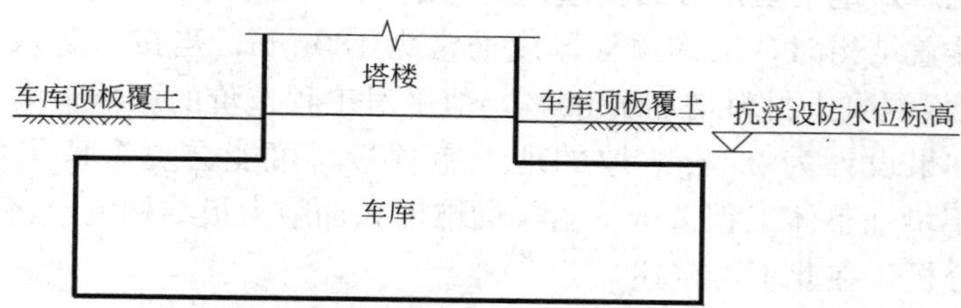

图 4.10-4 车库顶板位于抗浮设防水位以下示意图

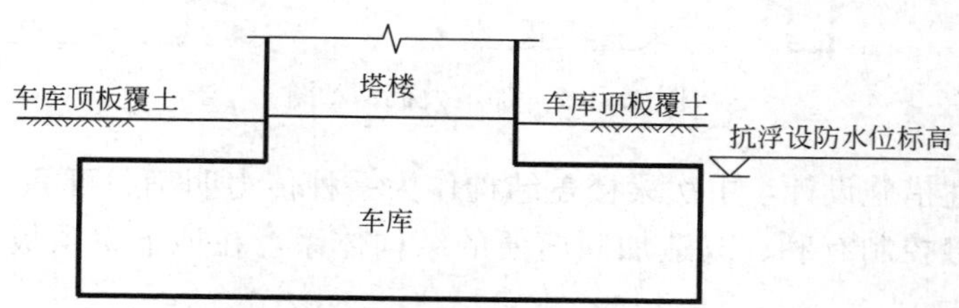

图 4.10-5 车库顶板位于抗浮设防水位以上示意图

进行区分。抗浮设防水位是建筑工程在施工期和使用期内满足抗浮设防标准时可能遭遇的地下水最高水位。

经与多位结构、岩土专家讨论，建议以抗浮设防水位标高作为迎水面的判断依据。同时，车库顶板防水设计应满足《防水通规》第 4.2.8 条的规定：应将覆土中积水排至周边土体或建筑排水系统。

4） 防水混凝土结构厚度怎么算？

对于地下室外墙、采用梁板结构或实心无梁楼盖的地下室顶板，其结构厚度容易理解，不存在歧义。

当地下室顶板采用空心楼盖时，结构厚度如何定义呢？如图 4.10-6 所示，从防水角度而言，是考虑 A 的厚度，还是 B 的厚度，还是按其折算厚度计算，或者两层板之和，并不明确。

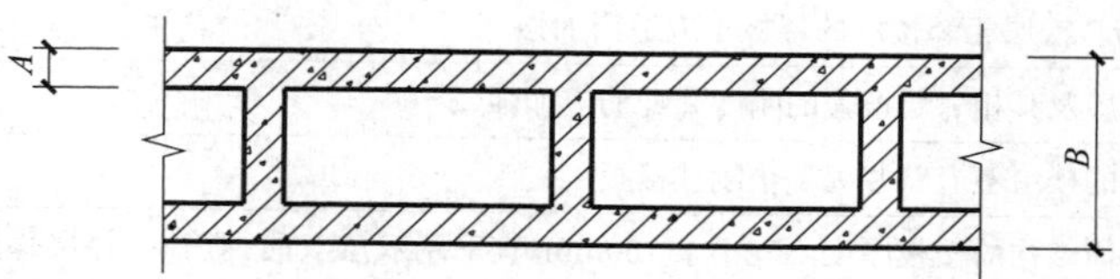

图 4.10-6 空心楼盖防水混凝土结构厚度示意图

4. 车库顶板厚度小于 250mm 时，应采取什么措施？

当车库一面或多面高于室外地面，不定义为地下工程且顶板板厚小于 250mm 时，车库顶板应定义为屋面板，应满足《防水通规》第 4.4 节建筑屋面工程的相关规定。

根据《防水通规》第 4.1.2 条：混凝土屋面板不应作为一道防水层。规范编制组认为：混凝土屋面板厚度较薄，抗裂措施较弱，在荷载、温差作用下容易变形开裂，不应作为一道防水层使用。本条规范未对屋面板的板厚做出规定，不便执行。

5.《防水通规》对地下室顶板结构造价的影响

采用主次梁楼盖结构时，结构顶板厚度通常为180mm；当按《防水通规》的要求采用250mm时，顶板混凝土材料增加了39%，似乎对工程造价的影响很大。

但事实上，如果设计为250mm厚的地下室顶板，可能会更多地采用加腋大板结构（图4.10-7），并不增加整体工程造价。主次梁结构和加腋大板结构的经济性对比，已经有足够全面的对比分析，在此不再赘述。

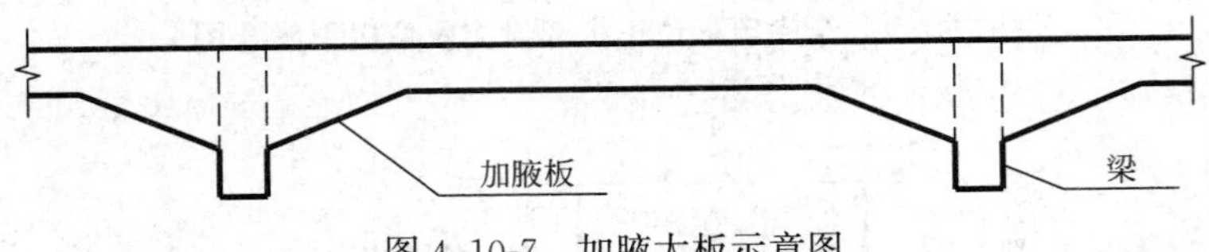

图4.10-7　加腋大板示意图

只是按照上述措施设计，主次梁楼盖结构作为一种传力明确、可靠性好、容错性强、经济性优、对裂缝控制有利、改造加固简便的结构体系，在地下室顶板中可能会逐步淘汰，殊为可惜。

6. 结语

《防水通规》第4.1.5条作为强制性条文，必须严格执行。对其中关键词的定义、对工程中遇到的各种奇奇怪怪的状况，需要更进一步研究，以更好地指导结构设计。

4.10.6　几种复杂结构对楼板有何要求？

复杂结构的楼板不仅承担竖向荷载的直接作用，还是协调竖向构件共同受力的重要构件，需要传递面内弯矩、剪力等。因此，规范对复杂高层结构楼板的构造提出了相应的加强措施，如表4.10-1所示。

几种复杂高层结构对楼板的要求　　表4.10-1

复杂类型	复杂高层结构对楼板的要求
部分框支剪力墙结构	1. 框支转换层楼板厚度不宜小于180mm，应双层双向配筋，且每层每方向的配筋率不宜小于0.25%，楼板中钢筋应锚固在边梁或墙体内；落地剪力墙和筒体外围的楼板不宜开洞 2. 与转换层相邻楼层的楼板也应适当加强
带加强层结构	加强层及其相邻层楼盖的刚度和配筋应加强
错层结构	错开的楼层不应归并为一个刚性楼板
刚性连接的连体结构	连接体结构的楼板厚度不宜小于150mm，宜采用双层双向钢筋网，每层每方向钢筋网的配筋率不宜小于0.25%
多塔楼结构 体型收进结构 悬挑结构	1. 竖向体型突变部位的楼板宜加强，楼板厚度不宜小于150mm，宜双层双向配筋，每层每方向钢筋网的配筋率不宜小于0.25% 2. 体型突变部位上、下层结构的楼板也应加强构造措施

4.10.7　无梁楼盖跨厚比如何计算？

1. 规范对现浇混凝土楼盖跨厚比的规定

《混规》第9.1.2条对现浇混凝土板的跨厚比做出下列规定：钢筋混凝土单向板不大

于 30，双向板不大于 40；无梁支承的有柱帽板不大于 35，无梁支承的无柱帽板不大于 30。预应力板可适当增加；当板的荷载、跨度较大时宜适当减小。

2. 无梁楼盖以区格长边计算跨厚比

对于梁板结构，不论是单向板还是双向板，均按梁的较小跨度，也就是短向跨度来计算跨厚比（图 4.10-8）。对于长方形柱网的无梁楼盖，规范没有注明是按柱的短跨还是长跨来计算跨厚比，非常容易混淆。

对无梁楼盖，应以区格长边为计算跨度，并计算其跨厚比（图 4.10-9）。部分计算软件对无梁楼盖裂缝和挠度不能准确计算，导致某些项目板偏薄时，配筋计算仍然能满足要求，结构存在安全隐患。

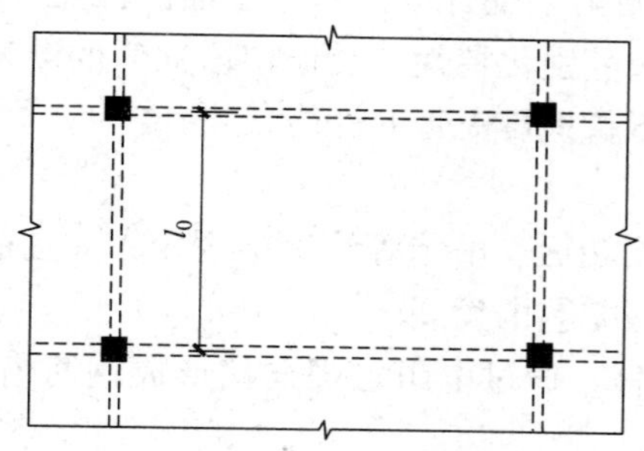

图 4.10-8　有梁板跨厚比计算跨度示意图

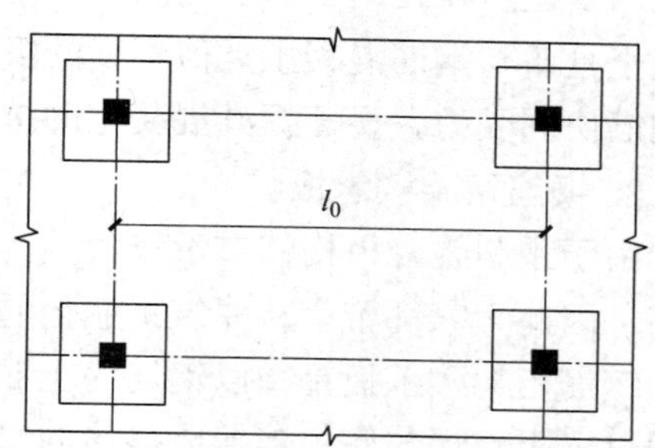

图 4.10-9　无梁板跨厚比计算跨度示意图

4.10.8　预应力钢筋混凝土叠合板的板厚需满足最小厚度 50mm 的规定吗？

1. 规范对叠合板厚度的规定

《装配式混凝土结构技术规程》JGJ 1—2014 规定如下：叠合板的预制板厚度不宜小于 60mm，后浇混凝土叠合层厚度不应小于 60mm。

《混凝土结构通用规范》GB 55008—2021 对叠合板规定如下：预制钢筋混凝土实心叠合楼板的预制底板及后浇混凝土厚度均不应小于 50mm。本条属于强制性条文，限制了一些特殊材质的预制构件的应用。

2. 预应力钢筋混凝土叠合板（PK 板）

湖南大学研发的预应力钢筋混凝土叠合板，简称 PK 板。在预制构件中配置预应力钢丝，并为提高预制叠合构件的抗弯刚度，在板中设置混凝土肋或钢筋桁架、钢管桁架。在湖南省建筑标准设计图集《预制带肋底板混凝土叠合楼板》湘 2021G301 中，其预制部分的板厚小于 50mm。

3. 预应力钢筋混凝土叠合板厚需满足最小厚度的规定吗

对于《混凝土结构通用规范》GB 55008—2021 对预制钢筋混凝土实心叠合楼板的预制底板厚度不应小于 50mm 的规定，预应力钢筋混凝土叠合板是否应该满足呢？大家对此有不同的理解。

根据《结构术语标准》第 2.1.24 条的规定：混凝土结构是指以混凝土为主要材料制成的结构，包括素混凝土结构、钢筋混凝土结构和预应力混凝土结构。从这个定义来看，

“钢筋混凝土结构”和“预应力混凝土结构”是并列的两个概念，互不相属。

《结构术语标准》第 2.1.26 条规定：钢筋混凝土结构是指配置受力普通钢筋的混凝土结构；《结构术语标准》第 2.1.27 条规定：预应力混凝土结构是指配置受力的预应力筋，通过张拉或其他方法建立预加应力的混凝土结构。从其对钢筋混凝土结构的定义来看，明确是指配置普通钢筋的混凝土结构，并不包括配置预应力筋的混凝土结构。

4.10.9　几种新型楼板材料和工艺

1. 高延性纤维混凝土钢筋桁架叠合板

西安建筑科技大学研发的高延性纤维混凝土钢筋桁架叠合板，通过掺加高性能纤维，混凝土具备与钢筋混凝土类似程度的极限延伸率和应变强化特性，从而使增韧后的混凝土与钢筋协同受力，显著提升混凝土的抗冲击性能和抵御地震灾害的性能。

2. 钢筋桁架楼承板

由于预制叠合板构件重量较大，构件运输、二次转运、吊装等施工难度较大，且造价偏高，因此大家都希望从建筑工业化的角度促进模板工艺的发展。

钢筋桁架楼承板是指以钢筋为上弦、下弦及腹杆，通过电阻点焊连接形成钢筋桁架，再通过电阻点焊与底板连接成整体的组合承重模板。

3. 高精度铝模

从楼板的工程质量、施工简便、经济合理等因素综合考虑，将装配式建筑的概念转换成工业化建筑发展模式，高精度铝模是一种好的选择。

铝合金模板是继胶合板模板、组合钢模板体系、钢框木（竹）胶合板体系、大模板体系、早拆模板体系后的新一代模板系统，以铝合金型材为主要材料，经过机械加工和焊接等工艺制成的适用于混凝土工程的模板。铝合金模板的设计和施工应用，是混凝土模板技术的重大革新，更是建造技术工业化的良好体现。

由中机国际工程设计研究院有限责任公司和晟通科技集团有限公司共同主编的《高精度模板建筑设计标准》DBJ 43/T 023—2022 已经发布，该标准从模板施工的角度对设计提出要求，规范各专业在设计时应考虑的建筑工业化的发展特点，促进高精度模板建筑的广泛运用。

4.11　钢筋锚固长度

《混凝土结构通用规范》GB 55008—2021 第 4.4.5 条　混凝土结构中普通钢筋、预应力筋应采取可靠的锚固措施。普通钢筋锚固长度取值应符合下列规定。

1. 受拉钢筋锚固长度应根据钢筋的直径、钢筋及混凝土抗拉强度、钢筋的外形、钢筋锚固端的形式、结构或结构构件的抗震等级进行计算。

2. 受拉钢筋锚固长度不应小于 200mm。

3. 对受压钢筋，当充分利用其抗压强度并需锚固时，其锚固长度不应小于受拉钢筋锚固长度的 70%。

4.11.1 受拉钢筋锚固长度有哪些影响因素？

1. 受拉钢筋的分类

受拉钢筋包括轴心受拉、偏心受拉、受弯构件中的受拉钢筋。

2. 受拉钢筋锚固长度的影响因素

对受拉钢筋锚固长度的影响因素较多，包括以下因素。

（1）钢筋的直径和抗拉强度。

（2）混凝土抗拉强度。

（3）钢筋外形。根据光圆钢筋、带肋钢筋、螺旋肋钢丝、钢绞线股数等取不同的锚固长度外形系数。

（4）钢筋锚固端的形式，末端采用弯钩或机械锚固措施。

（5）纵向受力钢筋的保护层厚度。

（6）结构或结构构件的抗震等级。

（7）纵向受力钢筋实配值与设计值的关系。

4.11.2 受压钢筋的锚固长度有哪些规定？

对受压钢筋，当充分利用其抗压强度并需锚固时，其锚固长度不应小于受拉钢筋锚固长度的70%。

柱、桁架上弦、考虑上部钢筋受压的双筋梁等构件中的受压钢筋，应满足受压钢筋的锚固长度要求。

4.11.3 梁支座负筋支承在剪力墙平面外时满足锚固要求的钢筋直径

一般情况下，剪力墙结构中大部分都是住宅类建筑，其剪力墙厚度通常为200mm。当框架梁支承在剪力墙平面外时，其上部纵向钢筋可能难以满足锚固长度的要求。

根据国标图集22G101—1的规定：

（1）对于非框架梁边支座，设计按铰接时直段长度应大于或等于$0.35l_{ab}$，弯折长度大于或等于$15d$。

（2）对于楼层框架梁，支承于剪力墙边支座时其直段长度应大于或等于$0.40l_{ab}$，弯折长度大于或等于$15d$。

（3）对于屋面框架梁，支承于剪力墙边支座时其直段长度应大于或等于$0.35l_{ab}$，弯折长度大于或等于$15d$。

对于四级抗震、C30混凝土，其钢筋基本锚固长度l_{ab}为$35d$。当楼层框架梁支承于200mm厚剪力墙平面外时，一类环境类别的剪力墙保护层厚度15mm，剪力墙水平钢筋直径按8mm，纵向钢筋最大直径计算如下。

$$d \leqslant \frac{200-15-8}{0.4\times 35}=12.64\text{mm}$$

从上式可以看出，当满足国标图集22G101—1的规定时，200mm厚剪力墙平面外支承的框架梁上部钢筋最大直径不能大于12mm。在设计过程中，这一条文经常难以满足。

4.11.4　钢筋锚固长度有哪些修正措施?

1. 实配钢筋大于计算钢筋的修正

《混规》第 8.3.2 条第 4 项规定：当纵向受力钢筋的实际配筋面积大于其设计计算面积时，修正系数取设计计算面积与实际配筋面积的比值，但对有抗震设防要求及直接承受动力荷载的结构构件，不应考虑此项修正。

支承于剪力墙平面外的楼层框架梁，当不能满足直段长度的要求时，其支座可按铰接，不按框架梁进行设计。配筋设计时实际配筋面积往往因构造原因大于计算值，故钢筋实际应力通常小于强度设计值。根据试验研究并参照国外规范，受力钢筋的锚固长度可以按比例缩短，修正系数取决于配筋余量的数值。

2. 钢筋保护层厚度修正

《混规》第 8.3.2 条第 5 项规定：锚固钢筋的保护层厚度为 $3d$ 时修正系数可取 0.80，保护层厚度不小于 $5d$ 时修正系数可取 0.70，中间按内插取值，此处 d 为锚固钢筋的直径。

锚固钢筋常因外围混凝土的纵向劈裂而削弱锚固作用，当混凝土保护层厚度较大时，握裹作用加强，锚固长度可以减短。

楼层框架梁支座上部纵向钢筋在剪力墙中锚固，其上、下均包裹在剪力墙内部，握裹作用非常强，钢筋对剪力墙的作用类似于受冲切。根据剪力墙的实际情况采取修正系数是合理的。但是，规范最大的修正系数是 0.70，而国标图集 22G101—1 的直段长度是大于 $0.40l_{abE}$，不宜根据此条文缩短直段长度。

3. 钢筋末端采取锚固措施的修正

《混规》第 8.3.3 条规定：当纵向受拉普通钢筋末端采用弯钩或机械锚固措施时，包括弯钩或锚固端头在内的锚固长度（投影长度）可取为基本锚固长度 l_{ab} 的 60%。弯钩末端转折 90°，弯钩内径 $4d$，弯后直段长度 $12d$（图 4.11-1）。

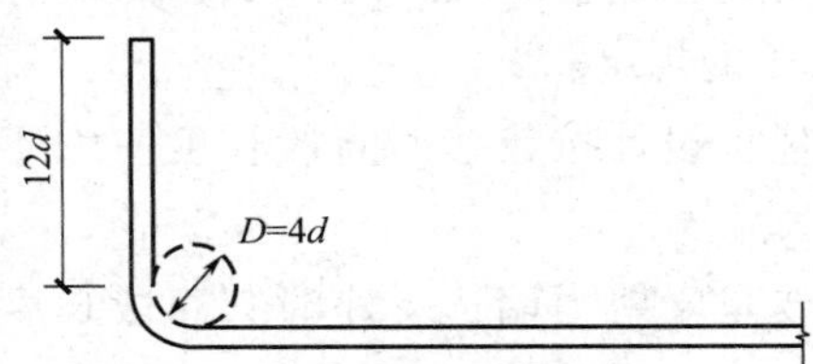

图 4.11-1　纵向受拉普通钢筋末端弯钩大样

对于四级抗震、C30 混凝土，其钢筋基本锚固长度为 $35d$。当楼层框架梁支承于 200mm 厚剪力墙平面外时，一类环境类别的梁保护层厚度 20mm，纵向钢筋最大直径计算如下。

$$d \leqslant \frac{200-20}{0.6\times 35-12-1.25\pi+3}=22.30\text{mm}$$

对比本条规范公式和国标图集 22G101—1 的要求，就会发现两者计算结果差异很大。按《混规》第 8.3.3 条设置弯钩并按基本锚固长度的 60%作为锚固长度时，其直段长度仅为 $8d$（$0.23l_{ab}$），难以满足国标图集对最小直段要求的规定。

4.11.5 当结构抗震等级提高时，梁钢筋锚固长度不够时可考虑修正系数吗？

对已建成的工程，当因建筑功能变化使得结构抗震设防类别从标准设防类变更为重点设防类时，导致结构抗震设防等级提高。抗震设防等级越高，钢筋锚固长度越长。受拉钢筋抗震锚固长度与抗震等级的关系，按式（4.11-1）计算。

$$l_{aE}=\zeta_{aE}l_a=\zeta_{aE}\zeta_a l_{ab} \tag{4.11-1}$$

式中 l_{aE}——受拉钢筋抗震锚固长度；

ζ_{aE}——抗震锚固长度修正系数，对一、二级抗震等级取 1.15；对三级抗震等级取 1.05；对四级抗震等级取 1.00；

ζ_a——锚固长度修正系数；

l_a——受拉钢筋锚固长度；

l_{ab}——受拉钢筋基本锚固长度。

对于框架梁边柱节点、框架梁中柱节点和非框架梁边支座节点，当结构抗震等级提高时，可能会导致原结构受拉钢筋锚固长度不满足设计要求，是否可以通过修正系数对其进行修正呢？

1. 框架梁边柱节点

根据国标图集 22G101—1 的规定，框架梁边柱上、下纵向钢筋锚固节点大样如图 4.11-2 所示。从图 4.11-2 可以看出，框架梁边柱节点上、下纵向钢筋直段锚固长度均要求不小于 $0.4l_{abE}$。其中，l_{abE} 为受拉钢筋抗震基本锚固长度，该锚固长度不应考虑实配钢筋及保护层厚度有关的修正。但如果边柱具有一定的截面尺寸，当纵向钢筋伸至柱外侧纵筋内侧的距离大于或等于 $0.4l_{abE}$ 时，其直段锚固长度有可能满足设计要求。

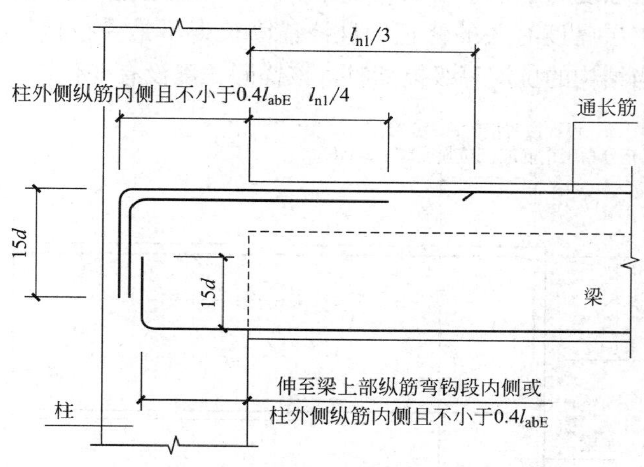

图 4.11-2 框架梁边柱钢筋锚固节点大样

2. 框架梁中柱节点

根据国标图集 22G101—1 的规定，框架梁中柱上、下纵向钢筋锚固节点大样如图 4.11-3 所示。从图 4.11-3 可以看出，框架梁中柱节点上部钢筋贯通支座，没有锚固问题；下部钢筋在柱内锚固，其锚固长度应不小于 $0.4l_{aE}$，且不小于 $0.5h_c+5d$。其中，l_{aE} 为钢筋抗震锚固长度。框架梁下部纵向钢筋位于柱内，其上、下两个方向的保护层厚度均

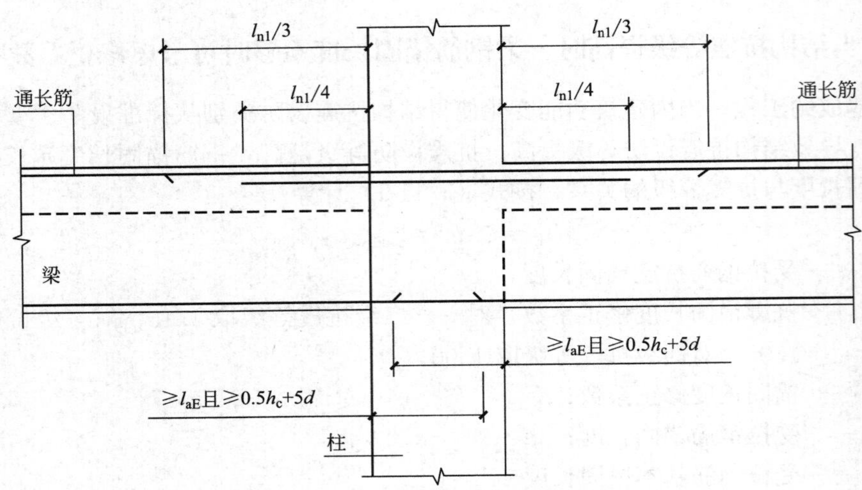

图 4.11-3　框架梁中柱钢筋锚固节点大样

显著大于 $5d$，可根据《混规》第 8.3.2 条第 5 项的规定，对其抗震锚固长度进行修正。当锚固钢筋的保护层厚度不小于 $5d$ 时，修正系数可取 0.70。对于框架梁，根据《混规》第 8.3.2 条第 4 项的规定，对有抗震设防要求及直接承受动力荷载的结构构件，不应考虑实配钢筋大于计算钢筋的修正。

3. 非框架梁节点

根据国标图集 22G101—1 的规定，非框架梁在主梁上的锚固，仅边支座节点上部钢筋存在锚固长度的问题，如图 4.11-4 所示。当设计按铰接时，直段锚固长度不小于 $0.35l_{ab}$；充分利用钢筋的抗拉强度时不小于 $0.6l_{ab}$。其中，l_{ab} 为钢筋基本锚固长度，该锚固长度不考虑实配钢筋及保护层厚度有关的修正。且该锚固长度不是受拉钢筋抗震锚固长度 l_{abE}，与抗震等级无关。当结构的抗震等级提高时，该锚固长度没有变化。

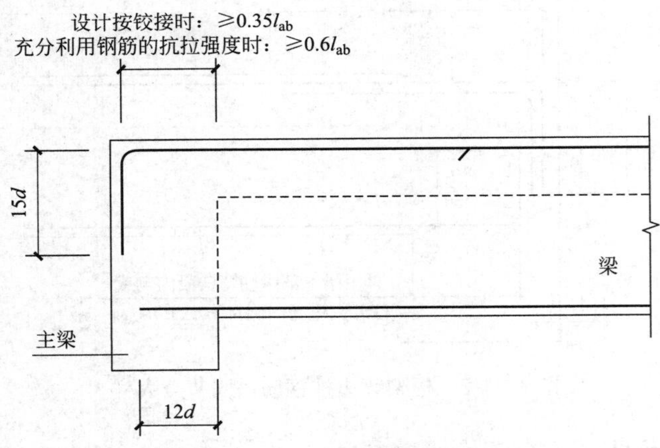

图 4.11-4　非框架梁边支座钢筋锚固节点大样

4.11.6 《高规》对钢筋锚固于剪力墙平面外有哪些规定？

《高规》第 7.1.6 条对楼面梁锚固于剪力墙平面外做出了详细的规定。

当剪力墙或核心筒墙肢与其平面外相交的楼面梁刚接时，可沿楼面梁轴线方向设置与梁相连的剪力墙、扶壁柱或在墙内设置暗柱，并应符合下列规定。

(1) 设置沿楼面梁轴线方向与梁相连的剪力墙时，墙的厚度不宜小于梁的截面宽度。

(2) 设置扶壁柱时，其截面宽度不应小于梁宽，其截面高度可计入墙厚。

(3) 墙内设置暗柱时，暗柱的截面高度可取墙的厚度，暗柱的截面宽度可取梁宽加 2 倍墙厚。

(4) 楼面梁的水平钢筋应伸入剪力墙或扶壁柱，伸入长度应符合钢筋锚固要求。钢筋锚固段的水平投影长度，非抗震设计时不宜小于 $0.4l_{ab}$，抗震设计时不宜小于 $0.4l_{abE}$；当锚固段的水平投影长度不满足要求时，可将楼面梁伸出墙面形成梁头，梁的纵筋伸入梁头后弯折锚固（图 4.11-5），也可采取其他可靠的锚固措施。

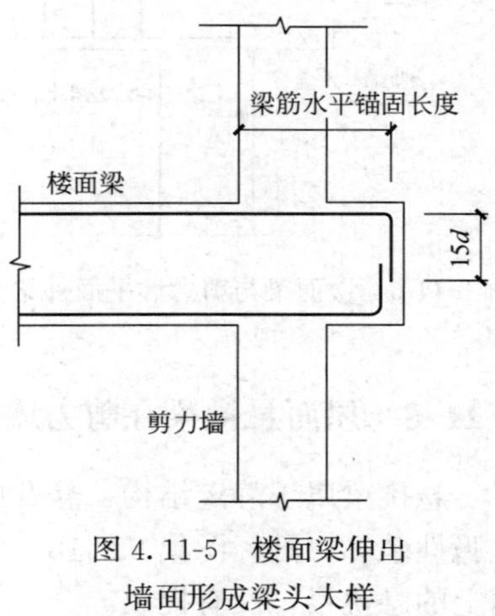

图 4.11-5　楼面梁伸出墙面形成梁头大样

执行此条规范时，有几个地方需要注意。

(1) 本条规范对纵向钢筋锚固长度的要求，与国标图集 22G101—1 的规定基本上一致。但本条中，它的适用条件是“剪力墙或核心筒墙肢与其平面外相交的楼面梁刚接”，当采用铰接方式时，可放松要求。

(2) 与剪力墙垂直相交的梁，设计时根据梁截面大小可考虑为刚接，也可以考虑为半刚接或者铰接。通过建模分析不同的边界条件，对比支座弯矩，可以判断计算软件对节点刚度的模拟。

(3) 规范对剪力墙与平面外相交的刚接楼面梁提出了几个选项，用的是“可”采用的几项措施。对于平面外支承于剪力墙的小跨度梁，当采取其他锚固措施时，不一定采取设置暗柱的方式。

4.11.7　支承在剪力墙平面外的梁支座负筋在楼板内锚固做法

国家建筑设计标准图集《G101 系列图集常见问题答疑图解》17G101—11 规定：

(1) 荷载较大、跨度不小于 5m 或梁高大于墙厚 2 倍的大梁，不宜与未采取措施的剪力墙平面外相交。剪力墙的特点是平面内刚度和承载力较大，而平面外的刚度及承载力相对较小。当平面外梁高大于墙厚度的 2 倍时，楼面梁的梁端弯矩使剪力墙平面外产生的弯曲对承载力和稳定不利。

(2) 当剪力墙上支承跨度、荷载和截面较小的楼面梁时，可通过支座弯矩调幅或变截面梁实现梁端铰接或半刚接设计，以减小墙肢平面外弯矩。此时，应相应加大梁跨中弯矩。两端按铰接或半刚接设计的小跨度梁，也可视受力情况，判断是否需要在剪力墙上设置暗柱等加强措施。

(3) 当墙厚不能满足直段锚固长度的要求时，可与设计协商将楼面梁伸出墙面形成梁头锚固，且上部纵向钢筋采用 90°弯折锚固（图 4.11-6）；如墙面另一侧有楼板或挑板时，可在楼板内锚固（图 4.11-7）。楼面梁支座负筋在板内锚固时，目前还没有楼板因此种做法而开裂的反馈，但在具体设计时宜根据梁端弯矩、纵向钢筋直径等因素，酌情采用。

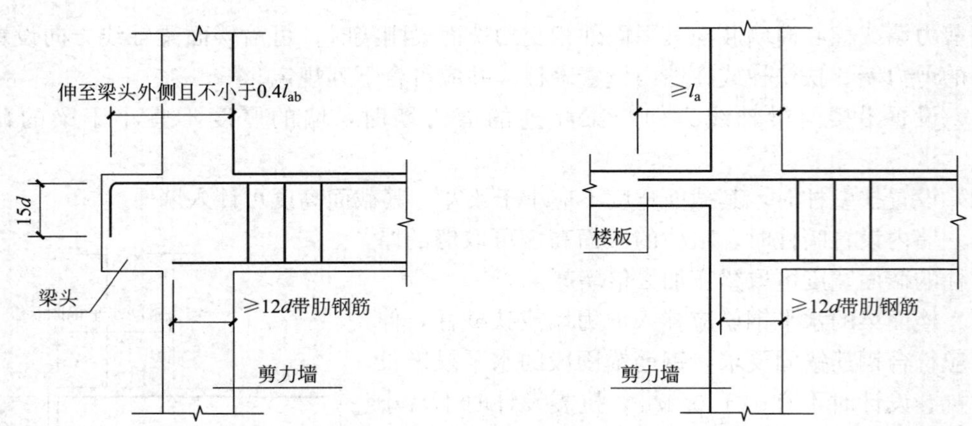

图 4.11-6　楼面梁与剪力墙平面外梁头锚固大样　　图 4.11-7　楼面梁与剪力墙平面外相连板内锚固大样

4.11.8　屋面悬挑梁在剪力墙内的锚固是否安全？

悬挑梁属于静定结构，悬臂段的竖向承载力失效后将无法进行内力重分配，构件会发生脆性破坏。国标图集 22G101—1 对柱上悬挑梁节点大样做出了详细的规定，但对于剪力墙上的悬挑梁，没有提及。

1. 柱上悬挑梁

柱上悬挑梁主要分为无内跨悬挑梁和有内跨悬挑梁。对于无内跨悬挑梁，其负筋锚固于柱内，应满足钢筋锚固长度要求，其负弯矩由柱上、下截面共同承担（图 4.11-8）；对于有内跨悬挑梁，其负筋往内跨延伸，按内跨上层钢筋的要求确定锚固长度，其负弯矩由内跨梁和柱上、下截面共同承担。

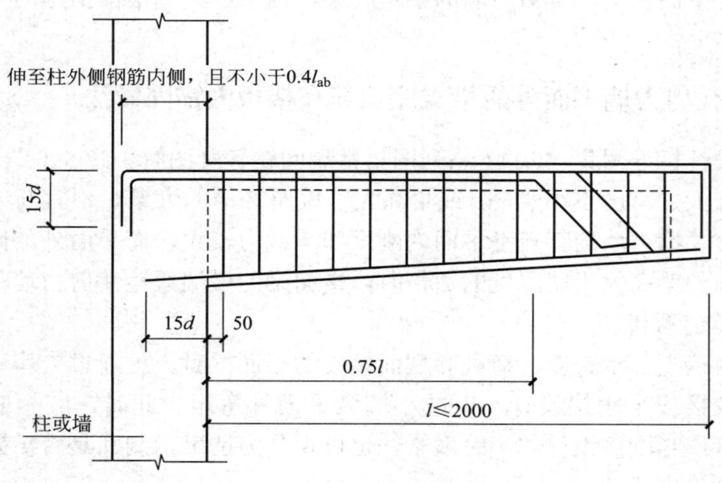

图 4.11-8　柱内悬挑梁钢筋锚固大样（单位：mm）

2. 砌体结构的悬挑梁

《砌体结构设计规范》GB 50003—2011 对砌体结构的悬挑梁做出了如下规定。

（1）纵向受力钢筋至少应有 1/2 的钢筋面积伸入梁末端，且不少于 2ϕ12。其余钢筋伸入支座的长度不应小于 $2l_1/3$。

(2) 悬挑梁埋入砌体长度 l_1 与挑出长度 l 之比宜大于 1.2；当挑梁上无砌体时，l_1 与 l 之比宜大于 2。

(3) 砌体墙中混凝土悬挑梁的抗倾覆承载力，应按式 (4.11-2) 进行验算。

$$M_{ov} \leqslant M_r \tag{4.11-2}$$

式中 M_{ov}——悬挑梁的荷载设计值对计算倾覆点产生的倾覆力矩；

M_r——悬挑梁的抗倾覆力矩设计值。

3. 剪力墙上悬挑梁

规范对剪力墙上悬挑梁没有明确规定，只能参照柱上悬挑梁或砌体结构悬挑梁设计。

(1) 中间层剪力墙上悬挑梁

中间层剪力墙上悬挑梁，其弯矩由上、下层剪力墙共同承担。相对于柱上悬挑梁，剪力墙面内刚度很大，抗弯承载力高，结构更为有利。

上部纵向钢筋的锚固长度，理论上同柱类似，应满足受拉构件锚固长度。考虑到剪力墙内配筋偏小；悬挑梁纵向钢筋的锚固长度宜根据悬挑长度、荷载大小等因素综合考虑。

(2) 屋面层剪力墙上悬挑梁

对于屋面层剪力墙上悬挑梁，规范和标准图集上没有明确的规定，设计人员通常也没有明确相关要求，施工单位参照柱上悬挑梁做法，上部纵向钢筋只满足基本锚固长度，结构存在较大安全隐患。悬挑梁锚固在屋面层剪力墙上时，由于墙内竖向荷载较小，难以平衡悬挑梁受到的竖向力，可能产生沿 A 点的 45°斜裂缝。当悬挑梁负筋在剪力墙内的锚固长度过短时，甚至可能产生沿负筋端部与 A 点连线的斜裂缝，悬挑梁与负筋锚固长度范围内的墙体发生整体倾覆（图 4.11-9）。

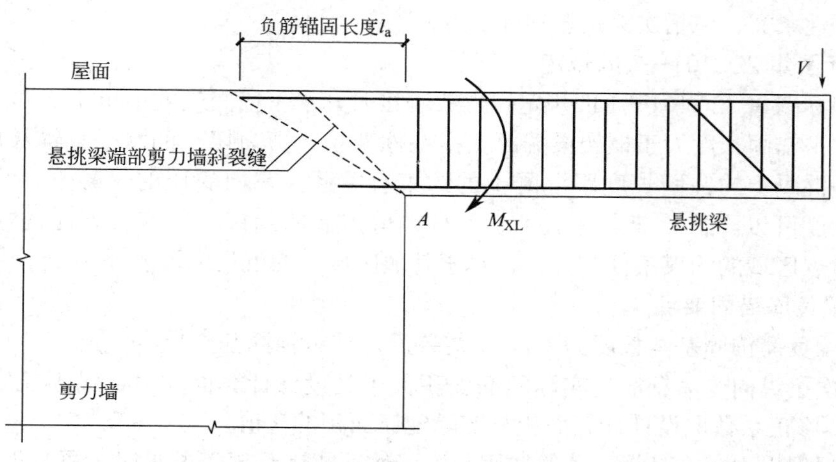

图 4.11-9 屋面层剪力墙上悬挑梁破坏简图

因此，考虑到受剪力墙厚度、混凝土强度等级以及配筋情况等因素导致斜裂缝角度的不确定性，对于屋面层剪力墙上悬挑梁负筋锚固长度建议取不小于 $l_a+(1\sim2)h$，且负筋锚固长度范围内设置暗梁，如图 4.11-10 所示。暗梁箍筋直径及间距宜同悬挑梁。

应注意，以上仅为屋面层剪力墙上悬挑梁负筋锚固长度的一种构造措施。若屋面层悬挑梁上竖向荷载较大，仍需根据计算确定其抗倾覆承载力或对节点进行有限元分析。其抗

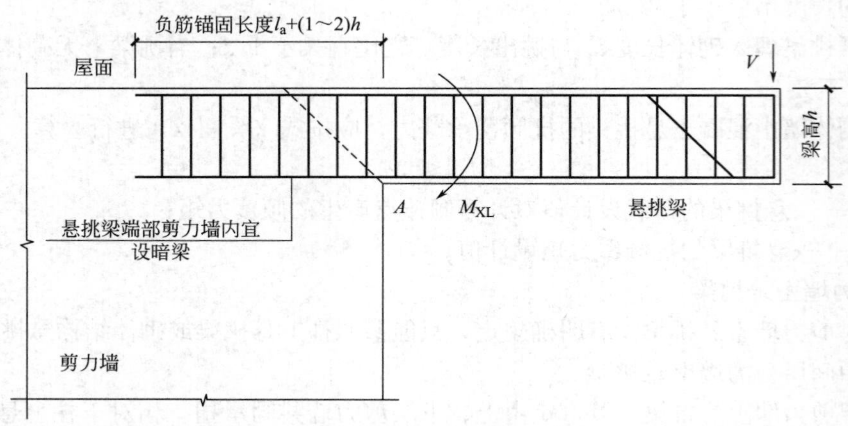

图 4.11-10　屋面层剪力墙上悬挑梁负筋锚固长度构造图

倾覆承载力由以下三部分组成：(1) 悬挑梁负筋锚固长度范围内的恒荷载；(2) 悬挑梁负筋锚固长度范围内剪力墙竖向分布钢筋；(3) 悬挑梁锚固长度端部处的剪力墙混凝土斜截面受剪承载力，不宜考虑暗梁下混凝土受拉承载力。

4.11.9　次梁负筋锚固有哪些要求?

1. 通用规范的规定

根据《混凝土结构通用规范》GB 55008—2021 第 4.4.5 条规定：混凝土结构中普通钢筋、预应力筋应采取可靠的锚固措施。

这条规范非常笼统地把混凝土结构中的所有普通钢筋、预应力筋的可靠锚固措施，都变成了强制性条文，包括次梁负筋锚固长度。

2. 国标图集 22G101—1 的规定

根据国标图集 22G101—1 的规定：次梁刚接时，水平锚固长度不小于 $0.6l_{ab}$。次梁刚接时钢筋水平锚固长度大于框架梁端部支撑在框架柱、剪力墙上的水平直锚长度 $0.4l_{abE}$，主要原因是混凝土的锚固长度跟混凝土的约束有关系。三向受压的混凝土，约束条件较好，锚固长度可以降低，节点区有上、下柱、剪力墙的约束，还有各方向楼板和梁的约束，因此节点区域的约束条件较好，相对于其他区域，约束长度可取 $0.4l_{abE}$。

3. 次梁负筋锚固要点

1) 次梁负筋锚固基本长度为 l_{ab}，不需要满足抗震锚固基本长度 l_{abE}。

2) 当次梁纵向受力钢筋的实际配筋面积大于其设计计算面积时，锚固长度可乘以修正系数 ζ_a，修正系数取设计计算面积与实际配筋面积的比值。

3) 当根据以上条文计算，负筋锚固长度仍然不能满足规范要求时，可采取以下措施：(1) 次梁端部按铰接设计；(2) 次梁负筋延伸锚入相邻板内；(3) 建筑许可时，楼面梁可伸出主梁形成梁头。

4.11.10　并筋锚固长度如何计算?

1. 规范对并筋的规定

为解决粗钢筋及配筋密集引起设计、施工的困难，《混规》提出了受力钢筋可采用并筋（钢筋束）的布置方式，规定如下：构件中的钢筋可采用并筋的配置形式。直径 28mm 及以下的钢筋并筋数量不应超过 3 根；直径 32mm 的钢筋并筋数量宜为 2 根；直径 36mm 及以上的钢筋不应采用并筋。并筋应按单根等效钢筋进行计算，钢筋的等效直径应按截面面积相等的原则换算确定。

2. 并筋等效直径

并筋等效直径应按截面面积相等的原则换算确定。相同直径钢筋的并筋等效直径 d_e 可按式（4.11-3）确定。

$$d_e = \sqrt{n}d \qquad (4.11\text{-}3)$$

式中 n ——钢筋根数；

d ——钢筋直径。

直径相同的 2 根钢筋并筋的等效直径可取为 1.41 倍单根钢筋直径；3 根钢筋并筋等效直径可取为 1.73 倍单根钢筋直径。2 根钢筋并筋时可按纵向或横向的方式布置；3 根钢筋并筋时宜按品字形布置，并均按并筋的重心作为等效钢筋的重心。

3. 并筋锚固长度及构造

当采用并筋方式设计时，并筋的钢筋间距、保护层厚度、裂缝宽度验算、钢筋锚固长度，均应以并筋等效直径为基准进行计算。

并筋的钢筋连接应首选机械连接，如有工程经验，也可采用绑扎搭接或焊接。并筋钢筋连接时，应按每根钢筋错开搭接的方式连接，接头面积百分率应按同一连接区段内所有的单根钢筋计算。

4.11.11 预应力筋的锚固措施有何要求?

1. 预应力钢绞线的基本锚固长度

最常用的预应力钢绞线为低松弛高强度 1860 级 $1\times7\phi^s15.20$ 预应力筋。七股钢绞线每根钢丝都与纵向受力方向形成一定倾角，钢丝受力滑移后会受到与其呈一定角度的混凝土接触面的阻挡而形成咬合力，从而提高其粘结锚固性能。七股钢绞线锚固长度计算的外形系数 α 取为 0.17。

当用于 C40 强度等级的混凝土构件时，低松弛高强度 1860 级 $1\times7\phi^s15.20$ 预应力筋的基本锚固长度为：

$$l_{ab} = \alpha \frac{f_{py}}{f_t} d = 0.17 \times \frac{1320}{1.71} \times d = 131.23d = 1995\text{mm}$$

七股钢绞线由 7 根高强钢丝捻绞而成，其外接圆轮廓尺寸为公称直径 d；7 根钢丝的总截面面积为公称截面积 A_s，按面积计算折合成单圆的折算直径为 d_0。钢绞线基本锚固长度计算的直径，按其外接圆轮廓公称直径 d 计算。

2. 预应力钢绞线的锚固措施

（1）先张法

先张法预应力混凝土结构是指在台座上张拉预应力筋后浇筑混凝土，并通过放张预应力筋由粘结传递而建立预应力的混凝土结构，一般适用于生产中小型构件，在固定的预制厂生产。

先张法预应力筋的锚固，由三部分粘结力组成：水泥凝胶体在钢筋表面产生的化学胶结力或吸附力、周围混凝土对钢筋的摩阻力、钢筋表面与混凝土之间的机械咬合力。其锚固的可靠性应通过计算锚固长度来实现。

(2) 后张法

后张法预应力混凝土结构是指在混凝土达到规定强度后，通过张拉预应力筋并在结构上锚固而建立预应力的混凝土结构。

后张法预应力筋主要通过预应力筋锚具、夹具来实现可靠锚固。张拉端钢绞线通常采用夹片锚具，固定端采用握裹式挤压锚。

4.11.12 植筋对钢筋、基材混凝土有哪些基本要求？

1. 植筋的定义

植筋是指以专用的结构胶粘剂将带肋钢筋或全螺纹螺杆种植于基材混凝土中的后锚固连接方法。

2. 植筋钢筋的规定

用于植筋的钢筋应使用热轧带肋钢筋或全螺纹螺杆，不得使用光圆钢筋和锚入部位无螺纹的螺杆。

带肋钢筋的横肋能够使植筋胶体在锚固段形成与钢筋横肋相咬合的肋体，这些肋体是保证所植钢筋长期锚固性能的机械牙键，牙键太浅不能形成与钢筋横肋的有效咬合，牙键太深则不能抵抗与钢筋横肋咬合作用的剪切。

虽然现行国家标准《混凝土结构加固设计规范》GB 50367—2013 规定不得使用光圆钢筋，但框架柱填充墙拉结钢筋采用光圆钢筋作为抗震构造措施，是目前常用的施工方式。

3. 植筋基材混凝土的规定

采用植筋技术，包括种植全螺纹螺杆技术时，原构件的混凝土材料应符合下列规定。

(1) 当新增构件为悬挑结构构件时，其原构件混凝土强度等级不得低于C25；当新增构件为其他结构构件时，原构件混凝土强度等级不得低于C20。

(2) 基材混凝土强度等级高于C60，其相关计算参数应根据试验确定。

(3) 安全等级为一级的后锚固连接，其基材混凝土强度等级不应低于C30。

(4) 只有当原构件混凝土具有正常的配筋率和足够的箍筋时，才能确保植筋连接的安全性及延性，因此不适用于素混凝土构件，包括纵向受力钢筋一侧配筋率小于0.2%的构件的后锚固设计。此时可采用按混凝土基材承载力设计的锚栓连接。

(5) 承重构件植筋部位的混凝土不得有局部缺陷，否则应先补强或加固处理后再植筋。

4.11.13 植筋用胶粘剂如何分类？对其性能有哪些要求？

1. 植筋用胶粘剂分类

用于植筋的胶粘剂按材料性质可分为有机类和无机类，胶粘剂性能应符合现行行业标准《混凝土结构工程用锚固胶》GB/T 37127—2018 的相关规定。

2. 有机类锚固胶

有机类锚固胶是以改性环氧树脂、改性乙烯基酯类聚合物或改性氨基甲酸酯树脂等为主要原料，加入填料和其他添加剂制得的锚固胶。

用于植筋的有机胶粘剂应采用改性环氧树脂类或改性乙烯基酯类材料，其固化剂不应使用乙二胺。掺入乙二胺作改性环氧树脂固化剂的胶，其短期强度高，价格低，但易燃、毒性大，且不耐老化，缺乏结构胶所要求的韧性和耐久性，会造成严重的安全隐患。

承重结构加固工程中严禁使用不饱和聚酯树脂和醇酸树脂作为胶粘剂。

3. 无机类锚固胶

无机类锚固胶是以无机胶凝材料为主要原料，加入填料和其他添加剂制得的锚固胶。无机类结构胶有硅酸盐类、磷酸盐类和陶瓷类等，用于粘结加固的无机胶不太多，尤其是在常温下固化的高强度无机胶更少。在国家标准《混凝土结构工程用锚固胶》GB/T 37127—2018 中没有纳入无机类锚固胶。

4. 承重结构胶粘剂的性能要求

承重结构用的胶粘剂，按其基本性能分为 A 级胶和 B 级胶。

对重要结构、悬挑构件、承受动力作用的安全等级为一级的结构、构件，应采用 A 级胶；对安全等级为二级的一般结构可采用 A 级胶或 B 级胶。

安全等级为一级指破坏后果很严重、重要的锚固；安全等级二级指破坏后果严重、一般的锚固。应注意，此处的安全等级是根据《混凝土结构后锚固技术规程》JGJ 145—2013 的标准划分的，专指后锚固连接安全等级，与《建筑结构可靠性设计统一标准》GB 50068—2018 中的建筑结构安全等级不是一个概念。

4.11.14 植筋有哪几种破坏形态?

植筋破坏类型总体上可分为植筋钢材破坏、基材混凝土破坏以及植筋拔出破坏三大类。了解其破坏类型可以更精确地进行承载力计算分析，最大限度地提高锚固连接的安全可靠性及设计合理性。

1. 植筋钢材破坏

植筋钢材破坏分为拉断破坏、剪坏及拉剪复合受力破坏，主要发生在锚固深度超过临界深度 h_{cr} 时，锚栓或植筋钢材达到其极限强度。此种破坏一般具有明显的塑性变形，破坏荷载离散性较小。根据现行国家标准《建筑结构可靠性设计统一标准》GB 50068—2018，植筋构件应控制为这种破坏形式。

2. 基材混凝土破坏

植筋基材混凝土破坏，主要有三种形式：第一种是钢筋受拉且锚固深度很浅时，形成以基材表面混凝土锥体及深部粘结拔出的混合型破坏；第二种是钢筋受剪时，形成以钢筋轴为顶点的一定深度的楔形体破坏；第三种是钢筋受拉且钢筋过于靠近构件边缘，产生劈裂破坏。

混凝土基材破坏表现出较大脆性，破坏荷载离散性较大，尤其是开裂混凝土基材。

3. 植筋拔出破坏

植筋拔出破坏有两种形式：沿胶筋界面拔出和沿胶混界面拔出。正常情况下，拔出破坏多发生在锚固深度过浅的情况，其性能远不如钢材破坏好。研究与实践表明，因植筋深度可任意调节，其破坏形态可通过设计进行控制。

4. 控制植筋破坏形态

对于结构构件的后锚固连接设计，应根据现行国家标准《建筑结构可靠性设计统一标准》GB 50068—2018，通过控制锚固深度的方法，严格限定为钢材破坏这种模式，不应发生基材混凝土破坏和植筋拔出破坏。

4.11.15　规范对植筋间距和边距是如何规定的?

植筋破坏的三种类型中，与植筋间距、植筋边距相关的是基材混凝土破坏。对于多根植筋而言，由于间距较近，新植钢筋之间的抗拔力作用范围会有重叠，从而造成各单根植筋的抗拔力不能完全发挥。

植筋间距和植筋边距，对设计而言，是一组非常重要的数据，但规范对此没有明确规定。

1. 《混凝土结构加固设计规范》GB 50367—2013 的规定

《混凝土结构加固设计规范》GB 50367—2013 第 15.2.4 条规定：植筋用结构胶粘剂的粘结抗剪强度设计值 f_{bd} 应按表 4.11-1 的规定值采用。

粘结抗剪强度设计值 f_{bd}　　表 4.11-1

胶粘剂等级	构造条件	基材混凝土强度等级				
		C20	C25	C30	C40	≥C60
A 级胶或 B 级胶	$s_1 \geqslant 5d$；$s_2 \geqslant 2.5d$	2.3	2.7	3.7	4.0	4.5
A 级胶	$s_1 \geqslant 6d$；$s_2 \geqslant 3.0d$	2.3	2.7	4.0	4.5	5.0
	$s_1 \geqslant 7d$；$s_2 \geqslant 3.5d$	2.3	2.7	4.5	5.0	5.5

注：s_1 为植筋间距；s_2 为植筋边距。

这一条是强制性条文，说明了它的重要性。表 4.11-1 中以构造条件的名义，提出了植筋间距和边距的要求，这个理解是有歧义的。

(1) 此表不能与植筋间距和边距的规定等同

此表是“粘结抗剪强度设计值”，在满足相应的胶粘剂等级、构造条件、基材混凝土强度等级的情况下，按照此表选择相应的粘结抗剪强度设计值，并不必然意味着表中的构造条件就是植筋间距和边距的最低要求。只是，如果不满足这些构造条件，就没有“粘结抗剪强度设计值”的取值依据，植筋的基本锚固深度也就无法计算，加固设计无法进行。

(2) 表中“间距”和“边距”，是指植筋中心距还是净间距?

间距，是指彼此相隔的距离。植筋间距，指的是植筋中心距还是植筋净间距呢?

《混规》第 9.2.1 条规定：梁上部钢筋水平方向的净间距不应小于 30mm 和 $1.5d$；《建筑桩基技术规范》JGJ 94—2008 第 3.3.3 条规定：基桩的最小中心距应符合规范中表 3.3.3 的规定。

以上两本规范的表述都非常清晰，没有歧义。同时也说明，《混凝土结构加固设计规范》GB 50367—2013 对于植筋间距的表述不完整。

在国家建筑标准设计图集《建筑结构加固施工图设计表示方法》07SG 111—1 中，有一条简单的定义：s_1 为中距；s_2 为边距。也就是说，s_1 可理解为新植钢筋的中心距；s_2 的定义仍然不明确，若参照 s_1 的定义，则可以理解为新植钢筋中心至混凝土边缘的距离。

2.《混凝土结构后锚固技术规程》JGJ 145—2013 的规定

《混凝土结构后锚固技术规程》JGJ 145—2013 第 7.2.3 条规定：植筋与混凝土边缘距离不宜小于 $5d$（d 为钢筋直径），且不宜小于 100mm。当植筋与混凝土边缘之间有垂直于植筋方向的横向钢筋，且横向钢筋配筋量不小于 ϕ8@100 或其等量截面积，植筋锚固深度范围内横向钢筋不少于 2 根时，植筋与边缘的最小距离可适当减少，但不应小于 50mm。

规范同时规定：植筋间距不应小于 $5d$。

3. 单排植筋时梁宽与可植筋数量、直径的关系

根据以上规范要求，植筋最小间距不应小于 $5d$，植筋边距不小于 $2.5d$，单排植筋时不同梁宽可植筋的数量与直径的关系如表 4.11-2 所示。

从表 4.11-2 中可以看出，在满足规范对植筋间距要求的前提下，植筋的数量有限，很多情况下难以满足结构承载力的要求。植筋间距主要是基于基材混凝土破坏，是相对于受拉植筋而言；对于受压构件植筋间距，规范没有规定。

单排植筋时不同梁宽可植筋的数量与直径的关系表 **表 4.11-2**

梁宽(mm)	200	250	300	350	400	450	500
植筋数量与直径	2ϕ18	2ϕ22	2ϕ25	2ϕ28	—	—	—
	3ϕ12	3ϕ14	3ϕ18	3ϕ20	3ϕ25	3ϕ28	3ϕ28
	—	—	4ϕ14	4ϕ16	4ϕ18	4ϕ20	4ϕ22
	—	—	—	—	5ϕ14	5ϕ16	5ϕ18
	—	—	—	—	—	—	6ϕ16

4.11.16 植筋基本锚固深度如何计算？有哪些影响因素？

植筋基本锚固深度根据钢材屈服、基材混凝土劈裂破坏，以及胶粘剂与混凝土粘结破坏同时发生的临界状态进行确定。根据基本锚固深度，再考虑结构构件受力状态对承载力的影响系数、混凝土孔壁潮湿影响系数、使用环境的温度影响系数，以及植筋位移延性要求的修正系数后，得到植筋锚固深度设计值。

1. 植筋基本锚固深度计算

植筋的基本锚固深度 l_s 应按式（4.11-4）确定。

$$l_s = 0.2\alpha_{spt} d f_y / f_{bd} \tag{4.11-4}$$

式中 α_{spt}——为防止混凝土劈裂引用的计算系数；

d——植筋公称直径（mm）；

f_{bd}——植筋用胶粘剂的粘结抗剪强度设计值（N/mm^2）。

2. 植筋基本锚固深度影响因素

对基本锚固深度有影响的因素很多，具体如下。

（1）基材混凝土强度等级：规范规定了 C20、C25、C30、C40、C60 混凝土强度等级对应的胶粘剂粘结强度设计值，但是没有规定 C35、C45、C50、C55 这几种混凝土强度等级，也没有说明是用内插法，还是偏安全地参照相邻低强度混凝土。应注意的是，当新增构件为悬挑结构构件时，其原构件混凝土强度等级不得低于 C25。

（2）基材混凝土保护层厚度。

（3）基材箍筋直径。

（4）基材箍筋间距：在植筋锚固深度范围内，箍筋间距不应大于100mm。《混凝土结构后锚固技术规程》JGJ 145—2013 第 6.3.2 条规定：在植筋锚固深度范围内横向钢筋间距 s 大于100mm时，应进行加固。箍筋间距应以现场检测报告为依据，而不能仅通过查阅设计文件确定。规范规定了箍筋间距，对箍筋肢距未提出要求。

（5）植筋直径。

（6）植筋间距和植筋边距。

（7）植筋钢筋强度等级。

当基材混凝土强度等级大于C30，且采用快固型胶粘剂时，其粘结抗剪强度设计值 f_{bd} 应乘以调整系数0.8。主要原因是在较高强度等级的混凝土基材中植筋，胶的粘结性能才能显现出来，并起到控制的作用，而快固型结构胶主要成分的固有性能决定了它的粘结强度要比慢固型结构胶低。因此，有必要加以调整，以确保安全。

4.11.17　植筋锚固深度设计值如何计算？有哪些因素需要修正？

1. 植筋锚固深度设计值

《混凝土结构加固设计规范》GB 50367—2013 第 15.2.2 条规定，单根植筋锚固深度设计值应符合式（4.11-5）规定。

$$l_d \geqslant \psi_N \psi_{ae} l_s \tag{4.11-5}$$

式中　l_d——植筋锚固深度设计值（mm）；

ψ_N——考虑各种因素对植筋受拉承载力影响而需加大锚固深度的修正系数；

ψ_{ae}——考虑植筋位移延性要求的修正系数；

l_s——植筋的基本锚固深度（mm）。

应注意，式（4.11-5）计算的植筋锚固深度设计值是针对单根植筋钢筋。

2. 植筋锚固的群锚效应

在规范编制时，国内外对于植筋抗拉承载力的研究主要集中在单根植筋锚固的情况，因此，规范只列举单根植筋锚固深度的计算。然而实际工程中，很少出现单根植筋独自受力的情况。研究表明，当同时受到拉拔力作用的植筋群之间的间距小于一定值时，群锚植筋的抗拉拔承载力会小于单根植筋承载力的总和，这种现象称为群锚效应。

目前，国内外的学者对群锚效应做了不少研究，也得出了一些试验数据。在植筋间距为 $5d$、$6d$ 时，群锚效应的影响比较明显，在设计时应根据具体情况考虑其影响。

3. 考虑各种因素对植筋受拉承载力影响而需加大锚固深度的修正系数

考虑各种因素对植筋受拉承载力影响而需加大锚固深度的修正系数 ψ_N，包括考虑结构构件受力状态、混凝土孔壁潮湿情况和使用环境的温度影响等因素，应按式（4.11-6）计算。

$$\psi_N = \psi_{br} \psi_w \psi_T \tag{4.11-6}$$

式中　ψ_{br}——考虑结构构件受力状态对承载力影响的系数，当为悬挑结构构件时，$\psi_{br}=1.50$；当为非悬挑的重要构件接长时，$\psi_{br}=1.15$；当为其他构件时，$\psi_{br}=1.00$；

ψ_w ——混凝土孔壁潮湿影响系数，对耐潮湿型胶粘剂，按产品说明书的规定值采用，但不得低于 1.1；

ψ_T ——使用环境的温度 T 影响系数，当 $T\leqslant 60℃$时，取 $\psi_T=1.0$；当 $60℃<T\leqslant 80℃$时，应采用耐中温胶粘剂，并应按产品说明书规定采用；当 $T>80℃$时，应采用耐高温胶粘剂，并应采取有效的隔热措施。

4. 考虑植筋位移延性要求的修正系数 ψ_{ae}

在确定植筋锚固深度设计值需采取抗震措施时，应乘以保证其位移延性达到设计要求的修正系数。试验表明，采用符合规定的修正系数，其所植钢筋不仅能屈服，而且后继强化段明显，能够满足抗震对延性的要求。

当混凝土强度等级不高于 C30 时，对 6 度区、7 度区一、二类场地，取 $\psi_{ae}=1.10$；对 7 度区三、四类场地及 8 度区，取 $\psi_{ae}=1.25$。

当混凝土强度等级高于 C30 时，取 $\psi_{ae}=1.00$。

5. 承重结构植筋的计算锚固深度

承重结构植筋的计算锚固深度应经设计计算确定，不得按短期拉拔试验值或厂商技术手册的推荐值采用，也不得按构造要求的植筋深度采用。

依据规范计算公式，锚筋受拉状态下锚固深度一般为 $16d\sim35d$，在工程中可以较为顺利地实现。如混凝土处于强度较低、受力状态较严格等状态时，锚固深度较大，实施较为困难，可考虑采用其他方法综合处理。

《混凝土结构工程无机材料后锚固技术规程》JGJ/T 271—2012 第 6.3.5 条规定：植筋锚固长度不满足锚固深度设计值的要求时，可按化学锚栓的有关规定进行设计。

化学锚栓是指由金属螺杆和锚固胶组成，通过锚固胶形成锚固作用的锚栓。化学锚栓分为普通化学锚栓和特殊倒锥形化学锚栓。

4.11.18 受压钢筋锚固的构造长度大于受拉钢筋，合理吗？

1. 植筋最小锚固长度的构造规定

《混凝土结构加固设计规范》GB 50367—2013 第 15.3.1 规定，当按构造要求植筋时，其最小锚固长度 l_{min} 应符合下列构造规定。

（1）受拉钢筋锚固：max $\{0.3l_s, 10d, 100mm\}$。

（2）受压钢筋锚固：max $\{0.6l_s, 10d, 100mm\}$。

（3）对悬挑结构、构件尚应乘以 1.5 的修正系数。

执行这一规范条文时，应特别注意，它不适用于承重结构的计算植筋，仅适用于按构造要求植筋时的最小锚固长度取值。

2. 为何受压钢筋锚固长度大于受拉钢筋锚固长度

对于构造植筋的受压钢筋锚固长度大于受拉钢筋锚固长度，与钢筋锚固的常理不符，是否为印刷错误导致的呢？笔者查阅了《混凝土结构加固设计规范》GB 50367—2006 以及《混凝土结构后锚固技术规程》JGJ 145—2013，其中对按构造要求植筋的最小锚固长度的规定，都是一致的。因此，不可能是印刷原因。

对于这个令大家心存疑惑的疑问点，条文说明只做了一个语焉不详的解释：本条规定的最小锚固深度，是从构造要求出发，参照国外有关的指南和技术手册确定的，而且已在我国试用过几年，其所反馈的信息表明，在一般情况下还是合理可行的；只是对悬挑结构、构件尚嫌不足。为此，根据一些专家的建议，做出了应乘以 1.5 修正系数的补充规定。

事实上，受拉构件和受压钢筋的最小植筋锚固长度主要是参照国外的试验数据，其主要理论如下。

1）当植筋边距较小时，受压钢筋对混凝土产生类似尖锥的劈裂作用，使得靠近混凝土表面的浅层区成为受压劈裂区，受压钢筋只有在达到一定埋深后才能可靠持力。而受拉钢筋植筋的劈裂作用小于受压钢筋。

2）当基材厚度较薄时，受压钢筋有可能使末端混凝土发生劈裂破坏。受拉植筋时，拉力通过胶粘剂的抗剪来承担，钢筋对底部混凝土没有压力；受压植筋时，压力通过胶粘剂的抗剪以及基材混凝土对锚筋末端的局部抗压来承担。由于胶粘剂的弹性模量较小，在受压作用时承担的剪力较小；而锚筋的弹性模量大，对基材的局部压力大。因此《混凝土结构工程无机材料后锚固技术规程》JGJ/T 271—2012 第 4.3.2 条对按构造要求的锚筋端部混凝土厚度做出了规定。

（1）受压锚筋：$c_e \geqslant \max(10d, 100\text{mm})$。

（2）其他锚筋：$c_e \geqslant \max(5d, 50\text{mm})$。

式中 c_e——锚筋端部混凝土厚度（mm）；

d——锚筋直径（mm）。

3）如果植筋边距和锚筋端部混凝土厚度均较大时，按构造要求植筋的受压钢筋最小锚固长度大于受拉钢筋，并不合理。这也是该条文不严谨之处。

4.11.19 悬挑梁锚固深度计算实例

某工程悬挑梁需要植筋。框架柱混凝土强度等级 C30，混凝土环境类别一类，保护层厚度 25mm，节点区箍筋直径 8mm，间距 100mm，植筋钢筋为 HRB400 级，直径 25mm，植筋间距 $5d$，植筋边距 $2.5d$，悬挑梁截面尺寸 300mm×700mm。

悬挑梁植筋锚固深度设计值计算如下。

$l_s = 0.2\alpha_{spt} d f_y / f_{bd} = 0.2 \times 1.05 \times d \times 360/3.7 = 20.43d$

$\psi_N = \psi_{br}\psi_w\psi_T = 1.5 \times 1.1 \times 1.0 = 1.65$

$l_d \geqslant \psi_N \psi_{ae} l_s = 1.65 \times 1.1 \times 20.43 \times d = 37.1d = 928\text{mm}$

梁宽 300mm 时，仅可植入 2 根直径为 25mm 的钢筋。

当框架柱混凝土强度等级 C40，钢筋直径 18mm，其余参数不变时，悬挑梁植筋锚固深度设计值计算如下。

$l_s = 0.2\alpha_{spt} d f_y / f_{bd} = 0.2 \times 1.00 \times d \times 360/4.0 = 18d$

$\psi_N = \psi_{br}\psi_w\psi_T = 1.5 \times 1.1 \times 1.0 = 1.65$

$l_d \geqslant \psi_N \psi_{ae} l_s = 1.65 \times 1.1 \times 18 \times d = 32.67d = 588\text{mm}$

梁宽 300mm 时，仅可植入 3 根直径为 18mm 的钢筋。

通过以上两个算例可知，悬挑梁植筋要求的锚固深度一般难以满足，且可植筋数量有限，一般情况下难以满足承载力的要求，设计时对悬挑梁采用植筋方式时应非常慎重。

4.11.20 梁支座粘贴钢板的锚固长度如何计算?

1. 梁支座粘钢的弯矩包络图

根据弯矩包络图确定粘钢钢板截断位置时，应考虑粘结钢板和原构件钢筋的共同作用，优先考虑钢板作为第一强度利用点，如图 4.11-11 所示。对受弯构件负弯矩区的正截面加固，钢板的截断位置距图 4.11-11 中所示的强度充分利用截面的距离，应满足受拉钢板粘贴延伸长度 l_{sp}，同时应按《混凝土结构加固设计规范》GB 50367—2013 第 9.6.4 条的构造规定进行设计。

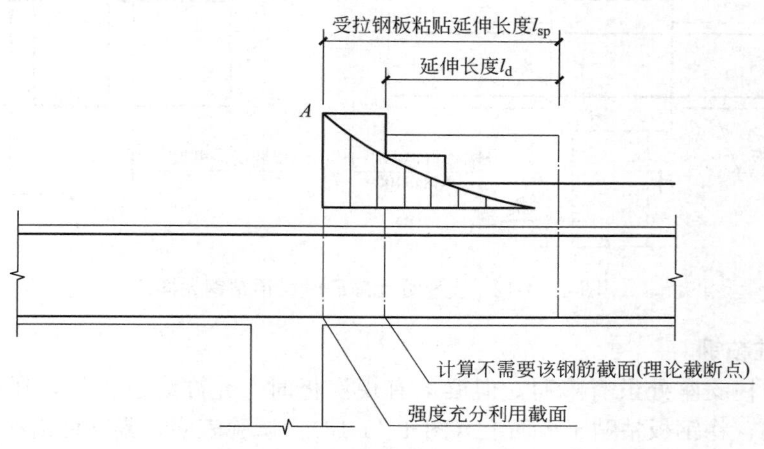

图 4.11-11 弯矩包络图和抵抗包络图

2. 梁支座粘钢锚固长度计算公式

对受弯构件正弯矩区的正截面加固，其受拉面沿轴向粘贴的钢板的截断位置，应根据负弯矩包络图从其强度充分利用的截面算起，取不小于按式（4.11-7）确定的粘贴延伸长度。

$$l_{sp} \geqslant \frac{f_{sp} t_{sp}}{f_{bd}} + 200 \tag{4.11-7}$$

式中 l_{sp}——受拉钢板粘贴延伸长度（mm）；

f_{sp}——加固钢板的抗拉强度设计值（N/mm^2）；

t_{sp}——粘贴的钢板总厚度（mm）；

f_{bd}——钢板与混凝土之间的粘结强度设计值（N/mm^2），取 $f_{bd}=0.5f_t$，当 f_{bd} 计算值低于 0.5MPa 时，取 f_{bd} 为 0.5MPa；当 f_{bd} 计算值高于 0.8MPa 时，取 f_{bd} 为 0.8MPa；

f_t——混凝土抗拉强度设计值。

当采用 5mm 厚 Q355 钢板，加固基材混凝土强度等级 C30，混凝土轴心抗拉强度设计值 1.43N/mm^2，根据式（4.11-7）计算得到粘贴延伸长度 2332mm。从这个算例来看，受拉钢板粘贴延伸长度一般情况下均比较长，要控制该长度，首先应控制粘贴钢板的厚度。

3. 梁支座粘钢构造要求

梁顶受力钢板延伸长度由计算确定，且不应小于 1/3 梁计算跨度。

4.11.21 梁支座粘钢有哪几种锚固构造?

当采用钢板对受弯构件负弯矩区进行正截面承载力加固时，应采取下列构造措施。

1. 中柱柱顶无障碍

框架梁中柱支座处无障碍时，钢板应在负弯矩包络图范围内连续粘贴（图 4.11-12）。

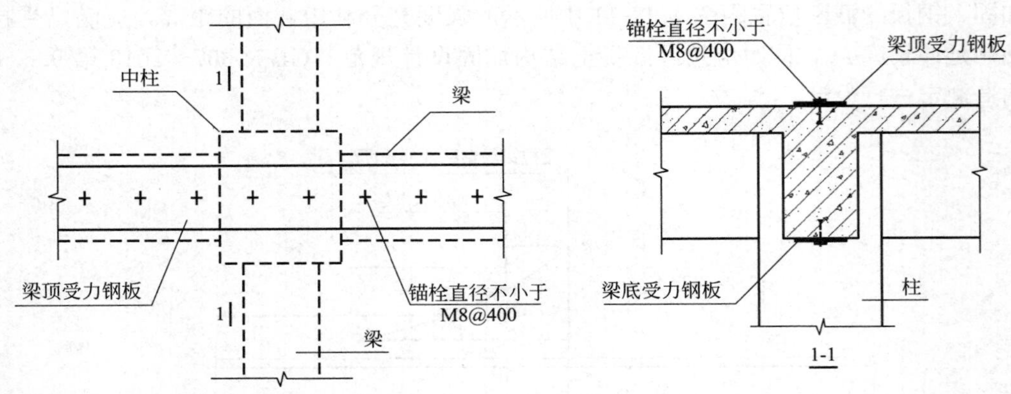

图 4.11-12 支座处无障碍时梁顶粘钢大样

2. 绕中柱粘钢

框架梁中柱支座处虽有障碍，但梁上有现浇板时，允许绕过柱位，在梁侧 4 倍板厚（$4h_b$）范围内，将钢板粘贴于板面上（图 4.11-13）。试验表明，紧贴柱边在梁侧 4 倍板厚范围内粘贴钢板，较能充分发挥钢板的作用；如果远离该位置，钢板的作用将会降低。

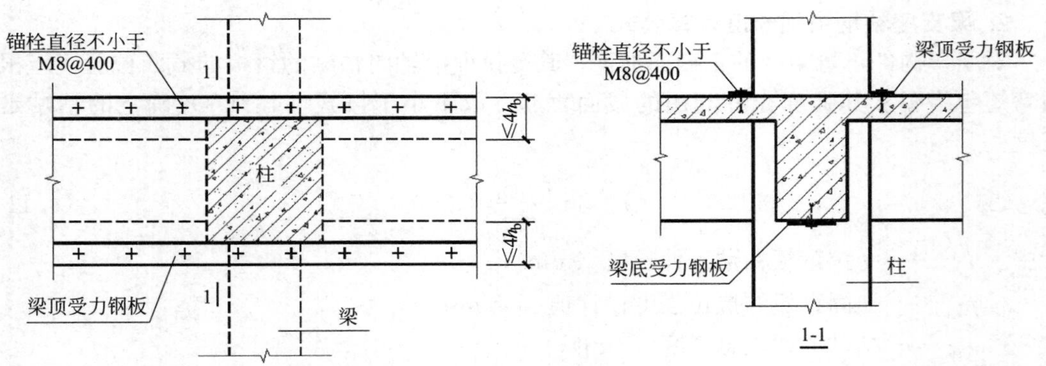

图 4.11-13 绕过柱位粘贴钢板

3. 边框架梁支座无障碍

边框架梁支座处无障碍时，可在柱顶加贴 L 形钢板（图 4.11-14）。根据国家建筑标准设计图集《混凝土结构加固构造》13G311—1 的要求，1-1 剖面图中的钢板弯折段长度可取为不小于 700mm，具有一定的合理性。

4. 边框架梁支座绕柱粘钢

边框架梁支座处有柱无墙时，可绕过柱位加贴 L 形钢板（图 4.11-15）。根据国家建筑标准设计图集《混凝土结构加固构造》13G311—1 的要求，1-1 剖面图中的钢板弯折段长

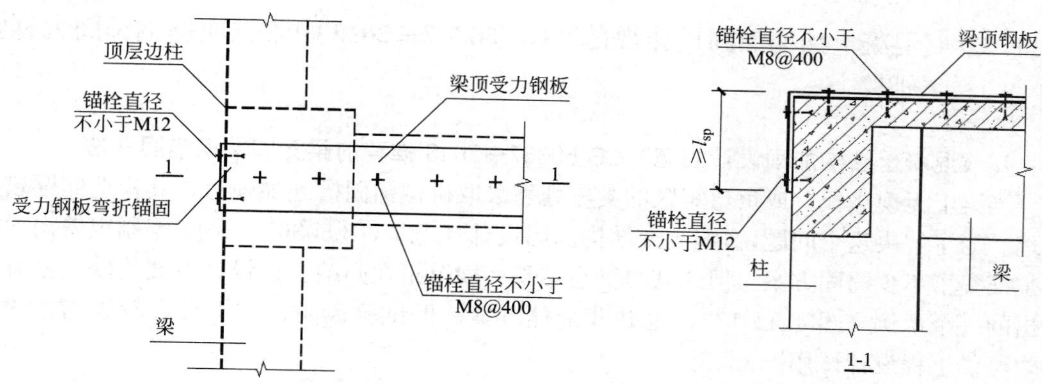

图 4.11-14　边框架梁顶无障碍弯折锚固大样

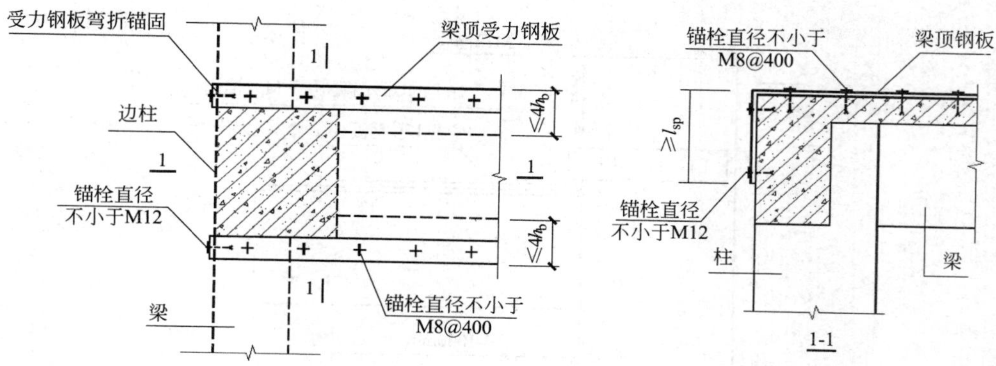

图 4.11-15　边框架梁顶有柱无墙弯折锚固大样

度可取为不小于 700mm。

5. 边框架梁支座穿墙锚固

边框架梁支座处有柱有墙时，可绕过柱位将钢板粘贴于板面上，通过穿墙螺栓锚固（图 4.11-16）。图集上提供了穿墙螺栓锚固的大样，但没有等代螺杆的计算公式，设计时应谨慎使用。

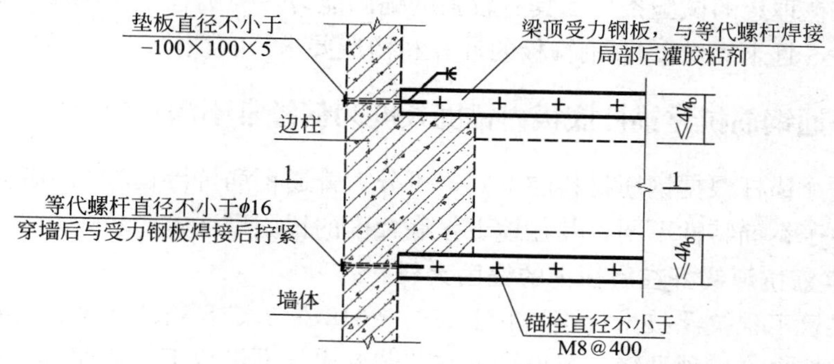

图 4.11-16　边框架梁顶有柱有墙穿墙螺栓锚固大样

4.11.22 《混凝土结构加固设计规范》GB 50367—2013中梁支座粘钢锚固大样安全吗?

1. 《混凝土结构加固设计规范》GB 50367—2013推荐的梁支座粘钢锚固做法

当梁上无现浇板，或负弯矩区的支座处需采取机械锚固措施加强时，其构造问题较难处理。为了解决这个问题，《混凝土结构加固设计规范》GB 50367—2013编制组曾向设计单位征集了不少锚固方案，但未获得满意结果。规范组在归纳上述设计方案优缺点基础上给出的一个示例（图4.11-17），也并非最佳方案，但试验表明该方案具有较强的锚固能力，可供工程设计试用。

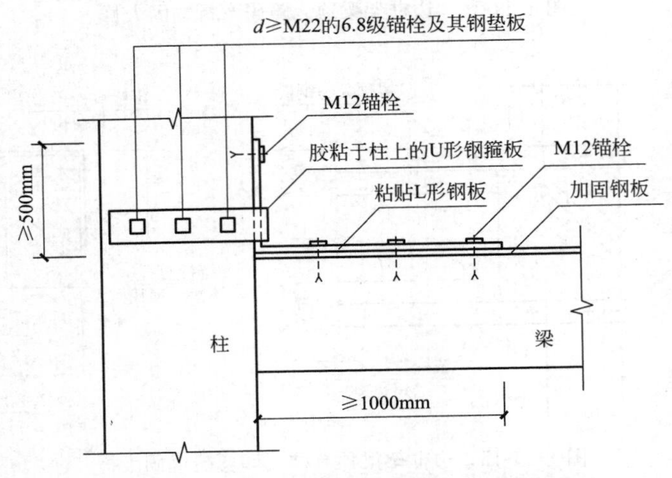

图4.11-17 梁柱节点处粘贴钢板的机械锚固措施

2. 该大样存在的问题

该大样施工方便，很容易被设计人员采用，笔者也曾多次在工程中遇到采用此大样的设计项目。但是，这个方案的传力途径显然存在问题，其粘贴的L形钢板在转折处面外刚度很弱。从这个大样图上看，胶粘于柱上的U形钢箍板也并未强调与L形钢板的标高关系。这个方案在理想的试验条件下具有较强的锚固能力，但工程施工的条件难以达到试验时的同等条件，且未提供U形钢箍板的计算和构造要求，宜慎用。

4.11.23 普通钢筋抗浮锚杆底板内锚固长度为何经常不满足要求?

地下室抗浮锚杆根据钢筋材料的不同，可分为普通钢筋抗浮锚杆和预应力钢绞线抗浮锚杆两类。由于钢筋特性不同，其在地下室底板内的锚固做法差异较大。

1. 普通钢筋抗浮锚杆在底板内的锚固大样

根据《建筑工程抗浮技术标准》JGJ 476—2019第7.5.8条的规定：抗浮设计等级为丙级的工程，按允许出现裂缝进行设计，在荷载效应标准组合下锚固浆体中最大裂缝宽度满足规范要求时，可采用普通钢筋锚杆。锚杆受力钢筋在地下室底板内的锚固大样示意图如图4.11-18所示。

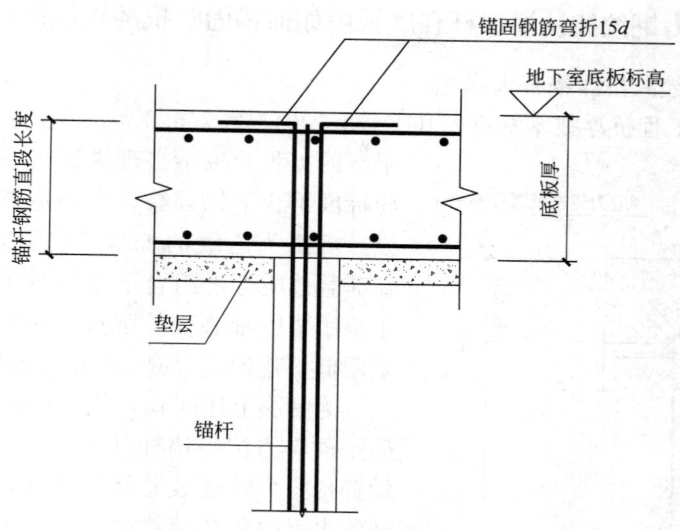

图 4.11-18 锚杆受力钢筋底板内锚固大样

2. 普通钢筋抗浮锚杆在底板内锚固的两个问题

（1）锚杆受力钢筋在底板内的最小直段长度

抗浮锚杆不属于抗震构件，其在地下室底板内的锚固长度按基本锚固长度 l_{ab} 确定。考虑锚杆受力的不均匀性，锚杆受力钢筋应属于充分受拉构件，参照非抗震楼层框架梁锚固直段长度的要求，需满足 $0.4l_{ab}$。

地下室底板的环境类别属于室内潮湿环境，按二 a 类，其保护层厚度取 20mm，板面钢筋直径假定为双向 14mm。在满足最小直段长度的要求时，不同板厚可选用的 HRB400 级钢筋直径如表 4.11-3 所示。

地下室底板满足锚杆钢筋直段长度时的最大钢筋直径表（mm） **表 4.11-3**

混凝土强度等级	地下室底板厚度			
	350	400	450	500
C30	20	25	28	32
C35	22	25	28	32
C40	25	28	32	36

对于普通钢筋抗浮锚杆，当地下室底板厚度满足《建筑工程抗浮技术标准》JGJ 476—2019 的基本构造要求 350mm 时，锚杆受力钢筋的直段长度不一定能满足锚固要求。

当采用 HRB500 级或更高强度的钢筋时，其锚固长度要求更高，此时地下室底板的厚度可能需要相应增加。

（2）锚杆受力钢筋在底板内的水平段长度

锚杆受力钢筋在地下室底板内的直段锚固长度按 $0.4l_{ab}$，锚固段水平长度通常取 $0.6l_{ab}$。水平长度过长，对抗拔作用并不明显，建议参照梁上部钢筋在楼层端柱处的构造做法，取 $15d$ 为宜。

4.11.24　预应力钢绞线抗浮锚杆在底板内如何锚固？抗冲切如何计算？

1. 预应力钢绞线抗浮锚杆大样

根据《建筑工程抗浮技术标准》JGJ 476—2019 第7.5.8条的规定：抗浮设计等级为甲级的工程，按不出现裂缝进行设计，在荷载效应标准组合下锚固浆体中不应产生拉应力；抗浮设计等级为乙级的工程，按裂缝控制进行设计，在荷载效应标准组合下锚固浆体中拉应力不应大于锚固浆体轴心受拉强度。对甲、乙级工程，宜采用低松弛预应力钢绞线抗浮锚杆。

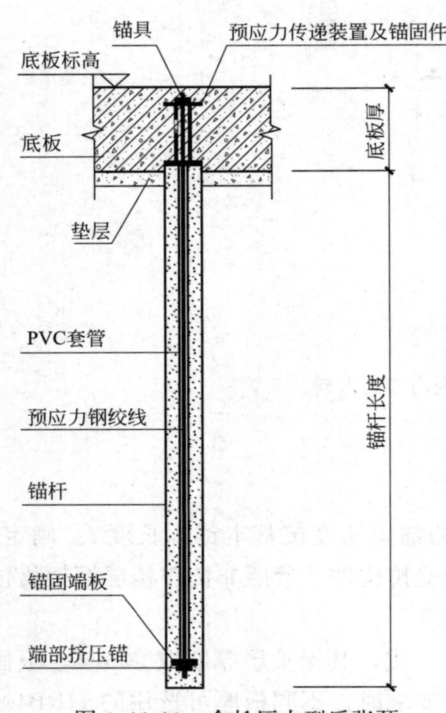

图 4.11-19　全长压力型后张预应力抗浮锚杆大样图

为解决上述问题，笔者推荐采用全长压力型后张预应力抗浮锚杆（图 4.11-19）。在锚杆顶端设置预应力传递装置及锚固件，将地下室底板受到的水浮力传递给锚杆；在该装置上张拉预应力筋并锁定，并将张拉反力传递到锚杆杆体，由锚杆杆体作为张拉反力的支撑。通过全长配置PVC（聚氯乙烯）套管的无粘结钢绞线，将张拉力传递给锚杆底部的锚固端板和端部挤压锚，使得锚杆全长范围内均受压。

2. 全长压力型后张预应力抗浮锚杆的优势

全长压力型后张预应力抗浮锚杆具有以下优点。

（1）锚杆杆体为全长压力型锚杆，有效控制裂缝，满足规范要求。

（2）预应力张拉反力由锚杆杆体承担，不依靠地下室底板及其下部垫层提供张拉反力支撑点。

（3）在底板施工前完成预应力筋的张拉锁定，确保底板的完整性，对防渗漏有利。

（4）预应力传递装置埋置在底板内，作为预应力钢筋的张拉平台，使预应力钢筋整段均匀受拉。

（5）预应力传递装置同时作为锚杆在底板内的锚固件，满足锚杆在底板内的抗冲切要求。

（6）用预应力钢筋替代普通钢筋，钢筋节省72%，可节省造价，节能环保。

（7）锚杆施工完成后，可进行防水卷材、钢筋绑扎施工，待锚杆验收试验完成后，即可张拉锁定预应力筋，对工期影响较小。

3. 预应力钢绞线抗浮锚杆的施工工序

预应力钢绞线抗浮锚杆施工工序，与普通钢筋抗浮锚杆基本一致，但增加了预应力筋张拉工序。主要施工工序如下。

（1）地下室底板垫层施工。为保证锚杆质量，锚杆宜在地下结构底板混凝土垫层完成后进行施工。

（2）锚杆钻孔。

（3）带PVC套管和端部锚具的预应力钢绞线置入，注浆管随筋体一同放入孔内。

（4）锚杆浆体浇筑。

（5）安装预应力传递装置及锚固件。

（6）张拉预应力并锁定。

（7）底板钢筋绑扎、混凝土浇筑。

4. 预应力钢绞线抗浮锚杆在地下室底板内的锚固大样

预应力钢绞线不能弯折，在地下室底板内的锚固应通过预应力传递及锁定装置，将底板受到的水浮力传递给抗浮锚杆，反过来锚杆受到的拔力可能会对底板产生冲切破坏（图 4.11-20）。验算预应力传递装置上板对底板的抗冲切作用，可参照《混规》按式（4.11-8）进行受冲切承载力验算。

$$F_l \leqslant (0.7\beta_h f_t + 0.25\sigma_{pc,m})\eta u_m h_0 \tag{4.11-8}$$

式中 F_l——局部荷载设计值或集中反力设计值；

β_h——截面高度影响系数；

f_t——混凝土抗拉强度设计值；

$\sigma_{pc,m}$——计算截面周长上两个方向混凝土有效预压应力按长度的加权平均值；

η——影响系数；

u_m——计算截面的周长；

h_0——截面有效高度。

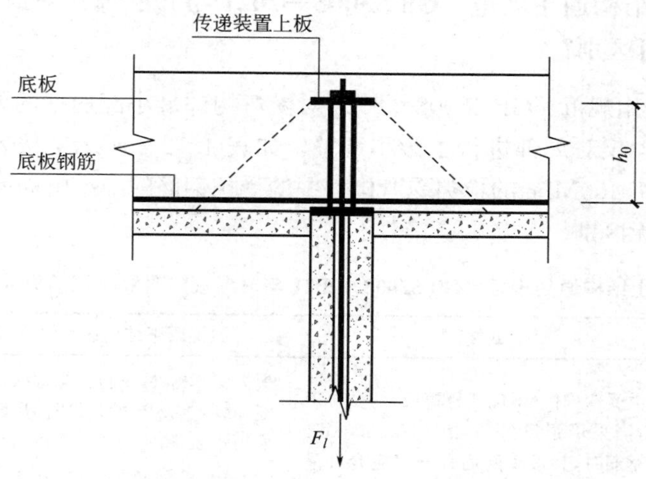

图 4.11-20　传递装置上板对地下室底板冲切示意图

地下室底板是由混凝土和钢筋组成的结合体，双层双向配筋无疑会对底板的冲切承载能力产生一定的影响。我国的规范公式中未包含配筋率 ρ 的影响，只是在考虑综合调整系数时适当考虑纵向配筋率的有利作用；但这将会导致实际承载力与计算值有差异，有待进行更深入的研究。

4.12　纵向受力钢筋的最小配筋率

《混凝土结构通用规范》GB 55008—2021 第 4.4.6 条　除本规范另有规定外，钢筋混凝土结构构件中纵向受力普通钢筋的配筋率不应小于表 4.12-1 的规定值，并应符合下列规定。

1. 当采用 C60 以上强度等级的混凝土时，受压构件全部纵向普通钢筋最小配筋率应按表中的规定值增加 0.10%采用。

2. 除悬臂板、柱支承板之外的板类受弯构件，当纵向受拉钢筋采用强度等级 500MPa 的钢筋时，其最小配筋率应允许采用 0.15%和 $0.45f_t/f_y$ 中的较大值。

3. 对于卧置于地基上的钢筋混凝土板，板中受拉普通钢筋的最小配筋率不应小于 0.15%。

纵向受力普通钢筋的最小配筋率（%）　　表 4.12-1

受力构件类型			最小配筋率
受压构件	全部纵向钢筋	强度等级 500MPa	0.50
		强度等级 400MPa	0.55
		强度等级 300MPa	0.60
	一侧纵向钢筋		0.20
受弯构件、偏心受拉、轴心受拉构件一侧的受拉钢筋			0.20 和 $45f_t/f_y$ 中的较大值

4.12.1 《混凝土结构通用规范》GB 55008—2021 与《混规》对最小配筋率 ρ_{min} 的要求有何区别?

《混凝土结构通用规范》GB 55008—2021 对受弯构件最小配筋率的要求，基本上沿用了《混规》的规定，仅对局部进行了微小调整，如表 4.12-2 所示。从表中可以看出，两本规范的差异在于将 400MPa 的板类受弯构件中的受拉钢筋的最小配筋率从 0.15%提高至 0.20%，其他基本无区别。

《混凝土结构通用规范》GB 55008—2021 与《混规》对最小配筋率的区别　表 4.12-2

构件类别	《混规》	《混凝土结构通用规范》GB 55008—2021
板类受弯构件	板类受弯构件(不包括悬臂板)的受拉钢筋,当采用强度等级 400MPa、500MPa 的钢筋时,其最小配筋百分率应允许采用 0.15 和 $45f_t/f_y$ 中的较大值	板类受弯构件(不包括悬臂板)的受拉钢筋,当采用强度等级 400MPa 的钢筋时,其最小配筋百分率应允许采用 0.20 和 $45f_t/f_y$ 中的较大值;当采用强度等级 500MPa 的钢筋时,其最小配筋百分率应允许采用 0.15 和 $45f_t/f_y$ 中的较大值
柱支承板	无单独规定,按受弯构件	最小配筋百分率采用 0.20 和 $45f_t/f_y$ 中的较大值

4.12.2 配筋率计算按全截面还是有效截面?

1. 规范对配筋率的定义

配筋率是指混凝土构件中配置的钢筋面积（或体积）与规定的混凝土截面面积（或体积）的比值。这个定义语焉不详，“规定的混凝土截面面积”的具体含义是指构件的全截面还是有效截面并不明确。

2. 规范对配筋率的计算规定

事实上，《混凝土结构设计规范》GB 50010—2002、GB 50010—2010，以及《混凝土结构通用规范》GB 55008—2021 等规范，对配筋率的计算规定很明确，采用全截面面积计算。

规范对配筋率计算的规定如下：受压构件的全部纵向钢筋和一侧纵向钢筋的配筋率以及轴心受拉构件和小偏心受拉构件一侧受拉钢筋的配筋率应按全截面面积计算；受弯构件、大偏心受拉构件一侧受拉钢筋的配筋率应按全截面面积扣除受压翼缘面积后的截面面积计算。

以上条文规定的是"配筋率"，包含最小配筋率、最大配筋率等都按此计算，并无疑义。给大家带来困扰的是，一些混凝土教材一直沿用有效截面面积，与规范不一致。事实上，最小配筋率是规范组在广泛研究、调查分析的基础上，与多国规范进行对比，并考虑我国的经济发展情况确定的一个合理数值，并不是一条理论上的红线。规范对配筋率计算公式做了简化，更易于大家计算与执行。

3. 最小配筋率计算公式

为了防止混凝土构件发生少筋破坏，根据《混规》的要求，最小配筋率应按式（4.12-1）计算。

$$\rho_{\min}=\frac{A_s}{bh} \tag{4.12-1}$$

由此可得，混凝土构件纵向受力钢筋的截面面积应满足式（4.12-2）的规定。

$$A_s \geqslant \rho_{\min} bh \tag{4.12-2}$$

式中 $\rho_{\min}$——最小配筋百分率；

b、h——截面的宽度和高度，注意此处用全截面高度 h 而不用有效截面高度 h_0。

式（4.12-2）是可以实际执行的，b、h 因为是已知条件，同时规范对 $\rho_{\min}$ 做出了限值规定，按此计算则可得出构件的最小配筋截面面积。同时，在计算截面最小配筋量时，用截面高度 h 代替有效截面高度 h_0，计算得出的最小配筋量是增大的，结构更安全。

但最大配筋率的计算与此不同。

4. 最大配筋率计算公式

限制构件最大配筋率，是为了防止构件超筋破坏，要求构件的相对受压区高度 ξ 不得大于其相对界限受压区高度 ξ_b。相对界限受压区高度 ξ_b 是适筋构件与超筋构件相对受压区高度的界限值，据此可推算出构件最大配筋率计算公式。

由于截面在破坏前的一瞬间处于静力平衡状态，可建立静力平衡方程如式（4.12-3）。

$$\alpha_1 f_c bx = f_y A_s \tag{4.12-3}$$

当钢筋达到最大配筋量时，混凝土受压区高度正好处于界限受压区高度，由此可得式（4.12-4）。

$$\alpha_1 f_c b \xi_b h_0 = f_y A_{s,\max} \tag{4.12-4}$$

由式（4.12-4）可得：

$$\frac{A_{s,\max}}{bh_0}=\xi_b \frac{\alpha_1 f_c}{f_y} \tag{4.12-5}$$

定义 ρ_{max} 为构件最大配筋率，按式（4.12-6）计算得到。

$$\rho_{max}=\frac{A_{s,max}}{bh_0}=\xi_b\frac{\alpha_1 f_c}{f_y} \tag{4.12-6}$$

由以上推导过程可知，构件最大配筋率 ρ_{max} 是根据截面有效高度 h_0 计算得来的，若要强行采用全截面高度，最大配筋率 ρ_{max} 的限值将减小，偏不安全，或需进行进一步的换算。

4.12.3　不同钢筋与混凝土强度时受弯构件 ρ_{min} 的限值

受弯构件、偏心受拉、轴心受拉构件一侧的受拉钢筋的最小配筋率，与钢筋抗拉强度设计值、混凝土轴心抗拉强度设计值有关。不同钢筋类别、不同混凝土强度等级的受拉钢筋的最小配筋率，如表4.12-3所示。

不同钢筋与混凝土强度时受弯构件最小配筋率（%）　　　　**表4.12-3**

钢筋类别	混凝土强度等级									
	C25	C30	C35	C40	C45	C50	C55	C60	C65	C70
HPB300	0.212	0.238	0.262	0.285	0.300	0.315	0.327	0.340	0.348	0.357
HRB400	0.200	0.200	0.200	0.214	0.225	0.236	0.245	0.255	0.261	0.268
HRB500	0.150	0.150	0.162	0.177	0.186	0.196	0.203	0.211	0.216	0.221

注：纵向受拉钢筋采用强度等级500MPa的钢筋时，对悬臂板、柱支承板等板类受弯构件，其最小配筋率不小于0.2%。

4.12.4　不同钢筋与混凝土强度时受弯构件 ρ_{max} 的限值

规范对混凝土受弯构件的最大配筋率没有明确规定，为便于设计，将常用的具有明显屈服点的普通钢筋混凝土构件的最大配筋率 ρ_{max} 列于表4.12-4。

不同钢筋与混凝土强度时受弯构件最大配筋率（%）　　　　**表4.12-4**

钢筋类别	混凝土强度等级									
	C25	C30	C35	C40	C45	C50	C55	C60	C65	C70
HPB300	2.53	3.05	3.56	4.07	4.50	4.93	5.25	5.55	5.83	6.07
HRB400	1.71	2.06	2.40	2.74	3.05	3.32	3.53	3.74	3.92	4.08
HRB500	1.42	1.70	1.99	2.27	2.52	2.75	2.92	3.10	3.24	3.38
HRB600	1.23	1.48	1.73	1.97	2.20	2.39	2.54	2.69	2.82	2.94

4.12.5　CRB550、CRB600H的 ρ_{min} 能否取0.15%？

1. CRB钢筋的类型

CRB是冷轧带肋钢筋的英文缩写，是指热轧圆盘条经冷轧后，在其表面带有沿长度方向均匀分布的三面或二面横肋的钢筋。后缀带H时，是指经回火热处理，具有较高伸长率的高延性冷轧带肋钢筋。

CRB600H高延性高强钢筋是国内近年来研制开发的新型带肋钢筋，直径为5～12mm。通过对热轧低碳盘条进行冷轧后增加回火热处理过程，钢筋有屈服台阶，强度和伸长率指标有显著提高。在生产过程中不需要添加钒、钛等微量元素，节能环保。

2. CRB钢筋的强度

CRB550、CRB600H的各种强度值如表4.12-5所示。

CRB550、CRB600H强度值（N/mm^2） **表4.12-5**

钢筋类别	极限强度标准值	屈服强度标准值	抗拉强度设计值	抗压强度设计值
CRB550	550	500	400	380
CRB600H	600	540	430	380

3. CRB钢筋的最小配筋率

从表4.12-5可以看出，CRB550、CRB600H的屈服强度标准值均不小于500MPa，当用于除悬臂板、柱支承板之外的板类受弯构件时，其最小配筋率应允许采用0.15%和$0.45f_t/f_y$中的较大值。

4.12.6 防水板的ρ_{min}取0.15%还是0.20%？

1. 规范对卧置于地基上的钢筋混凝土板最小配筋率的规定

《混凝土结构通用规范》GB 55008—2021第4.4.6条明确规定：对于卧置于地基上的钢筋混凝土板，板中受拉普通钢筋的最小配筋率不应小于0.15%。

卧置于地基上的钢筋混凝土厚板，一般情况下板底和地基处于完全接触状态，当承受上部结构的荷载使板发生变形时，板底存在地基反力，对结构为有利作用。且卧置于地基上的板通常厚度较大，其配筋量多由最小配筋率控制，根据实际受力情况，最小配筋率可适当降低，但规定了最低限值0.15%。

2. 卧置于地基上的钢筋混凝土防水板的最小配筋率

卧置于地基上的钢筋混凝土防水板的最小配筋率，可根据其受力情况参照以下原则进行设计。

（1）当地下抗浮水位产生的浮力小于防水板上的恒荷载作用时，或防水板采用梁板结构，跨度较小，配筋量基本上由最小配筋率控制时，其最小配筋率可采用0.15%。

（2）当地下抗浮水位较高，防水板采用无梁板结构，配筋量不由最小配筋率控制时，其最小配筋率宜取0.20%和$0.45f_t/f_y$中的较大值。

（3）当地下抗浮水位较高，防水板采用梁板结构，且纵向受拉钢筋采用强度等级500MPa的钢筋时，其最小配筋率可采用0.15%和$0.45f_t/f_y$中的较大值。

4.12.7 次要构件的ρ_{min}可以小于0.15%吗？

1. 少筋混凝土

参照国内外有关规范的规定，对截面厚度很大而内力相对较小的非主要受弯构件，如建筑外立面的线条、挑耳等，提出了少筋混凝土配筋的概念。由构件截面的内力计算截面的临界厚度h_{cr}，按此临界厚度相对应的最小配筋率计算的配筋，仍可保证截面具备足够的受弯承载力。因此，在截面高度继续增大的条件下维持原有的实际配筋量，虽配筋率减少，但仍能保证构件应有的承载力。但为保证一定的配筋量，应限制临界厚度不小于截面的一半。

2.《混规》对次要受弯构件最小配筋率的规定

《混规》第 8.5.3 条对次要受弯构件的最小配筋率做出了规定。对结构中次要的钢筋混凝土受弯构件，当构造所需截面高度远大于承载能力的需求时，其纵向受拉钢筋的配筋率可按式（4.12-7）计算。

$$\rho_s \geqslant \frac{h_{cr}}{h}\rho_{min} \tag{4.12-7}$$

$$h_{cr} = 1.05\sqrt{\frac{M}{\rho_{min} f_y b}} \tag{4.12-8}$$

式中　ρ_s——构件按全截面计算的纵向受拉钢筋的配筋率；

h_{cr}——构件截面的临界高度，当小于 $h/2$ 时取 $h/2$；

h——构件截面高度；

ρ_{min}——纵向受力钢筋的最小配筋率；

b——构件截面宽度；

M——构件的正截面受弯承载力设计值。

《混凝土结构通用规范》GB 55008—2021 对此未做规定。对结构中次要的钢筋混凝土受弯构件，应允许继续执行原有规范条文。

4.12.8　扩展基础、筏板基础的最小配筋率 ρ_{min} 如何计算？

1. 扩展基础的最小配筋率

《建筑地基基础设计规范》GB 50007—2011 第 8.2.1 条规定：（1）扩展基础受力钢筋最小配筋率不应小于 0.15%；（2）底板受力钢筋的最小直径不应小于 10mm，间距不应大于 200mm，也不应小于 100mm；（3）墙下钢筋混凝土条形基础纵向分布钢筋的直径不应小于 8mm；间距不应大于 300mm；（4）每延米分布钢筋的面积不应小于受力钢筋面积的 15%。

计算锥形或阶梯形基础截面的最小配筋率时，可将其截面折算成矩形截面，计算其截面的折算宽度和有效高度。

2. 锥形基础的折算宽度和有效高度

对于锥形基础或承台（图 4.12-1），截面有效高度均为 h_0，截面的折算宽度应按两个方向分别计算。

对 A-A 截面的折算宽度 b_{y0} 应根据式（4.12-9）计算。

$$b_{y0} = \left[1 - 0.5\frac{h_1}{h_0}\left(1 - \frac{b_{y2}}{b_{y1}}\right)\right] b_{y1} \tag{4.12-9}$$

对 B-B 截面的折算宽度 b_{x0} 应根据式（4.12-10）计算。

$$b_{x0} = \left[1 - 0.5\frac{h_1}{h_0}\left(1 - \frac{b_{x2}}{b_{x1}}\right)\right] b_{x1} \tag{4.12-10}$$

3. 阶梯形基础的折算宽度和有效高度

对于阶梯形基础或承台（图 4.12-2），截面有效高度和折算宽度应按两个方向取变阶处分别计算。

计算变阶处截面 A_1-A_1、B_1-B_1 的最小配筋率时，其截面有效高度均为 h_{01}，截面计算宽度分别为 b_{y1} 和 b_{x1}。

计算柱边截面 A_2-A_2、B_2-B_2 处的最小配筋率时，其截面有效高度均为 $h_{01}+h_{02}$，截面计算宽度按式（4.2-11）和式（4.12-12）进行计算。

对 A_2-A_2 截面：

$$b_{y0}=\frac{b_{y1}\cdot h_{01}+b_{y2}\cdot h_{02}}{h_{01}+h_{02}} \tag{4.12-11}$$

对 B_2-B_2 截面：

$$b_{x0}=\frac{b_{x1}\cdot h_{01}+b_{x2}\cdot h_{02}}{h_{01}+h_{02}} \tag{4.12-12}$$

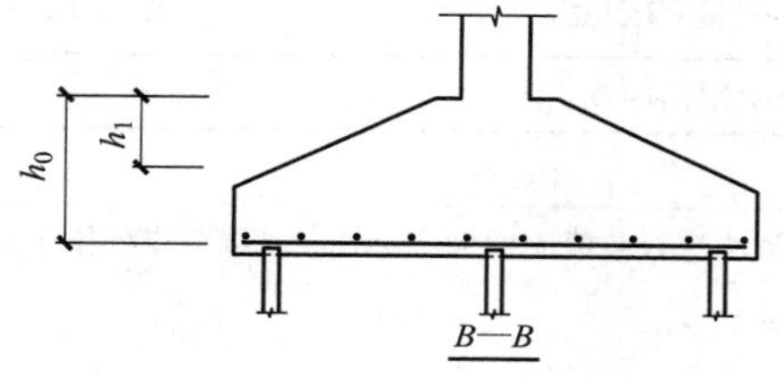

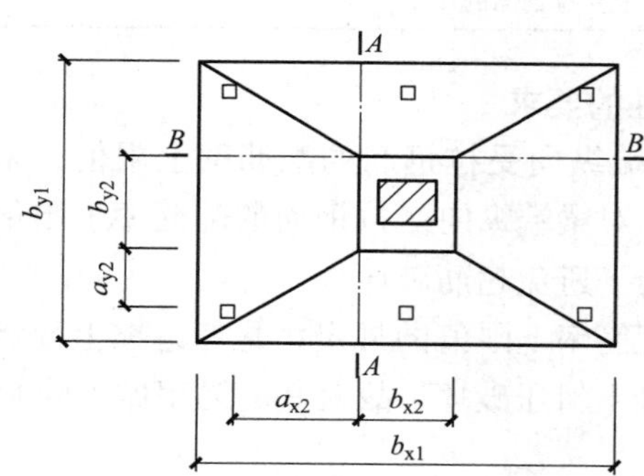

图 4.12-1　锥形基础截面折算宽度计算示意图

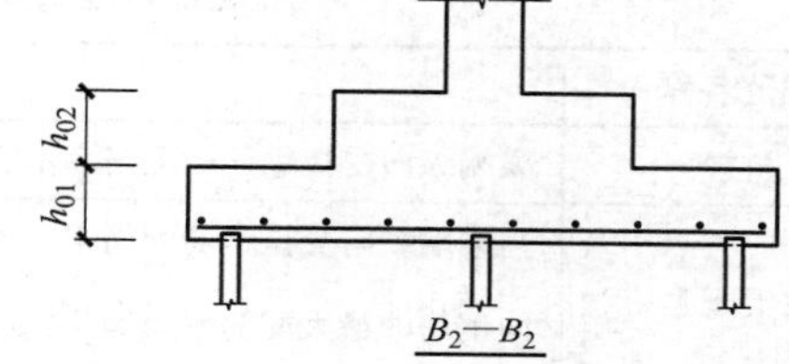

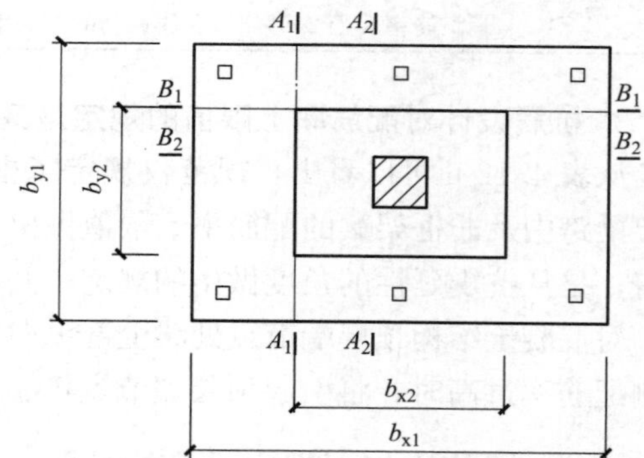

图 4.12-2　阶梯形基础截面折算宽度和有效高度计算示意图

4. 筏板基础的最小配筋率

（1）梁板式筏基

梁板式筏基的底板和基础梁的配筋除满足计算要求外，纵横方向上应有不少于 1/3 的底部钢筋贯通全跨，顶部钢筋按计算配筋全部连通；且底板上、下贯通钢筋的配筋率不应小于 0.15%。

（2）平板式筏基

平板式筏基柱下板带和跨中板带的底部支座钢筋应有不少于 1/3 贯通全跨，顶部钢筋应按计算配筋全部连通；且上、下贯通钢筋的配筋率不应小于 0.15%。

4.12.9　受弯构件的配筋率上限值有何规定？

1. 控制受弯构件最大配筋率的原因

超筋破坏是指当构件受拉区配筋量很高时，破坏时受拉钢筋不会屈服，而混凝土受压边缘达到极限压应变，导致混凝土被压碎的一种脆性破坏。发生这种破坏时，受拉区混凝土裂缝不明显，受拉钢筋的强度未被充分利用，破坏前无明显预兆，是一种脆性破坏，设计时应避免采用。

要避免超筋破坏，就需要控制受弯构件的最大配筋率。

2. 规范对受弯构件配筋率上限值的规定

规范没有规定受弯构件的最大配筋率，但对配筋率上限值做出了一些规定，为便于设计运用和对比，将不同规范对配筋率上限值的规定列于表 4.12-6。

规范对受弯构件配筋率上限值的规定　　**表 4.12-6**

规范名称	对配筋率上限值的规定
《抗规》	梁端纵向受拉钢筋的配筋率不宜大于 2.5%
《混规》	当梁端纵向受拉钢筋配筋率大于 2%时，箍筋最小直径数值应增大 2mm；顶层端节点处梁上部纵向钢筋的最大配筋率应满足：$\rho_{max} \leqslant \frac{0.35\beta_c f_c}{f_y}$
《高规》	抗震设计时，梁端纵向受拉钢筋的配筋率不宜大于 2.5%，不应大于 2.75%；当梁端受拉钢筋的配筋率大于 2.5%时，受压钢筋的配筋率不应小于受拉钢筋的一半

3. 抗震设计对配筋率上限值的规定是基于延性的要求

从表 4.12-6 可以看出，规范仅规定了框架梁端纵向受拉钢筋的配筋率上限值，未对框架梁跨中及非框架梁的配筋率上限值做出规定。对梁端纵向受拉钢筋的配筋率上限值的规定，是从抗震延性的角度做出的规定，并不是为了避免超筋破坏。

对混凝土结构顶层端节点处梁上部纵向钢筋配筋率上限值的规定，是考虑梁上部和柱外侧配筋率过高时，将引起顶层端节点核心区混凝土斜压破坏，故对其配筋率做出限制。

4.12.10　规范为何不规定受弯构件的 ρ_{max}？

1. 规范不规定 ρ_{max} 的原因

教科书上关于最大配筋率的计算，是根据单筋矩形截面正截面承载力计算推导而来，设计时有可能超过最大配筋率的要求。但规范并没有规定受弯构件的最大配筋率，主要原因是工程项目中的受弯构件基本上都是按双筋截面设计，其最大配筋率与单筋截面差异甚大。

2. 双筋截面 ρ_{max} 的计算

双筋矩形截面受弯构件受力剖面图如图 4.12-3 所示，根据该剖面的受力状态建立静力平衡方程如式（4.12-13）。

$$\alpha_1 f_c bx = f_y A_s - f'_y A'_s \tag{4.12-13}$$

当纵向受拉钢筋达到最大配筋率时，混凝土相对受压区高度达到界限值 ξ_b，当受压钢筋采用 HRB400 级钢筋时达到其强度设计值，由此可得：

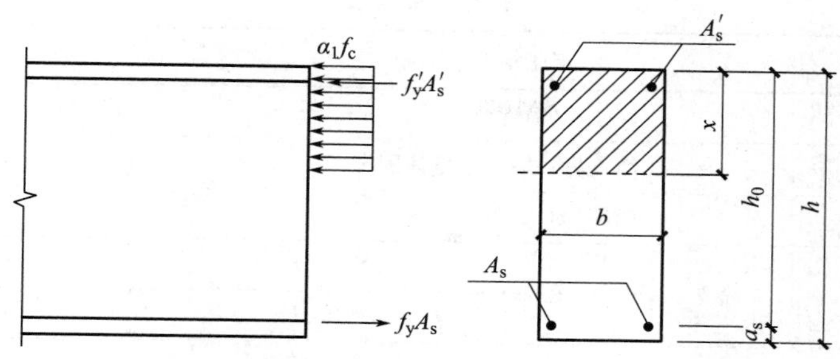

图 4.12-3 双筋矩形截面受弯构件受力剖面图

$$\frac{A_s - A'_s}{bh_0} = \xi_b \frac{\alpha_1 f_c}{f_y} \tag{4.12-14}$$

由式（4.12-14）可得：

$$\rho_{max} = \xi_b \frac{\alpha_1 f_c}{f_y} + \rho' \tag{4.12-15}$$

式中 ρ'——截面受压钢筋实际配筋率。

由式（4.12-15）可知，双筋截面的最大配筋率与受压纵向钢筋的配筋率有关，且随着受压纵向钢筋配筋的增加而增大。应注意，对非框架梁而言，梁顶计算配筋很多情况下是零，实配钢筋采用架立筋时，在计算中不考虑其贡献，即相当于无受压钢筋。

4.12.11 有哪些低于最小配筋率的楼板构造配筋？

1. 楼板简支边或非受力边构造配筋

按简支边或非受力边设计的现浇混凝土板，当与混凝土梁、墙整体浇筑或嵌固在砌体墙内时，应设置板面构造钢筋，并符合下列要求。

（1）钢筋直径不宜小于 8mm，间距不宜大于 200mm，且单位宽度内的配筋面积不宜小于跨中相应方向板底钢筋截面面积的 1/3。与混凝土梁、混凝土墙整体浇筑单向板的非受力方向，钢筋截面面积尚不宜小于受力方向跨中板底钢筋截面面积的 1/3。

（2）钢筋从混凝土梁边、柱边、墙边伸入板内的长度不宜小于 $l_0/4$，砌体墙支座处钢筋伸入板内的长度不宜小于 $l_0/7$。其中计算跨度 l_0 对单向板按受力方向考虑，对双向板按短边方向考虑。

以上条文中有三个关键词，需要明晰其概念。

（1）板非受力边

只有单向板才考虑受力边和非受力边，而双向板是主受力边和次受力边。但是，在现在的软件计算中，单向板的短边也是有弯矩的，软件并不按非受力边计算。

（2）钢筋伸出长度

钢筋伸出长度从梁边、柱边、混凝土墙边或砌体墙边算起。

（3）板的计算跨度

根据楼板跨数不同，以及支座情况，板的计算跨度计算公式区别较大，如表 4.12-7 所示。对于混凝土结构，支座条件基本上属于两端均与梁整体固定，按塑性计算时计算跨度为支座间净距，按弹性计算时为支座中心间的距离。

板的计算跨度 **表 4.12-7**

构件名称	支座情况		计算跨度
单跨板	简支		L_0+h
	一端简支另一端与梁整体固定		$L_0+h/2$
	两端均与梁整体固定		L_0
多跨板	简支	$a\leqslant 0.1L_c$	L_c
		$a>0.1L_c$	$1.1L_0$
	两端均与梁整体固定	按塑性计算	L_0
		按弹性计算	L_c
	一端嵌固在墙内 一端简支	$a\leqslant 0.1L_c$	$L_0+(h+a)/2$
		$a>0.1L_c$	$1.05L_0+h/2$
	一端嵌固在墙内 一端与梁固定	按塑性计算	$L_0+h/2$
		按弹性计算	$L_0+(h+a)/2$

注：L_0——支座间净距；L_c——支座中心间的距离；a——支座宽度；h——板的厚度。

2. 垂直于受力方向的分布钢筋

1）板中分布钢筋的分类

板中分布钢筋包括以下四种情况。

（1）单向板板底垂直于受力方向的分布钢筋。

（2）单向板受力方向支座负筋的分布钢筋。

（3）单向板非受弯支座构造负筋的分布钢筋。

（4）双向板支座负筋的分布钢筋。

2）规范的规定

《混规》第 9.1.7 条规定：当按单向板设计时，应在垂直于受力的方向布置分布钢筋，单位宽度上的配筋不宜小于单位宽度上的受力钢筋的 15%，且配筋率不宜小于 0.15%；分布钢筋直径不宜小于 6mm，间距不宜大于 250mm；当集中荷载较大时，分布钢筋的配筋面积尚应增加，且间距不宜大于 200mm。

从以上条文可知，规范只规定了单向板垂直于受力方向分布钢筋的配置要求，对单向板非受力边、双向板垂直于受力方向的上层分布钢筋，均没有做出规定。国标图集 22G101—1 对此也没有规定。

3）规范未做要求的垂直于受力方向分布钢筋的配置要求

国标图集《混凝土结构施工钢筋排布规则与构造详图（现浇混凝土框架、剪力墙、梁、板）》18G901—1（以下简称国标图集 18G901—1）对板中分布钢筋规定如下：单向布置受力钢筋时，尚应在垂直受力钢筋方向布置分布钢筋。单位长度上分布钢筋的截面面积不宜小于单位宽度上受力钢筋截面面积的 15%，且不宜小于该方向板截面面积的 0.15%；分布钢筋的间距不宜大于 250mm，直径不宜小于 6mm。对于集中荷载较大的情况，分布钢筋的配筋面积应适当增加，其间距不宜大于 200mm。

国标图集 18G901—1 对单向布置受力钢筋楼板的垂直于受力方向的分布钢筋做出了规定，条文内容与《混规》第 9.1.7 条的规定基本一致，分布钢筋按 0.15%的最小配筋率控制。

4.12.12 板中抗温度钢筋配筋率及搭接长度如何设计？

1. 《混规》的规定

《混规》第 9.1.8 条规定：在温度、收缩应力较大的现浇板区域，应在板的上表面双向配置防裂构造钢筋。配筋率均不宜小于 0.10%，间距不宜大于 200mm。

防裂构造钢筋可利用原有钢筋贯通布置，也可另行设置钢筋并与原有钢筋按受拉钢筋的要求搭接或在周边构件中锚固。当板下部钢筋兼作抗温度钢筋时，设计时应明确其在支座的锚固长度。

2. 抗温度钢筋与板受力钢筋的连接长度

根据国标图集 22G101—1 的规定：抗温度钢筋与板中受力钢筋的搭接长度为 l_l。

《混规》第 8.4.4 条规定：纵向受拉钢筋绑扎搭接接头的搭接长度，应根据位于同一连接区段内的钢筋搭接接头面积百分率按式（4.12-16）计算，且不应小于 300mm。

$$l_l=\zeta_l l_a \tag{4.12-16}$$

式中 l_l ——纵向受拉钢筋的搭接长度；

ζ_l ——纵向受拉钢筋搭接长度修正系数；

l_a ——纵向受拉钢筋的锚固长度。

4.13 剪力墙设计要求

《混凝土结构通用规范》GB 55008—2021 第 4.4.7 条　混凝土房屋建筑结构中剪力墙的最小配筋率及构造尚应符合下列规定。

1. 剪力墙的竖向和水平分布钢筋的配筋率，一、二、三级抗震等级时均不应小于 0.25%，四级时不应小于 0.20%。

2. 高层房屋建筑框架-剪力墙结构、板柱-剪力墙结构、筒体结构中，剪力墙的竖向、水平向分布钢筋的配筋率均不应小于 0.25%，并应至少双排布置，各排分布钢筋之间应设置拉筋，拉筋的直径不应小于 6mm，间距不应大于 600mm。

3. 房屋高度不大于 10m 且不超过三层的混凝土剪力墙结构，剪力墙分布钢筋的最小配筋率应允许适当降低，但不应小于 0.15%。

4. 部分框支剪力墙结构房屋建筑中，剪力墙底部加强部位墙体的水平和竖向分布钢筋的最小配筋率均不应小于 0.30%，钢筋间距不应大于 200mm，钢筋直径不应小于 8mm。

4.13.1 剪力墙的 ρ_{min} 从 0.15%～0.50%如何取值？

1. 剪力墙最小配筋率 ρ_{min}

剪力墙最小配筋率 ρ_{min} 根据结构高度、抗震设防等级、结构体系等因素，各有区别。为便于对比，将其列于表 4.13-1。

2. 短肢剪力墙全部竖向钢筋的最小配筋率 ρ_{min}

短肢剪力墙全部竖向钢筋根据其抗震等级和位置的不同，其最小配筋率 ρ_{min} 按表 4.13-2 取值。

剪力墙最小配筋率 ρ_{min}　　表 4.13-1

剪力墙类型		最小配筋率(%)
错层处平面外受力的剪力墙		0.50
部分框支剪力墙结构的底部加强部位		0.30
高层房屋建筑框架-剪力墙、板柱-剪力墙、筒体结构中的剪力墙		0.25
剪力墙结构	抗震等级一、二、三级	0.25
	房屋顶层剪力墙、长矩形平面房屋的楼梯间和电梯间剪力墙、端开间纵向剪力墙以及端山墙	0.25
	抗震等级四级	0.20
房屋高度不大于 10m 且不超过三层的混凝土剪力墙结构		0.15

短肢剪力墙全部竖向钢筋的最小配筋率 ρ_{min}　　表 4.13-2

短肢剪力墙的位置	抗震等级	最小配筋率(%)
底部加强部位	一、二级	1.2
	三、四级	1.0
其他部位	一、二级	1.0
	三、四级	0.8

4.13.2　剪力墙钢筋排数有何规定？多排配筋时均匀布置吗？

1. 规范对剪力墙钢筋排数的规定

当高层建筑剪力墙厚度超过 400mm 时，如采用双排配筋，墙身中部形成大面积的素混凝土，使剪力墙的截面应力分布不均匀。因此规范规定：

(1) 剪力墙截面厚度小于或等于 400mm 时，可采用双排配筋。

(2) 剪力墙截面厚度大于 400mm 且小于或等于 700mm 时，宜采用三排配筋。

(3) 剪力墙截面厚度大于 700mm 时，宜采用四排配筋。

各排分布钢筋之间拉筋的间距不应大于 600mm，直径不应小于 6mm。

2. 多排钢筋的布设建议

当剪力墙分布钢筋多于两排时，水平分布筋宜均匀布置，竖向分布钢筋在保持配筋率相同的条件下外排钢筋直径宜大于内排钢筋直径，使剪力墙具有一定的平面外抗弯能力。各排配筋之间用拉筋互相联系。

4.13.3　剪力墙和人防墙拉筋有何区别？需要梅花形布置吗？

1. 剪力墙拉筋

为了提高混凝土开裂后的性能和保证施工质量，各排分布钢筋之间应设置拉筋，拉筋的直径不应小于 6mm，间距不应大于 600mm。图 4.13-1 为剪力墙竖向、水平分布钢筋间距均为 200mm，且拉筋非梅花形布置的示意图。

在《高层建筑混凝土结构技术规程》JGJ 3—2002 中还规定：在底部加强部位，约束边缘构件以外的拉接筋尚应适当加密。但此要求在《高规》JGJ 3—2010 中删除了。

应注意的是，规范只要求拉筋间距不应大于600mm，并未提出梅花形排列布置的要求；且拉筋间距应满足分布钢筋整数倍的要求。

2. **双面配筋的人防墙、板拉筋**

人防工程双面配筋的钢筋混凝土顶板、底板及墙板，规范要求在上、下层或内、外层钢筋之间应设置一定数量的拉结钢筋，以保证振动环境中钢筋与受压区混凝土共同工作。

除截面内力由平时设计荷载控制，且受拉主筋配筋率小于《人民防空地下室设计规范》GB 50038—2005 表4.11.7规定的卧置于地基上的核5级、核6级、核6B级的甲、乙类防空地下室结构底板外，双面配筋的钢筋混凝土板、墙体应设置梅花形排列的拉结钢筋，拉结钢筋直径不应小于6mm，其水平间距不大于500mm。拉结钢筋长度应能拉住最外层受力钢筋。图4.13-2为人防墙竖向、水平分布钢筋间距均为200mm，且拉筋梅花形布置的示意图。

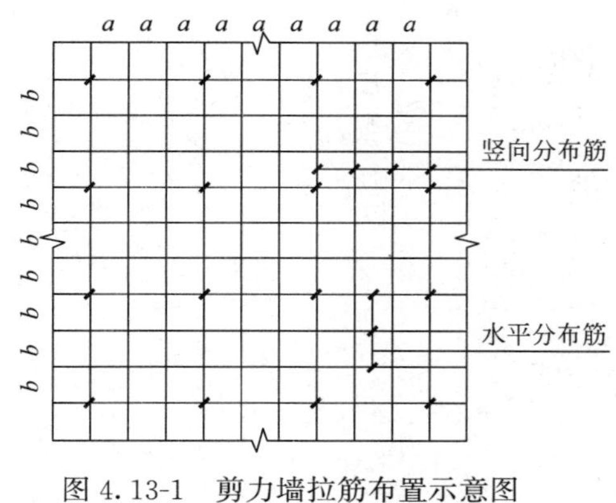

图4.13-1 剪力墙拉筋布置示意图
（$a=b=200$mm）

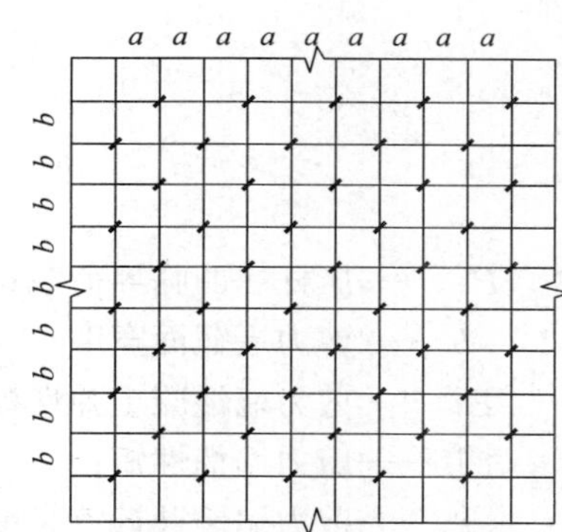

图4.13-2 双面配筋的人防墙、板拉筋布置示意图（$a=b=200$mm）

4.13.4 剪力墙中各类钢筋各发挥什么作用?

1. **剪力墙水平钢筋**

剪力墙中的水平分布钢筋主要承担剪力墙受到的剪力作用，阻止剪力墙结构斜裂缝的产生，避免剪力墙结构发生脆性破坏。

2. **剪力墙竖向钢筋**

剪力墙中的竖向分布钢筋主要承担剪力墙受到的平面外弯矩作用，限制剪力墙中水平裂缝、斜裂缝的产生。

3. **剪力墙暗柱钢筋**

剪力墙暗柱钢筋主要承担墙肢整体抗弯作用。在保证剪力墙有足够抗弯分布钢筋的前提下，尽量将大部分抗弯钢筋布置在暗柱内，增强整体抗弯能力。暗柱钢筋还能约束剪力墙混凝土，提高剪力墙的稳定性和延性。

4. **剪力墙拉筋**

剪力墙设置拉筋是为了提高混凝土开裂后的性能，形成钢筋骨架，保持钢筋间距，保证施工质量。

4.13.5　剪力墙稳定性验算公式的含义是什么?

《高规》第7.2.1条对剪力墙的截面厚度做出了详细的规定。当剪力墙计算高度较大时，应满足《高规》附录D的墙体稳定性验算要求。剪力墙稳定验算公式是根据弹性压杆的稳定临界荷载，并考虑混凝土材料的弹塑性、荷载的长期性以及荷载偏心距等因素的综合影响推导得来。

弹性压杆的稳定临界荷载可由欧拉公式表示为：

$$P_{\mathrm{E}}=\frac{\pi^2 EI}{l_0^2} \tag{4.13-1}$$

考虑到混凝土材料的弹塑性、荷载的长期性以及荷载偏心距等因素的综合影响，要求墙顶的竖向均布荷载设计值不大于 $P_{\mathrm{E}}/8$。则作用于墙顶组合的等效竖向均布荷载设计值 q_{cr} 为：

$$q_{\mathrm{cr}}=\frac{P_{\mathrm{E}}}{8b}=\frac{\pi^2 E_{\mathrm{c}} I}{8bl_0^2}=\frac{\pi^2 E_{\mathrm{c}}\dfrac{1}{12}bt^3}{8bl_0^2}\approx\frac{E_{\mathrm{c}}t^3}{10l_0^2} \tag{4.13-2}$$

$$l_0=\beta h \tag{4.13-3}$$

式中　P_{E}——压杆屈曲临界荷载；

b——剪力墙截面宽度；

E_{c}——剪力墙混凝土弹性模量；

I——剪力墙惯性矩；

l_0——剪力墙墙肢计算长度；

t——剪力墙墙肢厚度；

β——墙肢计算长度系数；

h——墙肢所在楼层的层高。

4.13.6　短肢剪力墙如何判定?

1. 框架柱、剪力墙、短肢剪力墙等构件的截面区分

框架柱、剪力墙、短肢剪力墙等构件的区分，与其截面的高宽比或长厚比有关。

（1）截面长边与短边的边长比不大于3时，按框架柱设计。当墙肢的截面高度与厚度之比大于3而不大于4时，宜按框架柱进行截面设计。竖向构件截面长边与短边比值大于4时，宜按墙的要求进行设计。

（2）截面厚度不大于300mm、各肢截面高度与厚度之比的最大值大于4但不大于8的剪力墙，按短肢剪力墙进行设计。短肢剪力墙沿建筑高度可能有较多楼层的墙肢会出现反弯点，受力特点接近异形柱，又承担较大轴力与剪力，因此短肢剪力墙应采取加强措施。

（3）剪力墙不宜过长，墙段长度不宜大于8m。当墙段很长时，受弯产生的裂缝宽度较大，墙体配筋容易拉断。较长剪力墙宜设置跨高比较大的连梁，将其分成长度较均匀的若干墙段，各墙段的高度与墙段长度之比不宜小于3。

2. 截面厚度大于300mm、且截面长厚比小于8的剪力墙

《高规》第7.1.8条规定：短肢剪力墙是指截面厚度不大于300mm、各肢截面高度与厚度之比的最大值大于4但不大于8的剪力墙。

对于截面厚度大于300mm，但截面长厚比小于8的剪力墙，规范没有明确规定，设计时该如何判别呢？

广东省地方标准《高层建筑混凝土结构技术规程》DBJ 15—92—2013第7.1.8条规定：短肢剪力墙是指截面高度不大于1600mm，且截面厚度小于300mm的剪力墙。根据该规程的观点判断：只要剪力墙截面长度大于1600mm或截面厚度大于或等于300mm的剪力墙，均属于一般剪力墙。但该规程属于地方标准，只能参考执行。

对于截面厚度大于或等于300mm的较厚剪力墙，当截面长厚比不大于4时，应按柱设计；当截面长厚比大于4时，可按一般剪力墙设计。

3. L形、T形、十字形剪力墙

对于L形、T形、十字形剪力墙，其各肢的肢长与截面厚度之比的最大值大于4且不大于8时，定义为短肢剪力墙。以上定义有两个方面的意思。

（1）当各肢的肢厚比只要有一肢大于8时，即为一般剪力墙。

（2）当各肢的肢厚比均不大于8，但只要有一肢大于4时，即为短肢剪力墙。

4. 两片短胶剪力墙组成的联肢墙

根据剪力墙洞口布置情况，可分为整体墙、小开口墙、联肢墙和壁式框架等。联肢墙在水平荷载作用下，墙肢承受弯矩和剪力作用，连梁传递联肢剪力墙之间的剪力，其破坏形态取决于墙肢与连梁的刚度之比。采用刚度较大的连梁与墙肢形成的开洞剪力墙，应按联肢墙段整体长度判断，不宜按单独墙肢判断其是否属于短肢剪力墙。

联肢墙的判断，应满足以下两个条件。

（1）$1<\alpha<10$，α 为剪力墙的整体系数。

（2）洞口面积与剪力墙面积之比大于25%。

考虑到联肢墙墙段长度的不确定性，引入剪力墙整体系数 α。剪力墙整体系数 α 是连梁总转角刚度与墙肢总线刚度的比值，是反映剪力墙整体性的重要参数，其值越大代表剪力墙的整体性越好，受力性能越接近整体式剪力墙。对于双肢剪力墙，其整体系数 α 按式（4.13-4）计算。

$$\alpha=H\sqrt{\frac{12I_{b}a^{2}}{h(I_{1}+I_{2})L_{b}^{3}}\cdot\frac{I}{I_{A}}} \tag{4.13-4}$$

$$I_{A}=I-(I_{1}+I_{2}) \tag{4.13-5}$$

式中 H ——剪力墙总高度；

I_b ——连梁的等效惯性矩（考虑剪切变形影响）；

a ——两侧墙肢形心之间的距离；

h ——平均层高；

I_1、I_2 ——墙肢1、2的截面惯性矩（按层高加权平均）；

L_b ——连梁的计算跨度，取洞口宽度加梁高的1/2；

I ——剪力墙对组合截面形心的惯性矩（按层高加权平均）。

连梁的等效惯性矩按式（4.13-6）计算。

$$I_{b}=\frac{I_{b0}}{1+\frac{30\mu I_{b0}}{A_{b}L_{b}^{2}}} \tag{4.13-6}$$

式中　I_{b0}——连梁的截面惯性矩；

μ——梁截面形状系数，矩形截面 $\mu=1.2$；T形截面可近似取 $\mu=A_b/A'$；

A_b——连梁截面面积；

A'——连梁腹板面积。

4.13.7　框架-核心筒结构、两墙串联、联肢墙的 l_c 如何设计？

1. l_c 的定义和取值规定

l_c 为约束边缘构件沿墙肢的长度，与抗震等级、墙肢轴压比以及墙肢长度有关。l_c 取值如表4.13-3所示。

剪力墙约束边缘构件沿墙肢的长度 l_c 的取值　　表4.13-3

项目	一级（9度）		一级（6、7、8度）		二、三级	
	$\mu_N \leqslant 0.2$	$\mu_N > 0.2$	$\mu_N \leqslant 0.3$	$\mu_N > 0.3$	$\mu_N \leqslant 0.4$	$\mu_N > 0.4$
l_c（暗柱）	$0.20h_w$	$0.25h_w$	$0.15h_w$	$0.20h_w$	$0.15h_w$	$0.20h_w$
	不应小于墙厚和400mm的较大值					
l_c（翼墙或端柱）	$0.15h_w$	$0.20h_w$	$0.10h_w$	$0.15h_w$	$0.10h_w$	$0.15h_w$
	不应小于翼墙厚度或端柱沿墙肢方向截面高度加300mm					

2. 框架-核心筒结构 l_c 的取值规定

框架-核心筒结构的底部加强部位角部墙体约束边缘构件沿墙肢的长度 l_c 宜取墙肢截面高度的1/4，约束边缘构件范围内应主要采用箍筋；底部加强部位以上角部墙体宜按《高规》第7.2.15条的规定设置约束边缘构件。

抗震设计时，核心筒为框架-核心筒结构的主要抗侧力构件，因此对其底部加强部位约束边缘构件的设置要求比一般剪力墙结构更高。

应注意，筒中筒结构没有此项规定。

3. 两墙串联 l_c 的取值规定

l_c 表示约束边缘构件沿墙肢的长度，当两道剪力墙串联时，墙肢长度是分开算还是合并一起算呢？某项目抗震等级为三级，底部加强区墙肢轴压比 $\mu_N > 0.4$，图4.13-3为两墙串联时剪力墙约束边缘构件示意图。

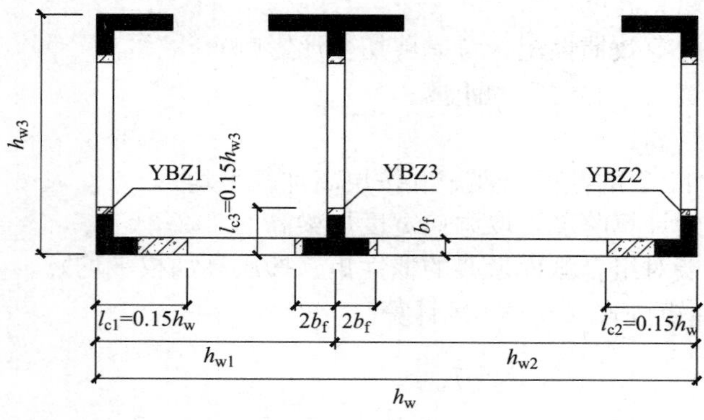

图4.13-3　两墙串联时 l_c 的取值示意

图 4.13-3 中有两个要点在设计时应注意。

（1）YBZ1 和 YBZ2 的约束边缘构件水平段长度应按 h_w 整体计算，不能按 h_{w1} 或 h_{w2} 分别计算。

（2）YBZ3 的约束边缘构件水平段长度只与翼墙墙厚有关，与翼墙墙长无关；其竖直段长度应根据 h_{w3} 计算。

4. 联肢墙 l_c 的取值规定

当两个墙段按联肢墙设计时，其受力模式为整体受力，剪力墙约束边缘构件沿墙肢的长度应按图 4.13-4 进行设计。

图 4.13-4 中有两个要点在设计时应注意。

（1）墙肢按整体受力模式，YBZ1 和 YBZ2 的约束边缘构件长度应按 h_w 整体计算，不能按 h_{w1} 或 h_{w2} 分别计算。

（2）YBZ3 和 YBZ4 的约束边缘构件长度应按《高规》第 7.2.15 条，根据 h_{w1} 或 h_{w2} 分别计算。

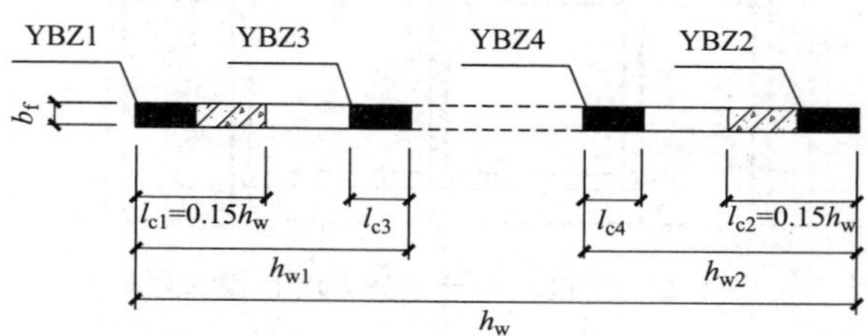

图 4.13-4　联肢墙 l_c 的取值示意

4.13.8　剪力墙无支长度有何规定？

1. 剪力墙无支长度的定义

剪力墙无支长度是指沿剪力墙长度方向没有平面外剪力墙的最小长度。在验算墙肢稳定性时，两端无翼墙和端柱的一字形剪力墙，只能按层高计算墙厚比。

2.《抗规》对剪力墙厚度计算的规定

《抗规》第 6.4.1 条对剪力墙厚度的规定如下。

（1）抗震墙的厚度，一、二级不应小于 160mm 且不宜小于层高或无支长度的 1/20，三、四级不应小于 140mm 且不宜小于层高或无支长度的 1/25；无端柱或翼墙时，一、二级不宜小于层高或无支长度的 1/16，三、四级不宜小于层高或无支长度的 1/20。

（2）底部加强部位的墙厚，一、二级不应小于 200mm 且不宜小于层高或无支长度的 1/16，三、四级不应小于 160mm 且不宜小于层高或无支长度的 1/20；无端柱或翼墙时，一、二级不宜小于层高或无支长度的 1/12，三、四级不宜小于层高或无支长度的 1/16。

3.《高规》对剪力墙厚度计算的规定

《高层建筑混凝土结构技术规程》JGJ 3—2002 对剪力墙无支长度的规定，与《抗规》基本一致，主要考虑方便设计，减少计算工作量。但《高规》JGJ 3—2010 取消了无支长度的相关内容，要求按附录 D 的墙体稳定公式验算，能合理地反映楼层墙体顶部轴向压力以及层高或无支长度对墙体平面外稳定的影响，并具有适宜的安全储备。

4. 无支长度的应用

一般情况下，宜根据层高计算墙肢稳定性。但在某些特殊情况下，如部分楼层板缺失，或局部开大洞导致墙身高度较大时，《高规》附录 D 的公式不再适用，宜考虑相连墙体的约束作用，根据剪力墙无支长度计算。

4.13.9 楼梯间外侧剪力墙约束不足时可采取哪些设计措施？

在高层住宅平面中，楼梯间和电梯井相邻，楼梯间外侧剪力墙沿楼梯布置，导致该剪力墙没有楼板支撑，侧向约束薄弱，墙身稳定性不能满足规范要求（图 4.13-5）。

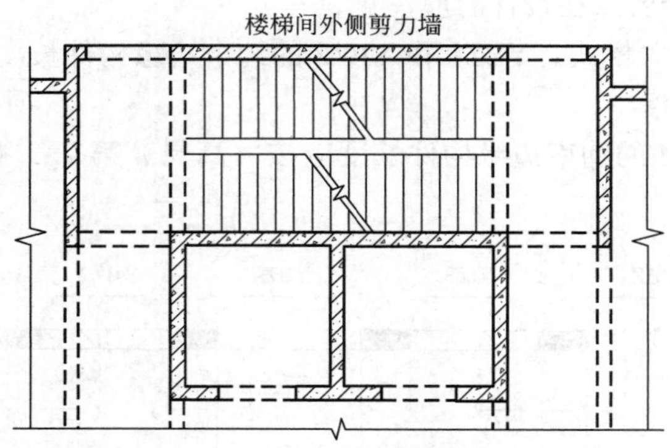

图 4.13-5 楼梯间外侧剪力墙布置示意图

对这种建筑平面，可采用以下几种措施。

1. 优化剪力墙布置

优化剪力墙布置，调整计算模型，在满足结构整体参数指标的情况下取消楼梯侧面剪力墙。这种方案的设计、施工难度均较低，现阶段经常采用。

2. 梯板水平筋锚入剪力墙内

将紧邻外侧剪力墙的踏步水平分布筋锚入剪力墙内，梯板作为剪力墙的侧向约束，增强剪力墙的稳定性。这种方案也被广泛采用，但施工难度较大，对剪力墙与楼梯的施工顺序有要求，且剪力墙的模板施工难度也将增大。

当采用装配式楼梯时，此方案不宜采用。

3. 验算剪力墙墙身稳定性

若前两种方案均不适合，则须验算该剪力墙的墙身稳定性。楼梯间外侧剪力墙从底到顶，整个高度范围内无侧向楼板支撑，其墙肢计算长度同结构高度（图 4.13-6）。对于百米高层，如此高的墙肢计算长度，按《高规》附录 D.0.1 计算是不能满足稳定性要求的。从图 4.13-6 可以看出，楼梯间外侧剪力墙在楼层位置以左、右两侧梯梁作为点支撑，对剪力墙平面外有一定的约束作用。

4.13.10 连续点支撑薄板屈曲形态是怎样的？

连续点支持薄板屈曲形态，与点支撑双向间距有关。

1. 点支撑的水平距离显著小于竖向间距

当支撑的水平距离显著小于支撑的竖向间距时，其屈曲形态如图 4.13-7 所示。此时，

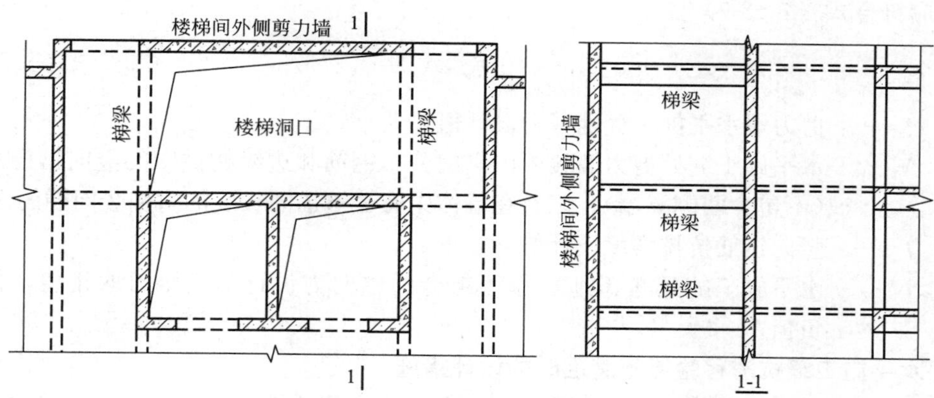

图 4.13-6 楼梯间外侧剪力墙平面及剖面示意图

屈曲形态与支撑位置与楼层板接近，其屈曲临界荷载也接近，墙肢计算长度可取支撑的竖向间距。

2. 点支撑的水平距离大于竖向间距

当支撑的水平距离大于支撑的竖向间距时，将发生与支撑水平距离相近的竖向多跨支撑范围内的双向屈曲，其屈曲形态如图 4.13-8 所示。屈曲临界荷载计算时的墙肢计算长度可取支撑的水平间距与屈曲半波跨度的较大值，其实际屈曲临界荷载还需要进一步验证。

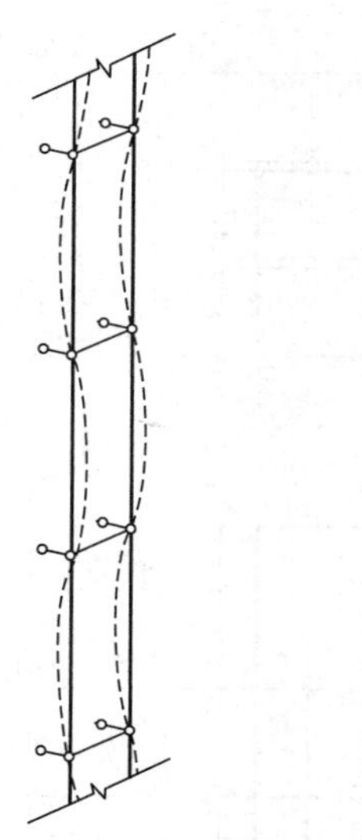
图 4.13-7 剪力墙支撑水平距离显著小于竖向间距时的屈曲形态

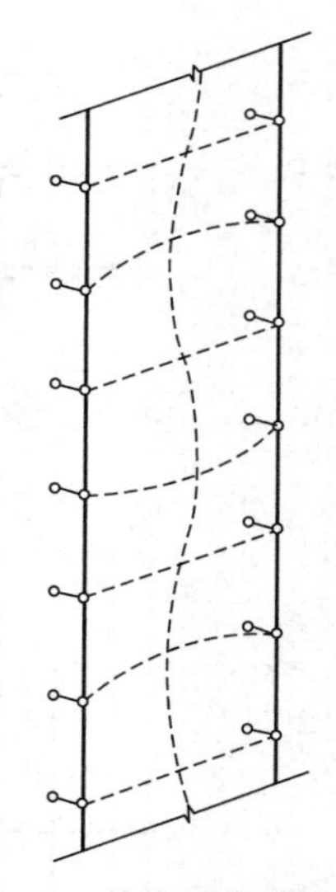
图 4.13-8 剪力墙支撑水平距离大于竖向间距时的屈曲形态

4.13.11 剪力墙抗震等级为一级时水平施工缝抗滑移如何验算？

1. 剪力墙抗震等级为一级时水平施工缝抗滑移验算

抗震等级为一级的剪力墙，要防止水平施工缝处发生滑移破坏。水平施工缝处的抗滑移验算应符合式（4.13-7）要求。

$$V_{wj} \leqslant \frac{1}{\gamma_{RE}}(0.6 f_y A_s + 0.8N) \tag{4.13-7}$$

式中　V_{wj}——剪力墙水平施工缝处剪力设计值；

A_s——水平施工缝处剪力墙腹板内竖向分布钢筋和边缘构件中的竖向钢筋总面积（不包含两侧翼墙），以及在墙体中有足够锚固长度的附加竖向插筋面积；

f_y——竖向钢筋抗拉强度设计值；

N——水平施工缝处考虑地震作用组合的轴向力设计值，压力取正值，拉力取负值。

2. 水平施工缝抗滑移验算不满足时的设计措施

（1）对水平施工缝抗滑移验算不满足时，首先应查阅软件的计算信息，明确水平施工缝验算时软件选用的竖向钢筋总面积与实际配筋情况是否相符。

一些软件的早期版本在验算时，剪力墙腹板内竖向分布钢筋和边缘构件中的竖向钢筋并不是根据计算配筋，而是在设计信息中，默认按 0.3%的配筋率配筋，这显然与实配钢筋不一致，可能导致水平施工缝抗滑移验算不满足要求。

盈建科软件当前的版本在水平施工缝抗滑移验算时，采用墙肢计算配筋，并考虑实配钢筋超配系数，与实际情况比较接近。

（2）当采取上述措施抗滑移验算仍不能满足时，可在施工缝处设置附加竖向插筋。附加插筋在水平施工缝上、下层剪力墙中均应满足锚固长度要求（图 4.13-9）。

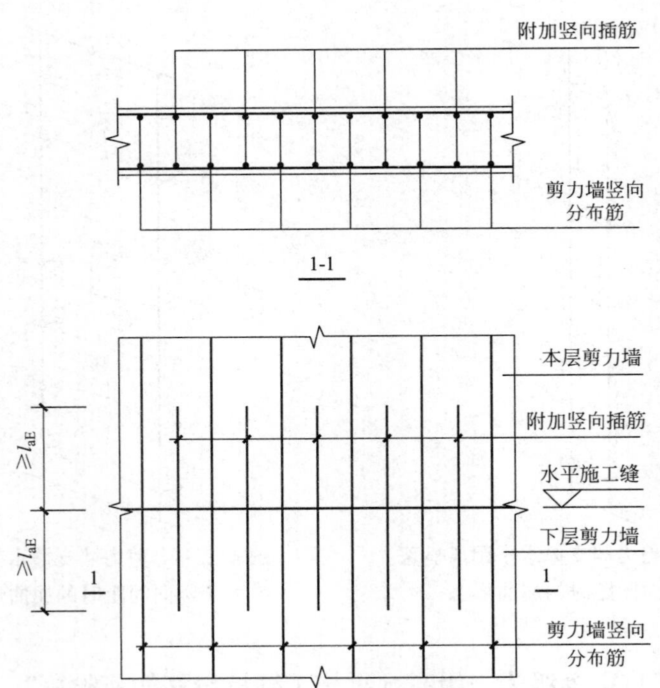

图 4.13-9　水平施工缝处附加竖向插筋示意图

4.14　框架梁设计要求

《混凝土结构通用规范》GB 55008—2021 第 4.4.8 条　房屋建筑混凝土框架梁设计应符合下列规定。

1. 计入受压钢筋作用的梁端截面混凝土受压区高度与有效高度的比值，一级不应大于0.25，二级、三级不应大于0.35。

2. 纵向受拉钢筋的最小配筋率不应小于表 4.14-1 规定的数值。

3. 梁端截面的底面和顶面纵向钢筋截面面积的比值，除按计算确定外，一级不应小于0.5，二级、三级不应小于0.3。

4. 梁端箍筋的加密区长度、箍筋最大间距和最小直径应符合表 4.14-2 的要求；一级、二级抗震等级框架梁，当箍筋直径大于 12mm、肢数不少于 4 肢且肢距不大于 150mm 时，箍筋加密区最大间距应允许放宽到不大于 150mm。

梁纵向受拉钢筋最小配筋率（%）　　**表 4.14-1**

抗震等级	位置	
	支座(取较大值)	跨中(取较大值)
一级	0.40 和 $80f_t/f_y$	0.30 和 $65f_t/f_y$
二级	0.30 和 $65f_t/f_y$	0.25 和 $55f_t/f_y$
三、四级	0.25 和 $55f_t/f_y$	0.20 和 $45f_t/f_y$

梁端箍筋加密区的长度、箍筋最大间距和最小直径（mm）　　**表 4.14-2**

抗震等级	加密区长度(取较大值)	箍筋最大间距(取较小值)	箍筋最小直径
一级	$2.0h_b$,500	$h_b/4$,$6d$,100	10
二级	$1.5h_b$,500	$h_b/4$,$8d$,100	8
三级	$1.5h_b$,500	$h_b/4$,$8d$,150	8
四级	$1.5h_b$,500	$h_b/4$,$8d$,150	6

注：表中 d 为纵向钢筋直径；h_b 为梁截面高度。

4.14.1　为何要规定框架梁端截面混凝土受压区高度与有效高度的比值?

1. 控制框架梁端截面受压区高度的作用

梁端区域通过采取相对简单的抗震构造措施，而能具有相对较高的延性，故常采用“强柱弱梁”措施引导框架中的塑性铰首先在梁端形成。梁的变形能力主要取决于梁端的塑性转动量，而梁的塑性转动量与截面混凝土相对受压区高度有关。

设计框架梁时，控制梁端截面混凝土受压区高度，主要是控制负弯矩时截面下部的混凝土受压区高度，其目的是控制梁端塑性铰具有较大的塑性转动能力，以保证框架梁端截面具有足够的曲率延性。根据国内的试验结果和参考国外经验，当相对受压区高度控制在0.25～0.35 时，梁的位移延性系数可达到 4.0～3.0。

2. 位移延性系数

位移延性系数是指结构或构件在侧向力作用下规定的极限位移与屈服位移的比值。延性系数越大，结构在地震作用下可以承受的塑性变形也越大，结构具有更好的延性性能，通常要求位移延性系数大于3.0。

3. 框架梁端截面混凝土受压区高度与有效高度比的计算

框架梁端截面在负弯矩作用下，混凝土受压区位于截面下部（图4.14-1）。根据截面平衡条件，混凝土受压区高度与有效高度的比值可按式（4.14-1）计算。

$$\frac{x}{h_0}=\frac{f_yA_s-f'_yA'_s}{\alpha_1 f_c bh_0} \tag{4.14-1}$$

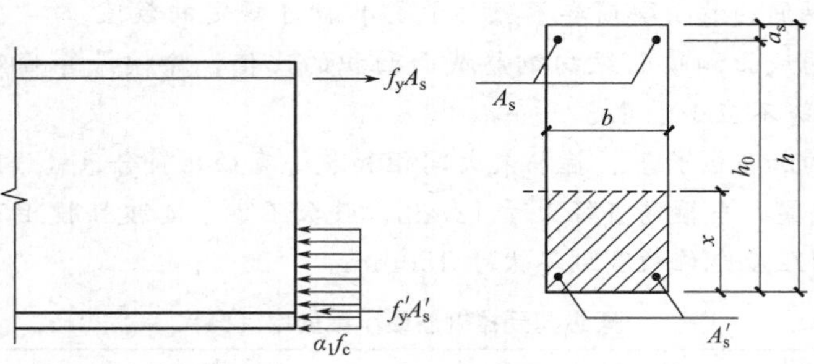

图4.14-1 框架梁端截面计算简图

计算梁端截面纵向受拉钢筋时，应采用与柱交界处的组合弯矩设计值，并应计入受压钢筋。计算梁端相对受压区高度时，宜按梁端截面实际受拉和受压钢筋面积进行计算。

目前常用的结构软件只能按计算配筋量来进行梁截面混凝土受压区高度计算，而不能按施工图实配钢筋计算，因此在判别梁受压区高度与有效高度之比时存在偏差。通过对式（4.14-1）进行简化，可以得出式（4.14-2）。从式（4.14-2）可以看出，框架梁端截面混凝土受压区高度与有效高度之比，与梁端截面上部（受拉区）、下部（受压区）纵向钢筋的配筋率之差有关系。当梁下部钢筋不锚入支座时，会影响框架梁端截面混凝土受压区高度与有效高度的比值。

$$\frac{x}{h_0}=\frac{f_y}{\alpha_1 f_c}\cdot\frac{A_s-A'_s}{bh_0} \tag{4.14-2}$$

式中 x——等效矩形应力图形中的混凝土受压区高度；

h_0——截面有效高度；

f_y——普通钢筋强度设计值；

α_1——混凝土强度系数，当混凝土强度等级不超过C50时，取1.0；

f_c——混凝土轴心抗压强度设计值；

A_s——梁端截面上部（受拉区）钢筋截面面积；

A'_s——梁端截面下部（受压区）钢筋截面面积；

b——梁截面宽度。

4.14.2 为何要规定框架梁端截面底面和顶面纵向钢筋截面面积的比值？

1. 规范对框架梁端截面底面与顶面纵向钢筋截面面积比值的规定

规范规定：梁端截面的底面和顶面纵向钢筋截面面积的比值，除按计算确定外，一级不应小于0.5，二级、三级不应小于0.3。

应注意此处的两个关键定语，其一是“端截面”，其二是“底面与顶面纵向钢筋之比”。

2. 此规定的意义

（1）增强底部正弯矩在较强地震作用下的安全储备

考虑到地震作用的随机性，在梁端计算时虽然不出现正弯矩或出现较小正弯矩，但在较强地震作用下仍有可能出现偏大的正弯矩。对底部正弯矩受拉钢筋用量给予一定储备，以免下部钢筋过早屈服甚至拉断。

（2）增强梁端负弯矩区的延性性能

梁端底面的钢筋可提高负弯矩时的塑性转动能力，增加梁端底部纵向钢筋的配筋量有助于改善梁端塑性铰区域在负弯矩作用下的延性性能。

3. 配置有预应力筋的框架梁端截面底面与顶面钢筋截面面积

对于预应力结构，梁端截面的底部纵向普通钢筋和顶部纵向受力钢筋截面面积的比值也应符合本条规定，且梁端截面底面非预应力纵向钢筋的配筋率不应小于0.25%。计算顶部纵向受力钢筋截面面积时，应将预应力筋按抗拉强度设计值换算为普通钢筋截面面积，按式（4.14-3）或式（4.14-4）计算。

抗震等级一级时：

$$A'_s \geqslant 0.5\left(1+\frac{A_p f_{py}}{A_s f_y}\right)A_s \tag{4.14-3}$$

抗震等级为二级、三级时：

$$A'_s \geqslant 0.3\left(1+\frac{A_p f_{py}}{A_s f_y}\right)A_s \tag{4.14-4}$$

4. 根据梁端实配钢筋进行“强柱弱梁”的内力调整

当执行上述规定后按梁端实配钢筋反算得出的梁端抗弯承载力较计算值大较多时（如幅度超过10%），在进行“强柱弱梁”内力调整时宜按实配钢筋反算梁的抗弯承载力。

4.14.3 梁箍筋间距和肢距有何规定？梁箍筋间距可取400mm吗？

1. 框架梁端加密区的箍筋间距和肢距

（1）框架梁端箍筋加密区的间距，《混凝土结构通用规范》GB 55008—2021第4.4.8条根据不同的抗震等级做出了详细的规定。

（2）框架梁端加密区的箍筋肢距，通常的习惯是梁宽小于350mm时采用2肢箍，不小于350mm时采用4肢箍，截面超过一定宽度时再采用更多肢箍筋。这种设计措施，可能并不满足规范要求。

规范规定：框架梁端加密区的箍筋肢距，一级不宜大于max（200mm，20d），二、三级不宜大于max（250mm，20d），四级不宜大于300mm。d为梁箍筋直径。

2. 框架梁非加密区的箍筋间距和肢距

框架梁非加密区箍筋设置应满足承载力要求，非加密区的箍筋间距不宜大于加密区箍筋间距的2倍。

框架梁沿梁全长箍筋应满足面积配筋率ρ_{sv}的要求，对箍筋肢距未提出具体规定。

3. 非框架梁的箍筋间距

非框架梁的箍筋间距，应满足表4.14-3中的规定。

非框架梁箍筋间距及布置范围　　**表4.14-3**

梁高 h(mm)	箍筋间距(mm)		沿梁布置范围
	$V>0.7f_tbh_0+0.05N_{p0}$	$V\leqslant 0.7f_tbh_0+0.05N_{p0}$	
$150<h\leqslant 300$	150	200	可仅在梁端部 $l_0/4$ 范围设置构造箍筋；构件中部 $l_0/2$ 范围内有集中荷载时应沿梁全长设置
$300<h\leqslant 500$	200	300	沿梁全长设置
$500<h\leqslant 800$	250	350	沿梁全长设置
$h>800$	300	400	沿梁全长设置

4. 非框架梁的箍筋肢距

《混规》对非框架梁的箍筋肢距没有规定，仅对梁中配有计算需要的纵向受压钢筋时要求按以下规定设置复合箍筋。

（1）当梁的宽度大于400mm且一层内的纵向受压钢筋多于3根时。

（2）当梁的宽度不大于400mm但一层内的纵向受压钢筋多于4根时。

普通箍筋指单个矩形箍筋或单个圆形箍筋。复合箍筋指由矩形、多边形、圆形箍筋或拉筋组成的箍筋。

4.14.4　框架梁箍筋间距为何与梁截面高度、纵向钢筋直径有关？

1. 梁截面高度

箍筋间距不得大于梁截面高度的1/4，其目的主要是从构造上对框架梁塑性铰区的受压混凝土提供约束，增大框架梁的延性。

该条是强制性条文。应注意框架梁截面高度小于400mm时，箍筋间距应不大于 $h_b/4$，实配箍筋间距将小于100mm。

2. 纵向钢筋直径

当箍筋间距小于 $6d$～$8d$（d 为纵向钢筋直径）时，混凝土压溃前受压钢筋一般不至压屈，延性较好。因此规定箍筋间距应考虑纵向钢筋直径的影响因素，限制其箍筋最大间距。当纵向受拉钢筋的配筋率超过2%时，箍筋的最小直径应相应增大。

抗震等级为一级时，当框架梁纵向钢筋直径不大于16mm时，箍筋间距将小于100mm；抗震等级为三级、四级时，当框架梁纵向钢筋直径不大于18mm时，箍筋间距有可能以 $8d$ 为控制值，小于150mm。

4.14.5　梁中拉筋配置那么多，合理吗？

1. 规范对梁中拉筋的规定

《混规》第G.0.10条对深梁拉筋做出了规定：在深梁双排钢筋之间应设置拉筋。拉筋沿纵横两个方向的间距均不宜大于600mm；在支座区高度为 $0.4h$、宽度为从支座伸出 $0.4h$ 的范围内，尚应适当增加拉筋的数量（h 为截面高度）。

除了对深梁拉筋有规定外，规范对各种框架梁、非框架梁的拉筋均未有要求。

2. 国标图集对梁中拉筋的规定

从国家建筑标准设计图集《混凝土结构施工图平面整体表示方法制图规则和构造详图（现浇混凝土框架、剪力墙、框架-剪力墙、框支剪力墙结构）》03G101—1，一直到国标图集 22G101—1，对梁中拉筋都做出了明确的规定。

（1）当梁宽小于或等于 350mm 时，拉筋直径为 6mm；梁宽大于 350mm 时，拉筋直径为 8mm。

（2）拉筋间距为非加密区箍筋间距的 2 倍。

（3）当设有多排拉筋时，上下两排拉筋竖向错开设置。

3. 梁中拉筋按国标图集存在的问题

拉筋的主要作用是提高钢筋骨架的整体性。

当梁加密区箍筋间距为 100mm，非加密区箍筋间距为 200mm 时，按国标图集 22G101—1 的要求，梁中拉筋间距为 400mm，还处于正常范围。

当梁跨中有集中荷载时，经常会出现整个梁段箍筋间距均为 100mm 的情况，此时按国标图集 22G101—1 的要求，仍取非加密区箍筋间距的 2 倍，拉筋沿梁高方向和跨度方向均按间距 200mm 设计，则拉筋过密，并不合理。

4.14.6 悬挑梁箍筋间距取 100mm 是抗震构造要求吗?

（1）对悬挑梁箍筋间距，规范和标准图集都没有规定。不论是设计人员的习惯，还是结构设计软件默认，都是按照全长 100mm 间距设计；箍筋肢距按规范要求确定。

（2）悬挑梁是静定构件，无多余约束，且其端部通常存在集中力作用，沿梁全长剪力均较大。因此从构造上对悬挑梁箍筋间距设置较高的要求，箍筋间距不宜大于 100mm。

（3）悬挑梁要求配置间距较密的箍筋，不能称为箍筋加密，不是抗震构造要求，框架梁端箍筋加密是框架结构的抗震构造措施。

4.14.7 梁构造腰筋和梁侧面受扭纵筋有何区别?

1. 梁构造腰筋

混凝土构件截面高度较大，而腹板范围内配筋较少时，在其腹板高度范围内可能产生垂直于梁轴线的收缩裂缝。

《混规》第 9.2.13 条规定：梁的腹板高度 h_w 不小于 450mm 时，在梁的两个侧面应沿高度配置纵向构造钢筋。每侧纵向构造钢筋（不包括梁上、下部受力钢筋及架立钢筋）的间距不宜大于 200mm，截面面积不应小于腹板截面面积 bh_w 的 0.1%，但当梁宽较大时可以适当放松。

腹板高度 h_w 按下列规定取用。

（1）矩形截面，取有效高度。

（2）T 形截面，取有效高度减去翼缘高度。

（3）工字形截面，取腹板净高。

2. 梁侧面受扭纵筋

梁侧面受扭纵筋根据计算确定。当梁侧面配有直径不小于构造腰筋的受扭纵筋时，受扭纵筋可以代替构造腰筋。但由于两者在构造上的不同，梁构造腰筋不能替代受扭纵筋。

梁构造腰筋和梁侧面受扭纵筋的区别如表 4.14-4 所示。

梁构造腰筋和梁侧面受扭纵筋的区别 **表 4.14-4**

区别	梁构造腰筋	梁侧面受扭纵筋
注写代号	G	N
搭接长度	$15d$	l_{lE} 或 l_l(受拉钢筋搭接长度)
锚固长度	$15d$	l_{aE} 或 l_a(受拉钢筋锚固长度)
沿梁高度的布置	在梁腹板高度范围内布置	按梁全截面高度均匀布置
设置目的	控制梁腹板范围内侧面产生的垂直于梁轴线的收缩裂缝	提供抗扭承载力

4.14.8 深受弯构件抗剪如何计算？为何深梁的水平分布钢筋能抗剪？

1. **深受弯构件的定义**

跨高比小于 5 的梁统称为深受弯构件（短梁）；跨高比小于 2 的简支梁及跨高比小于 2.5 的连续梁视为深梁。

2. **深受弯构件受剪承载力计算**

（1）矩形、T 形和工字形截面的深受弯构件，在均布荷载作用下，当配有竖向分布钢筋和水平分布钢筋时，其斜截面的受剪承载力应符合下列规定。

$$V \leqslant V_c + V_{sv} + V_{sh}$$
$$= 0.7\frac{(8 - l_0/h)}{3} f_t b h_0 + \frac{(l_0/h - 2)}{3} f_{yv} \frac{A_{sv}}{s_h} h_0 + \frac{(5 - l_0/h)}{6} f_{yv} \frac{A_{sh}}{s_v} h_0 \quad (4.14\text{-}5)$$

式中 V_c——深受弯构件的混凝土受剪承载力；

V_{sv}——深受弯构件的竖向箍筋受剪承载力；

V_{sh}——深受弯构件的水平分布钢筋受剪承载力；

l_0——深受弯构件的计算跨度；

h——深受弯构件高度；

l_0/h——跨高比，当 $l_0/h < 2.0$ 时，取 2.0；

f_t——混凝土抗拉强度设计值；

b——深受弯构件截面宽度；

h_0——深受弯构件截面有效高度；

f_{yv}——竖向箍筋、水平分布钢筋强度设计值；

A_{sv}——竖向箍筋截面面积；

s_h——竖向箍筋间距；

A_{sh}——水平分布钢筋截面面积；

s_v——水平分布钢筋间距。

（2）对集中荷载作用下的深受弯构件（包括作用有多种荷载，且其中集中荷载对支座截面所产生的剪力值占总剪力值的 75%以上的情况），其斜截面的受剪承载力应符合下列规定。

$$V \leqslant \frac{1.75}{\lambda + 1} f_t b h_0 + \frac{(l_0/h - 2)}{3} f_{yv} \frac{A_{sv}}{s_h} h_0 + \frac{(5 - l_0/h)}{6} f_{yv} \frac{A_{sh}}{s_v} h_0 \quad (4.14\text{-}6)$$

式中　λ——计算剪跨比。

（3）深受弯构件的混凝土受剪承载力随跨高比的减小而增大。

（4）由于深梁中水平分布钢筋、竖向箍筋对受剪承载力的作用有限，当深梁受剪承载力不足时，应主要通过调整截面尺寸或提高混凝土强度等级来满足受剪承载力要求。

（5）当跨高比 $l_0/h \leqslant 2.0$ 时，深受弯构件中的竖向箍筋基本不发挥作用；当跨高比 $l_0/h > 5.0$ 时，水平分布钢筋对受剪承载力基本不发挥作用；当跨高比 $l_0/h = 3.0$ 时，同等面积的竖向箍筋和水平分布钢筋承担的抗剪承载力接近。

3. 竖向箍筋和水平分布钢筋在深梁构件中的抗剪作用

对均布荷载作用下的深受弯构件，跨高比是影响受剪承载力的主要因素；在集中荷载作用下，跨高比和剪跨比是影响受剪承载力的主要因素。

在荷载作用下，钢筋混凝土受弯构件力的传递随跨高比、剪跨比的减小由桁架作用过渡到拱的作用，其破坏形态由剪压破坏过渡到拱身混凝土被压碎的斜压破坏。对剪跨比 $l_0/h < 2$ 的深梁，破坏形态以斜压破坏为主，受力模型转化为以纵向钢筋为拉杆、混凝土为受压弧形拱的拉杆-拱模型，深梁中的竖向箍筋、梁下部纵向钢筋、水平分布钢筋均增强了拱的作用，但竖向箍筋发挥的作用较小。对 $2 < l_0/h < 5$ 的短梁，破坏形态处于斜压破坏到剪压破坏的过渡阶段，受力模型接近桁架-拱模型，竖向箍筋和水平分布钢筋共同发挥作用抵抗剪力。

4.14.9　梁上开洞有哪几种破坏形态？应采取什么构造措施？

1. 梁上开洞的破坏形态

因管线布置问题，梁上开洞的情况越来越普遍，但是梁中孔洞的存在使得梁的受力情况变得非常复杂，截面被削弱，孔洞周边会产生严重的应力集中现象。梁上开洞破坏形态可归纳为孔侧剪切破坏、弦杆剪切破坏和孔间剪切破坏。其中孔侧剪切破坏包括孔侧剪压破坏、孔侧斜压破坏、孔侧斜拉破坏三种。破坏形态主要受孔洞尺寸、孔侧加强腹筋、弦杆加强腹筋和梁剪跨比等因素的影响。图 4.14-2 为梁上矩形孔的几种典型破坏形态。

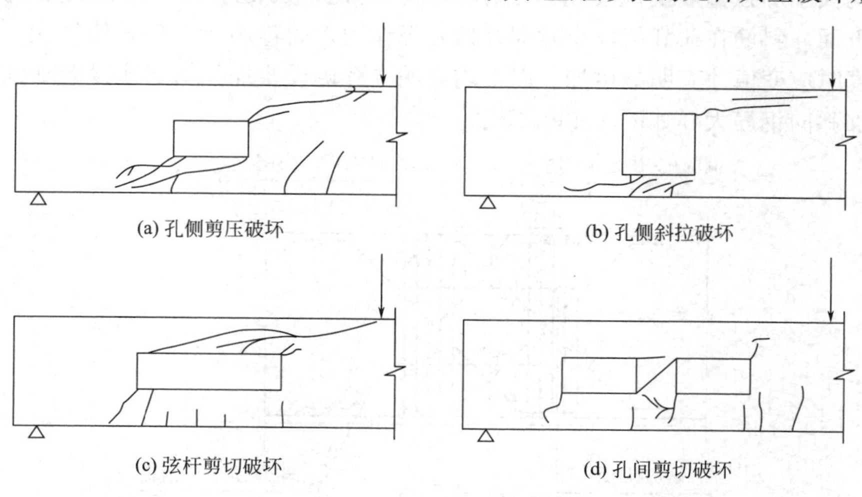

图 4.14-2　矩形孔试件典型剪切破坏形态

2. 梁上开洞规范做法

《高规》第 6.3.7 条及其条文说明对框架梁上开洞做出了规定。

（1）框架梁上开洞时，洞口位置宜位于梁跨中 1/3 区段，洞口高度不应大于梁高的 40%。

（2）梁上洞口周边应配置附加纵向钢筋和箍筋（图 4.14-3），并应符合计算及构造要求。

（3）开洞较大时应进行承载力验算。

（4）在梁两端接近支座处，如必须开洞，洞口不宜过大，且必须经过核算，加强配筋构造。

（5）当梁跨中部有集中荷载时，应根据具体情况另行考虑。

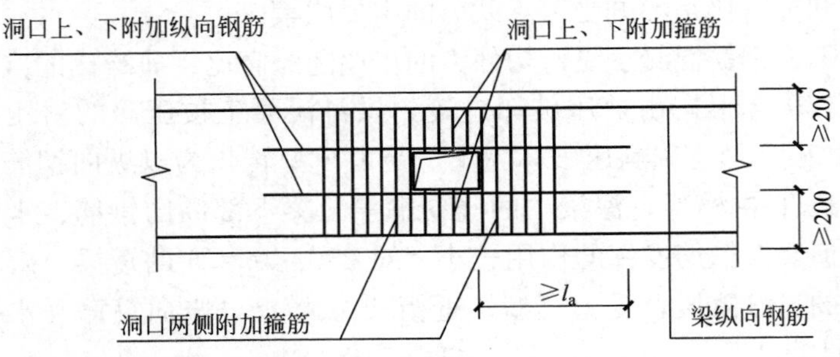

图 4.14-3　梁上洞口周边配筋构造示意图（单位：mm）

有些参考资料提供的洞口构造设计大样，建议在洞口角部配置斜筋。《高规》认为这容易导致钢筋之间的间距过小，使混凝土浇捣困难，当钢筋较密时，不建议采用。《全国民用建筑工程设计技术措施——结构（混凝土结构）》（2009 年版）第 4.3.4 条认为不必要在洞口四周设置斜向钢筋；认为任何方向的拉力，都可以分解为 X、Y 两个方向，由纵筋和横筋承担。

但是，不论是试验数据还是数值模拟计算，均显示在同级荷载作用下，加强斜筋的应变实测值均大于加强箍筋的应变值，显示加强斜筋比箍筋更能充分发挥其抵抗剪力的能力；另一方面，斜筋在荷载值较小时即开始发挥作用，而箍筋要在荷载值较大、裂缝开展到一定程度时应变值才有明显增加。以上均说明在孔侧设置加强斜筋比设置加强箍筋效果更好，附加斜向钢筋大样如图 4.14-4 所示。

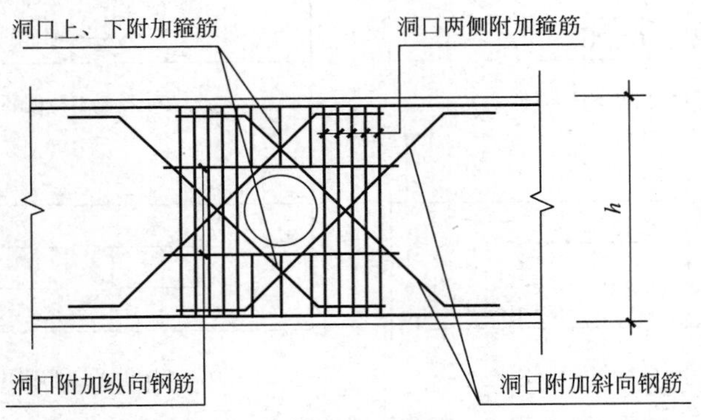

图 4.14-4　梁上洞口附加斜向钢筋示意图

4.14.10　梁上开矩形孔的抗剪承载力如何验算？

梁上开洞使梁截面的连续性、整体性遭到破坏，梁截面抗弯承载力和抗剪承载力受到一定程度的削弱，传力途径发生改变。验算开洞梁的抗剪承载力时，首先要计算洞口上、下弦杆分配的剪力，并据此验算截面控制条件和抗剪承载力。

1. 受压、受拉弦杆分配的剪力

受压、受拉弦杆分配的剪力按式（4.14-7）和式（4.14-8）计算。

$$V_c = \beta V \tag{4.14-7}$$

$$V_t = 1.2V - V_c \tag{4.14-8}$$

式中　V——孔洞中心截面处的剪力设计值；

V_c——受压弦杆分配的剪力；

V_t——受拉弦杆分配的剪力；

β——剪力分配系数，一般取 $\beta = 0.9$。

从式（4.14-7）和式（4.14-8）可以看出，开洞梁的剪力主要由受压弦杆承担。当不考虑楼板的有利作用时，开洞梁抗剪承载力验算不一定能满足要求。

2. 截面控制条件验算

对于受压弦杆应满足式（4.14-9）。

$$V_c \leqslant 0.25bh_0^c f_c \tag{4.14-9}$$

对于受拉弦杆应满足式（4.14-10）。

$$V_t \leqslant 0.25bh_0^t f_c \tag{4.14-10}$$

式中　V_c——受压弦杆分配的剪力；

V_t——受拉弦杆分配的剪力；

b——梁宽；

h_0^c、h_0^t——受压、受拉弦杆的截面有效高度；

f_c——混凝土轴心受压强度设计值。

3. 梁上开矩形孔抗剪承载力计算

受压、受拉弦杆的剪切破坏，一般是受拉弦杆裂缝数量较多，且裂缝发展比较充分，其箍筋应变显著高于受压弦杆，大部分能达到屈服应变，首先达到其受剪承载能力；其后上下弦杆发生内力重分配，使得受压弦杆发生剪切破坏，但受压弦杆箍筋应变发展不充分。因此在计算受压弦杆受剪承载力时，宜对其箍筋抗剪承载力进行折减。开矩形孔的梁剖面示意如图 4.14-5 所示。

对梁上开矩形孔抗剪承载力验算时，应满足式（4.14-11）～式（4.14-13）要求。

$$V \leqslant V_c + V_t \tag{4.14-11}$$

$$V_c = \frac{1.75}{\lambda_c + 1} f_t b h_0^c + \eta f_{yv} \frac{A_{sv,c}}{s_c} h_0^c + 0.07N_c \tag{4.14-12}$$

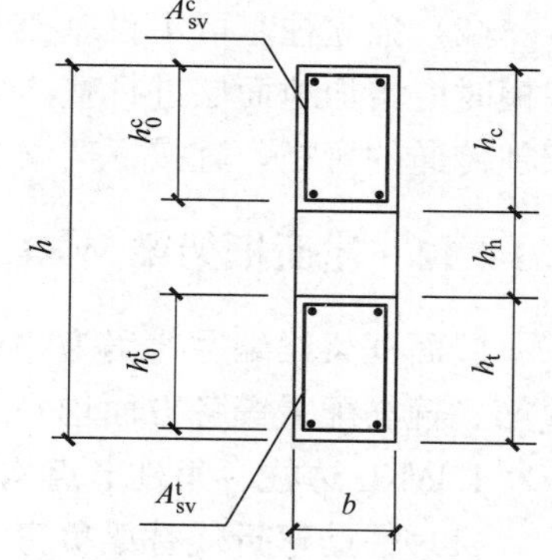

图 4.14-5　开矩形孔梁剖面图

$$V_t=\frac{1.75}{\lambda_t+1}f_t b h_0^t+f_{yv}\frac{A_{sv,t}}{s_t}h_0^t-0.2N_t \tag{4.14-13}$$

式中　V_c——受压弦杆分配的剪力；

V_t——受拉弦杆分配的剪力，取 $f_{yv}\frac{A_{sv,t}}{s_t}h_0^t$ 和 $0.36f_t b h_0^t$ 的较大值；

λ_c、λ_t——受压、受拉弦杆的剪跨比；

f_t——混凝土轴心抗拉强度设计值；

b——截面宽度；

h_0^c、h_0^t——受压、受拉弦杆的截面有效高度；

η——受压弦杆箍筋应力折减系数，宜取 $\eta=0.4$；

f_{yv}——箍筋抗拉强度设计值；

$A_{sv,c}$、$A_{sv,t}$——配置在受压、受拉弦杆同一截面内箍筋各肢的全部截面面积；

s_c、s_t——受压、受拉弦杆内沿弦杆长度方向的箍筋间距；

N_c、N_t——受压、受拉弦杆的轴向力，对集中荷载作用下开矩形孔梁按式（4.14-14）计算；当 $N_c>0.3f_c b h_0^c$ 时，取 $N_c=0.3f_c b h_0^c$。

$$N_c=N_t=\frac{M}{h-0.5\times(h_0^c+h_0^t)} \tag{4.14-14}$$

4.14.11　基础梁是否要满足框架梁的构造？

1. 无需满足框架梁构造的基础梁

基础梁编号代码为“JL”，包括梁板式条形基础中的基础梁、梁板式筏形基础中的基础梁、独立柱基拉梁、桩基拉梁等，这几类基础梁不需要满足抗震要求，无需满足框架梁构造。

2. 应满足框架梁构造的基础梁

当无地下室的框架结构因持力层埋藏较深，或结构埋置深度要求，导致独立柱基埋深较大。结构设计可采用以下两种方式。

（1）独立柱基可不设基础拉梁，在一层楼面标高处也不设梁。此时，根据《混规》第 6.2.20 条，框架结构底层柱的高度应取基础顶面至二层楼面的高度。结构整体分析时一层层高应根据框架结构底层柱的高度计算。

（2）独立柱基可不设基础拉梁，在标高为±0.00 以下适当位置设梁。此时框架结构建模时应增加地面层进行整体分析计算，即将基础拉梁层按层 1 输入。基础拉梁将承受框架柱传递的弯矩，宜按框架梁进行设计，编号代码宜采用“JKL”，并设置箍筋加密区。

4.14.12　屋面框架梁 WKL 与框架梁 KL 的构造有何区别？

屋面框架梁编号代码为“WKL”，框架梁编号代码为“KL”，这两者在中间支座、梁底筋、箍筋配置等各方面均一致，区别在于边柱、角柱节点梁负筋锚固长度。

1. WKL 边柱、角柱节点构造

（1）柱筋弯折代替梁负弯矩钢筋

屋面层边柱、角柱节点的梁、柱主要承受负弯矩作用，相当于 90°的折梁。当梁上部钢筋和柱外侧钢筋数量匹配时，可将柱外侧处于梁截面宽度内的纵向钢筋直接弯入梁上部，用作梁负弯矩钢筋；也可使梁上部钢筋与柱外侧钢筋在顶层端节点区域搭接。

在顶层端节点处，不允许采用柱筋伸至柱顶，而将梁上部钢筋锚入节点的做法。因梁柱节点外侧钢筋不是锚固受力，而属于搭接传力问题，这种做法不能保证梁、柱钢筋在节点区域的搭接传力，无法发挥所需的正截面受弯承载力。

（2）柱筋弯折与梁顶面钢筋搭接

梁上部钢筋和柱外侧钢筋数量不过多的框架结构，梁上部钢筋不伸入柱内，将柱外侧钢筋和梁顶面钢筋弯折搭接，有利于在梁底标高处设置柱内混凝土施工缝，如图 4.14-6 所示。

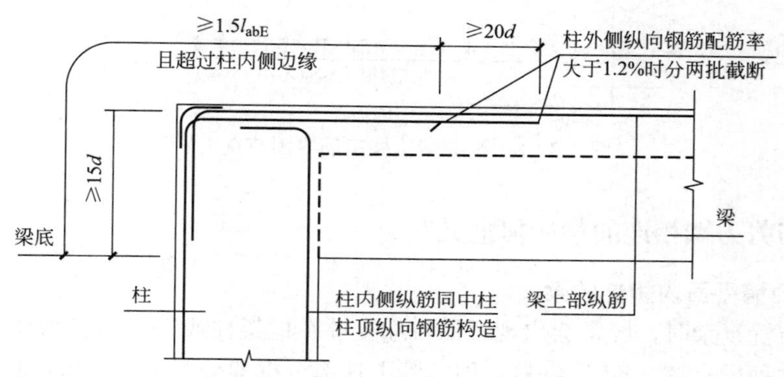

图 4.14-6　框架柱纵向钢筋锚入屋面框架梁内

（3）梁筋弯折与柱外侧钢筋搭接

当梁上部和柱外侧钢筋数量过多时，为避免节点区域钢筋过于拥挤，不利于混凝土浇筑施工，可采用梁、柱钢筋直线搭接，接头位于柱顶部外侧，如图 4.14-7 所示。

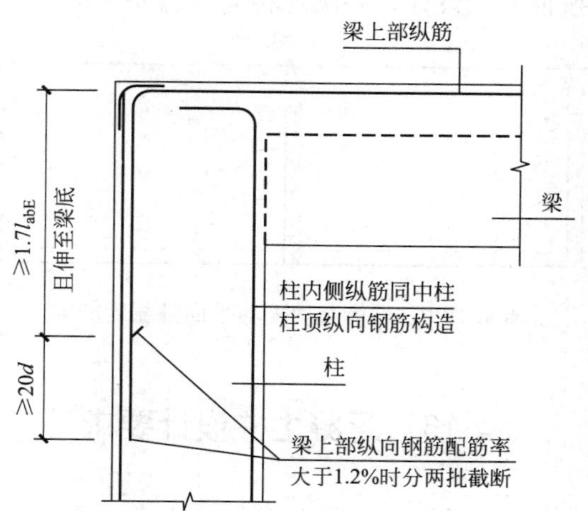

图 4.14-7　屋面框架梁纵向钢筋锚入框架柱内

2. KL 边柱、角柱节点构造

中间楼层的框架梁边柱、角柱节点，梁上部钢筋在节点区域属于锚固问题，构造如

图4.14-8所示。

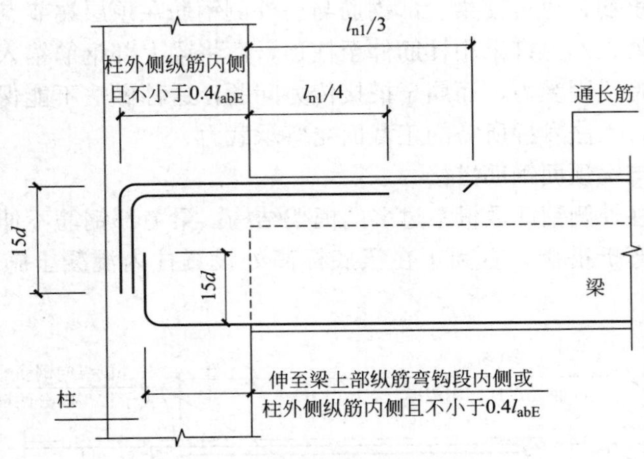

图4.14-8 框架梁边柱钢筋锚固节点大样

4.14.13 与剪力墙相连的梁如何定义?

1. 与剪力墙平面内相连的梁

当平面布置复杂时，经常会出现梁的一端支撑在框架柱或平面内剪力墙上，另一端支撑在梁上。这种梁宜按“KL”编号，但实际上这部分框架分配的水平力比较有限。

与框架柱、平面内剪力墙相连的梁端，应采取箍筋加密的构造措施；支撑在梁上的一端，箍筋可不加密。

2. 两端与剪力墙平面外相连的梁

因建筑功能需要，剪力墙结构Y向墙体布置较多一字墙时（图4.14-9），两端与剪力墙平面外相连的梁，宜按框架梁设计，并满足相应构造要求。

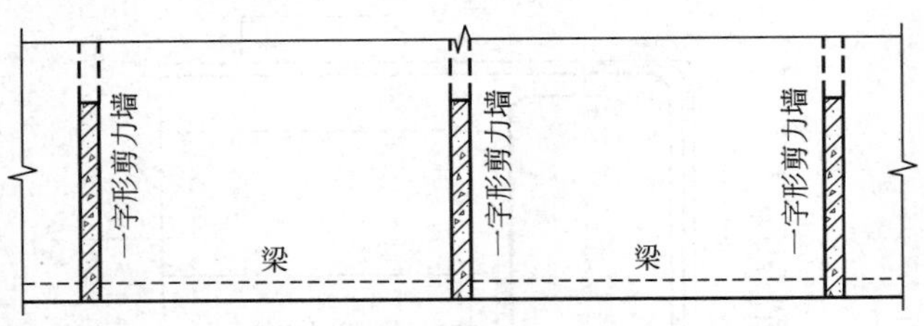

图4.14-9 两端与剪力墙平面外相连的梁

4.15 混凝土柱设计要求

《混凝土结构通用规范》GB 55008—2021第4.4.9条 混凝土柱纵向钢筋和箍筋配置应符合下列规定。

1. 柱全部纵向普通钢筋的配筋率不应小于表4.15-1的规定，且柱截面每一侧纵向普通钢筋配筋率不应小于0.20%；当柱的混凝土强度等级为C60以上时，应按表中规定值增加0.10%采用；当采用400MPa级纵向受力钢筋时，应按表中规定值增加0.05%采用。

柱纵向受力钢筋最小配筋率（%） 表4.15-1

柱类型	抗震等级			
	一级	二级	三级	四级
中柱、边柱	0.90(1.00)	0.70(0.80)	0.60(0.70)	0.50(0.60)
角柱、框支柱	1.10	0.90	0.80	0.70

注：表中括号中数值用于房屋建筑纯框架结构柱。

2. 柱箍筋在规定的范围内应加密，且加密区的箍筋间距和直径应符合下列规定。

（1）箍筋加密区的箍筋最大间距和最小直径应按表4.15-2采用。

柱箍筋加密区的箍筋最大间距和最小直径 表4.15-2

抗震等级	箍筋最大间距(mm)	箍筋最小直径(mm)
一级	6d 和100的较小值	10
二级	8d 和100的较小值	8
三级、四级	8d 和150(柱根100)的较小值	8

注：表中 d 为柱纵向普通钢筋的直径（mm）；柱根指柱底部嵌固部位的加密区范围。

（2）一级框架柱的箍筋直径大于12mm且箍筋肢距不大于150mm及二级框架柱箍筋直径不小于10mm且肢距不大于200mm时，除柱根外加密区箍筋最大间距应允许采用150mm；三级、四级框架柱的截面尺寸不大于400mm时，箍筋最小直径应允许采用6mm。

（3）剪跨比不大于2的柱，箍筋应全高加密，且箍筋间距不应大于100mm。

4.15.1 《混凝土结构通用规范》GB 55008—2021对柱纵筋配筋率的规定

《混凝土结构通用规范》GB 55008—2021、《抗规》和《高规》等规范对混凝土柱纵向钢筋均做出了规定，但这些要求不完全一致，应以《混凝土结构通用规范》GB 55008—2021为准。

混凝土柱纵向钢筋有关配筋率设计时，应注意以下几个方面。

1. 混凝土柱和混凝土框架柱的界定

《混凝土结构通用规范》GB 55008—2021规定的是“混凝土柱”的纵向钢筋和箍筋配置；而其他几本规范规定的是“混凝土框架柱”。从规范条文来看，三本规范的内容大同小异，此处的“混凝土柱”应该指的是“混凝土框架柱”。

2. 钢筋强度等级与配筋率的关系

《混凝土结构通用规范》GB 55008—2021仅保留了400MPa级钢筋作为柱纵向钢筋时，最小配筋率应增加0.05%的要求，取消了400MPa级以下钢筋增加0.10%的规定。其主要是为了推广400MPa、500MPa级高强热轧带肋钢筋作为纵向受力的主导钢筋，尤其是梁、柱和斜撑构件的纵向受力配筋应优先采用400MPa、500MPa级高强钢筋，目前直径16mm及以上的HRB335级热轧带肋钢筋已被淘汰。规范保留了小直径的HRB335级钢筋，主要用于中、小跨度楼板配筋和剪力墙的分布筋配筋，以及用于构件的箍筋与构造配筋。

《混凝土结构通用规范》GB 55008—2021 关于柱纵向钢筋最小配筋率表是以 500MPa 级及以上高强钢筋为标准规定的，其目的是推广高强钢筋的广泛运用。但目前柱纵向钢筋运用最广泛的还是 400MPa 级钢筋，设计时最小配筋率应相应增加 0.05%。

3. 角柱的配筋率

建模计算时，应单独定义角柱和框支柱，其最小配筋率与中柱、边柱差别较大。否则，软件不能自动识别，可能违反强制性条文。

4. 框架结构柱的配筋率与其他结构中框架柱的区别

相对于框架-剪力墙、板柱-剪力墙、框架-筒体结构中的框架中柱和边柱，纯框架结构中柱和边柱的最小配筋率应增加 0.1%；角柱和框支柱，不同结构体系的最小配筋率是一致的。

5. 与混凝土强度等级的关系

当柱的混凝土强度等级为 C60 以上时，应按表 4.15-1 规定值增加 0.10%采用。

6. 与场地类别的关系

《抗规》和《高规》对建造于Ⅳ类场地的且较高的高层建筑，提出了最小总配筋率应增加 0.1%的强制性要求；但在《混凝土结构通用规范》GB 55008—2021 的条文中，取消了此条规定。设计时，建议按相关规范的规定执行。

4.15.2 框架角柱如何定义？有哪些设计要求？

1. 角柱的定义

规范对角柱并无明确定义，只是在《高规》第 6.2.4 条的条文说明中指出：抗震设计的框架角柱承受双向地震作用，扭转效应对内力影响较大，且受力复杂，在设计中应予以适当加强。

通常认为，角柱是指位于建筑角部、与柱正交的两个方向各只有一根框架梁与之相连接的框架柱。从这些定义，并不能完全确定哪些柱应按角柱进行设计。图 4.15-1 为某框架结构平面的示意图。

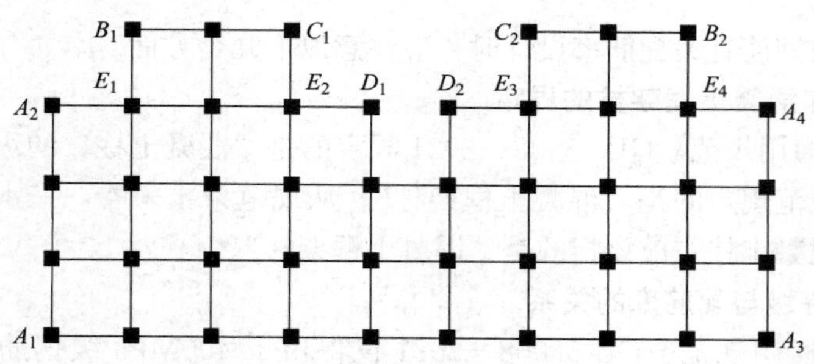

图 4.15-1 框架结构角柱示意图

从框架角柱承受双向地震作用、扭转效应较大、位于建筑角部等因素判断，有：

(1) 柱 A_1～A_4、B_1～B_2、C_1～C_2 位于建筑凸角处，应定义为角柱。

(2) 柱 E_1～E_4 位于建筑凹角处，四个方向各有梁与之连接，可不定义为角柱。

(3) 柱 D_1～D_2 虽位于建筑凸角处，但扭转效应较小，是否需要定义为角柱，宜根据扭转效应判断。

2. **框架角柱设计应满足的要求**

(1) 抗震设防等级为一、二级的框架角柱，全高范围内箍筋加密。

(2) 一、二、三、四级框架的角柱，经抗震措施调整后的组合弯矩设计值、剪力设计值应乘以不小于 1.10 的增大系数。

(3) 小偏心受拉的角柱，为避免受拉纵筋屈服后再受压时，由于包兴格效应（Bauschinger effect）导致纵筋压屈，柱内纵筋总截面面积应比计算值增加 25%。

(4) 角柱最小配筋率比其他框架柱的要求更严。对于特一级框架柱全部纵向钢筋构造配筋百分率，角柱不应小于 1.6%。

(5) 筒中筒结构在侧向荷载作用下外框筒将产生“剪力滞后”现象，为减小各层楼盖的翘曲，外框筒角柱截面面积可取中柱的 1～2 倍。

(6) 框架角柱应按双向偏心受压构件进行正截面承载力设计。

4.15.3 形成短柱有哪几种情况?

1. **结构中短柱的几种情况**

短柱延性差，在遭受设防烈度或高于本地区设防烈度的地震作用时，容易发生剪切破坏，导致结构破损甚至倒塌。结构中可能形成短柱主要有以下六种情况。

(1) 高层建筑底部楼层因框架柱截面尺寸过大形成短柱。

(2) 结构错层处形成短柱。

(3) 楼梯层间平台板的梯梁形成短柱。

(4) 雨篷设置在层间时，可能形成短柱。

(5) 基础顶至一层地面梁之间柱高过小，形成短柱。

(6) 因建筑造型或采光需要，框架结构房屋外墙采用半高填充墙，由于墙体约束作用形成窗间短柱。

2. **局部短柱**

应避免同一楼层局部出现短柱，如局部夹层、错层造成的短柱。因为短柱变形能力弱，地震作用集中在少数短柱上，导致短柱发生脆性破坏。

3. **底部楼层整层短柱设计研究**

对于底部楼层设置有层高比较低的设备层时，可能形成全层短柱。其整体结构性能比局部短柱有利，具体可参考由徐亚飞、谭光宇发表的文献《某带设备层的超限高层建筑结构分析设计》。其主要结论摘录如下。

(1) 在底部楼层范围内（非首层），设备层的存在仅引起本层框架分担剪力比的大幅度增长，但框架柱剪应力仍处于较低水平；设备层的位置对结构周期、基底剪力及框架分担倾覆力矩比的影响可忽略不计。

(2) 设备层层高突变未引起楼层塑性变形集中及结构损伤集中，罕遇地震验算结果表明结构体系合理，按高规算法考虑层高修正计算楼层刚度比可行。

(3) 设备层层高突变引起的楼层受剪承载力之比不能满足规范要求，需采取加强措施。

4. 短柱设计加强措施

当短柱不可避免时，可采取以下措施提高短柱的抗震性能。

（1）提高混凝土强度等级，减小框架柱截面尺寸，降低短柱轴压比，增大剪跨比。

（2）柱全高箍筋加密，或采用复合箍筋，加强短柱约束。

（3）减小框架梁对柱端的约束，减小梁截面高度，必要时将梁柱节点设置为铰接或半铰接。

（4）适当设置剪力墙，避免框架结构短柱。剪力墙作为主要抗侧力构件，与短柱协同受力，对短柱有利。

4.15.4 剪跨比如何定义？柱剪跨比简化计算公式如何表达？

1. 剪跨比的定义

剪跨比是指截面弯矩与剪力和有效高度乘积的比值，可按式（4.15-1）计算。

$$\lambda=\frac{M}{Vh_0} \tag{4.15-1}$$

式中 λ——偏心受压构件计算截面的剪跨比；

M——柱端截面未经“强柱弱梁、强剪弱弯”调整的组合弯矩计算值，可取柱上、下端的较大值；

V——柱端截面与组合弯矩计算值对应的组合剪力计算值；

h_0——计算截面有效高度。

2. 柱剪跨比简化计算公式

对承受轴向压力的框架结构的框架柱，由于柱两端受到约束，当反弯点在层高范围内时，其计算截面的剪跨比可近似按式（4.15-2）计算。

$$\lambda=\frac{H_n}{2h_0} \tag{4.15-2}$$

式中 H_n——柱净高。

应注意剪跨比简化计算公式的三个适用条件。

（1）承受轴向压力的框架结构的框架柱。

（2）反弯点在层高范围内。

（3）柱净高，而不是柱层高。柱净高等于本层层高与梁高的差值；底层柱净高等于基础顶至二层楼面高度与梁高的差值。

事实上，反弯点位于柱高中部的情况并不多，采用简化公式计算的剪跨比可能偏小。

3. 长短柱与剪跨比的关系

剪跨比是影响钢筋混凝土柱破坏形态的重要因素。

当剪跨比 $\lambda>2$ 时，称为长柱，其破坏形态一般为弯曲破坏。

当剪跨比 $1.5<\lambda\leqslant 2$ 时，称为短柱，其破坏形态通常为剪切破坏或剪压破坏。

当剪跨比 $\lambda\leqslant 1.5$ 时，称为极短柱，其破坏形态为剪切斜拉破坏，抗震延性性能差，设计时应尽量避免。

4.15.5 柱剪跨比简化计算公式什么情况下不适用？

剪跨比 $\lambda\leqslant 2$ 的柱，箍筋应全高加密，且箍筋间距不应大于100mm。本条属于强制性条文，因此构件剪跨比是否大于2，对工程设计非常重要，故设计中需要对柱剪跨比简化计算公式存在的问题进行分析。图4.15-2为底部楼层柱弯矩计算简图。

如图4.15-2所示的底部楼层柱弯矩计算简图，一层柱剪跨比λ计算如下。

$$h_1=\frac{M_1^b}{V_1} \tag{4.15-3}$$

$$\lambda_1=\frac{h_1}{h_0}=\frac{M_1^b}{V_1 h_0} \tag{4.15-4}$$

四层柱剪跨比λ计算如下。

$$h_4=\frac{M_4^b}{V_4} \tag{4.15-5}$$

$$\lambda_4=\frac{h_4}{h_0}=\frac{M_4^b}{V_4 h_0} \tag{4.15-6}$$

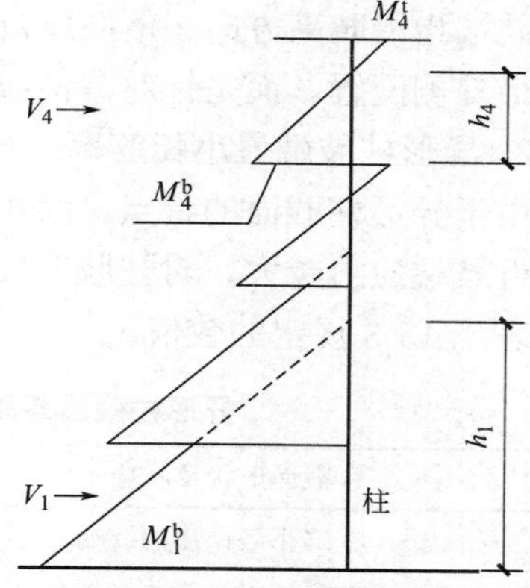

图4.15-2 底部楼层柱弯矩计算简图

从式（4.15-3）～式（4.15-6）可以看出，高层结构底部楼层柱反弯点通常不在层高范围内，采用简化公式计算的剪跨比偏差很大，显然不适用。有研究认为，框架柱应以梁柱节点上、下柱端弯矩是否变号来划分“层”，而不是将建筑楼层默认为柱的“层”。只有楼层上、下柱端弯矩反号的楼层，才能作为框架柱分层的分界点。

4.15.6 框架柱箍筋肢距有何规定？

框架柱箍筋间距，尤其是对箍筋加密区的要求，大家对此非常熟悉。但箍筋肢距的要求，可能容易忽视。

1.《抗规》的规定

《抗规》第6.3.9条规定：柱箍筋加密区的箍筋肢距，一级不宜大于200mm，二、三级不宜大于250mm，四级不宜大于300mm。至少每隔一根纵向钢筋宜在两个方向有箍筋或拉筋约束；采用拉筋复合箍时，拉筋宜紧靠纵向钢筋并钩住箍筋。

2.《高规》的规定

《高规》第6.4.8条的规定与上述基本一致，仅对二、三级抗震等级的箍筋肢距做了局部修改：二、三级不宜大于250mm和20倍箍筋直径的较大值。

3. 柱非加密区的箍筋肢距

对柱非加密区的箍筋肢距，规范没有明确规定，仅规定了其体积配箍率不宜小于加密区的一半；其箍筋间距，不应大于加密区箍筋间距的2倍，且一、二级不应大于10倍纵向钢筋直径，三、四级不应大于15倍纵向钢筋直径。当柱非加密区的箍筋间距取加密区箍筋间距的2倍时，若要满足体积配箍率的规定，柱非加密区的箍筋肢距应与加密区一致。

4.15.7 异形柱肢端配筋是指最外侧的钢筋吗？异形柱肢端配筋和异形柱肢端暗柱有何区别？

《混凝土异形柱结构技术规程》JGJ 149—2017第6.2.5条原属强制性条文，但根据

《混凝土结构通用规范》GB 55008—2021，其强条属性已经废止，但在设计中仍需执行。

1. 异形柱肢端的定义

肢端指沿肢高方向一倍肢厚范围的柱肢。因此，异形柱肢端最小配筋率的规定并不是针对最外侧配置，而是针对一倍肢厚范围内配置。

2. 异形柱肢端最小配筋率

由于异形柱截面的特点，梁作用于柱肢上应力不均匀，柱肢端部会出现较大应力，且越靠近肢端应力越大，对柱肢形成偏心压力。异形柱肢端纵向受力钢筋的配筋百分率不应小于表 4.15-3 规定的数值。

异形柱截面各肢端纵向受力钢筋的最小配筋百分率（%）　　**表 4.15-3**

柱截面形状及肢端	最小配筋率	备注
L 形、Z 形各凸出的肢端	0.2	按柱全截面面积计算
十字形各肢端、T 形非对称轴上的肢端	0.2	按所在肢截面面积计算
T 形对称轴上凸出的肢端	0.4	按所在肢截面面积计算

3. 异形柱肢端示意图

（1）L 形、Z 形各凸出的肢端，如图 4.15-3 所示，不包括两个柱肢的重叠部位。

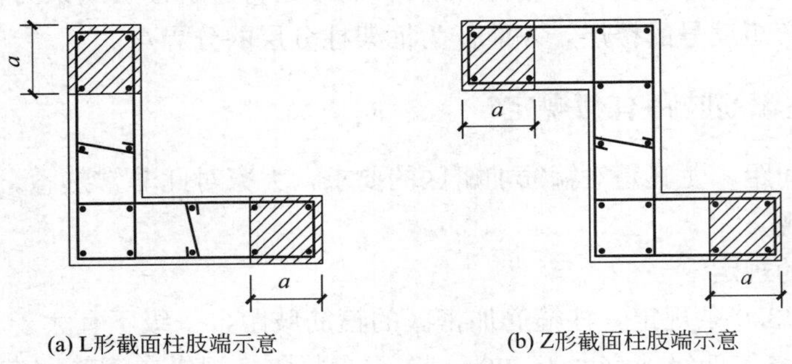

图 4.15-3　L 形、Z 形各凸出的肢端示意图

（2）十字形各肢端、T 形各肢端，如图 4.15-4 所示。T 形对称轴上凸出的肢端，按所在肢截面面积计算的最小配筋率为 0.4%。

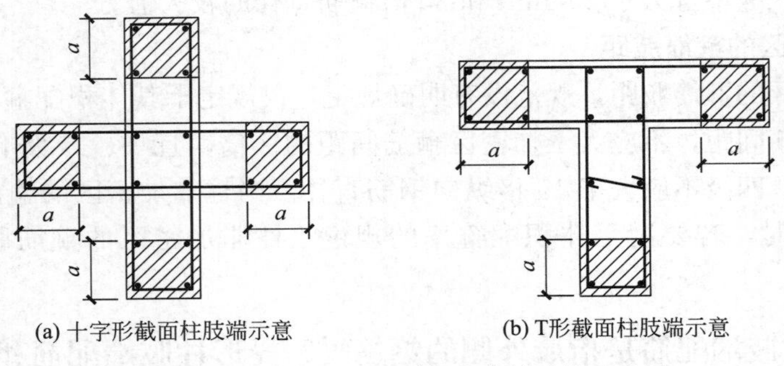

图 4.15-4　十字形、T 形各凸出的肢端示意图

4. 肢端暗柱

对地震区楼梯间的异形柱以及抗震等级为一、二级房屋角部的异形柱，其肢端及转角处应设暗柱，较肢端配筋的构造措施要求更高。受力复杂不利部位的柱，宜采用肢端设暗柱的异形柱或一般框架柱。

（1）肢端及转角处设暗柱时，暗柱沿肢高方向尺寸不应小于120mm。

（2）暗柱的附加纵向钢筋直径不应小于14mm，可取与纵向受力钢筋直径相同；暗柱的附加箍筋直径和间距同异形柱箍筋，附加箍筋宜设在异形柱两箍筋中间。

从以上规定可以看出，两者目的都是增强端部的承重能力，但异形柱肢端暗柱的要求更加严格，与异形柱肢端配筋的要求是完全不同的两个概念。

4.16 转换结构

《混凝土结构通用规范》GB 55008—2021 第 4.4.10 条　混凝土转换梁设计应符合下列规定。

1. 转换梁上、下部纵向钢筋的最小配筋率，特一级、一级和二级分别不应小于0.60%、0.50%和0.40%，其他情况不应小于0.30%。

2. 离柱边 1.5 倍梁截面高度范围内的梁箍筋应加密，加密区箍筋直径不应小于10mm，间距不应大于100mm。加密区箍筋的最小面积配筋率，特一级、一级和二级分别不应小于$1.3f_t/f_{yv}$、$1.2f_t/f_{yv}$和$1.1f_t/f_{yv}$，其他情况不应小于$0.9f_t/f_{yv}$。

3. 偏心受拉的转换梁的支座上部纵向钢筋至少应有50%沿梁全长贯通，下部纵向钢筋应全部直通到柱内；沿梁腹板高度应配置间距不大于200mm、直径不小于16mm的腰筋。

《混凝土结构通用规范》GB 55008—2021 第 4.4.11 条　混凝土转换柱设计应符合下列规定。

1. 转换柱箍筋应采用复合螺旋箍或井字复合箍，并应沿柱全高加密，箍筋直径不应小于10mm，箍筋间距不应大于100mm和6倍纵向钢筋直径的较小值。

2. 转换柱的箍筋配箍特征值应比普通框架柱要求的数值增加0.02采用，且箍筋体积配箍率不应小于1.50%。

4.16.1 带转换层高层建筑结构的定义是什么？

1. 带转换层高层建筑结构

在高层建筑结构的底部，当上部楼层部分竖向构件（剪力墙、框架柱）不能直接连续贯通落地时，应设置结构转换层，形成带转换层高层建筑结构。

《高规》第10.2节适用于高层建筑在底部楼层带托墙转换层的剪力墙结构（框支剪力墙结构），以及底部楼层带托柱转换层的筒体结构。在房屋高处个别竖向构件需要转换时，可参考《高规》第10节的相关规定执行。

2. 转换结构构件的定义

转换结构构件是指为完成上部楼层到下部楼层的结构形式转变，或上部楼层到下部楼层结构布置改变而设置的结构构件，可采用转换梁、桁架、空腹桁架、箱形结构、斜撑等，6 度抗震设计时可采用厚板，7、8 度抗震设计时地下室的转换结构构件可采用厚板。

4.16.2　托墙转换和托柱转换有何区别？

1. 托墙转换和托柱转换

带托墙转换层的剪力墙结构，有一个专用的名称“部分框支剪力墙结构”。相应的转换梁称为框支梁，转换柱称为框支柱，此类梁、柱既要满足转换梁和转换柱的要求，还要满足框支梁和框支柱的要求。

托柱转换的转换梁和转换柱，只需要满足转换梁和转换柱的要求，不需要满足框支梁和框支柱的要求。

不论是托墙转换还是托柱转换，均为带转换层的结构。

2. 竖向刚度变化程度不同

托墙转换结构上部为整片剪力墙，侧向刚度大；转换结构不仅改变了上部剪力墙对竖向结构的传力路径，而且将上部刚度很大的剪力墙转换为侧向刚度相对较小的框支柱；转换层上、下部楼层的侧向刚度相差较大。

托柱转换结构中，转换虽然也改变了上部框架柱对竖向荷载的传力路径，但仅是托柱梁上、下层柱根数、截面尺寸等略有变化，其上、下楼层侧向刚度变化不明显。

在水平地震作用下，托墙转换由于转换层上、下部结构侧向刚度突变，极易形成薄弱层、软弱层，从而导致结构破坏；而托柱转换因上、下部刚度接近，影响程度要小很多。因此，规范对二者在抗震措施上的规定有显著不同。

3. 抗震等级的规定不同

托墙转换结构的抗震等级，《高规》第 3.9.3 条有明确规定，并对底部加强部位的剪力墙、框支框架、非底部加强部位的剪力墙等构件均做出了明确的规定。

对托柱转换的筒体结构，仅规定其转换框架（包括转换柱和转换梁）的抗震等级按部分框支剪力墙结构的规定采用，对结构中布置的剪力墙、核心筒等构件无需参照部分框支剪力墙结构。

4. 对高位转换的定义不同

高位转换的概念，仅针对托墙转换。

对部分框支剪力墙结构，当转换层的位置设置在 3 层及 3 层以上时，其框支柱、剪力墙底部加强部位的抗震等级宜按《高规》表 3.9.3 和表 3.9.4 的规定提高一级采用，已为特一级时可不提高。

托柱转换结构主要承受竖向荷载，对于其转换层位置，规范没有规定。但转换数量较多时，应进行必要的补充计算。

4.16.3　什么叫个别转换？个别转换是否需按转换结构设计？

1. 个别转换不定义为转换结构

建筑中仅有个别构件进行转换的结构，如剪力墙结构、框架-剪力墙结构、框架核心筒结构中存在的个别墙或柱在底部进行转换的结构，可不定义为转换结构，但需参照《高规》的规定对转换构件相关范围采用加强措施，如提高转换构件的抗震等级、增大转换构件周边楼板厚度并加强楼板配筋等。

2. 个别转换的定义

个别墙，指不落地竖向构件的截面面积不大于所有竖向构件总截面面积的10%，此时称为个别墙柱转换。只要框支部分的设计合理且不致加大扭转不规则，可不视为复杂建筑结构。其适用最大高度、结构设计等仍可按全部落地的剪力墙结构确定。

3. 广东省地方标准《高层建筑混凝土结构技术规程》DBJ/T 15—92—2021 对个别转换的规定

广东省地方标准《高层建筑混凝土结构技术规程》DBJ/T 15—92—2021 对个别转换做出了更细化的规定：对整体结构中仅有个别结构构件进行转换的结构，比如框支剪力墙的面积不大于剪力墙总面积的10%，或托换柱的数量不多于总柱数的20%时，可不划归带转换层结构，相关转换构件和转换柱可参照规程本节有关条文的要求进行构件设计。

4. 个别转换的不规则项判断

建质〔2015〕67 号《超限高层建筑工程抗震设防专项审查技术要点》附件 1 对个别构件转换的规则性判断规定如下。

（1）如局部的穿层柱、斜柱、夹层、个别构件错层或转换，或个别楼层扭转位移比略大于 1.2 等，属于局部不规则。

（2）附件 1 表 2 附注中注明：局部的不规则，应视其位置、数量等对整个结构影响的大小判断是否计入不规则的一项。

当仅有个别墙不落地，如不落地竖向构件的截面面积不大于所有竖向构件总截面面积的10%，且转换构件对整个结构没有明显影响时，仍可视为剪力墙结构，其最大适用高度仍可按全部落地的剪力墙结构确定，可不列为不规则项。

4.16.4 转换结构的抗震等级如何确定？

转换结构包含直接承托被转换构件的转换梁以及直接支承转换梁的转换柱。

1. 转换层以下梁、柱的抗震等级

一般而言，转换梁以下直接支承转换梁的柱都定义为转换柱，一直延伸到基础顶。当地下室层数较多时，也可只延伸至嵌固层以下一层。

当转换层位于三层及以上楼层时，在转换层以下楼层的梁均为一般框架梁，不属于框支框架。其抗震等级可不与框支框架的抗震等级一致。

2. 底部带转换层的筒体结构的抗震等级

（1）A 级高度筒体转换结构

A 级高度底部带转换层的筒体结构，其转换框架的抗震等级应按部分框支剪力墙结构中的框支框架执行。筒体结构中的剪力墙、未转换的框架梁、柱等其他构件按《高规》表 3.9.3 中筒体结构的抗震等级设计。

（2）B 级高度筒体转换结构

B 级高度底部带转换层的筒体结构，其转换框架和底部加强部位筒体的抗震等级应按部分框支剪力墙结构的规定采用。其他构件应按《高规》表 3.9.4 中筒体结构的抗震等级进行设计。

4.16.5　转换结构模型计算有哪些要求？

1. 对模型计算的要求

（1）对转换结构，宜采用两个不同力学模型的结构分析软件进行整体计算，相互比较和印证，以保证力学分析结果的可靠性。

（2）应采用弹性时程分析法补充计算。此处所指的“补充计算”，主要指对计算的底部剪力、楼层剪力和层间位移进行比较。当时程分析法的结果大于振型分解反应谱法的分析结果时，相关部分的构件内力和配筋应做相应的调整。

（3）宜采用弹塑性静力或动力分析方法补充计算，以分析结构的薄弱部位，验证结构的抗震性能。

（4）当框支梁承托剪力墙，并承担转换次梁及其上剪力墙时，应进行应力分析，按应力校核配筋，并加强构造措施。

（5）抗震设计时，转换梁、柱的节点核心区应进行抗震验算，节点应符合构造措施的要求。

（6）框支梁与其上部墙体的水平施工缝处宜按《高规》第 7.2.12 条的规定验算抗滑移能力。

（7）框支梁上部一层墙体的配筋宜按《高规》第 10.2.22 条的规定进行校核。

（8）部分框支剪力墙结构中，落地剪力墙墙肢不宜出现偏心受拉。

2. 对计算参数的要求

（1）宜考虑平扭耦联计算结构的扭转效应，振型数不应小于塔楼数的 9 倍，且计算振型数应使各振型参与质量之和不小于总质量的 90%。

（2）转换层上部结构与下部结构的侧向刚度变化应符合《高规》附录 E 的规定。

（3）框支框架承担的地震倾覆力矩应小于结构总地震倾覆力矩的 50%。

（4）转换结构的薄弱层对应于地震作用标准值的剪力应乘以 1.25 的增大系数。

（5）为保证转换构件的安全并具有良好的抗震性能，特一级、一级、二级转换结构构件应按《高规》第 4.3.2 条的规定考虑竖向地震作用。

4.16.6　转换层楼板计算有何要求？

部分框支剪力墙结构中，被转换剪力墙受到的剪力需要通过转换层楼板传递到落地剪力墙。为保证转换层楼板能可靠传递面内弯矩和剪力，对转换层楼板截面尺寸、抗剪截面验算、面内抗弯承载力验算等多个方面做出了规定。

1. 转换层楼板受剪截面验算

转换层楼板受剪截面按式（4.16-1）验算。

$$V_f \leqslant \frac{1}{\gamma_{RE}}(0.1\beta_c f_c b_f t_f) \tag{4.16-1}$$

式中　V_f ——由不落地剪力墙传到落地剪力墙处按刚性楼板计算的框支层楼板组合的剪力设计值，8 度时应乘以增大系数 2.0，7 度时应乘以增大系数 1.5；

γ_{RE} ——承载力抗震调整系数，可取 0.85；

β_c ——混凝土强度影响系数；

f_c——混凝土轴心抗压强度设计值；

b_f——框支转换层楼板的验算截面宽度；

t_f——框支转换层楼板的厚度。

2. **转换层楼板承载力验算**

转换层楼板承载力按式（4.16-2）验算。

$$V_f \leqslant \frac{f_y A_s}{\gamma_{RE}} \tag{4.16-2}$$

式中 f_y——普通钢筋的抗拉强度设计值；

A_s——穿过落地剪力墙的框支转换层楼盖（包括梁和板）的全部钢筋截面面积。

3. **转换层楼板受弯承载力简化计算**

部分框支剪力墙结构中，抗震设计的矩形平面建筑框支转换层楼板，当平面较长或不规则以及各剪力墙内力相差较大时，可采用简化方法验算楼板平面内受弯承载力。

采用简化方法计算转换层楼面面内受弯承载力时，可将落地剪力墙作为该楼板的支座，将不落地剪力墙的计算剪力作为荷载，将楼板简化为连续梁进行验算。

4.16.7 转换结构有哪些抗震措施？

1. **转换结构的剪力墙底部加强部位**

带转换层的高层建筑结构，其剪力墙底部加强部位的高度应从地下室顶板算起，宜取至转换层以上两层且不宜小于房屋高度的1/10。

2. **对转换层楼层的规定**

转换层位置较高时，部分框支剪力墙结构在转换层附近的刚度、内力发生突变，容易形成薄弱层。转换层下部的落地剪力墙及框支结构容易开裂和屈服，转换层上部几层的墙体易发生破坏。因此，对在地面以上设置转换层的位置，做出如下规定（表4.16-1）。

不同地震烈度时转换层楼层的合理位置 **表4.16-1**

地震烈度	转换层楼层
8度	≤3
7度	≤5
6度	可适当提高

（1）如转换层超过表4.16-1的规定时，应专门分析研究并采取有效措施，避免框支层破坏。

（2）对部分框支剪力墙结构，高位转换对结构抗震不利。当转换层的位置设置在3层及3层以上时，其框支柱、剪力墙底部加强部位的抗震等级宜提高一级采用，已为特一级时可不提高。

（3）本条仅对框支剪力墙结构做出规定。对托柱转换层结构，其刚度变化、受力情况与框支剪力墙结构不同，对转换层位置未做限制。

4.16.8 转换层位置对设计有何影响？

1. **在高层建筑结构的底部**

在高层建筑结构的底部，当上部楼层部分竖向构件（剪力墙、框架柱）不能直接连续贯通落地时，应设置结构转换层，形成带转换层高层建筑结构。

对于框支剪力墙结构，由于建筑功能的需求特点，一般转换层均位于结构底部楼层。当转换楼层位置在 3 层或 3 层以上时，属于高位转换，对结构抗震更为不利，应采取抗震加强措施。

对于托柱转换结构，结构底部一般指建筑下部 $H/3$ 高度范围内（H 为建筑高度）。应注意，《高规》第 10.2.6 条对高位转换的规定，不包括托柱转换结构。

2. 在地下室顶板及其以下部位

在地下室顶板及其以下部位转换的结构，可不认定为复杂高层建筑结构。转换构件参照《高规》执行。

转换层设于地下室顶板或地下层时，该层楼盖的构造应满足一般结构转换层的要求，但结构可按一般框架-剪力墙、剪力墙或筒体结构控制最大适用高度并采取相应的抗震构造措施。

3. 在建筑中上部

位于建筑中上部楼层的托柱转换结构，可不认定为复杂高层建筑结构。但应对转换构件及其相关范围的结构构件采取加强措施。

4. 屋面以上的楼梯间框架柱及构架柱不连续

对屋面以上楼梯间的框架柱，因建筑平面的原因导致楼梯间部分柱需要转换，或屋顶构架柱需要转换时，对此类托柱框架应允许按普通框架结构设计，满足其抗压、抗弯和抗剪承载能力的要求，原因如下。

（1）该竖向构件不连续位于结构顶部，而《高规》第 10.2.1 条规定，应设置结构转换层的部分应位于高层结构的底部，因此该结构可不被定义为转换结构。

（2）只有个别竖向构件不连续的柱，不应定义为转换结构。

（3）因其位于建筑顶部，对结构的整体刚度影响较小。支承屋面以上的楼梯间框架柱、构架柱的竖向构件，其受力性能与普通框架柱基本相同，且承受的荷载并不大，破坏后果与普通框架柱也无明显差异。

（4）非转换结构的托柱框架，如支承屋面以上的楼梯间框架柱和屋顶构架柱、支承楼梯梯柱的框架梁、柱等，可不定义为转换构件，但可采取适当的构造加强措施。

4.16.9　转换梁偏心受拉时应采取哪些设计措施？

1. 转换梁偏心受拉的原因

对于托墙转换梁，其最终受力状态为上部剪力墙、转换梁作为一个整体共同弯曲变形，同时受到类似拱的传力途径的综合影响。由于竖向传力拱的作用，使上部墙体上的部分竖向荷载以斜向荷载的形式作用于转换梁上。将此斜向荷载分解后，水平荷载则在转换梁跨中一定区域产生轴向拉力。同时，转换梁处于整体弯曲变形的受拉边缘，也会出现轴向拉力。以上因素将导致转换梁产生偏心受拉。

托柱转换不会形成偏心受拉转换梁，也不是所有的托墙转换梁都会形成偏心受拉转换梁，设计时应根据其原理进行分析。

2. 偏心受拉转换梁的设计构造要求

偏心受拉转换梁的支座上部钢筋至少应有 50%沿梁全长贯通，下部纵向钢筋应全部直通到柱内；沿梁腹板高度应配置间距不大于 200mm、直径不小于 16mm 的腰筋。

偏心受拉的转换梁，截面受拉区域较大，甚至全截面受拉。因此，应加强梁跨中区段顶面纵向钢筋以及侧面构造腰筋。对非偏心受拉的转换梁，可相对降低其构造要求。

4.16.10 转换梁受较大扭矩时应采取哪些设计措施?

1. 规范的规定

《高规》第 10.2.8 条规定，转换梁与转换柱截面中线宜重合。转换梁、转换柱截面尺寸均较大，基本上能够满足要求。

《全国民用建筑工程设计技术措施——结构（混凝土结构）》（2009 年版）第 7.1.9 条规定，上部剪力墙中心线应与转换梁中心线重合。

当以上两条难以同时满足时，应优先满足《高规》条文。

转换梁截面中心宜与其上部剪力墙的截面中心重合，避免偏心布置。难以避免时，应采取有效措施，减小转换梁受到的扭矩。当框支转换梁与上部剪力墙截面中心不重合时（图 4.16-1），框支梁将承受较大的扭矩，可能发生剪扭破坏，应采取结构抗扭设计措施。

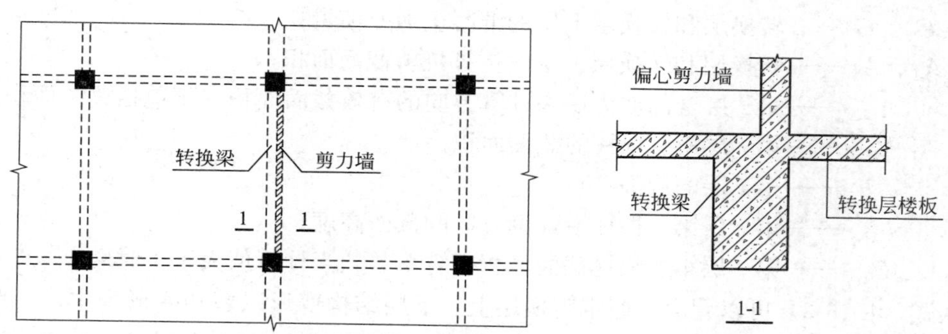

图 4.16-1 上部剪力墙与框支梁偏心布置示意图

2. 转换梁受较大扭矩宜采取的措施

（1）设置正交方向的框架梁或楼面梁

托柱转换梁宜在转换层托柱位置设置正交方向的框架梁或楼面梁，以避免转换梁承受过大的扭矩作用。

规范未对托墙转换梁偏心布置时做出明确的规定。参照托柱转换梁的做法，当托墙转换梁的上层剪力墙偏心布置时，设置垂直转换梁的次梁以平衡扭矩，是一种有效的方案。

（2）增大转换层楼板厚度

在钢筋混凝土现浇梁板式楼盖中，楼板与梁整体工作，可限制转换梁的扭转。同时楼板和梁形成 T 形或 L 形截面，也有利于梁抵抗扭矩作用。研究表明，楼板厚度对梁抗扭承载力的提高有比较明显的作用。

在转换梁存在明显的扭矩作用时，可通过增加楼板厚度的方式，提高转换构件的抗扭承载力。

4.16.11　转换层上、下部结构的侧向刚度如何计算?

1. 等效剪切刚度比法

结构的等效剪切刚度是指楼层产生单位剪切角所需的楼层剪力。在框架结构或框架-剪力墙结构的近似分析中，需要用到框架的等效剪切刚度。

当转换层设置在一、二层时，可近似采用转换层与其相邻上层结构的等效剪切刚度比 γ_{e1} 表示转换层上、下层结构刚度的变化，γ_{e1} 不应小于0.5，宜接近1。可按式（4.16-3）计算。

$$\gamma_{e1}=\frac{\dfrac{G_1A_1}{h_1}}{\dfrac{G_2A_2}{h_2}}=\frac{G_1A_1}{G_2A_2}\times\frac{h_2}{h_1} \tag{4.16-3}$$

$$A_i=A_{w,i}+\sum_j C_{i,j}A_{ci,j}\quad(i=1,\ 2) \tag{4.16-4}$$

$$C_{i,j}=2.5\left(\frac{h_{ci,j}}{h_i}\right)^2\quad(i=1,\ 2) \tag{4.16-5}$$

式中　G_1、G_2——转换层和转换层上层的混凝土剪变模量；

A_1、A_2——转换层和转换层上层的折算抗剪截面面积；

$A_{w,i}$——第 i 层全部剪力墙在计算方向的有效截面面积（不包括翼缘面积）；

$A_{ci,j}$——第 i 层第 j 根柱的截面面积；

h_i——第 i 层的层高；

$h_{ci,j}$——第 i 层第 j 根柱沿计算方向的截面高度；

$C_{i,j}$——第 i 层第 j 根柱截面面积折算系数，当计算值大于1时取1。

从式（4.16-3）可以看出，假定转换层上、下层结构变形以剪切变形为主，考虑全部剪力墙在计算方向的有效截面面积，以及框架柱的折算面积，忽略楼层平面布置、弯曲变形与轴向变形的影响，适用于转换层设置在一层或二层的结构。

2. 侧向刚度比法

框架结构的侧向刚度比，实质上是相邻楼层的地震剪力与层间变形的比值。对于框支剪力墙高层建筑，转换层上、下层间的地震作用力存在明显突变，但转换层上、下层间的地震剪力变化并不明显。因此，地震剪力与层间变形的比值本质上就是相邻楼层层间变形之比。

当转换层设置在第二层以上时，转换层与其相邻上层的侧向刚度比 γ_1 的计算与框架结构楼层侧向刚度比法一致，按式（4.16-6）计算，但对楼层侧向刚度比的限值有所降低，不应小于0.6。

$$\gamma_1=\frac{\dfrac{V_i}{\Delta_i}}{\dfrac{V_{i+1}}{\Delta_{i+1}}}=\frac{V_i\Delta_{i+1}}{V_{i+1}\Delta_i} \tag{4.16-6}$$

式中　γ_1——楼层侧向刚度比；

V_i、V_{i+1}——第 i 层和第 $i+1$ 层的地震剪力标准值；

Δ_i、Δ_{i+1} ——第 i 层和第 $i+1$ 层在地震作用标准值作用下的层间位移。

3. 等效侧向刚度比法

当转换层设置在第二层以上时，宜采用图 4.16-2 所示的计算模型，考虑转换层上、下部结构相近高度在单位水平力作用下的侧向位移，按式（4.16-7）计算转换层下部结构与上部结构的等效侧向刚度比 γ_{e2}，γ_{e2} 宜接近 1，且不应小于 0.8。

$$\gamma_{e2}=\frac{\Delta_2 H_1}{\Delta_1 H_2} \tag{4.16-7}$$

式中 γ_{e2}——转换层下部结构与上部结构的等效侧向刚度比；

H_1 ——转换层及其下部结构（计算模型 1）的高度；

Δ_1 ——转换层及其下部结构（计算模型 1）的顶部在单位水平力作用下的侧向位移；

H_2 ——转换层上部若干层结构（计算模型 2）的高度，其值应等于或接近计算模型 1 的高度 H_1，且不大于 H_1；

Δ_2 ——转换层上部若干层结构（计算模型 2）的顶部在单位水平力作用下的侧向位移。

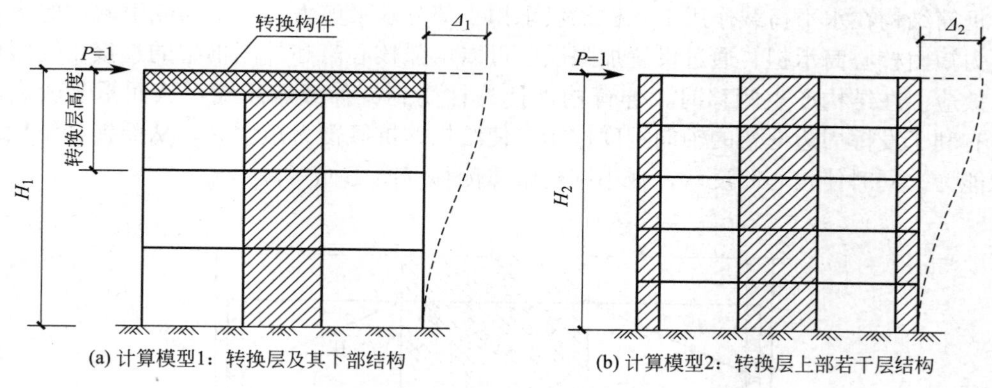

(a) 计算模型1：转换层及其下部结构

(b) 计算模型2：转换层上部若干层结构

图 4.16-2 转换层上、下部等效侧向刚度计算模型

等效侧向刚度法综合考虑了楼层弯曲、剪切和轴向变形等影响，且消除了下部楼层产生的整体弯曲影响，比较真实地反映了转换层上部与下部结构的侧向刚度。同时，对计算模型高度 H_1、H_2 做出规定，较好地考虑了计算模型高度不同时对等效侧向刚度比的修正。

4.17 带加强层高层建筑

《混凝土结构通用规范》GB 55008—2021 第 4.4.12 条 带加强层高层建筑结构设计应符合下列规定。

1. 加强层及其相邻层的框架柱、核心筒剪力墙的抗震等级应提高一级采用，已经为特一级时应允许不再提高。

2. 加强层及其相邻层的框架柱，箍筋应全柱段加密配置，轴压比限值应按其他楼层框架柱的数值减小 0.05 采用。

3. 加强层及其相邻层核心筒剪力墙应设置约束边缘构件。

4.17.1　加强层的定义和受力机理是什么?

1. 加强层的定义

加强层是指设置有连接内筒和外围结构的水平伸臂结构（包括梁或桁架）的楼层，必要时可沿该楼层外围结构设置带状水平桁架或梁。

加强层通常利用建筑避难层、设备层等空间，采用斜腹杆桁架、空腹桁架、箱形梁或实体梁等形式。研究表明，加强层能有效减小结构的水平位移、增大结构剪重比和刚重比。但是，加强层也会导致结构产生沿竖向的刚度突变。在地震作用下结构内力、变形等在加强层处发生突变，容易形成薄弱层。

2. 加强层的受力机理

水平伸臂布置在核心筒和外围框架柱之间，在结构发生侧移时利用伸臂的刚度使外围框架柱受到较大的轴向拉力或压力，使核心筒反弯以达到减小侧移的目的。环带桁架沿结构外围框架柱间布置，以加强竖向构件之间的联系，使框架柱受力均匀，可有效减小重力荷载、温度和徐变等产生的竖向变形差，也可以减弱剪力滞后效应。

框筒结构在水平荷载作用下，框架仅承担小部分水平剪力。水平荷载引起的绝大部分倾覆力矩由核心筒承担。通过设置加强层，可以增强核心筒和外围框架的连接，克服剪力滞后效应。在结构产生侧移时，伸臂构件使外柱受到拉伸或者压缩，从而承受较大的轴力，有利于发挥周边框架的轴向刚度作用，使结构的抗倾覆力矩增大，从而提高结构的抗倾覆能力。同时使核心筒反弯，减小结构整体侧移（图 4.17-1）。

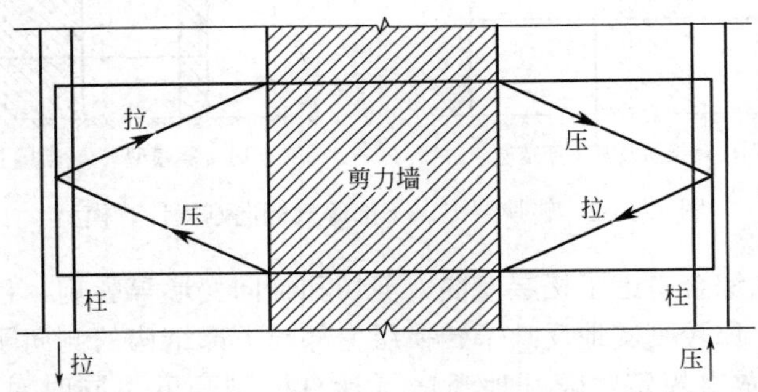

图 4.17-1　加强层伸臂桁架受力机理

4.17.2　加强层结构有哪些设计要点?

当框架-核心筒、筒中筒结构的侧向刚度不能满足要求时，可利用建筑避难层、设备层空间，设置刚度适宜的水平伸臂构件，提高结构的整体刚度，控制结构位移，形成带加强层的高层建筑结构。可根据需要，确定加强层是否同时设置周边水平环带构件；如果设置，一般与伸臂构件设置在同一楼层。

1. 加强层的数量和合理位置

应合理设计加强层的数量以及选择合理的位置，对超高层建筑宜进行加强层敏感性分析，并根据项目特点确定加强层设置的最优位置。《高规》第 10.3.2 条对加强层的数量、刚度和设置位置做出了建议（非强制性的规定），但与实际工程分析情况存在偏差。以下仅为通用性的建议，供敏感性分析时参考。

（1）当布置 1 道加强层时，宜设置在 0.6 倍房屋高度附近。

（2）当布置 2 道加强层时，宜分别设置在 0.33 倍和 0.67 倍房屋高度附近。

（3）当布置 3 道加强层时，宜沿竖向均匀布置，但不包括顶层。

（4）一般而言，结构顶层刚度偏弱，设置加强层效率较低。

（5）随着加强层设置层数的增加，加强层的敏感性迅速降低，宜控制加强层的数量。

2. 合理设计加强层的刚度

应合理设计加强层的刚度。加强层的刚度包括核心筒刚度、伸臂构件刚度和与伸臂相连框架柱的刚度。

（1）应有适宜的伸臂构件刚度。一般情况下，根据结构需要，采用单层或两层桁架伸臂结构能提供足够的刚度。伸臂相对刚度越大，加强层处框架柱的剪力集中现象越严重。当采用实体梁作为伸臂构件时，刚度较弱，只适宜于对加强层要求不高的结构。

（2）与伸臂构件相连的框架柱应有适宜的刚度。框架柱对加强层结构的整体侧向刚度有一定的增强作用，适当增大与伸臂构件相连的框架柱的刚度是有效的。

（3）当结构沿高度方向设置了多个加强层时，可调整伸臂构件的刚度，使结构整体受力均匀合理。

3. 伸臂桁架贯通核心筒

伸臂桁架将导致核心筒墙体承受很大的剪力，上下弦杆的拉力也需要可靠地传递到核心筒上，因此加强层水平伸臂构件宜贯通核心筒。其平面布置宜位于核心筒的转角、T 字节点处。

4. 加强层上下层楼盖结构应采取的加强措施

加强层的上下层楼盖结构承担着协调内筒和外框架的作用，存在很大的面内应力。在结构内力和位移计算中，设置水平伸臂桁架的楼层宜考虑楼板平面内的变形。加强层及其相邻层楼盖的刚度和配筋应采取加强措施，加强各构件的连接锚固。

5. 加强层位置处刚度突变应采取的措施

加强层位置处结构刚度突变，必然伴随着结构内力的突变以及整体结构传力途径的改变。结构在地震作用下，其破坏和位移容易集中在加强层附近，形成薄弱层。因此为了提高加强层及其相邻层的竖向构件的抗震承载力和延性，应采取加强措施。

（1）加强层及其相邻层的框架柱、核心筒剪力墙的抗震等级应提高一级，一级应提高至特一级，但抗震等级已经为特一级时允许不再提高。

（2）加强层及其相邻层的框架柱，箍筋应全长加密，轴压比限值应减小 0.05。

（3）加强层及其相邻层的核心筒剪力墙应设置约束边缘构件。

6. 加强层的施工因素和封闭时间

由于加强层的伸臂构件强化了内筒与周边框架的联系，内筒与周边框架的竖向变形差会产生很大的次应力，因此在施工顺序及连接构造上应采取减小结构竖向温度变形及轴向压缩差的措施，结构分析模型应能反映施工措施的影响。

为减小外围框架柱与核心筒之间的徐变、变形差以及沉降差等带来的附加内力，施工时可使伸臂桁架只做临时固定，释放剪力墙和外框柱之间的竖向变形差，待塔楼主体竣工后再使用高强螺栓连接伸臂桁架的腹杆。

7. 加强层结构构件的性能目标

加强层是结构抵抗侧向水平力的重要组成部分，为保证其抗震性能，应明确加强层各类构件的抗震性能目标。加强层伸臂、环带桁架结构的竖向支承构件、加强层及相邻上、下楼层的核心筒剪力墙等应按关键构件设计。

8. 加强层环带桁架

加强层沿外围框架柱间设置周边环带桁架，对减小结构位移作用不明显，但可加强结构外圈竖向构件之间的联系，增强结构的整体性。也可协调外围框架柱的变形，减小竖向变形差，使竖向构件受力均匀，减小水平构件的内力和楼板的翘曲影响。

4.17.3　加强层有哪些缺点？

伸臂桁架加强层作为提高结构侧向刚度的有效手段，被广泛应用在 300m 以上的超高层结构中，在某些高宽比较大的 250m 的结构中也有运用。但由于伸臂桁架的一些缺点，设计单位经常设法避免设置伸臂桁架。

1. 刚度突变

伸臂桁架刚度很大，导致伸臂所在楼层及其上、下相邻层的传力路径发生突变，使得核心筒和框架内力发生较大改变，形成结构软弱层或薄弱层。针对此问题，宜控制伸臂桁架的刚度，或设置多道伸臂桁架，分散刚度及内力突变。同时，应根据规范要求对伸臂桁架相关楼层采取加强措施。

2. 影响建筑功能

伸臂桁架构件尺寸较大，斜腹杆对加强层建筑平面会产生显著的影响，其上、下弦杆也会对相连楼层产生影响，尤其是下弦杆对下层的影响较大。

3. 施工难度大且工期长

超高层结构通常采用顶模、爬模技术，加强层结构构件布置复杂，构件重量大，对吊具要求高。部分伸臂桁架构件尺寸较大，在吊装这些构件时需将顶模或爬模部分杆件临时拆除，施工难度大，导致工期延长。

4.17.4　确定加强层斜撑的合龙时间需要考虑哪些因素？

由于伸臂桁架跨越核心筒和外框架，施工过程中两者之间的竖向压缩变形、温度收缩变形、徐变或沉降等因素会导致位移差，使得外框柱、伸臂桁架和核心筒之间产生内力重分布，可能使伸臂构件产生较大的初始应力。

研究表明，伸臂桁架的斜撑合龙时间越靠后，腹杆轴力越小，而弦杆弯矩越大。这是由于伸臂斜撑合龙如果偏早，其会承担较多的核心筒与外框之间变形差导致的内力；反之，合龙时间越晚，弦杆会承担更多的附加弯矩。

如在不考虑伸臂桁架有利作用的前提下能满足主体竣工前的施工验算要求，伸臂桁架斜撑合龙时间宜尽量推迟，在结构封顶后合龙。此时，外框柱与核心筒的沉降较为稳定，混凝土的收缩和徐变也大部分完成，此时合龙伸臂斜撑对结构内力重分布影响较小。

4.18 错层结构

《混凝土结构通用规范》GB 55008—2021 第 4.4.13 条 房屋建筑错层结构设计应符合下列规定。

1. 错层处框架柱的混凝土强度等级不应低于 C30，箍筋应全柱段加密配置；抗震等级应提高一级采用，已经为特一级时应允许不再提高。

2. 错层处平面外受力的剪力墙的承载力应适当提高，剪力墙截面厚度不应小于 250mm，混凝土强度等级不应低于 C30，水平和竖向分布钢筋的配筋率不应小于 0.50%。

4.18.1 哪些结构应按错层结构设计?

1. 错层结构对抗震性能的影响

试验研究表明，平面规则的错层剪力墙结构使剪力墙形成错洞墙，结构竖向刚度不规则，对抗震不利，但错层对抗震性能的影响并不严重；平面布置不规则、扭转效应显著的错层剪力墙结构破坏严重。

错层框架结构或框架-剪力墙结构，易形成长柱、短柱交替出现的不规则体系，短柱易发生受剪破坏，对抗震更为不利。计算分析也表明，这些结构的抗震性能要比错层剪力墙结构更差。

因此，高层建筑宜避免错层。但是对错层结构的定义，规范并未明确。

2. 规范对错层结构的定义

(1)《高规》的规定

《高规》规定：相邻楼盖结构高差超过梁高范围的，宜按错层结构考虑。结构中仅局部存在错层构件的不属于错层结构，但这些错层构件宜参考错层结构的规定进行设计。

(2) 广东省《高层建筑混凝土结构技术规程》DBJ/T 15—92—2021 的规定

广东省《高层建筑混凝土结构技术规程》DBJ/T 15—92—2021 规定：楼层板面高差大于相连处楼面梁高，或板面高差小于相连处楼面梁高但板间垂直净距大于支承梁梁宽时称为错层。结构中错层楼层数少于总楼层数的 10%且连续错层层数不超过 2 层时可不划归为错层结构，但这些错层构件宜按错层结构的规定进行设计。

(3)《武汉市建筑工程实施结构设计规范的若干暂行技术规定》的规定

《武汉市建筑工程实施结构设计规范的若干暂行技术规定》武抗办字〔2003〕1 号文做出如下规定：当同一楼层的局部错层楼板标高相差不大于 600mm，且错层楼板在框架梁截面高度范围内时，可以作为同一楼层参加结构计算；当错层楼板标高相差大于 600mm 时，应按错层结构设计。

以上三个定义均对错层结构做出了定义，但规定都不详细，设计工作中只能参照执行。

4.18.2 错层对结构有哪些不利影响?

错层结构包含框架结构、框架-剪力墙结构和剪力墙结构。错层对结构抗震不利，主要有以下四个方面的影响。

（1）错层结构属于竖向布置不规则结构。错层部位的竖向抗侧力构件受力复杂，容易形成多处应力集中部位。框架结构错层，将形成短柱，容易形成长、短柱沿竖向交替出现的不规则体系。剪力墙结构错层，会使剪力墙墙肢产生平面外的弯矩。

（2）楼板错层会削弱楼盖整体性。错开的楼层不应归并为一个刚性楼板，降低结构受力的协同性，并使传力路径出现薄弱环节，产生应力集中现象。

（3）错层位置楼板布置不均匀，质心和刚心偏置严重，在水平地震或风载作用下会产生较大的扭转效应。

（4）对错层位置的梁，会产生平面外的弯矩。当梁截面宽度较小时，应验算箍筋抵抗平面外弯矩的承载力。

4.18.3　错层结构有哪些设计要点?

错层结构应满足以下设计要求。

（1）错层结构受力复杂，地震作用下易形成多处薄弱部位，需对其适用高度适当限制。《高规》第10.1.3条规定：7度和8度抗震设计时，剪力墙结构错层建筑的房屋高度分别不宜大于80m和60m；框架-剪力墙结构错层建筑的房屋高度分别不应大于80m和60m。

（2）抗震设计时，高层建筑沿竖向宜避免错层布置。当房屋不同部位因功能不同而使楼层错层时，宜采用防震缝划分为独立的结构单元。

（3）错层两侧宜采用结构布置和侧向刚度相近的结构体系，尽量减弱扭转效应，避免错层处结构形成薄弱部位。

（4）错层结构中，错开的楼层不应归并为一个刚性楼板，计算分析模型应能反映错层的影响。

（5）错层处的框架柱受力复杂，易发生短柱受剪破坏，在设防烈度地震作用下其正截面承载力和受剪承载力宜符合式（4.18-1）的要求。

$$S_{GE}+S_{Ehk}^{*}+0.4S_{Evk}^{*}\leqslant R_{k} \tag{4.18-1}$$

式中　R_k——截面承载力标准值，按材料强度标准值计算；

S_{GE}——重力荷载代表值的效应；

S_{Ehk}^{*}——水平地震作用标准值的构件内力，不考虑与抗震等级有关的增大系数；

S_{Evk}^{*}——竖向地震作用标准值的构件内力，不考虑与抗震等级有关的增大系数。

4.18.4　地下室顶板剪力墙错层

1. 地下室顶板垂直于剪力墙方向的错层

因地下室顶板覆土种植，剪力墙结构的住宅一层室内外高差通常达到1.5～1.8m，局部存在明显的错层。为了避免局部错层的不利影响，采用沿主体结构塔楼周边局部加腋的加强措施（图4.18-1）改善楼板水平力的传递。

如图4.18-1所示，剪力墙结构地下室顶板错层处宜内、外侧双向加腋，且两侧加腋区域应有一定搭接，加腋角度不宜大于45°，否则不利于水平力的传递。

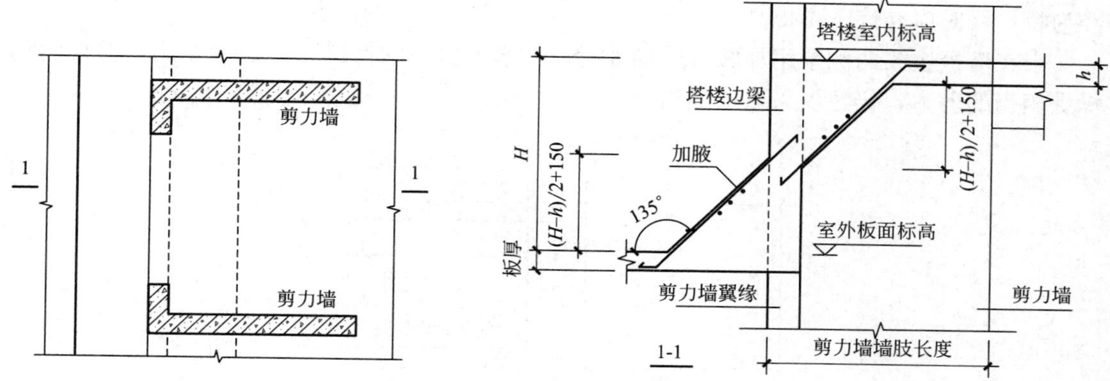

图 4.18-1 地下室顶板错层示意

2. 地下室顶板在剪力墙平面外方向的错层

当地下室顶板在剪力墙平面外方向错层时（图 4.18-2），即使在塔楼边梁两侧加腋，对剪力墙而言，仍然会产生较大的层间水平力，该剪力墙应满足错层构件的要求。错层处平面外受力的剪力墙的承载力应适当提高，剪力墙截面厚度不应小于 250mm，混凝土强度等级不应低于 C30，水平和竖向分布钢筋的配筋率不应小于 0.50%。

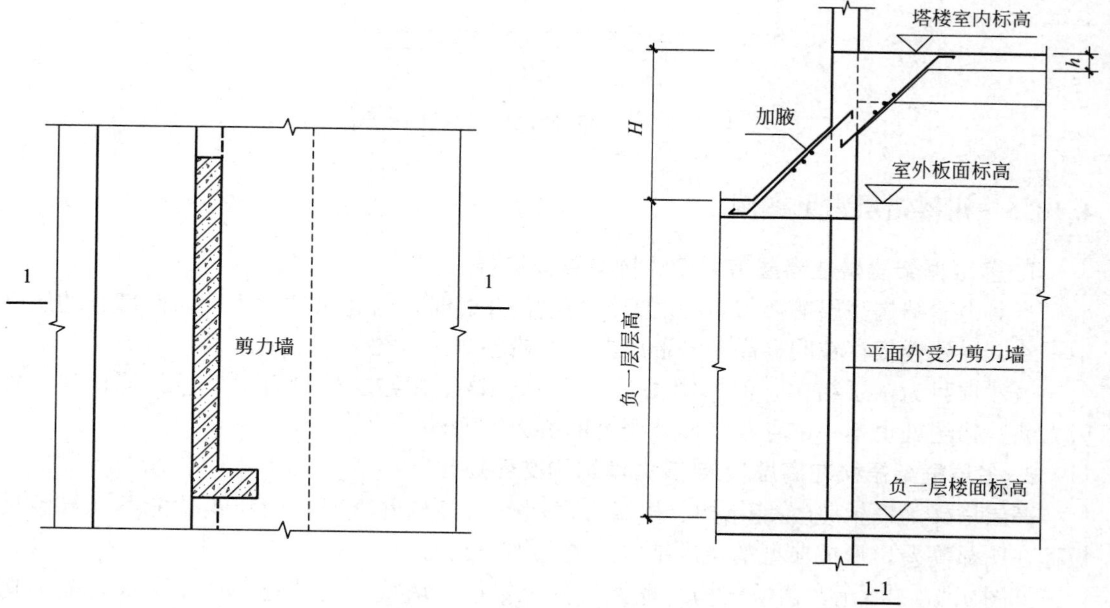

图 4.18-2 剪力墙平面外方向错层示意图

4.18.5 地下室顶板框架柱错层

对框架结构、框架-剪力墙结构、框架-筒体结构塔楼周边的框架柱，当因地下室顶板室内外高差形成错层时（图 4.18-3），该部位框架柱宜按错层柱进行加强。错层处框架柱的混凝土强度等级不应低于 C30，箍筋应全柱段加密配置；抗震等级应提高一级采用，已经为特一级时应允许不再提高。

当在塔楼边梁两侧采用加腋方式加强时，对水平剪力的传递有一定的作用，但柱间仍承受相当的剪力，仍建议采取加强措施。

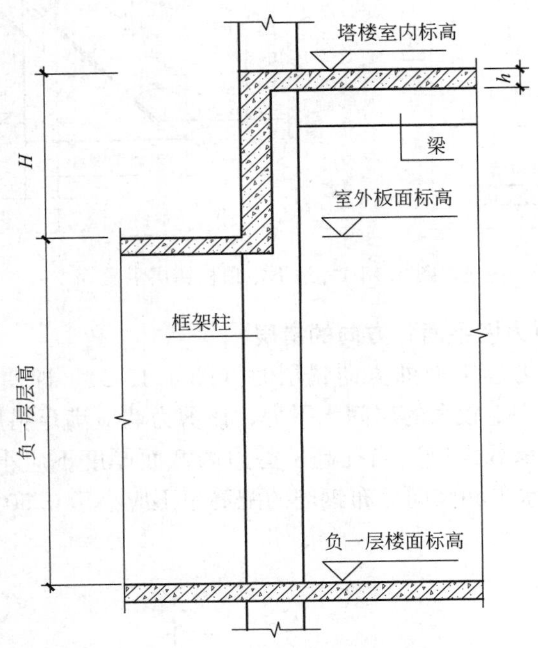

图 4.18-3　地下室顶板框架柱错层示意图

4.18.6　裙楼错层常见案例

1. 多层框架裙楼在高层剪力墙结构交界处错层

当剪力墙结构高层塔楼与多层框架结构裙楼并建时，因建筑功能不同，两部分的层高不一致，导致楼板存在明显高差，形成典型的错层结构（图 4.18-4）。

虽然项目为错层结构，但如图 4.18-4 所示，该结构错层处没有框架柱；若合理布置剪力墙，错层处也不一定存在平面外受力的剪力墙构件。

2. 多层框架裙楼在高层框架-剪力墙结构交界处错层

高层塔楼为框架-剪力墙结构、裙楼为多层框架结构并建时，因建筑功能不同导致楼板存在明显高差，形成典型的错层结构（图 4.18-5）。

如图 4.18-5 所示，裙楼结构的框架柱并无错层，塔楼剪力墙也不属于平面外受力构件，但塔楼与裙楼交界处的框架柱为错层构件，应按规范要求满足错层柱的设计要求。

3. 非全埋地下室塔楼一层处错层

当地下室周边场地不平整，导致地下室周边一面或两面临空，地下室顶板不能作为上部结构的嵌固层（图 4.18-6）。此时，通常以地下室周边标高较低处为结构嵌固端，负一层地下室相当于裙楼。塔楼周边因地下室顶板覆土产生的高差，导致结构在塔楼一层处形成错层，相关构件应满足错层构件的构造要求。

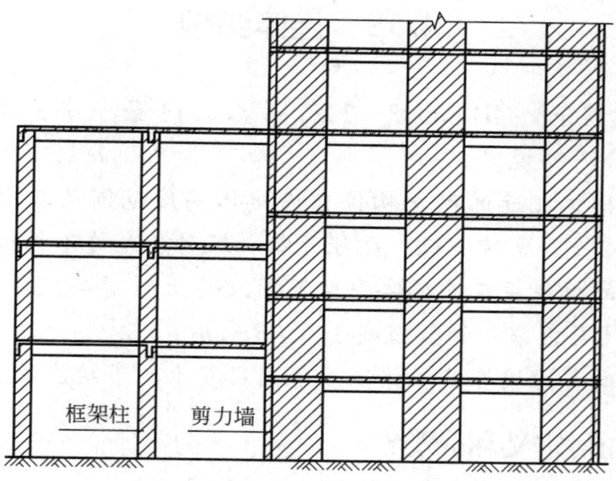

图 4.18-4 塔楼剪力墙与裙楼框架错层示意图

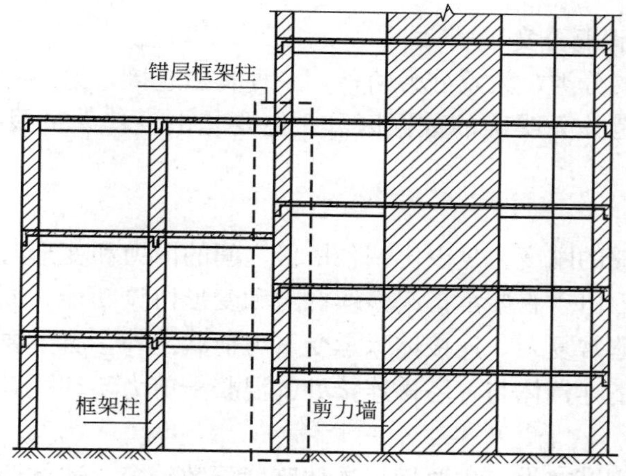

图 4.18-5 框架-剪力墙结构塔楼与框架结构裙楼错层示意图

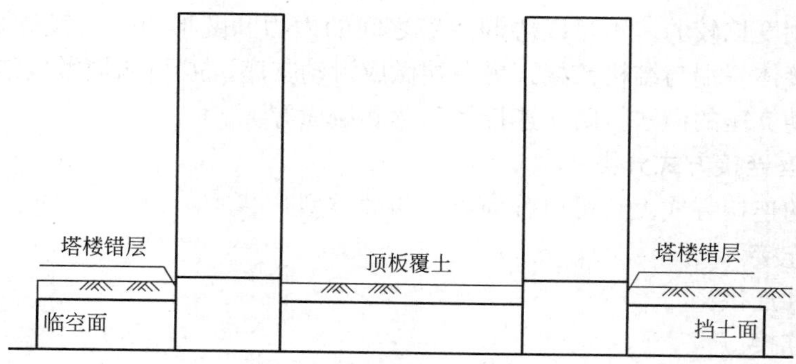

图 4.18-6 非全埋地下室塔楼一层处错层示意图

4.19 连体结构

《混凝土结构通用规范》GB 55008—2021 第 4.4.14 条 房屋建筑连接体及与连接体相连的结构构件应符合下列规定。

1. 连接体及与连接体相连的结构构件在连接体高度范围及其上、下层，抗震等级应提高一级采用，一级应提高至特一级，已经为特一级时应允许不再提高。

2. 与连接体相连的框架柱在连接体高度范围及其上、下层，箍筋应全柱段加密配置，轴压比限值应按其他楼层框架柱的数值减小 0.05 采用。

3. 与连接体相连的剪力墙在连接体高度范围及其上、下层应设置约束边缘构件。

4.19.1 连体结构如何定义和分类?

1. 连体结构的定义

房屋建筑的连体结构一般是指除裙楼以外，两个或两个以上塔楼之间带有连接体的结构形式。

2. 根据连接体的强弱分类

根据连接体的强弱分类，大致分为两种，一种是强连接，另一种是弱连接。对于强连接或弱连接，目前规范并无明确的数据区分，主要是由设计人员根据项目特点及个人经验，做出正确的判断。

（1）强连接

当连体结构有足够的刚度，足以协调各塔楼之间的内力和变形时，可设计成强连接形式。对于强连接而言，由于它要承担起整体内力和变形协调功能，同时受到弯、剪、扭作用，因此连接体受力非常复杂。连接体除承受重力荷载之外，更主要的是需要协调连接体两端的变形。在大震下连接体与各塔楼连接处的混凝土剪力墙往往容易开裂，是设计中需要重点加强的地方。

强连接形式本身刚度较大，主要用于连体跨度层数较多，连体两端塔楼刚度大致相当的结构。

（2）弱连接

当连体的刚度比较弱，不足以协调两塔之间的内力和变形时，可设计成弱连接形式，如连廊。即连接体一端与结构铰接，另一端做成滑动支座，或两端均做成滑动支座。此时应重点考虑滑动支座的做法，防止连接体坠落和碰撞等。

3. 根据支座连接方式分类

根据支座的连接方式大致可以分为以下四种类型。

（1）刚性连接。

（2）半刚性连接。

（3）铰接连接。

（4）滑动连接。

4.19.2 连体结构应进行哪些分析计算？

1. 不同力学模型结构分析软件整体计算

对连体结构，应采用两个不同力学模型的结构分析软件进行整体计算，相互比较和印证，以保证力学分析结果的可靠性。

宜考虑平扭耦联计算结构的扭转效应，振型数不应小于塔楼数的9倍，且计算振型数应使各振型参与质量之和不小于总质量的90%。

2. 弹性时程分析

应采用弹性时程分析法补充计算。此处的“补充计算”，主要指对计算的底部剪力、楼层剪力和层间位移进行比较。当时程分析法的结果大于振型分解反应谱法的分析结果时，相关部分的构件内力和配筋应做相应的调整。

3. 弹塑性静力或动力分析

宜采用弹塑性静力或动力分析方法补充计算，以分析结构的薄弱部位，验证结构的抗震性能。

4. 竖向地震作用计算

抗震烈度为6度和7度（0.10g）时，高位连体结构的连接体宜考虑竖向地震作用的影响；抗震烈度为7度（0.15g）和8度时，连体结构的连接体应考虑竖向地震作用的影响。

（1）连体结构连接体的竖向地震作用，受连体跨度、所处位置的高度以及主体结构刚度等多方面因素的影响。

（2）连体结构的连接体一般跨度较大，位置较高，对竖向地震的反应比较敏感，放大效应明显。

（3）抗震烈度为6度和7度（0.10g）时，高位连体结构一般指连接体位置高度超过80m的结构。

5. 分塔楼模型计算

刚性连接的连接体楼板薄弱时，在罕遇地震作用下楼板可能发生破坏，应补充单塔楼模型计算分析，确保连接体失效时两侧塔楼均能独立承担地震作用，避免单塔楼发生严重破坏或倒塌。

6. 中震弹性和大震作用下不屈服验算

连体结构中连接部分的主要受力构件宜满足中震弹性设计要求，且宜满足大震作用下不屈服验算的要求。

中震弹性验算是指在中震作用下，结构的抗震承载力满足弹性设计要求。计算时不考虑地震内力调整，但应采用作用分项系数、材料分项系数和抗震承载力调整系数。

大震作用下不屈服验算是指地震作用下的内力按大震进行计算，地震作用效应组合按《高规》第5.6节进行，但分项系数取不大于1.0，不进行内力调整放大，构件承载力计算时材料强度取标准值。

4.19.3 连接体楼板如何定义？楼板承载力如何验算？

1. 连接体楼板应按弹性楼板定义

连体结构中连接部分的楼板狭长，在外力作用下易产生平面内变形，因此在结构内力计算时，应将该部分楼板定义为弹性楼板。

弹性楼板有三种选择方式，即弹性膜、弹性板3和弹性板6。设计时宜定义为弹性膜。

（1）弹性膜的特点

弹性膜是采用平面应力膜单元真实地反映楼板的平面内刚度，同时又忽略了平面外刚度，即假定平面外刚度为零，适用于空旷的工业厂房、体育馆结构、楼板局部开大洞结构、楼板平面较长或有较大凹入，以及平面弱连接结构。

（2）弹性板3的特点

弹性板3假定楼板平面内刚度无限大，平面外刚度按实际情况计算，主要是针对厚板转换结构提出的。这类结构面内和面外刚度均很大，其面外刚度是这类构件传力的关键。

（3）弹性板6的特点

弹性楼板6假定可以同时考虑楼板的平面内刚度和平面外刚度，因此从理论上这种假定最符合实际。但采用弹性板6假定时，部分竖向楼面荷载将通过楼板的面外刚度直接传递给竖向构件，由梁、板共同承担竖向荷载，导致梁的安全储备小。弹性板6假定比较适用于板柱结构，可以真实地模拟楼板的刚度和变形，且不存在梁配筋安全度不足的问题。

刚性楼板假定是楼面的竖向荷载均由梁来承担，再由梁传递给竖向构件。

2. 楼板刚度退化

当连接体与两侧主体结构采用刚性连接时，宜根据项目特点考虑楼板刚度退化对结构的影响，尤其是单塔楼独自承载能力不足的情况。

在水平荷载工况或水平荷载主导的组合工况下，楼板需要协调两侧塔楼整体工作，成为连接体部分的重要受力构件。楼板刚度退化后，连接体部分构件将发生内力重分布。宜关注以下因素。

（1）连接体楼板刚度退化对结构整体刚度、基底剪力和位移等指标的影响。

（2）楼板刚度退化对连接体构件内力计算的影响。

3. 楼盖舒适度验算

一般连体结构跨度比较大，相对结构的其他部分而言，连接体部分刚度比较弱，受结构振动的影响明显。因此，要注意控制连接体各点的竖向位移，以满足振动舒适度的要求。必要时，补充楼盖舒适度验算。

4. 楼板受剪截面和承载力验算

刚性连接的连接体在地震作用下需协调两侧塔楼的变形，应补充连接体楼板受剪截面和承载力验算。计算剪力可取连接体楼板承担的两侧塔楼楼层地震作用力之和的较小值。

（1）连接体楼板受剪截面验算

连接体楼板受剪截面按式（4.19-1）验算。

$$V_f \leqslant \frac{1}{\gamma_{RE}}(0.1\beta_c f_c b_f t_f) \tag{4.19-1}$$

式中　V_f——连接体楼板承担的两侧塔楼楼层地震作用力之和的较小值；

γ_{RE}——承载力抗震调整系数，可取0.85；

β_c——混凝土强度影响系数；

f_c——混凝土轴心抗压强度设计值；

b_f——连接体楼板截面宽度；

t_f——连接体楼板厚度。

(2) 连接体楼板承载力验算

连接体楼板承载力按式 (4.19-2) 验算。

$$V_f \leqslant \frac{f_y A_s}{\gamma_{RE}} \tag{4.19-2}$$

式中 f_y——普通钢筋的抗拉强度设计值;

A_s——连接体楼板与塔楼相连处(包括梁和板)的全部钢筋的截面面积。

4.19.4 连体结构滑动连接时可按两栋楼单独设计吗?

1. 采用滑动连接时两侧塔楼可单独设计

当连体结构采用滑动连接时,连接体对两侧主体结构的影响较弱,应考虑连接体与主体结构之间的相互作用,并将其作为边界条件进行连接体、主体结构的分析设计,可将两侧塔楼与连接体单独设计。考虑连接体对主体结构的竖向荷载、支座水平作用的影响,并采取相应的加强措施。

主体结构分析时,将连廊在各工况下的支座反力以外力的形式施加到主体结构上。

2. 塔楼对连接体的附加应力

需单独计算作用在高空连接体上的风荷载。

水平力作用下连廊两侧塔楼的整体弯曲变形不同步会造成连廊支座的差异变形,从而对连廊结构产生附加应力。

3. 高位连体结构的地震放大效应

连接体一般楼层位置较高,尤其是高位连体结构。场地的地震波经塔楼传递后才会作用在连接体上,作用在连接体上的地震波实质上是场地波作用下连接体支座处的加速度时程。

4.19.5 连体结构设计有哪些构造要求?

1. 规范对连体结构的构造规定

连接体及与连接体相连的结构构件应符合下列规定。

(1) 连接体及与连接体相连的结构构件在连接体高度范围及其上、下层,抗震等级应提高一级采用,一级应提高至特一级,已经为特一级时应允许不再提高。

(2) 与连接体相连的框架柱在连接体高度范围及其上、下层,箍筋应全柱段加密配置,轴压比限值应按其他楼层框架柱的数值减小 0.05 采用。

(3) 与连接体相连的剪力墙在连接体高度范围及其上、下层应设置约束边缘构件。

2. 滑动连接的构造要求

(1) 当连接体与主体结构采用滑动连接时,支座滑移量应能满足两个方向在罕遇地震作用下的位移要求,并应采取防坠落、防撞击措施。罕遇地震作用下的位移要求,应采用时程分析方法进行计算复核。

(2) 防坠落措施:震害研究表明,当采用滑动连接时,连接体往往由于滑移量较大致使支座发生破坏,因此需要采取防坠落措施。

(3) 防撞击措施:当连接体与主体结构之间的防震缝小于罕遇地震作用下主体结构相

对运动时的位移量之和时，应采取防撞击措施。

3. **楼板构造要求**

（1）连接体楼板厚度不宜小于 150mm，宜采用双层双向配筋，每层每个方向钢筋的配筋率不宜小于 0.25％。

（2）当连接体结构包含多个楼层时，应特别加强其最下面一个楼层及顶层的构造设计。

（3）当连接体采用刚性连接时，若连接体相对薄弱，可根据工程需要，在连接体设置交叉水平支撑辅助楼板传递水平作用。

（4）当连接体与主体结构刚性连接时，可视工程特点，考虑在连接体靠近塔楼区域设置应力释放后浇带，在楼板合龙前释放部分重力荷载引起的楼板应力，减小楼板的初始状态应力水平，减缓楼板刚度退化程度。

4.19.6　连接体防坠落计算时，支座滑移量如何计算？

1. **防坠落计算**

（1）采用单侧滑动连接的连接体支座（牛腿）为关键构件，按大震不屈服进行支座设计，确保支座的可靠性。

（2）滑动支座应有足够的滑移量。支座节点在超过设防烈度的地震作用下，应有一定的抗变形能力。

《抗震通规》第 5.8.7 条对大跨度屋面结构水平可滑动的支座，建议按设防烈度计算值作为可滑动支座的位移限值，在罕遇地震作用下采用限位措施确保不致滑移出支承面。参照此条规定，建议连体结构滑动支座防震缝宽度可按式（4.19-3）计算。

$$W_c \geqslant \Delta_1 + \Delta_2 \tag{4.19-3}$$

式中　W_c——防震缝宽度；

Δ_1、Δ_2——两侧塔楼在连接体高度处，沿连接体跨度方向设防烈度作用下弹塑性水平位移。

根据《高规》第 10.5.4 条，当连接体结构与主体结构采用滑动连接时，支座滑移量应能满足两个方向在罕遇地震作用下的位移要求，并应采取防坠落、防撞击措施。按罕遇地震作用下的位移，考虑两侧塔楼在地震作用下结构最大相对变形不一定同时达到，建议参照美国规范采用均方根的形式，按式（4.19-4）计算。

$$W_c \geqslant \sqrt{\Delta_1^2 + \Delta_2^2} \tag{4.19-4}$$

式中　Δ_1、Δ_2——两侧塔楼在连接体高度处，沿连接体跨度方向罕遇地震作用下弹塑性水平位移。

2. **防坠落节点设计**

沿连接体节点周边设置防坠落挡板或防坠落拉索，防止连接体在罕遇地震作用下位移过大，发生跌落。

4.19.7　连接体防撞击设计有哪些措施？

当连接体支座采用滑动连接时，由于位移释放，支座设计既要考虑防坠落，同时还要考虑防撞击。

1. 防震缝

连接体与塔楼之间预留足够的缝宽，缝宽不小于规范对抗震缝宽度的规定，且能够满足罕遇地震作用下的相对位移。这种方式适用于连接体高度不大，最大相对位移较小的情况。

2. 防撞击弹簧

连接体与塔楼之间设置防撞击弹簧，并需验算弹簧节点对主体结构和连接体的影响。当连接体位于高位时，罕遇地震下的相对滑移量较大，设置防震缝将对建筑立面效果、幕墙设计和建筑使用功能产生较大的影响，此时宜设置防撞击弹簧。

3. 防撞击缓冲层

在主体结构与连廊主梁对应位置设置防撞击缓冲材料，如橡胶垫，也可发挥防撞击作用。此时，宜在对应连廊主梁端部焊接端板，以增大主梁与橡胶垫发生碰撞时的接触面积。

参考文献

[1] 中华人民共和国住房和城乡建设部．工程结构通用规范：GB 55001—2021 [S]. 北京：中国建筑工业出版社，2021.

[2] 中华人民共和国住房和城乡建设部．建筑与市政工程抗震通用规范：GB 55002—2021 [S]. 北京：中国建筑工业出版社，2021.

[3] 中华人民共和国住房和城乡建设部．混凝土结构通用规范：GB 55008—2021 [S]. 北京：中国建筑工业出版社，2021.

[4] 中华人民共和国住房和城乡建设部．混凝土结构设计规范：GB 50010—2010（2015 年版）[S]. 北京：中国建筑工业出版社，2015.

[5] 中华人民共和国住房和城乡建设部．建筑结构荷载规范：GB 50009—2012 [S]. 北京：中国建筑工业出版社，2012.

[6] 中华人民共和国住房和城乡建设部．建筑抗震设计规范：GB 50011—2010（2016 年版）[S]. 北京：中国建筑工业出版社，2016.

[7] 中华人民共和国住房和城乡建设部．建筑地基基础设计规范：GB 50007—2011 [S]. 北京：中国计划出版社，2011.

[8] 中华人民共和国住房和城乡建设部．砌体结构设计规范：GB 50003—2011 [S]. 北京：中国计划出版社，2011.

[9] 中华人民共和国住房和城乡建设部．混凝土结构耐久性设计标准：GB/T 50476—2019 [S]. 北京：中国建筑工业出版社，2019.

[10] 中华人民共和国住房和城乡建设部．混凝土异形柱结构技术规程：JGJ 149—2017 [S]. 北京：中国建筑工业出版社，2017.

[11] 中华人民共和国住房和城乡建设部．工程结构设计基本术语标准：GB/T 50083—2014 [S]. 北京：中国建筑工业出版社，2014.

[12] 中华人民共和国住房和城乡建设部．建筑材料术语标准：JGJ/T 191—2009 [S]. 北京：中国建筑工业出版社，2009.

[13] 中华人民共和国住房和城乡建设部．高层民用建筑钢结构技术规程：JGJ 99—2015 [S]. 北京：中国建筑工业出版社，2015.

[14] 中华人民共和国住房和城乡建设部．高层建筑混凝土结构技术规程：JGJ 3—2010 [S]. 北京：中国建筑工业出版社，2010.

[15] 中华人民共和国住房和城乡建设部．高耸结构设计标准：GB 50135—2019 [S]. 北京：中国计划出版社，2019.

[16] 中华人民共和国住房和城乡建设部．门式刚架轻型房屋钢结构技术规范：GB 51022—2015 [S]. 北京：中国建筑工业出版社，2015.

[17] 中华人民共和国住房和城乡建设部．建筑工程抗浮技术标准：JGJ 476—2019 [S]. 北京：中国建筑工业出版社，2019.

[18] 中华人民共和国住房和城乡建设部．地下工程防水技术规范：GB 50108—2008 [S]. 北京：中国计划出版社，2008.

[19] 中华人民共和国住房和城乡建设部．工业建筑防腐蚀设计标准：GB/T 50046—2018 [S]. 北京：中国计划出版社，2018.

[20] 中华人民共和国住房和城乡建设部．岩土工程勘察规范：GB 50021—2001（2009 年版）[S]. 北

京：中国建筑工业出版社，2009.
[21] 中华人民共和国住房和城乡建设部．建筑楼盖结构振动舒适度技术标准：JGJ/T 441—2019 [S]. 北京：中国建筑工业出版社，2019.
[22] 中华人民共和国住房和城乡建设部．装配式混凝土结构技术规程：JGJ 1—2014 [S]. 北京：中国建筑工业出版社，2014.
[23] 中华人民共和国住房和城乡建设部．种植屋面工程技术规程：JGJ 155—2013 [S]. 北京：中国建筑工业出版社，2013.
[24] 中华人民共和国住房和城乡建设部．混凝土结构加固设计规范：GB 50367—2013 [S]. 北京：中国建筑工业出版社，2013.
[25] 中华人民共和国住房和城乡建设部．建筑设计防火规范：GB 50016—2014（2018 年版）[S]. 北京：中国计划出版社，2018.
[26] 中华人民共和国住房和城乡建设部．民用建筑热工设计规范：GB 50176—2016 [S]. 北京：中国建筑工业出版社，2016.
[27] 中华人民共和国国家质量监督检验检疫总局．中国地震动参数区划图：GB 18306—2015 [S]. 北京：中国标准出版社，2015.
[28] 国家市场监督管理总局．中国地震烈度表：GB/T 17742—2020 [S]. 北京：中国标准出版社，2020.
[29] 中华人民共和国住房和城乡建设部．混凝土结构后锚固技术规程：JGJ 145—2013 [S]. 北京：中国建筑工业出版社，2013.
[30] 中华人民共和国住房和城乡建设部．混凝土结构工程用锚固胶：JG/T 340—2011 [S]. 北京：中国标准出版社，2011.
[31] 中华人民共和国住房和城乡建设部．工程结构加固材料安全性鉴定技术规范：GB 50728—2011 [S]. 北京：中国建筑工业出版社，2011.
[32] 中华人民共和国住房和城乡建设部．混凝土结构工程无机材料后锚固技术规程：JGJ/T 271—2012 [S]. 北京：中国建筑工业出版社，2012.
[33] 中华人民共和国住房和城乡建设部．建筑结构加固工程施工质量验收规范：GB 50550—2010 [S]. 北京：中国建筑工业出版社，2010.
[34] 中华人民共和国住房和城乡建设部．环氧树脂涂层钢筋：JG/T 502—2016 [S]. 北京：中国标准出版社，2016.
[35] 中华人民共和国住房和城乡建设部．混凝土中钢筋检测技术标准：JGJ/T 152—2019 [S]. 北京：中国建筑工业出版社，2019.
[36] 国家铁路局．铁路桥涵设计规范：TB 10002—2017 [S]. 北京：中国铁道出版社，2017.
[37] 中华人民共和国水利部．水工混凝土结构设计规范：SL 191—2008 [S]. 北京：中国水利水电出版社，2008.
[38] 中华人民共和国交通部．港口工程混凝土结构设计规范：JTJ 267—1998 [S]. 北京：人民交通出版社，1998.
[39] 中华人民共和国住房和城乡建设部．冷轧带肋钢筋混凝土结构技术规程：JGJ 95—2011 [S]. 北京：中国建筑工业出版社，2011.
[40] 中华人民共和国国家质量监督检验检疫总局．冷轧带肋钢筋：GB/T 13788—2017 [S]. 北京：中国标准出版社，2017.
[41] 国家市场监督管理总局．金属材料拉伸试验　第 1 部分：室温试验方法：GB/T 228.1—2021 [S]. 北京：中国标准出版社，2021.
[42] 中华人民共和国住房和城乡建设部．钢筋机械连接技术规程：JGJ 107—2016 [S]. 北京：中国建

筑工业出版社，2016.

[43] 中华人民共和国住房和城乡建设部．钢筋机械连接用套筒：JG/T 163—2013 [S]. 北京：中国标准出版社，2013.

[44] 中华人民共和国住房和城乡建设部．钢筋焊接及验收规程：JGJ 18—2012 [S]. 北京：中国建筑工业出版社，2012.

[45] 中华人民共和国住房和城乡建设部．钢筋焊接接头试验方法标准：JGJ/T 27—2014 [S]. 北京：中国建筑工业出版社，2014.

[46] 中华人民共和国国家质量监督检验检疫总局．非合金钢及细晶粒钢焊条：GB/T 5117—2012 [S]. 北京：中国标准出版社，2012.

[47] 国家市场监督管理总局．熔化极气体保护电弧焊用非合金钢及细晶粒钢实心焊丝：GB/T 8110—2020 [S]. 北京：中国标准出版社，2020.

[48] 中华人民共和国住房和城乡建设部．预应力混凝土结构抗震设计标准：JGJ/T 140—2019 [S]. 北京：中国建筑工业出版社，2019.

[49] 中华人民共和国住房和城乡建设部．预应力混凝土结构设计规范：JGJ 369—2016 [S]. 北京：中国建筑工业出版社，2016.

[50] 中华人民共和国住房和城乡建设部．预应力筋用锚具、夹具和连接器应用技术规程：JGJ 85—2010 [S]. 北京：中国建筑工业出版社，2010.

[51] 中华人民共和国国家质量监督检验检疫总局．预应力混凝土用螺纹钢筋：GB/T 20065—2016 [S]. 北京：中国标准出版社，2016.

[52] 中华人民共和国国家质量监督检验检疫总局．预应力混凝土用钢绞线：GB/T 5224—2014 [S]. 北京：中国标准出版社，2014.

[53] 中华人民共和国国家质量监督检验检疫总局．预应力混凝土用中强度钢丝：GB/T 30828—2014 [S]. 北京：中国标准出版社，2014.

[54] 国家冶金工业局．高强度低松弛预应力热镀锌钢绞线：YB/T 152—1999 [S]. 北京：中国标准出版社，1999.

[55] 中华人民共和国工业和信息化部．多丝大直径高强度低松弛预应力钢绞线：YB/T 4428—2014 [S]. 北京：冶金工业出版社，2014.

[56] 中华人民共和国国家质量监督检验检疫总局．预应力筋用锚具、夹具和连接器：GB/T 14370—2015 [S]. 北京：中国标准出版社，2015.

[57] 中华人民共和国住房和城乡建设部．补偿收缩混凝土应用技术规程：JGJ/T 178—2009 [S]. 北京：中国建筑工业出版社，2009.

[58] 中华人民共和国国家质量监督检验检疫总局．混凝土外加剂术语：GB/T 8075—2017 [S]. 北京：中国标准出版社，2017.

[59] 中华人民共和国住房和城乡建设部．混凝土外加剂应用技术规范：GB 50119—2013 [S]. 北京：中国建筑工业出版社，2013.

[60] 中华人民共和国住房和城乡建设部．高性能混凝土用骨料：JG/T 568—2019 [S]. 北京：中国标准出版社，2019.

[61] 中华人民共和国住房和城乡建设部．人工砂混凝土应用技术规程：JGJ/T 241—2011 [S]. 北京：中国建筑工业出版社，2011.

[62] 中华人民共和国建设部．普通混凝土用砂、石质量及检验方法标准：JGJ 52—2006 [S]. 北京：中国建筑工业出版社，2006.

[63] 中华人民共和国住房和城乡建设部．海砂混凝土应用技术规范：JGJ 206—2010 [S]. 北京：中国建筑工业出版社，2010.

[64] 中华人民共和国住房和城乡建设部．建筑及市政工程用净化海砂：JG/T 494—2016［S］．北京：中国标准出版社，2016.

[65] 国家市场监督管理总局．建设用砂：GB/T 14684—2022［S］．北京：中国标准出版社，2022.

[66] 中华人民共和国住房和城乡建设部．预防混凝土碱骨料反应技术规范：GB/T 50733—2011［S］．北京：中国建筑工业出版社，2011.

[67] 中华人民共和国住房和城乡建设部．普通混凝土配合比设计规程：JGJ 55—2011［S］．北京：中国建筑工业出版社，2011.

[68] 中华人民共和国住房和城乡建设部．粉煤灰混凝土应用技术规范：GB/T 50146—2014［S］．北京：中国计划出版社，2014.

[69] 中华人民共和国国家质量监督检验检疫总局．用于水泥、砂浆和混凝土中的粒化高炉矿渣粉：GB/T 18046—2017［S］．北京：中国标准出版社，2017.

[70] 中华人民共和国住房和城乡建设部．混凝土结构工程施工质量验收规范：GB 50204—2015［S］．北京：中国建筑工业出版社，2015.

[71] 中华人民共和国住房和城乡建设部．混凝土结构工程施工规范：GB 50666—2011［S］．北京：中国建筑工业出版社，2011.

[72] 中华人民共和国住房和城乡建设部．建筑施工扣件式钢管脚手架安全技术规范：JGJ 130—2011［S］．北京：中国建筑工业出版社，2011.

[73] 中华人民共和国住房和城乡建设部．建筑施工脚手架安全技术统一标准：GB 51210—2016［S］．北京：中国建筑工业出版社，2016.

[74] 中国建筑标准设计研究院．混凝土结构施工图平面整体表示方法制图规则和构造详图（现浇混凝土框架、剪力墙、梁、板）：22G101—1［S］．北京：中国标准出版社，2022.

[75] 中国建筑标准设计研究院．混凝土结构施工图平面整体表示方法制图规则和构造详图（现浇混凝土板式楼梯）：22G101—2［S］．北京：中国标准出版社，2022.

[76] 中国建筑标准设计研究院．G101 系列图集常见问题答疑图解：17G101—11［S］．北京：中国计划出版社，2017.

[77] 中国建筑标准设计研究院．后张预应力混凝土结构施工图表示方法及构造详图：06SG429［S］．北京：中国计划出版社，2006.

[78] 中国建筑标准设计研究院．混凝土结构加固构造：13G311—1［S］．北京：中国计划出版社，2013.

[79] 中国建筑标准设计研究院．建筑结构加固施工图设计表示方法：07SG111—1［S］．北京：中国计划出版社，2007.

[80] 湖南省住房和城乡建设厅．热轧带肋 600 级钢筋混凝土结构技术标准：DBJ43/T389—2022［S］．2022.

[81] 广东省住房和城乡建设厅．建筑结构荷载规范：DBJ 15—101—2014［S］．2014.

[82] 广东省住房和城乡建设厅．既有建筑混凝土结构改造设计规范：DBJ/T 15—182—2020［S］．2020.

[83] 广东省住房和城乡建设厅．高层建筑混凝土结构技术规程：DBJ/T 15—92—2021［S］．2021.

[84] 广东省住房和城乡建设厅．高层建筑风振舒适度评价标准及控制技术规程：DBJ/T 15—216—2021［S］．2021.

[85] 中国工程建设标准化协会．CRB600H 高延性高强钢筋应用技术规程：CECS 458—2016［S］．北京：中国建筑工业出版社，2016.

[86] 湖南省住房和城乡建设厅．预制带肋底板混凝土叠合楼板：湘 2021G301［S］．2021.

[87] 中华人民共和国住房和城乡建设部．超限高层建筑工程抗震设防专项审查技术要点：建质〔2015〕67 号［EB/OL］．2015-05-21［2023-04-02］．https：//www.mohurd.gov.cn/gongkai/zhengce/zhengcefilelib/201505/20150528_220992.html.

[88] 中华人民共和国公安部消防局．建筑高度大于 250 米民用建筑防火设计加强性技术要求（试行）：公消〔2018〕57 号 [EB]．2018.

[89] 中华人民共和国住房和城乡建设部．房屋建筑和市政基础设施工程危及生产安全施工工艺、设备和材料淘汰目录（第一批）：中华人民共和国住房和城乡建设部公告 2021 年第 214 号 [EB/OL]．2021-12-14 [2023-04-02]．https：//www.mohurd.gov.cn/gongkai/zhengce/zhengcefilelib/202112/20211230_763713.html.

[90] 中华人民共和国住房和城乡建设部．危险性较大的分部分项工程安全管理规定：建办质〔2018〕31 号 [EB/OL]．2018-05-17 [2023-04-02]．https：//www.mohurd.gov.cn/gongkai/zhengce/zhengcefilelib/201805/20180522_236168.html.

[91] 中华人民共和国住房和城乡建设部．关于加强地下室无梁楼盖工程质量安全管理的通知：建办质〔2018〕10 号 [EB/OL]．2018-02-27 [2023-04-02]．https：//www.mohurd.gov.cn/gongkai/zhengce/zhengcefilelib/201803/20180301_235260.html.

[92] 沈蒲生，梁兴文．混凝土结构设计原理 [M]．5 版．北京：高等教育出版社，2020.

[93] 沈蒲生，梁兴文．混凝土结构设计 [M]．5 版．北京：高等教育出版社，2020.

[94] 徐建．建筑结构设计常见及疑难问题解析 [M]．2 版．北京：中国建筑工业出版社，2014.

[95] 沈聚敏，周锡元，高小旺，等．抗震工程学 [M]．2 版．北京：中国建筑工业出版社，2015.

[96] 张维斌．混凝土结构设计问答 [M]．北京：中国建筑工业出版社，2014.

[97] 金新阳．建筑结构荷载规范理解与应用 [M]．北京：中国建筑工业出版社，2013.

[98] 武岳，孙瑛，郑朝荣，等．风工程与结构抗风设计 [M]．2 版．哈尔滨：哈尔滨工业大学出版社，2014.

[99] 柯世堂，王同光．结构风工程概论 [M]．北京：科学出版社，2018.

[100] 蔡健，王英涛，陈庆军，等．腹部开孔钢筋混凝土简支梁受剪承载力计算 [J]．建筑结构学报，2014，35（3）：149-155.